AF532817

Schmid
Lasersintern (LS) mit Kunststoffen

Manfred Schmid

Lasersintern (LS) mit Kunststoffen

Technologie, Prozesse und Werkstoffe

2., aktualisierte und erweiterte Auflage

HANSER

Bibliografische Information der Deutschen Nationalbibliothek:

Die Deutsche Nationalbibliothek verzeichnet diese Publikation in der Deutschen Nationalbibliografie; detaillierte bibliografische Daten sind im Internet über <*http://dnb.d-nb.de*> abrufbar.

www.hanser-fachbuch.de
Lektorat: Mark Smith
Herstellung: Cornelia Speckmaier
Coverconcept: Marc Müller-Bremer, www.rebranding.de, München
Titelbild: mit freundlicher Genehmigung Rob Kleijnen; mit freundlicher Genehmigung irpd AG
Coverrealisierung: Max Kostopoulos
Satz: le-tex publishing services GmbH, Leipzig
Druck und Bindung: CPI books GmbH, Leck
Printed in Germany

ISBN: 978-3-446-46664-7
E-Book-ISBN: 978-3-446-47013-2
E-Pub-ISBN: 978-3-446-47622-6

Vorwort

Vorwort zur ersten Auflage

Die Geschichte der additiven Fertigung scheint sehr jung, ist jedoch nun bereits mehr als hundert Jahre alt. Die erste Patentanmeldung gab es in 1882 von J. E. Blanther, welcher ein Verfahren anmeldete zum Herstellen von topografischen Konturmappen, indem ausgeschnittene Wachsplatten aufeinandergelegt wurden.

Dies ist eine erstaunliche Tatsache, nachdem diese schichtweise arbeitenden Verfahren aktuell einen immensen Hype durchlaufen, welcher nicht etwa dadurch ausgelöst wurde, dass grundlegend neuartige Technologien entwickelt wurden. Hintergrund ist vielmehr, dass wesentliche Patente ausgelaufen sind, die es ermöglichen, mit einfachsten Mitteln ein Strangablegeverfahren nachzubauen, welches für die Generierung dreidimensionaler Körper genutzt werden kann. Dieser Hype schaffte es jedoch in kürzester Zeit, eine immense Eigendynamik zu entwickeln. Die Nutzerzentralisierung und die neuen Freiheitsgrade der Technologien treffen hier stark auf den heutigen Zeitgeist der DIY-Kultur und so ist es nicht erstaunlich, dass es Abnehmer für „Fabber" und „3D-Druck-Selfies" gibt. Im Umkehrschluss wurden damit nun doch auch verschiedene neuartige Technologien über die gesamte Prozesskette hinweg entwickelt. Als ich mich während meines Studiums Anfang 2000 erstmalig mit dem Thema befasste, war der Stellenwert von Schichtbauverfahren lediglich im Bereich des Prototypenbaus hoch. Die Technologien haben sich zwar seither nicht grundlegend verändert, aber heute ist der Markt von individuellen Produkten und Kleinserien in vielen Branchen massiv gestiegen. Demgegenüber steigen etablierte Druckerhersteller und viele innovative Start-ups in dieses Feld ein. So finden additive Fertigungsverfahren bereits heute in ungeahntem Maße Einsatz, sei es für die Herstellung von individuellen Spielzeugen bis hin zu hoch belastbaren Prototypenkomponenten im Antriebsstrang. Zukünftig sind unterschiedlichste Szenarien der Fertigung denkbar und eine dezentralisierte Produktion „on demand" wirkt greifbar. Dies generiert ein Spannungsfeld aus hohen technologischen Erwartungen, Risiken und möglichen Potenzialen. Eine realistische Einschätzung ist unabhängig von der Begeisterung, die man verspürt, nachdem man seinen ersten additiven Fertigungsprozess gesehen hat und die damit generierten Bauteile in der Hand hält. Eine eigenständige Forschung an dem Thema wird damit unabdingbar.

Bei der BMW AG wurde bereits 1989 die erste SLA-Anlage beauftragt. Damit war die BMW AG der erste Kunde eines heute weltweit etablierten Lasersinteranlagenherstellers aus dem Münchner Süden. Im Laufe der Jahre hat sich im Forschungs- und Innovationszentrum (FIZ) aus den ersten Anlagen für den Modellbau ein „Center of Competence“ formiert, in welchem heute vielfältige Praxis-, aber auch Grundlagenforschung betrieben wird. Neben immer hochwertigeren Prototypen für die Erprobung und Absicherung der Fahrzeugprojekte werden hier Werkstoffe und Prozesse entwickelt, die es ermöglichen, die Potenziale des Schichtbaus ideal zu nutzen, um hier beispielsweise auch individuell an die Mitarbeiter angepasste Produktionshilfsmittel zu erstellen.

Dabei wird weniger über die in den Medien besprochenen 3D-Druckverfahren diskutiert, sondern es geht um hochkomplexe Werkzeugmaschinen, auf denen die Produktion von morgen stattfinden soll. Eine dieser Technologien ist das Lasersintern – ein strahlbasiertes drucklos arbeitendes Fertigungsverfahren. Mit einem Sinterprozess hat es lediglich die lange Verweilzeit der generierten Schmelze einer Bauteilkontur bei hoher Temperatur gemein. Hierin jedoch liegt auch einer der Kernprozesse des Lasersinterns, der schon in mannigfaltiger Weise untersucht wurde. Als ich mich im Rahmen meiner eigenen Dissertation mit der Zeit- und Temperaturabhängigkeit dieses Zwei-Phasen-Mischgebiets, in welchem Schmelze und Festkörper scharf abgegrenzt nebeneinander vorliegen, befasste, hatte ich die Chance, in eines der vielen interdisziplinären Forschungsfelder der additiven Fertigung einzusteigen, und bin nach wie vor begeistert von diesem Themenfeld. Wer sich intensiv mit dem Thema Lasersintern befassen möchte, wird in den meisten sehr allgemein gehaltenen Büchern zu additiven Fertigungsverfahren nicht fündig werden. Da sich die pulverbettbasierten Technologien jedoch zu den mitunter wichtigsten additiven Fertigungsverfahren etabliert haben, ist es essenziell, auch Ergebnisse der Grundlagenforschung darzustellen und auf den Praxiseinsatz zu transferieren, um beispielsweise als Dienstleister qualitativ hochwertige Teile wirtschaftlich darstellen zu können. Mit dem vorliegenden Buch von Manfred Schmid, einem der anerkannten Spezialisten im Lasersintern, soll genau diese Tiefe gegeben werden, ohne dabei den Nutzen für den Anwender aus den Augen zu verlieren.

Mai 2015

Dr.-Ing. Dominik Rietzel

Vorwort zur zweiten Auflage

Lasersintern hat sich im Reigen der additiven Fertigungsverfahren oder, wie es oft bildlicher ausgedrückt wird, bei den 3D-Druckverfahren im letzten Jahrzehnt eine führende Rolle erarbeitet. Dies gilt sowohl für die Metalle, als auch für die Kunststoffe, die in diesem Buch im Fokus stehen.

Zum einen erzeugt das Lasersintern Bauteile, die von den Eigenschaften am nächsten zu „klassischer" Thermoplast-Verarbeitung liegen. Zum anderen bietet es als Verfahren ohne jede Art von Stützstrukturen die idealen Voraussetzungen für die freie Bauteilgestaltung und unterstützt damit die Wende von werkzeuggebundenem Design zum funktionsgetriebenem Design eines Bauteils. Diese Freiheit des Designs hält immer mehr Einzug in die industrielle Fertigung für spezialisierte Bauteile mit hoher Funktionsintegration oder hohem Individualisierungsgrad bis hin zum Einzelstück.

Ein Beispiel für die Funktionsintegration ist die Fertigung von Greifersystemen, bei denen bis zu 100 Einzelteile wie Ventile, Federn, Schläuche und die Greifwerkzeuge in ein einziges lasergesintertes Bauteil integriert werden können. Abgesehen von dem Entfall der Montage wiegt das so gefertigte Werkzeug nur einen Bruchteil und ermöglich damit eine signifikante Reduzierung der Kosten im Lebenszyklus des Bauteils durch schnellere Bewegung des Greifers bei gleichzeitig geringerem Energieverbrauch. Der hohe Individualisierungsgrad kommt insbesondere auch bei Anwendungen rund um den Menschen zum Einsatz, sei es die Fertigung von angepassten Orthesen und Prothesen oder von Bohrschablonen für Operationen. Doch es muss nicht immer hochtechnisierte Medizin sein, sondern auch die Fertigung von lasergesinterten Einlegesohlen ist bereits heute Realität.

Die erste Auflage des Buches „Selektives Lasersintern (SLS) mit Kunststoffen – Technologie, Prozesse und Werkstoffe" ist zum absoluten Standardwerk für System- und Materialhersteller, Anwender und die Forschung geworden. Dies liegt daran, dass auch einem Neuling im Bereich der additiven Fertigung der Einstieg leicht fällt und an der Detailtiefe und fachlichen Präzision, in der Manfred Schmid es schafft, das hochkomplexe Zusammenspiel von Werkstoff und Prozess zu erläutern, das auf vollkommen anderen Zeitskalen abläuft als jede andere Kunststoffverarbeitung. Dass gerade diese langen Zeitskalen eine besondere Belastung und damit Herausforderung für die Werkstoffe darstellen, ist einer der Gründe, warum die Auswahl an unterschiedlichen Kunststoffen auch nach 30 Jahren Lasersintern noch immer eingeschränkt ist. Um diese Problematik zu überwinden, arbeitet die chemische Industrie mit Nachdruck an angepassten Kunststoffen und die Systemhersteller an der Beschleunigung von Prozessen, zum Beispiel durch den gleichzeitigen Einsatz vieler Laserquellen.

Möge diese zweite Auflage einer neuen Generation von Technikern, die in dem Bereich des Lasersinterns von Kunststoffen tätig sind, eine so hilfreiche, lehrreiche und spannende Lektüre wie die erste Auflage sein und Veteranen dieser Technologie wie mir neue Impulse geben.

August 2022

Dipl. Phys. Peter Keller

Der Autor

Dr. Manfred Schmid startete seine berufliche Karriere mit einer Ausbildung zum Chemielaboranten bei der Metzeler Kautschuk AG in München. Nach dem Abitur auf dem zweiten Bildungsweg folgte ein Chemiestudium an der Universität in Bayreuth mit Promotion im Bereich Makromolekulare Chemie. Ein Thema zu flüssigkristallinen Polyurethanen unter der Anleitung von Prof. Dr. C. D. Eisenbach wurde von ihm bearbeitet.

Nach dem Studium wechselte er in die Schweiz, und es folgten 17 Jahre mit verschieden Stationen in der Industrie im Bereich Polymerforschung, und -produktion sowie Materialprüfung für technische Thermoplaste und Polymeranalytik. Polyamide und Biopolymere standen im Fokus der verschiedenen Tätigkeiten.

Seit etwa dreizehn Jahren leitet er den Forschungsbereich für Lasersintern (LS) bei der Inspire AG. Die Inspire AG ist das schweizerische Kompetenzzentrum für Produktionstechnik. Es fungiert als Transferinstitut zwischen den Hochschulen und der Schweizer Industrie.

Die Schwerpunkte seiner aktuellen Tätigkeit liegen im Bereich neue Polymersysteme für den LS-Prozess, der analytischen Bewertung von LS-Pulvern hinsichtlich ihrer spezifischen Eigenschaftsprofile und der LS-Prozessentwicklung. Er betreut mehrere Mitarbeiter und hat eine Vielzahl von unterschiedlichsten Forschungsprojekten in diesem Umfeld geleitet. Eine Reihe von häufig zitierten Originalpublikationen ist daraus entstanden.

Die Idee zum vorliegenden Buch entstand aus mehreren Schulungen, die im Auftrag großer Industriefirmen bei Inspire AG zum Thema „Additive Manufacturing“ durchgeführt wurden.

Danksagung

Der Autor bedankt sich ganz außerordentlich bei Frau Gabriele Fruhmann für die Erstellung einzelner Abschnitte des Buchs vor allem zu den Schwerpunkten industrielle Integration der LS-Technologie (Abschnitt 3.2) und Polyamid 11 (PA11) (Abschnitt 6.1.2), sowie für Ihre vielen wertvollen Hinweise zur Überarbeitung des gesamten Texts. Ohne Ihre Unterstützung und Ihre hochgeschätzten Beiträge wäre die zweite Auflage des Buchs zum Lasersintern von Kunststoffen in der vorliegenden Form nicht möglich gewesen.

Gabriele Fruhmann

Gabriele Fruhmann studierte nach einem Fachabitur in Informatik Mechatronik an der Technischen Universität Graz. Nach dem Studium erfolgte der Einstieg in die Industrie bei Magna Steyr Fahrzeugtechnik in Graz im Bereich Mehrkörpersimulation. Anschließend erfolgte der Wechsel zur ZF Friedrichshafen AG in die Vorentwicklung und die Fokussierung auf faserverstärkte Polymerwerkstoffe.

In 2013 wechselte sie zur BMW AG in den Bereich Werkstoffe und betreute dort Vorentwicklungsprojekte. Im Rahmen dieser Tätigkeit widmete sie sich ab 2014 verstärkt der additiven Fertigung und ab 2017 erfolgte die vertiefte Arbeit in der Werkstoffspezifikation für die Ausgangwerkstoffe beim Lasersintern (LS) und deren Eigenschaften nach dem Prozess im Bauteil.

Nach einem internen Wechsel in 2022 in den Bereich der Simulation sind aktuelle Schwerpunkte die Materialmodellauswahl, Materialcharakterisierung und Materialkartenerstellung für Polymerwerkstoffe in der Struktursimulation sowie die Verknüpfung der Ergebnisse aus unterschiedlichen Prozesssimulationen mit der Struktursimulation in Bezug auf die Materialeigenschaften im Bauteil.

Die Mitarbeit beim Buch entstand aufgrund einer gemeinsamen Projektarbeit und meiner Wertschätzung gegenüber Herrn Schmid für die erste Auflage dieses Buches, welche mir sehr geholfen hat, mich in kurzer Zeit in das Thema Lasersintern einzuarbeiten.

Inhalt

Vorwort V

Der Autor IX

1 Einführung 1

1.1 Fertigungstechnik 1

1.2 Additive Fertigung 2

1.2.1 Einsatzbereiche und Technologietreiber 3

1.2.2 Hauptgruppen der additiven Fertigung 5

1.3 Additive Fertigung mit Kunststoffen 8

1.3.1 Vat Photopol0ymerisation (VPP) 8

1.3.2 Material Extrusion (MEX) 10

1.3.3 Material Jetting Technology (MJT) 13

1.3.4 Powder Bed Fusion (PBF) 14

1.3.5 Vergleich additiver Fertigungsverfahren für Kunststoffe 18

1.4 Lasersintern (LS) mit Kunststoffen 20

2 Lasersintertechnologie 23

2.1 Maschinentechnologie 26

2.1.1 Maschinenkonfiguration 26

2.1.2 Temperaturführung 29

2.1.2.1 Wärmequellen 29

2.1.2.2 Oberflächentemperatur am Baufeld 30

2.1.2.3 Laserenergieeintrag, Andrew-Zahl (A_Z) 31

2.1.3 Pulverbereitstellung und Pulverkonditionierung 34
2.1.3.1 Interne und externe Pulverbereitstellung 34
2.1.3.2 Pulverzustand 35
2.1.4 Pulverapplikation 35
2.1.4.1 Klinge und Pulverkassette 36
2.1.4.2 Rollenbeschichter 38
2.1.4.3 Kombinierte Beschichtungssysteme 39
2.1.5 Optische Komponenten 40
2.1.5.1 Laserstrahlpositionierung 40
2.1.5.2 Fokuskorrektur 41
2.2 Maschinenmarkt 42
2.2.1 Industrielle Lasersinteranlagen 42
2.2.1.1 Firma Electro Optical Systems – EOS (Deutschland) 44
2.2.1.2 Firma 3D-Systems (USA) 45
2.2.1.3 Firma Farsoon Technologies (China) 46
2.2.1.4 Weitere Hersteller von LS-Anlagen 47
2.2.2 Technikums- sowie Forschungs- und Entwicklungsanlagen 50
2.2.2.1 Anlagen mit CO_2-Laser 51
2.2.2.2 Anlagen mit Laserdioden 52

3 Lasersinterprozess 54
3.1 Prozesskette 54
3.1.1 Pulverbereitstellung 55
3.1.2 Datenvorbereitung und Baujob 57
3.1.3 Bauprozess 59
3.1.3.1 Aufheizen 60
3.1.3.2 Prozessablauf 60
3.1.3.3 Teile- und Baukammerparameter 64
3.1.3.4 Belichtungsstrategie 65
3.1.3.5 Abkühlen und Auspacken 67
3.1.4 Prozessfehler 68
3.1.4.1 Deformation der Teile 69
3.1.4.2 Oberflächendefekte: Orangenhaut 70
3.1.4.3 Weitere Prozessfehler 71

3.2 Qualifizierung für die industrielle Serienproduktion 73
3.2.1 Produktbezogene Prozesse 76
3.2.1.1 Pre-Prozess 78
3.2.1.2 In-Prozess 83
3.2.1.3 Post-Prozess 86
3.2.1.4 Prozessvalidierung 87
3.2.2 Funktionsbezogene Prozesse 88
3.2.2.1 Materialmanagement 88
3.2.2.2 Qualifizierung der Lasersintermaschine 92
3.2.2.3 Qualifizierung des Lasersinterprozesses 96
3.2.3 Stand der Normung 97

4 Lasersinterwerkstoffe: Polymereigenschaften 106
4.1 Polymere 106
4.1.1 Polymerisation 107
4.1.2 Chemische Struktur (Morphologie) 109
4.1.3 Thermisches Verhalten 110
4.1.4 Polymerverarbeitung 112
4.1.5 Viskosität und Molekulargewicht 113
4.2 Schlüsseleigenschaften von LS-Polymeren 115
4.2.1 Thermische Eigenschaften 116
4.2.1.1 Dynamische Differenzkalorimetrie (DDK/DSC) 116
4.2.1.2 Kristallisation und Schmelzen (Sinterfenster) 118
4.2.1.3 Wärmekapazität (c_p) und Enthalpie (ΔH_K, ΔH_m) 123
4.2.1.4 Wärmeleitfähigkeit und Wärmestrahlung 124
4.2.1.5 Modellierung der Abläufe im Sinterfenster 125
4.2.2 Rheologie der Polymerschmelze 127
4.2.2.1 Schmelzviskosität 127
4.2.2.2 Oberflächenspannung 133
4.2.3 Optische Eigenschaften 135
4.2.3.1 Absorption 136
4.2.3.2 Transmission und (diffuse) Reflexion 137

5 Lasersinterwerkstoffe: Polymerpulver 141

5.1 Lasersinterpulverherstellung 142

5.1.1 Emulsions-, Suspensions- und Lösungspolymerisation 142

5.1.2 Ausfällen aus Lösungen 143

5.1.3 Mahlen und mechanisches Zerkleinern 144

5.1.4 Schmelzemulgieren 145

5.1.5 Lasersinterpulverherstellung im Überblick 146

5.1.6 Weitere Pulverherstellverfahren 148

5.2 Lasersinterpulvereigenschaften 151

5.2.1 Pulverdichte 151

5.2.1.1 Partikelform und -oberfläche 154

5.2.1.2 Partikelgrößenverteilung (Anzahl- und Volumenverteilung) 156

5.2.2 Pulverrheologie 160

5.2.3 Messung der Pulverfließfähigkeit 161

5.2.3.1 Hausner-Faktor (H_R) 163

5.2.3.2 Rotationspulveranalyse 166

5.2.3.3 Fließhilfsmittel 168

6 Lasersinterwerkstoffe: kommerzielle Materialien 171

6.1 Polyamide (Nylon) 176

6.1.1 Polyamid 12 (PA 12) 177

6.1.1.1 Partikelgrößenverteilung und Partikelform 178

6.1.1.2 Thermische Eigenschaften 181

6.1.1.3 Kristallstruktur 186

6.1.1.4 Molekulargewicht und Nachkondensation 188

6.1.1.5 Pulveralterung 193

6.1.1.6 Eigenschaftskombination von PA 12 195

6.1.2 Polyamid 11 (PA 11) 196

6.1.3 Vergleich von PA 12 und PA 11 203

6.1.4 PA 12- und PA 11-Compounds 205

6.1.5 Flammhemmende Werkstoffe auf Basis von PA 12 und PA 11 208

6.1.6 Sonstige Polyamide (PA 6, PA 613, PA 1212) 209

6.2 Weitere Lasersinterpolymere 212
6.2.1 Thermoplastische Elastomere (TPU, TPA, TPC) 212
6.2.2 High-Performance-Polymere (PAEK, PPS) 214
6.2.3 Polyolefine (PP, PE) 216
6.2.4 Polyester (PBT, PET) 218
6.2.5 Duroplaste/Thermoset 219

7 Lasersinterbauteile 223
7.1 Bauteileigenschaften 224
7.1.1 Mechanische Eigenschaften 224
7.1.1.1 Kurzzeitbelastung: Zugversuch 225
7.1.1.2 Lasersinterbauparameter 227
7.1.1.3 Bauteildichte 228
7.1.1.4 Partielles Schmelzen (DoPM) 230
7.1.1.5 Anisotropie der Bauteileigenschaften 233
7.1.1.6 Langzeitbeständigkeit 236
7.1.2 Bauteiloberflächen 237
7.1.2.1 Einflussparameter 237
7.1.2.2 Rauheitsbestimmung 239
7.1.2.3 Oberflächenbearbeitung 240
7.1.2.4 Endbearbeitung/Finishing 242
7.2 Anwendungen und Beispiele 244
7.2.1 Prototypenbau und Kleinserien 246
7.2.2 Funktionsintegration 247
7.2.3 Stücklistenreduktion 249
7.2.4 Individualisierung und Personalisierung 251
7.2.5 Geschäftsmodelle und Ausblick 254

Stichwortverzeichnis 257

1 Einführung

1.1 Fertigungstechnik

Als Fertigung oder auch als Produktion wird der Prozess bezeichnet, bei dem Teile, Güter oder Waren, allgemein Produkte genannt, hergestellt werden. Im Fertigungsprozess werden diese Produkte aus anderen Teilen (Halbzeug) erhalten oder aus Rohmaterialien geschaffen. Die Fertigung kann manuell, maschinell oder auch in gemischten, hybriden Prozessen erfolgen. Die verschiedenen Produktionstechnologien werden im Fachgebiet der Fertigungstechnik behandelt [1].

Gemäß DIN 8580 (Titel: *Verfahren zur Herstellung geometrisch bestimmter fester Körper*) werden die Fertigungsverfahren in sechs Hauptgruppen unterteilt:

- **Urformen:** Ein fester Körper entsteht aus formlosen Stoffen (flüssig, pulvrig, plastisch); der Zusammenhalt wird geschaffen z. B. durch Gießen, Sintern, Brennen oder Verbacken.
- **Umformen:** Formänderung eines Körpers durch bildsames (plastisches) Ändern, ohne dass die Werkstoffmenge geändert wird (z. B. Biegen, Ziehen, Pressen oder Walzen).
- **Fügen:** Zuvor getrennte Werkstücke werden in eine feste Verbindung überführt (z. B. Kleben, Schweißen oder Löten).
- **Trennen:** Änderung der Form eines festen Körpers; der Zusammenhalt wird ortsaufgelöst aufgehoben (typischerweise abtragende Verfahren wie Schleifen oder Fräsen).
- **Beschichten:** Oberflächenveredelung aller Art (z. B. Lackieren, Verchromen usw.).
- **Stoffeigenschaften ändern:** Umwandlung durch Nachbehandlung (z. B. Härten).

Additive Fertigungsverfahren, bei denen Schicht für Schicht Materialien zu neuen Bauteilen zusammengefügt werden, können eindeutig den Urformprozessen zugeteilt werden und wurden dem entsprechend im neuesten Entwurf der DIN 8580 (2020) in Abschnitt 1.10 integriert.

1.2 Additive Fertigung

Unter dem Begriff „Rapid Prototyping" sind additive Fertigungstechnologien in der Industrie seit Langem bekannt. Breiten Einsatz findet Rapid Prototyping im Modellbau und in der Produktentwicklung in vielen Industriezweigen. Überwiegendes Ziel ist die schnelle und unkomplizierte Herstellung von Einzelteilen, kleinen Bauteilserien oder Funktions- und Designmustern zur Verkürzung von Entwicklungszyklen.

Was den Fachleuten in der Industrie also längst bekannt war, hat unter dem Titel „3-D-Drucken" vor einigen Jahren einen medialen Hype ausgelöst, der diese Prozesse auch vermehrt in die öffentliche Wahrnehmung gebracht hat. Dabei ist oft der Eindruck entstanden, dass 3-D-Drucken als universelles und disruptives Fertigungsverfahren betrachtet werden kann, welches andere Fertigungstechnologien komplett ersetzen wird. Nach heutiger Einschätzung wird dagegen eher erwartet, dass sich die additive Fertigung in den Reigen der unterschiedlichsten, in der Industrie genutzten Fertigungstechnologien eingliedern wird und nur dann zum Einsatz kommt, wenn klare Kostenvorteile aus deren Anwendung erzielt werden können [2].

Im Kontext dieses Buchs wird generell von additiver Fertigung gesprochen, um auszudrücken, dass auf die Fertigung industrieller Bauteile fokussiert wird. Dies stellt keine Abwertung von Rapid Prototyping oder 3-D-Drucken dar, welche in ihren jeweiligen Anwendungsfeldern eine hohe Bedeutung genießen. Häufig werden die Begriffe additive Fertigung und 3-D-Drucken auch synonym verwendet. Eine eindeutige Abgrenzung ist nicht immer möglich.

Weitere zum Teil historische Begriffe, welche synonym für additive Fertigung verwendet werden oder wurden, sind: generative Fertigung, eManufacturing, additive Fabrikation, additive Schichtfertigung, Direct Digital Manufacturing (DDM), Festkörper-Freiform-Fertigung (FFF) und einige mehr. Zudem wird häufig speziell in der nicht wissenschaftlichen Literatur alles noch unter dem Begriff 3-D-Printing subsummiert. Mittlerweile hat sich aber die Bezeichnung additive Fertigung mehrheitlich durchgesetzt und ist durch die aktuelle Normierung definiert.

Additive Fertigung – Definition

DIN EN ISO/ASTM 52900 *Additive Fertigung – Grundlagen – Terminologie* ist die grundlegende Terminologie-Norm für die additive Fertigung (engl. additive manufacturing, AM). Die Norm definiert die wichtigsten Begriffe in diesem Zusammenhang. Zum Beispiel auch die additive Fertigung selbst

Additive Fertigung

Prozess des Verbindens von Werkstoffen, um Bauteile aus 3-D-Modelldaten, im Gegensatz zu subtraktiven und umformenden Fertigungsmethoden, üblicherweise Schicht für Schicht, herzustellen.

Prozesse der additiven Fertigung finden also Schicht für Schicht statt, sodass gelegentlich auch noch von Schichtbauverfahren gesprochen wird. Mit dieser Definition ist der schichtweise Aufbau der Objekte durch additive Fertigung festgelegt. Die Geometrie des Bauteils liegt als elektronischer Datensatz im Computer vor (3-D-Modelldaten), welcher die Entstehung des Bauteils direkt steuert (engl. direct digital manufacturing, DDM). Eine klare Abgrenzung zu den subtraktiven, zerspanenden oder trennenden Verfahren ist damit gegeben.

Die finalen Eigenschaften der Bauteile entstehen bei der additiven Fertigung in der Regel erst während der Herstellung. Die verwendeten Prozessparameter steuern in enger Verzahnung mit den Eigenschaften der Ausgangswerkstoffe die finalen Eigenschaften der Bauteile. Dies ist einer der wesentlichen Unterschiede der additiven Fertigung zu traditionellen, abtragenden Trennverfahren, bei denen die Bauteileigenschaften vor der Formgebung durch die ursprünglichen Materialeigenschaften des Halbzeugs bereits weitestgehend vorgegeben sind.

Dadurch, dass bei der additiven Fertigung die Bauteile schichtweise, sozusagen zweidimensional, entstehen, spielt die Komplexität der Teile in der dritten Dimension während des Entstehungsprozesses eine untergeordnete Rolle. Bauteile mit nahezu beliebiger Komplexität können so, ohne signifikanten Mehraufwand, während der Entstehung erzeugt werden. Einsatzbereiche, welche hochkomplexe Bauteile erfordern, sind daher für die additive Fertigung besonders prädestiniert und können als einer der Technologietreiber betrachtet werden.

1.2.1 Einsatzbereiche und Technologietreiber

Den AM-Verfahren ist als herausragendes Merkmal gemeinsam, dass sie ohne den Einsatz eines Werkzeugs auskommen, welches die Form des gewünschten Bauteils vorgibt. Aus der schichtweisen werkzeuglosen Formgebung ergeben sich viele Vorteile, welche für folgende Einsatzgebiete besonders geeignet sind und als Haupttreiber der AM-Technologie betrachtet werden können:

- ökonomische Produktion kleiner Bauteilserien (ab Losgröße eins und „on demand"),
- geometrische Freiheit in der Konstruktion (Freiformflächen, Hinterschnitte, Hohlräume),

- Bauteile mit Funktionsintegration (Scharniere, Gelenke, flexible Einheiten),
- Leichtbau (Gitterstrukturen mit hoher oder variierender Steifigkeit),
- Produktpersonalisierung (Medizintechnik, Sport),
- kurzfristige Produktanpassungen (Verkürzung von Produktzyklen),
- ökologische Aspekte (reduzierter Materialverbrauch, Kreislaufwirtschaft),
- bionische Strukturen.

Typische Branchen, in denen die Vorteile der additiven Fertigung sehr gut zum Tragen kommen und gezielt eingesetzt werden können, sind: Konsumgüterindustrie, Automotiv, Luft- und Raumfahrttechnik, Rüstungsindustrie, Medizinaltechnik, Elektronik, Möbelindustrie, Schmuckindustrie, Sportgeräteindustrie und Werkzeug- und Formenbau.

Einige bereits etablierte Geschäftsmodelle (personalisierte Bohrschablonen bei Operationen, individuelle Zahnprothetik, komplexe Möbelgleiter, neuartige Filtersysteme, Robotergreifer) belegen schon heute den wirtschaftlichen Einsatz der AM-Technologien.

Bild 1.1 zeigt schematisch, wo die additive Fertigung aus wirtschaftlicher Sicht traditionellen Produktionsmethoden überlegen ist.

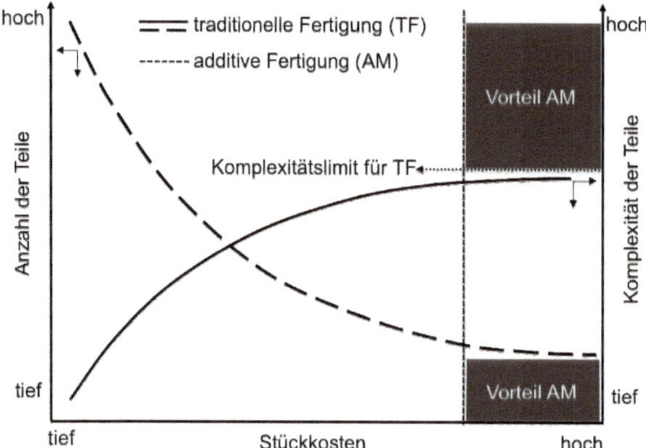

Bild 1.1 Stückkosten im Spannungsfeld zwischen Teilezahl und Bauteilkomplexität bei additiver und traditioneller Fertigung; AM ist in der Regel wirtschaftlich nicht für die Massenproduktion einfacher Bauteile geeignet.

Etablierte oder traditionelle Fertigungstechnologien (TF) sind häufig dahingehend optimiert, hohe Bauteilstückzahlen zu möglichst geringen Stückkosten zu produzieren. Mit der Anzahl der produzierten Teile nehmen die Stückkosten hier signifikant ab (Bild 1.1 – gestrichelte Linie). Gleichzeitig steigen bei TF die Stückkosten mit der Bauteilkomplexität deutlich an. Es wird in der Regel sogar ein Komplexitätslimit erreicht, das herkömmliche Verfahren nicht oder oft nur unter der Erzeugung exorbitant hoher Kosten überwinden können (Bild 1.1 - durchgezogene Linien).

Hier liegen die Vorteile der additiven Fertigungsverfahren (graue Flächen in Bild 1.1). Zu nahezu unveränderten Stückkosten können entweder kleine Bauteilserien oder Bauteile mit erheblicher Komplexität gefertigt werden. Dies erfordert aber auch eine für die additiven Verfahren angepasste Konstruktion der Bauteile. Die Konstruktion wandelt sich von der

fertigungsgerechten Konstruktion in die **funktionsgerechte Konstruktion!**

Dieser Paradigmenwechsel bedeutet jedoch nicht, dass nun keinerlei Fertigungsregeln mehr zu beachten sind. Die Erfahrungen zeigen viel mehr, dass es auch bei der additiven Fertigung wichtig ist, fertigungsgerecht zu konstruieren. Im Vergleich zu den werkzeugbezogenen Fertigungsverfahren gelten aber andere Regeln, welche beträchtlich höhere Freiheitsgrade bei der Produktgestaltung gestatten.

Die Anpassungen in der Bauteilkonstruktion für die additive Fertigung greifen jedoch in die komplette Prozesskette der Teilefertigung ein. In Produktentwicklungsprojekten muss der geplante Fertigungsprozess deshalb zwingend bereits zu Beginn des Projektes eingebunden werden, um die Vorteile zu nutzen, welche additive Verfahren zur Teilefertigung bieten [3].

Die zielorientierte und bedarfsgerechte Anwendung der additiven Fertigung erfordert eine gute Übersicht und umfassende Kenntnis über die unterschiedlichen AM-Prozesse sowie deren jeweiligen Stärken und Schwächen. Zudem sind die AM-Verfahren meist an spezifische Materialklassen gebunden. Neben der Form und Art der Ausgangsmaterialien unterscheiden sich die additive Fertigungsverfahren ganz wesentlich in Bezug auf die zugrunde liegenden Prozessabläufe, nach denen heute die Einteilung nach AM-Hauptgruppen erfolgt.

1.2.2 Hauptgruppen der additiven Fertigung

Mit der fortschreitenden Normierung im Bereich der additiven Fertigung (siehe Abschnitt 3.2.3) sind aktuell sieben Hauptgruppen als wesentliche Prozesskategorien der additiven Fertigung definiert. Da die englischen Bezeichnungen dieser Hauptgruppen heutzutage wesentlich geläufiger sind als die deutschen Begriffe, wurden sie in der folgenden Aufzählung vorangestellt und werden im Kontext dieses Buchs mehrheitlich auch verwendet.

Die sieben folgenden Hauptprozesskategorien enthalten vielfach weitere Untergruppen, welche sich mehr oder weniger ausgeprägt in Prozessdetails unterscheiden können. Speziell bei den Powder Bed Fusion (PBF)-Prozessen ist es zusätzlich noch sinnvoll, hinsichtlich Kunststoffverfahren (PBF-P) und Metallverfahren (PBF-M) zu unterscheiden.

- **Vat Photopolymerization, VPP** (dt. badbasierte Photopolymerisation)
  - SLA: Stereolithografie
  - DLP: Digital Light Processing
  - CDLP: Continous Digital Light Processing
  - CLIP: Continous Liquid Interface Production
- **Material Extrusion, MEX** (dt. Materialextrusion)
  - FFF: Fused Filament Fabrication
  - FGF: Fused Granulate Fabrication
  - AKF: Arburg Plastic Freeforming
- **Material Jetting Technology, MJT** (dt. Freistrahl-Materialauftrag)
  - MJ: Material Jetting
  - DoD: Drop on Demand
- **Binder Jetting Technology, BJT** (dt. Freistrahl-Bindemittelauftrag)
- **Powder Bed Fusion, PBF** (dt. pulverbettbasiertes Schmelzen)
  - Polymere
    - PBF-LB/P: laserstrahlbasiertes Schmelzen (Laser Sintering, LS)
    - PBF-IR/P: infrarotstrahlungsbasiertes Schmelzen (MJF, SAF, HSS)
  - Metalle
    - PBF-LB/M: laserstrahlbasiertes Schmelzen (Selective Laser Melting, SLM)
    - PBF-EB/M: elektronenstrahlbasiertes Schmelzen (EBM)
- **Directed Energy Deposition, DED** (dt. Materialauftrag mit gerichteter Energieeinbringung)
    - LENS: Laser Engineered Net Shaping
    - EBAM: Electron Beam Additive Manufacturing
- **Sheet Lamination, SHL** (dt. Schichtlaminierung)

In Bild 1.2 sind die Verfahren der sieben Hauptklassen grafisch zusammengestellt. Die Verfahren, welche hauptsächlich mit Kunststoffen als Ausgangswerkstoff arbeiten, befinden sich in oberen Bereich der Darstellung. Darunter werden die Metallverfahren zusammengefasst. Die Sheet Lamination (SHL) und das Binder Jetting (BJT) lassen sich nicht eindeutig zu Metall- oder Kunststoffverfahren zuordnen. Speziell beim BJT können prinzipiell eine Vielzahl an unterschiedlichsten pulverförmigen Substraten verwendet werden. Sogar Schokoladenpulver wurde mit BJT bereits zu „Bauteilen“ verarbeitet.

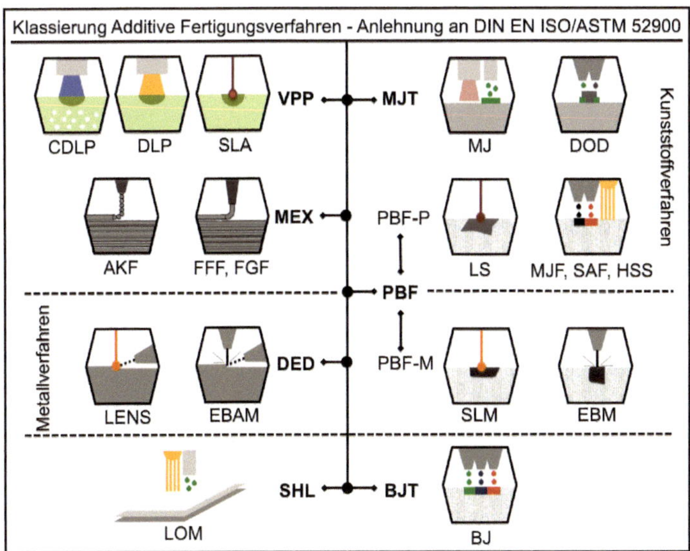

Bild 1.2 Überblick über die Hauptverfahrensklassen der additiven Fertigung in Anlehnung an DIN EN ISO/ASTM 52900; die hauptsächlich im Bereich der Kunststoffe eingesetzten AM-Verfahren sind in der oberen Hälfte zusammengefasst.

Generell wird die Einordnung in Hauptkategorien im Wesentlichen bezüglich der Unterschiede beim Zusammenfügen der jeweiligen Substrate vorgenommen und auf einzelne Materialklassen weniger Rücksicht genommen. Dies ergibt sich aus dem Umstand, dass sich mit dem jeweils gleichen Prozessansatz unterschiedliche Materialien wie Polymere, Metalle, Keramiken und Composites verarbeiten lassen.

Je nachdem, ob ein AM-Verfahren auf direktem Weg zum fertigen Bauteil führt oder über einen „Grünling“ als Zwischenschritt, kann noch zwischen direkten und indirekten AM-Verfahren bzw. einstufigen oder mehrstufigen Prozessen differenziert werden. Kunststoffe und Metalle sind nach wie vor als Hauptmaterialklassen der additiven Fertigung zu betrachten, wenn es um die **direkte Herstellung** von Endbauteilen mit additiver Fertigung für den industriellen Einsatz geht.

Bei den **indirekten AM-Verfahren**, hauptsächlich durch Binder Jetting (BJ) auf verschiedenste Substrate, durch Verarbeitung von Präpolymeren bei Photopolymerisationsverfahren (VPP, MJT) oder durch Compoundverarbeitung bei MEX-Prozessen, werden Endbauteile über den Umweg eines „Grünlings“ erhalten. Keramiken, anorganische Materialien, Faserverbundwerkstoffe und andere „Composites“ sind ebenso zugänglich. Hier werden häufig Polymere oder entsprechende Vorprodukte auch als Grünteilbinder eingesetzt.

Allgemein sind Kunststoffe in den verschiedensten Ausgangsformen aber die nach wie vor dominierende Werkstoffklasse in der additiven Fertigung von Industriebauteilen und beim 3-D-Drucken [4]. Ein umfassender Überblick zu allen additiven Fertigungsverfahren mit Kunststoffen sowie der aktuell involvierten Firmen in den einzelnen Prozessfeldern findet sich bei der Firma AMPower [5].

1.3 Additive Fertigung mit Kunststoffen

Was vor ca. 40 Jahren mit den ersten Arbeiten von Chuck Hull zur Stereolithografie begann, hat sich heute zu einem breit gefächerten Technologiespektrum mit unterschiedlichsten kunststoffbasierten additiven Prozessen entwickelt. Die wesentlichen AM-Verfahren, bei denen Kunststoffe zur direkten Herstellung von AM-Bauteilen eine zentrale Rolle einnehmen, sind (siehe Bild 1.2):

- Vat Photopolymerisation (VPP),
- Material Extrusion (MEX),
- Material Jetting Technology (MJT) und
- Powder Bed Fusion mit Polymeren (PBF-P).

1.3.1 Vat Photopolymerisation (VPP)

Den unter Vat Photopolymerisation (VPP) zusammengefassten Verfahren, Stereolitografie (SLA), Digital Light Processing (DLP) und Continuous Digital Light Processing (CDLP) liegt die Nutzung von energiereicher Strahlung (UV oder sichtbarem Licht) zur Herstellung von AM-Bauteilen zugrunde. Dies kann entweder punktuell durch einen UV-Laser erfolgen (SLA) oder über flächige Belichtung über Projektoren (DLP/CDLP) [6].

Dort wo die energiereiche Strahlung das Substrat, ein flüssiges/zähflüssiges Photopolymerharz, trifft, wird die Polymerisation gestartet und eine ortsaufgelöste Aushärtung des Materials induziert. Die Harze bestehen meist aus komplexen Mischungen aktiver Komponenten auf Epoxy- oder (Meta-)Acrylatbasis und sogenannten Härtern (Alkohole und/oder Amine), d. h., es entstehen Elastomere oder Duromere während des Druckvorgangs. Durch Variationen in der chemischen Zusammensetzung der einzelnen Komponenten lassen sich die Eigenschaften der resultierenden Bauteile in einem weiten Bereich variieren und den Zielanwendungen anpassen. Die eigentliche Polymerisation wird durch einen Initiator gestartet, der bei der UV-Bestrahlung in Radikale zerfällt und eine Radikalkettenreaktion induziert.

Bei VPP entsteht durch kontinuierliches Zuführen neuer Harzlagen Schicht für Schicht ein Bauteil. Die Bauplattform, auf der das Bauteil entsteht, wird entweder schrittweise im Harzbad abgesenkt oder aus diesem herausgezogen. Da die VPP-Verfahren eine Flüssigkeit zum Herstellen von Objekten verwenden, gibt es während der Aufbauphase keine strukturelle Unterstützung durch das Material. Es muss also mit Stützstrukturen gearbeitet werden, wenn die Bauteile Überhänge, Hohlräume oder andere komplexe Strukturen aufweisen.

Üblicherweise zeichnen sich die VPP-Verfahren durch eine hohe Bauteilpräzision und sehr gute Bauteiloberflächen aus. Nachteil ist häufig eine ausgeprägte Sprödigkeit der Bauteile (Duromere) und eine geringe Langzeitstabilität aufgrund nicht vollständig umgesetzter Photoinitiatoren. Nachhärtungs- und Abbaueffekt induziert durch den UV-Anteil im Sonnenlicht können zur Desintegration der Bauteile führen. Die folgende Auflistung sowie Bild 1.3 fassen die wesentlichen Merkmale der einzelnen VPP-Verfahren zusammen.

Stereolithography (SLA)

Beim SLA-Verfahren wird das Material mithilfe eines UV-Lasers ortsaufgelöst ausgehärtet. Die Belichtung findet häufig von oben statt, wobei die punktgenaue Steuerung des Laserstrahls über Spiegelsysteme (Scanner) erfolgt. Durch diese Art der Belichtung sind große Bauteildimensionen möglich und es können mit den entsprechenden SLA-Druckern Bauteile sogar im Meterbereich erzeugt werden (z. B. Modelle von Armaturenträgern im Automobilbereich).

Ein neueres Verfahren, welches dem SLA zuzuordnen ist, ist die „Hot Lithography“ (Firma Cubicure). Hier wird die Prozesstemperatur deutlich über Raumtemperatur angehoben, was die Verarbeitung neuartiger SLA-Harze mit höherer Viskosität ermöglicht. Verbesserte Eigenschaften hinsichtlich Temperaturstabilität und mechanischer Eigenschaften sind durch diesen Prozess zu erwarten.

Digital Light Processing (DLP)

Beim DLP findet eine Flächenbelichtung mit Projektoren statt. Die Belichtung kann sowohl von oben als auch von unten durch einen speziellen Licht- und gegebenenfalls gasdurchlässigen Boden der Harzwanne erfolgen. Die Bauteildimensionen sind durch die Auflösung des Projektors vorgegeben und limitiert im Vergleich zu SLA. Deshalb werden DLP-Prozesse häufig für kleinere oder filigrane Bauteile, z. B. für Gussnegative im Schmuckbereich oder gitterförmige Strukturen mit kleinen lokalen Querschnittsflächen eingesetzt.

Continous Digital Light Processing (CDLP)

Das CDLP ist eine Variante des DLP-Prozesses. Sehr bekannt wurde dieses Verfahren als Continuous Liquid Interface Production (CLIP) der Firma Carbon 3D. Hierbei wird der Effekt ausgenutzt, dass Sauerstoff (O_2) als Radikalfänger fungiert und die Photopolymerisation gezielt inhibieren kann (Quenchen). Gelingt es, wie im CLIP-Verfahren, die örtliche Kontrolle der Inhibierung sehr genau zu steuern, so ist eine signifikante Erhöhung der Prozessgeschwindigkeit möglich. Die Bauteile können sozusagen frei im Photopolymerharz erzeugt werden, wenn Belichtungsebene und „Quenching-Zone“ sehr genau aufeinander abgestimmt sind. Die für diese Verfahren entwickelten Polymerharze weisen zudem häufig noch Komponenten auf, welche in

Nachbehandlungsschritten (engl. post processing) thermisch ausgehärtet werden können. Die Bauteile werden dadurch deutlich stabiler und kommen für technische Anwendungen im Langzeiteinsatz in Betracht. Die Bauteildimensionierung ist aber durch die Verwendung von Projektoren und den sich ausbildenden Unterdruck bei größeren Querschnittsflächen ebenso limitiert wie beim DLP-Prozess.

Vat Photopolymerisation **(VPP)**

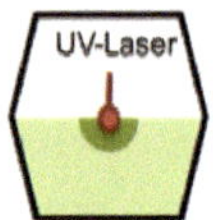

Stereolithography (SLA)
UV-sensitive Präpolymere werden mithilfe eines UV-Lasers punktgenau ausgehärtet
Vorteile: hohe Präzision; sehr gute Bauteiloberflächen; große Bauteile möglich
Nachteile: Stützstrukturen, langsamer Prozess; Langzeitstabilität eingeschränkt

Digital Light Processing (DLP)
UV-sensitive Präpolymere werden mithilfe eines Projektors flächig ausgehärtet
Vorteile: hohe Präzision; gute Bauteiloberflächen; erhöhte Prozessgeschwindigkeit
Nachteile: Stützstrukturen; Bauteildimensionen und Langzeitstabilität eingeschränkt

Continous Digital Light processing (CDLP / CLIP)
Belichtung von unten; gezielte Inhibierung der UV-Härtung durch Sauerstoffzugabe
Vorteile: hohe Präzision; gute Bauteiloberflächen; sehr hohe Prozessgeschwindigkeit
Nachteile: Stützstrukturen; Bauteildimensionen limitiert

Bild 1.3 Unterschiedliche Photopolymerisationsverfahren (VPP) zur Herstellung von Kunststoffbauteilen

1.3.2 Material Extrusion (MEX)

Die additive Fertigung mittels Material Extrusions (MEX) hat in den letzten Jahren sowohl material- als auch prozesstechnisch vielseitige Ausprägungen entwickelt und damit verschiedenste Anwendungsfelder erschlossen [7]. Das reicht von einfachen DIY-Printern für Heimwerker im Hausgebrauch bis zu Spezialverfahren, welche zum Extrudieren von faserverstärktem Beton und damit zum „Drucken" ganzer Gebäude geeignet sind [8, 9].

Sehr große Bauteile, wie Karosserieelemente für Fahrzeuge (z. B. Firma BigRap), lassen sich ebenso wie Mehrkomponenten- und endlos faserverstärkte Werkstücke (z. B. Firma Markforged) mit diesem Verfahren herstellen. Zudem sind mit MEX auch mit Metall- und Keramikpartikeln angereicherte Compositefilamente verarbeitbar, welche mit entsprechenden Nachbehandlungsschritten in reine Keramik- oder Metallteile umgewandelt werden können. Weitere Anwendungen der MEX-Technologie gehen auch in Richtung „Food Printing" [10].

Wenn nicht verstärkte Kunststofffilamente zum Einsatz kommen, so spricht man häufig von Fused Deposition Modelling (FDM), ein Name den die Firma Stratasys für diese Verfahren eingetragen und geschützt hat, oder allgemeiner von Fused Filament Fabrication (FFF).

Fused Filament Fabrication (FFF)

Kunststoffe werden zum Einsatz für den FFF-Prozess üblicherweise als Filament auf eine Spule aufgewickelt und beim Abrollen im MEX-Drucker durch eine heizbare Düse geführt. Durch die korrekte Erwärmung über den Glaspunkt des Polymers haften die Filamente beim Ablegen des Strangs aufeinander und bilden bei richtiger Verarbeitung ein dreidimensionales Bauteil. Eine Unterart des FFF-Prozesses ist das Continous Filament Fabrication (CFF)-Verfahren. Hier werden über einen zweiten Druckkopf Endlosfasern, z. B. Carbonfasern, parallel dem FFF-Druckprozess zugeführt, um steife und hochfeste Bauteile zu generieren.

Häufig beim FFF-Verfahren eingesetzte Kunststoffe wie ABS oder PLA sind amorph und weisen auch weit über dem Glaspunkt eine ausreichende Zähigkeit und Formstabilität auf, sodass die Herstellung dreidimensionaler Bauteile gelingt. Außerdem zeigen amorphe Werkstoffe beim Abkühlen kaum Schwund was die Dimensionsstabilität von FFF Bauteilen erhöht und Prozessfehler wie Verzug und Ablösen von der Bauplattform während des Baues vermeidet.

Ein Problem beim FFF-Prozess kann die mangelnde Schichthaftung sein, wenn die Temperatur während des Bauvorgangs zu weit absinkt und eine ausreichende Adhäsion zwischen den Filamentschichten nicht mehr gegeben ist. Um die Schichthaftung in FFF-Bauteilen zu verbessern, wird zum einen mit geschlossenen geheizten Bauräumen gearbeitet und zum anderen gibt es mittlerweile auch Ansätze, durch thermisch oder chemisch induzierte Reaktionen die Haftung an der Grenzfläche zwischen den einzelnen Filamenten zu verbessern. Es wird dann zwischen MEX-TRB (Thermal Reaction Bonding, TRB) und MEX-CRB (Chemical Reaction Bonding, CRB) unterschieden.

Auch werden beim FFF viele Ansätze verfolgt, teilkristalline Polymere, wie Polyamide (PA), Polyester (PET), oder auch Hochtemperaturwerkstoffe, wie Polyetheretherketon (PEEK), Polyetherimid (PEI) oder Polysulfon (PSU), prozesssicher verarbeiten zu können. Anwendungen z. B. in der Medizinaltechnik oder im Flugzeugbau versprechen hier großes Potenzial. Gefüllte oder faserverstärkte Filamente können verwendet werden, um Volumenänderung beim Kristallisationsvorgang gering zu halten und Bauteilverzug zu vermeiden.

Fused Granulate Fabrication (FGF)

Aufgrund der geringen Materialdurchsätze beim FFF-Prozess wurden zum „Drucken“ großer Bauteile Extruderköpfe entwickelt, welche direkt Mikrogranulate oder Standardgranulate von Kunststoffen verarbeiten können. Der zusätzliche Prozessschritt, die Herstellung von Kunststofffilamenten auf Spulen, wird dadurch eingespart. Auch gefüllte oder faserverstärkte Materialien können beim FGF vorteilhaft eingesetzt werden, was für eine gute Dimensionsstabilität essenziell ist. Es wird mit Düsen im Bereich von 2 bis 10 mm Durchmesser gearbeitet. Dadurch ergeben sich aber raue, wellige Oberflächen, die durch entsprechende Nachbehandlungsschritte in glatte Oberflächen überführt werden müssen (z.B. durch Überfräsen). Anwendungen für die schnell wachsende FGF-MEX-Variante finden sich im Formen- und Sportgerätebau sowie in der Möbelindustrie und bei großen Fahrzeugteilen.

Arburg Plastic Freeforming (APF)

Eine MEX-Variation stellt das von der Firma Arburg entwickelte Kunststoff-Freiformen (AKF) dar. Anstatt Filamenten werden hier kleine Kunststofftropfen über piezogesteuerte Düsen kontinuierlich ausgestoßen (extrudiert). Die Materialdüsen sind ortsfest positioniert und die Bauplattform, auf der die Bauteile entstehen, kann in drei Raumrichtungen bewegt und positioniert werden. Durch den Einsatz mehrerer Düsen lassen sich gleichzeitig unterschiedliche Materialien verarbeiten, sodass Kombinationen unterschiedlicher Materialien (z.B. hart/weich) in einem Bauteil verknüpft werden können.

Der herausragende Vorteil des AKF-Ansatzes ist, dass prinzipiell mit Granulaten als Ausgangswerkstoff gearbeitet werden kann, welche für andere Kunststoffverarbeitungsprozesse (Spritzguss, Extrusion) bereits zur Verfügung stehen. Der aufwendige Zwischenschritt der Filamenterzeugung entfällt. Allerdings ist in der Realität der Einsatz von Standardgranulaten oftmals schwierig, da diese Werkstoffe mit allerlei Prozesshilfsmitteln versehen sind, welche beim AKF-Prozess stören können.

Ebenfalls sind gefüllte Werkstoffe aufgrund der Empfindlichkeit der hochpräzisen Extrusionsdüsen kaum zu verarbeiten. Nachteilig ist hier, wie auch bei den anderen MEX-Verfahren, die relativ langsame Prozessgeschwindigkeit beim Aufbau der Teile und der zwingende Einsatz von Stützmaterialien bei komplexen Strukturen. Bild 1.4 fasst die wesentlichen Elemente der MEX-Technologie für die Verarbeitung von Kunststoffen zusammen.

Material Extrusion **(MEX)**

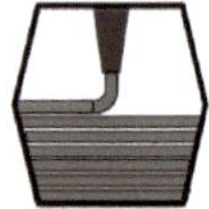

Fused Filament Fabrication (FFF), Fused Granulat Fabrication (FGF)
Kunststoffe werden in einer Düse erhitzt und strangweise aufeinander abgelegt
Vorteile: prinzipiell einfach (DIY) und breite Materialvielfalt
Nachteile: Bauteiloberflächen mäßig, Stützstrukturen; Einzelteile; langsamer Prozess

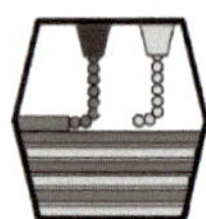

Arburg Kunststoff Freeformer (AKF)
Polymergranulate werden über eine piezogesteuerte Düse tröpfchenweise extrudiert
Vorteile: Kunststoffgranulate ab „Stange“; Multimaterialkombinationen (hart/weich)
Nachteile: Stützstrukturen erforderlich; Einzelteile; Aufbaurate sehr langsam

Bild 1.4 Materialextrusionsverfahren (MEX) zur Herstellung von Kunststoffbauteilen

1.3.3 Material Jetting Technology (MJT)

Die direkte Herstellung von Kunststoffbauteilen gelingt mit Material Jetting (MJ)- oder Drop-on-Demand (DOD)-Technologien (siehe Bild 1.5). Dabei handelt es sich prinzipiell um Druckprozesse analog zum traditionellen 2-D-Tintenstrahldruck. Zähflüssige Materialien werden aus digital gesteuerten Druckköpfen auf eine Bauplattform aufgetragen.

Handelt es sich bei den Druckmaterialien um UV-härtende Präpolymere (siehe Abschnitt 1.3.1, VPP-Prozess), so erfolgt eine unmittelbare Aushärtung der Tröpfchen nach der Deponierung durch im Druckkopf positionierte UV-Strahler (Photopolymerisation). Die Härtung nach dem Ablegen der Tröpfchen kann aber auch rein thermisch durch Abkühlen erfolgen, wenn es sich um niedrig schmelzende Substanzen wie Wachse handelt.

Grundvoraussetzung für die MJT ist immer eine gewisse Viskosität der Präpolymere, welche an die hochpräzisen Druckköpfe angepasst sein muss. Ist dies gegeben, ist das Verfahren grundsätzlich gut geeignet, auch mehrere Materialien mit unterschiedlichen Eigenschaftsprofilen gleichzeitig zu verarbeiten. Die Herstellung von Bauteilen aus „Gradientenmaterial“, d. h. mit lokal angepassten Materialeigenschaften durch Anpassung des Mischverhältnisses der Ausgangsmaterialien direkt im Druckprozess, ist damit möglich. Generell ist MJ sehr vielseitig und generiert mit hoher Geschwindigkeit Bauteile mit sehr geringen Oberflächenrauheiten und hoher Maßgenauigkeit durch präzise Steuerung der Materialabscheidung.

Ein Nachteil beim MJ ist, wie bereits in Abschnitt 1.3.1 (VPP-Verfahren) für UV-härtende Systeme thematisiert, eine gewisse Sprödigkeit der Bauteile (Duromere) und eine geringe Langzeitstabilität (Nachhärtungs- und Abbaueffekt induziert durch den UV-Anteil im Sonnenlicht).

Material Jetting Technology **(MJT)**

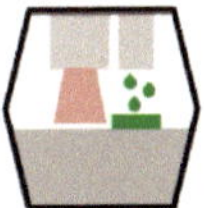

Material Jetting (MJ)
Präpolymertropfen werden mit einem Druckkopf abgelegt und mit UV-Lampe gehärtet
Vorteile: hohe Präzision; sehr gute Bauteiloberflächen; Multimaterialverarbeitung
Nachteile: Stützstrukturen; Langzeitstabilität eingeschränkt

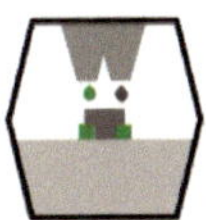

Drop on Demand (DOD)
Polymere (Wachse) werden mit einem Druckkopf abgelegt und thermisch gehärtet
Vorteile: hohe Präzision; gute Bauteiloberflächen; vorwiegender Einsatz Gusskerne
Nachteile: Stützstrukturen; thermisch labile Bauteile

Bild 1.5 Material-Jetting-Technologien zur Herstellung von Kunststoffbauteilen

1.3.4 Powder Bed Fusion (PBF)

Beim Pulverbettschmelzen (PBF) werden die Zielwerkstoffe als dünne Pulverschichten im Baufeld vorgelegt und mit energiereicher Strahlung ortsaufgelöst zum Schmelzen gebracht. Die Materialspur aus geschmolzenem Kunststoff, die dabei entsteht, konsolidiert bei Prozesstemperatur nur langsam und verbleibt für eine gewisse Zeit in der Form unterkühlter, hochviskoser Schmelze, ohne vollständig zu verfestigen (amorphe Erstarrung) oder zu kristallisieren. Wird nun Schicht für Schicht der Pulverwerkstoff übereinandergelegt und die Schmelzspuren der einzelnen Schichten durch geeignete Prozessparameter miteinander verbunden, so entsteht sukzessive ein dreidimensionales Bauteil.

Im Allgemeinen kommen bei den PBF-P-Verfahren strukturell identische oder sehr ähnliche Ausgangswerkstoffe, nämlich teilkristalline Polymere in Pulverform, zum Einsatz. Generell ist auch der Prozessablauf für die PBF-P-Verfahren mit Laserstrahl (PBF-LB/P) oder Infrarotstrahler (PBF-IR/P) gleichartig und enthält folgende sukzessive auszuführende Prozessschritte:

1. Aufziehen (Rakel) oder Aufrollen einer Pulverschicht im Baufeld,
2. Einschreiben der Schichtinformation durch ortsaufgelöstes Schmelzen (Laser oder Strahler) und
3. Absenken der Bauplattform um die gewünschte Schichtstärke (80–150 µm).

Die Prozessstabilität und die Qualität der Bauteile für alle PBF-P-Verfahren ist sehr stark von einer exakten Temperaturkontrolle und Energieeinbringung während der aufgelisteten Prozessschritte und dem gesamten Prozessablauf abhängig. Teilkristalline Polymerwerkstoffe reagieren sehr sensitiv auf inhomogene Temperaturfelder in der Maschine und speziell im Baufeld, was als Folge zu schwankenden Teileeigenschaften oder sogar zu Baujobabbrüchen führen kann.

Für die PBF-P-Verfahren werden heute, analog zu VPP Prozessen, zwei prinzipiell verschiedene Ansätze zur Energieapplikation verfolgt. Punktuelle Belichtung mit einem Laser (Lasersintern, LS) oder flächige Belichtung mit Infrarot (IR)-Strahler (PBF-IR/P).

PBF-IR/P (Multi Jet Fusion, MJF; Selective Absorption Fusion, SAF; High Speed Sintering, HSS)

Bei der flächigen Belichtung mit Infrarot (IR)-Strahlung (PBF-IR/P) gibt es heute im Wesentlichen drei kommerzielle Verfahren auf dem Markt, die unter den von den jeweiligen Firmen verwendeten Verfahrensbezeichnungen bekannt sind:

- Multi Jet Fusion (MJF), Firma Hewlett Packard HP (USA),
- Selective Absorption Fusion (SAF), Firma Stratasys (USA),
- High Speed Sintering (HSS), Firma Voxeljet (D).

Die Abgrenzung zwischen den Verfahren erfolgt im Wesentlichen über spezifische Drucktinten, welche die Energieabsorption gezielt steuern. Zudem kann wie beim MJF noch mit einer zweiten Tinte zur Verbesserung der Konturschärfe und des Wärmehaushalts während des Prozesses gearbeitet werden.

Basisentwicklungen der Universität Loughborough, Großbritannien, zum Einsatz von Digitaldruckköpfen beim Pulverbettschmelzen von Polymeren (Forschungsgruppe Prof. Neil Hopkinson) liegen den Verfahren zugrunde. Die Grundidee war, analog zu Binder- oder Material-Jetting-Technologie die bereits existierende und hoch entwickelte 2-D-Druck-Technologie auch für PBF-P zu nutzen.

Bild 1.6 zeigt den prinzipiellen Ablauf, der zur Anwendung kommt. IR-strahlungabsorbierende Tinte wird nach der Pulverschichtapplikation mithilfe von Digitaldruckköpfen in das Kunststoffpulverbett appliziert, um die Schichtgeometrie des gewünschten Bauteils in die jeweilige Pulverschicht vorzugeben. Nur im Bereich der applizierten Tinte wird anschließend genügend Strahlungsenergie aufgenommen und das Pulver vollständig aufgeschmolzen. Im Bereich ohne Tinte nimmt das Pulver weniger Strahlungsenergie von den IR-Strahlern auf, sodass keine Aufschmelzung erfolgt und das teilkristalline Kunststoffpulver weitgehend unverändert bleibt und nach dem Prozess entnommen und rückgeführt werden kann.

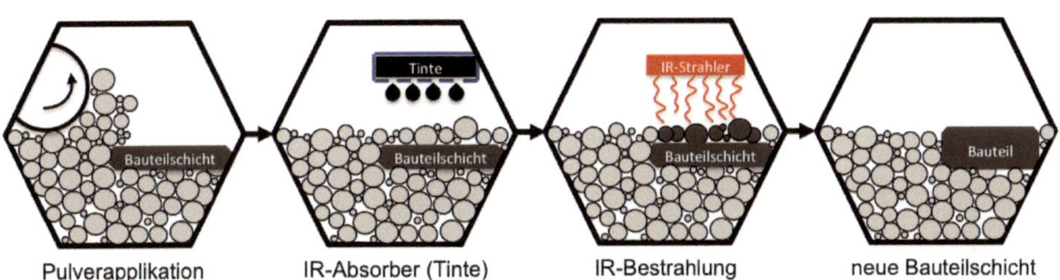

Bild 1.6 Prinzipielle Prozessschritte beim PBF-IR/P (ohne Darstellung der Applikation der Blockertinte bei MJF)

Zu einer hohen industriellen Reife geführt hat dieses Verfahren die Firma Hewlett Packard (HP) unter dem Markennamen „Multi Jet Fusion (MJF)“, wobei hier als Unterschied zum SAF und HSS zusätzlich noch IR-abblockende Tinte in den Randbereichen der Bauteile appliziert wird, um die Konturen, die Bauteilauflösung und die Homogenität der Wärmeverteilung im Pulverbett zu erhöhen (Applikation der IR-Blockertinte in Bild 1.6 nicht dargestellt).

Ein großer Vorteil dieses Verfahrens ist, dass durch die gezielt gesteuerte Applikation der Tintenmenge und eine vergleichsweise lange Belichtungszeit die Optimierung der Bauteile in vertikaler Richtung gelingt. Die sonst bei Schichtbauverfahren latent vorhandene Bauteilanisotropie durch verminderte Schichthaftung ist bei PBF-IR/P verbessert [11]. Nachteilig sind neben unerwünschten Farbeffekten in den Bauteilen teilweise auch die Nichterfüllung von Reinheitsanforderungen für die Lebensmittel-, Medizinal- und Kosmetikindustrie durch die verwendeten Absorptionsflüssigkeiten (Drucktinte).

Vielfach wird als Vorteil dieser Verfahren im Vergleich zu LS auch noch die höhere Baugeschwindigkeit durch die Flächenbelichtung genannt. Dieser Geschwindigkeitsvorteil im Bauprozess ist aber nicht so ausgeprägt wie zu erwarten wäre, da die Gesamtprozessdauer auch von Schritten vor und nach dem eigentlichen Baujob abhängt, welche zeitlich kongruent zum LS sind. Speziell der Abkühlvorgang muss, wie beim LS, geregelt erfolgen, um Bauteilfehler durch Verzug zu vermeiden.

PBF-LB/P (Lasersintern, LS)

Der weitverbreitete und auch in der Normierung verwendete Terminus „Lasersintern (LS)" ist eher historisch begründet und etwas irreführend, da es sich bei den heute technisch eingesetzten Kunststoffpulvern eigentlich um einen Schmelz-Erstarrungs-Vorgang und nicht um einen Sinterprozess handelt. Häufig wird in diesem Zusammenhang auch von SLS (Selective Laser Sintering) gesprochen. Dieser Begriff ist allerdings eine geschützte Bezeichnung der Firma 3D-Systems (Rockhill, USA) und wird daher im Rahmen dieses Buchs, auch aufgrund der aktuellen Normierung, nicht (mehr) verwendet.

In professionellen LS-Anlagen wird zum Aufschmelzen des Kunststoffpulvers praktisch ausschließlich mit Kohlendioxid (CO_2)-Lasern mit mittlerer Leistung (bis 100 W) gearbeitet. Die korrekte Positionierung des Laserstrahls erfolgt über reibungsfrei gelagerte Spiegel-Scanner-Systeme, die mit hohen Ablenkgeschwindigkeiten - bis zu 15 m/s - den Laserstrahl über die Pulveroberfläche führen. Die Daten für die Führung des Laserstrahls werden mittels einer Software aus dem CAD-File des gewünschten Bauteils erzeugt. Dabei wird das Teil in Schichten zerlegt und für jede Schicht die Bahnen (Vektoren) berechnet, die der Laserstrahl abfährt. CO_2-Laser mit einer Wellenlänge von λ = 10,6 µm haben sich bewährt, da hier die meisten Kunststoffe über molekulare Gruppenschwingungen genügend Energie absorbieren, um das Pulver aufzuschmelzen. Bild 1.7 fasst die Kernpunkte der PBF-P-Verfahren zusammen.

Powder Bed Fusion – Polymers **(PBF-P)**

PBF-IR/P - (MJF), (SAF), (HSS)
IR-aktive Tinte wird im Bauteilbereich appliziert; Schmelzen durch IR-Strahler
Vorteile: keine Stützstrukturen; Bauteilisotropie; schnell (Flächenbelichtung)
Nachteile: Tinteneffekte (Farbe/Kontamination); inhomogene Baujobs; wellige Oberflächen

PBF-LB/P – Lasersintern (LS)
direktes Schmelzen der Polymeren durch punktuelle Belichtung mit CO_2-Laser
Vorteile: keine Stützstrukturen; hochkomplexe Bauteile; große Bauflächen möglich
Nachteile: anisotrop in Z-Richtung; langsam (Spotbestrahlung); wellige Oberfläche

Bild 1.7 Vergleich industrieller Verfahren zum Pulverbettschmelzen von Polymeren (PBF-P)

PBF-P mit weiteren Strahlungsquellen

Neben HSS und MJF sind in jüngerer Zeit Forschungs- und Entwicklungsprojekte vorgestellt worden, bei denen weitere Ansätze verfolgt werden, die eher teuren und von der geometrischen Auflösung beschränkten CO_2-Laser beim LS-Verfahren durch andere Energiequellen zu ersetzen:

- **Nd-YAG-Laser (oder Faserlaser)**

  Dieser Lasertyp mit einer Wellenlänge von λ = 1064 nm wird in vielen industriellen Anwendungen (z. B. Laserschneiden) und auch in PBF-M-Prozessen bereits breit eingesetzt. Der Vorteil ist der geringe Spotdurchmesser des Laserstrahls, welcher höhere Bauteilauflösungen und Detaillierungen ermöglicht. Nachteilig ist, dass die eingesetzten Kunststoffe bei einer Wellenlänge von λ = 1064 nm kaum Strahlung absorbieren und auch hier wie bei HSS und MJF mit energieabsorbierenden Zusätzen (oftmals Ruß) gearbeitet werden muss, was in der Regel zu schwarzen oder grauen Bauteilen führt.

  Nd-YAG-Laser finden sich aktuell bereits in einigen kommerziellen LS-Maschinen. Das schweizerische Start-up Sintratec bestückt seine „S2"-Technikumsanlage mit einer 10 W Laserdiode (λ = 1064 nm). Die chinesische Firma Farsoon rüstet LS-Anlagen auf Kundenwunsch mit der sogenannten FLIGHT-Technologie aus. Dabei werden Nd-YAG-Hochenergielaser mit einer Leistung von 500 W eingesetzt (siehe Abschnitt 2.2.1.3).

- **Kohlenmonoxid (CO)-Laser**

  Der CO-Laser liegt in einem ähnlichen Wellenlängenbereich wie der CO_2-Laser, weist aber ähnlich wie der Nd-YAG-Laser einen deutlich kleineren Laserspotdurchmesser auf, was für den Detaillierungsgrad der Bauteile von Vorteil ist. Allerdings ist der CO-Laser technisch empfindlicher als der Standard-CO_2-Laser und erfordert einen wesentlich größeren Aufwand bei der Kühlung und Steuerung. So müssen z. B. akustooptische Modulatoren eingesetzt werden, um die Trägheit des Lasers beim Ein- und Ausschalten zu kompensieren. Die Firma EOS (D) entwickelt aktuell diese FDR-Technologie (engl. fine detail resolution, FDR) und bietet Sondermaschinen dieses Typs als Einzelanfertigungen bereits kommerziell an.

- **Laserdioden**

  Hauptsächlich in LS-Laboranlagen werden schon seit geraumer Zeit Laserdioden in verschiedenen Wellenlängenbereichen eingesetzt. Zum Beispiel die „S1"-Anlage von Sintratec (CH) verwendet eine „blaue" Diode mit einer Wellenlänge von λ = 445 nm mit einer Leistung von 2,3 W.

  Analog wird von der polnischen Firma Sinterit eine Laserdiode mit einer Wellenlänge von λ = 808 nm und einer Leistung von 5 W in ihrer „LISA"-Maschine eingesetzt. Zusätzlich wird hier die Ablenkung des Laserstrahls nicht durch den Einsatz eines Scanners bewerkstelligt, sondern durch eine X,Y-Positionierung der Laserdiode.

Für Laboranlagen ist der Einsatz von Laserdioden ein probates Mittel, um die Kosten niedrig zu halten. Allerdings können aufgrund der eingesetzten Wellenlängen und der niedrigen Strahlungsenergie nur schwarze Pulver zum Einsatz kommen, bei denen in der Regel durch Zusatz von Ruß die Absorptionsleistung für die jeweilige Laserwellenlänge erhöht wurde.

- **Laserdioden-Arrays** (Strahlbündel)

  Entwicklungen zum Einsatz von Diodenarrays zum Lasersintern laufen aktuell bei der Firma EOS. Die sogenannte LaserProFusion-Technologie ist eine Innovation, die auf deutlich höhere Produktivität abzielt. Im Gegensatz zum Lasersintern fährt kein CO_2-Laser das gesamte Baufeld ab, sondern es kommen bis zu einer Million Diodenlaser gleichzeitig zum Einsatz, welche zu Strahlungsbündeln zusammengefasst werden und eine Gesamtleistung von bis zu 5 kW erzielen können. Pro Bauteilschicht werden aufgelöst nach Pixeln nur die Stellen zum Schmelzen des Pulvers aktiviert, an denen es die CAD-Daten des Bauteils vorgeben. Es handelt sich also um eine Flächenbelichtung mit signifikant verkürzter Belichtungszeit mit dem Ziel der Serienproduktion von Kunststoffbauteilen.

- **Quantum Cascade Laser (QCL)**

  Ebenfalls auf den Einsatz von Diodenarrays zur Flächenbelichtung setzt die israelische Firma 3DM Digital Manufacturing Ltd., allerdings sollen hier Halbleiterlaser (QCL) zum Einsatz kommen, welche eine Anpassung der Laserwellenlänge an das jeweils eingesetzte Kunststoffpulver gestatten: Im Zusammenhang mit der Flächenbelichtung ist dies ein zukunftsorientiertes Konzept für den Einsatz unterschiedlichster Kunststoffe in der Serienproduktion. Mit der Firma Materialise (B) konnte 3DM kürzlich einen international bekannten Entwicklungspartner gewinnen, der den weiteren Markteintritt beschleunigen könnte.

1.3.5 Vergleich additiver Fertigungsverfahren für Kunststoffe

In Tabelle 1.1 sind die in Abschnitt 1.3 vorgestellten additiven Fertigungsverfahren für Kunststoffe

- Vat Photopolymerisation (VPP),
- Material Extrusion (MEX),
- Material Jetting Technology (MJT) und
- Powder Bed Fusion mit Polymeren (PBF-P)

aufgrund industrierelevanter Kriterien, welche den Einsatz und die Anwendung der Technologien determinieren, zusammengefasst.

Generell sehr wichtig in diesem Zusammenhang ist, ob der jeweilige Bauprozess den Einsatz von Stützstrukturen erfordert. Dies bedeutet in der Regel einen erhöhten Aufwand für das Postprocessing (Entfernung der Stützstrukturen) und die Anbindung der Teile an eine Boden- oder Bauplatte, was wiederum einen Einfluss auf die Produktivität hat. So ist z. B. die in Tabelle 1.1 angegebene „mäßige" Produktivität von „MEX" und im Gegenzug die „sehr hohe" Produktivität von PBF-P mit dem jeweils vorhandenen/nicht vorhandenen Bedarf an Stützstrukturen erklärbar.

MJT-Verfahren werden hauptsächlich zur Herstellung von Prototypen verwendet. Sie sollen es ermöglichen, sich dem Endprodukt vor allem in optischer Hinsicht bezüglich Farben und Oberflächen nähern. Solche Teile können z. B. für Designstudien verwendet werden, aber ihnen fehlen in der Regel die mechanischen Eigenschaften für Funktionsanwendungen. MEX, VPP und PBF-P ermöglichen dagegen die direkte Herstellung von funktionalen Teilen, obwohl einige Nachbearbeitungen erforderlich sein können, um geeignete Oberflächen- und visuelle Eigenschaften zu erhalten.

Tabelle 1.1 Vergleich von AM-Kunststoffverfahren nach industriell wichtigen Kriterien

Kriterien	Vat Polymerisation (VPP)	Material Extrusion (MEX)	Material Jet Technologie (MJT)	Powder Bed Fusion (PBF-P)
Stützstrukturen	Ja	Ja	Ja	Nein
Anbindung an Bodenplatte	Ja	Ja	Ja	Nein
Anisotropie	Gering	Hoch	Gering	Mittel
Oberflächenqualität	Sehr gut	Mäßig	Sehr gut	Mittel
Auflösung	0,1 mm	0,5 mm	0,05 mm	0,5 mm
Genauigkeit	0,3 mm	0,5 mm	0,1 mm	0,3 mm
Teilealterung	Ausgeprägt	Gering	Ausgeprägt	Gering
Typische Teiledimension	< 0,5 m	< 1 m	< 0,3 m	< 0,5 m
Materialvielfalt	Mittel	Hoch	Mittel	Gering
Typische Seriengröße	Bis 5000	Bis 100	Bis 10	Bis 10 000
Produktivität	Gut	Mäßig	Mäßig	Sehr gut
Kosten insgesamt	Hoch	Mittel	Mittel	Hoch
Einsatzbereich	Funktionsteile	Funktionsteile	Prototypen	Funktionsteile/ Serienteile

Herausragender Vorteil der PBF-P-Verfahren im Vergleich zu anderen Verfahren der additiven Fertigung ist, dass durch das umgebende Pulver komplexe Bauteile ohne den Einsatz von Stützstrukturen erzeugt werden können. Größere Bauteilserien (bis mehrere Tausend) oder auch Baujobs, in denen viele völlig unterschiedliche Bauteile zusammengefasst werden, sind damit möglich. PBF-P generell und speziell Lasersintern (LS) wird aufgrund der in Tabelle 1.1 vorgestellten und bewerteten Kriterien nach wie vor als das AM-Verfahren im Kunststoffbereich betrachtet, welches den Weg in eine breite industrielle Anwendung finden wird und die Herstellung von AM-Serienteilen gelingt.

Die aktuellen Innovationen beim LS zum Einsatz in unterschiedlichen Belichtungsquellen, die laufende Vergrößerung der Materialvielfalt, die Optimierungen der gesamten Prozesskette (vor- und nachgelagerte Schritte) mit Integration in industrielle Abläufe lassen erwarten, dass LS auch zukünftig die determinierende Rolle für industrierelevante AM-Kunststoffbauteile einnehmen wird.

1.4 Lasersintern (LS) mit Kunststoffen

Der Schritt vom Prototyp zum Serienteil verändert die Betrachtungsperspektive gänzlich. Sowohl LS-Teile als auch das LS-Verfahren müssen sich dann im Kontext mit traditionellen und etablierten Produktionstechnologien messen lassen. Nur wenn dieser Schritt gelingt, kann zukünftig eine breite Industrieakzeptanz erwartet werden. Dazu müssen alle Ebenen und Elemente der LS-Prozesskette betrachtet werden, wie sie in Bild 1.8 zusammengefasst sind und im vorliegenden Buch behandelt werden.

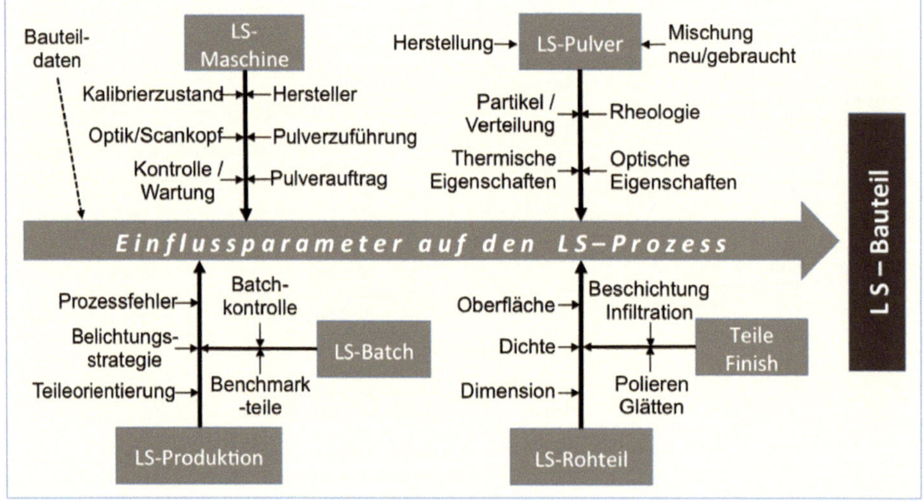

Bild 1.8 Prozesselemente des LS-Verfahrens, welche im vorliegenden Buch in den angegebenen Abschnitten (Kapiteln) vorgestellt werden.

LS-Maschinen und Technologie (Kapitel 2): In diesem Kapitel wird der prinzipielle Aufbau kommerzieller LS-Systeme und die wesentlichen Maschinenelemente vorgestellt. Spezielles Augenmerk wird darauf gelegt, aufzuzeigen, worin sich die Systeme der führenden OEMs unterscheiden und welche Effekte auf den Prozess bzw. die Bauteile daraus resultieren. Temperaturkontrolle, Pulverzuführung, Energieeintrag und optische Komponenten stehen im Mittelpunkt. Eine Zusammenstellung der aktuell auf dem Markt befindlichen Geräte ergänzt den Abschnitt.

LS-Bauprozess (Kapitel 3): Dieses Kapitel erläutert wesentliche Prozessdetails vor und während des Bauprozesses. Die Pulvervorbereitung, der Prozessablauf und Prozessfehler werden thematisiert. Möglichkeiten zur Qualitätskontrolle entlang der Prozesskette, die Integration des LS-Prozesses in industrielle Produktionsketten und der Stand der internationalen Normung werden vorgestellt.

Einen besonderen Schwerpunkt legt das Buch auf die LS-Werkstoffe, welche in mehreren Abschnitten thematisiert werden. In **Kapitel 6** werden die aktuell kommerziell verfügbaren **LS-Materialklassen** vorgestellt und am Beispiel von Polyamid 12 (PA 12) herausgearbeitet, welche besonderen Werkstoffeigenschaften vorliegen müssen, damit ein Material LS-prozessgängig ist. Als Grundlage dazu werden in den **Kapiteln 4 und 5** die dafür erforderlichen **Polymer- und Pulvereigenschaften** vorgestellt.

LS-Bauteile (Kapitel 7): Im abschließenden Kapitel werden schließlich noch die verschiedenen Bauteileigenschaften thematisiert und die Besonderheiten des Prozesses auf Eigenschaften wie mechanische Kennwerte und Bauteildichten thematisiert. An einigen ausgewählten Beispielen wird beleuchtet, welche konstruktiven Besonderheiten, aber auch Grenzen beim LS-Verfahren vorliegen und welche konkreten Vorteile LS-Teile gegenüber Kunststoffbauteilen haben können, welche mit anderen kunststoffverarbeitenden Prozessen (z. B. Spritzguss) hergestellt wurden.

Ein Bereich, der im vorliegenden Buch nur am Rande thematisiert wird, der aber im Zusammenhang mit additiver Fertigung auch einen sehr hohen Stellenwert besitzt, ist die Qualität der Bauteildaten [3]. Diese stehen in direktem Zusammenhang mit der Qualität der generierten Bauteile (siehe Abschnitt 3.1.2). Nur bei hoher Datenqualität kann eine gute Bauteilqualität erwartet werden – unabhängig von den sonstigen Rahmenbedingungen während des LS-Prozesses. Weitere Herausforderungen für einen noch breiteren Einsatz der LS-Technologie in Zukunft sind noch zu bearbeiten.

Herausforderungen

Neben der Qualität und hohen Datenauflösung ist nach wie vor die Weiterentwicklung und Verbreiterung des aktuellen LS-Materialportfolios unabdingbar. Die aktuelle Werkstoffauswahl ist zu gering, um die vielfältigen Ansprüche der Industrie abdecken zu können. Werkstoffklassen, die hier zu nennen sind, umfassen technische Thermoplaste im Allgemeinen und mit spezifischen Eigenschaften (z. B.

flammgehemmt), biokompatible und biologisch abbaubare Werkstoffe, Composite und farbige Werkstoffe.

Ein weiterer wesentlicher Punkt ist die Verbesserung der Oberflächenqualität der LS-Bauteile. Die Notwendigkeit zur Nacharbeit von additiv gefertigten Bauteilen muss minimiert werden. Automatisierte Nachbearbeitungsprozesse vom Auspacken der Teile über das Reinigen bis zum Endfinish sind zu entwickeln.

Das LS-Equipment und die zugrunde liegenden Fertigungsprozesse sind ebenfalls weiter zu optimieren. Prozessgeschwindigkeiten, Bauteildimensionen, Multimaterialverarbeitung, Rüstzeiten und Datenaufbereitung sind hier nur einige Stichworte. Die gesamte Prozessstabilität und die Reproduzierbarkeit müssen an die Standards gängiger Fertigungsprozesse bei gleichzeitiger Reduktion der Betriebskosten angepasst werden.

Hinsichtlich der Bauteileigenschaften gibt es noch weiteren Optimierungsbedarf vor allem im Bereich der Isotropie der mechanischen Eigenschaften, der Bauteildichten und der damit verbundenen Sprödigkeit, Duktilität und Langzeitbeständigkeit. Zudem erwartet die Industrie für ein neues Produktionsverfahren eine umfassende Normierung, die sukzessive zu erweitern ist.

Literatur

[1] Fritz, H. F.: Fertigungstechnik, Springer Verlag, ISBN 978-3-662-56534-6, 2018

[2] Gebhardt, A., Kessler, J., Thurn, L.: 3D-Drucken: Grundlagen und Anwendungen des Additive Manufacturing (AM) – 2. Auflage, Hanser Verlag, ISBN 978-3-446-44672-4, 2016

[3] Klahn, Ch., Mehboldt, M., Fontana F.: Entwicklung und Konstruktion für die Additive Fertigung, Vogel Business Media, ISBN 978-3-8343-3395-7, 2018

[4] Ligon, S. C., Liska, R., Stampfl, J., Gurr, M., Mülhaupt, R.: Polymers for 3D printing and customized additive manufacturing, *Chemical Reviews*, (2017) 117 (15)

[5] Homepage der Firma AMPower: *https://ampower.eu/tools/polymer-additive-manufacturing/*, zuletzt abgerufen am 18.02.2022

[6] Crivello, J.V., Reichmanis, E.: Photopolymer materials and processes for advanced technologies, *Chem. Mater.*, (2014) 26, 533–548

[7] Kampkera A., Triebsa, J., Kawolleka, S., Ayvaza, P., Hohenstein, S.: Review on Machine Designs of Material Extrusion based Additive Manufacturing (AM) Systems – Status-Quo and Potenzial Analysis for Future AM Systems, *Procedia CIRP*, (2019) 81, 815–819

[8] Mohan, M., Rahul, A.V., de Schutter, G., K., van Tittelboom, K.: Extrusion-based concrete 3D printing from a material perspective: A state-of-the-art review, *Cement and Concrete Composites*, (2021) 115, 103855

[9] Krause, M.: Baubetriebliche Optimierung des vollwandigen Beton-3D-Drucks, Springer Verlag, ISBN 978-3-658-33417-8, 2002

[10] Mantihal, S., Kobun, R., Lee B.-B.: 3D food printing of as the new way of preparing food: A review, *International Journal of Gastronomy and Food Science*, (2020) 22, 100260

[11] Sillani, F., Kleijnen, R., Vetterli, M., Schmid, M., Wegener, K.: Selective Laser Sintering and Multi Jet Fusion: process-induced modification of the raw materials and analyses of parts performance, *Additive Manufacturing*, (2019) 27, 32–41

2 Lasersintertechnologie

Grundprinzip

Das LS-Verfahren lässt sich schematisch wie in Bild 2.1 gezeigt beschreiben. Kunststoffpulver aus einem Vorratsbehälter wird sukzessive in dünnen Schichten (meist 100 µm) auf ein Baufeld appliziert und mithilfe einer Oberflächenheizung auf eine gewünschte Prozesstemperatur eingestellt. Anschließend wird durch exakte Positionierung von Ablenkspiegeln in einem Laserscanmodul und durch Ein- und Ausschalten eines CO_2-Lasers die zu einem Bauteil gehörende Schichtinformation in die frisch applizierte Pulverschicht durch Schmelzen „eingeschrieben“.

Dies bedeutet, dass durch die Laserenergie die Pulverpartikel ortsaufgelöst aufgeschmolzen werden und sich anschließend als Schichtfragmente eines Bauteils wieder verfestigen. Gelingt durch die Prozessführung die Verbindung von einzelnen Schichten solcher Bauteilspuren, so entsteht Schicht für Schicht ein neues Bauteil (weitere Details siehe Abschnitt 3.1.3).

Wie in Bild 2.1 gezeigt, ist der Bauprozess also eine sukzessive Abfolge immer gleicher Prozessschritte:

1. Absenken der Bauplattform um eine Schichtstärke,
2. Applikation von Frischpulver als dünne Schicht auf dem Baufeld,
3. Erwärmen der Pulverschicht auf Prozesstemperatur (IR-Strahler) und
4. Einschreiben der Schichtinformation mit Laserenergie.

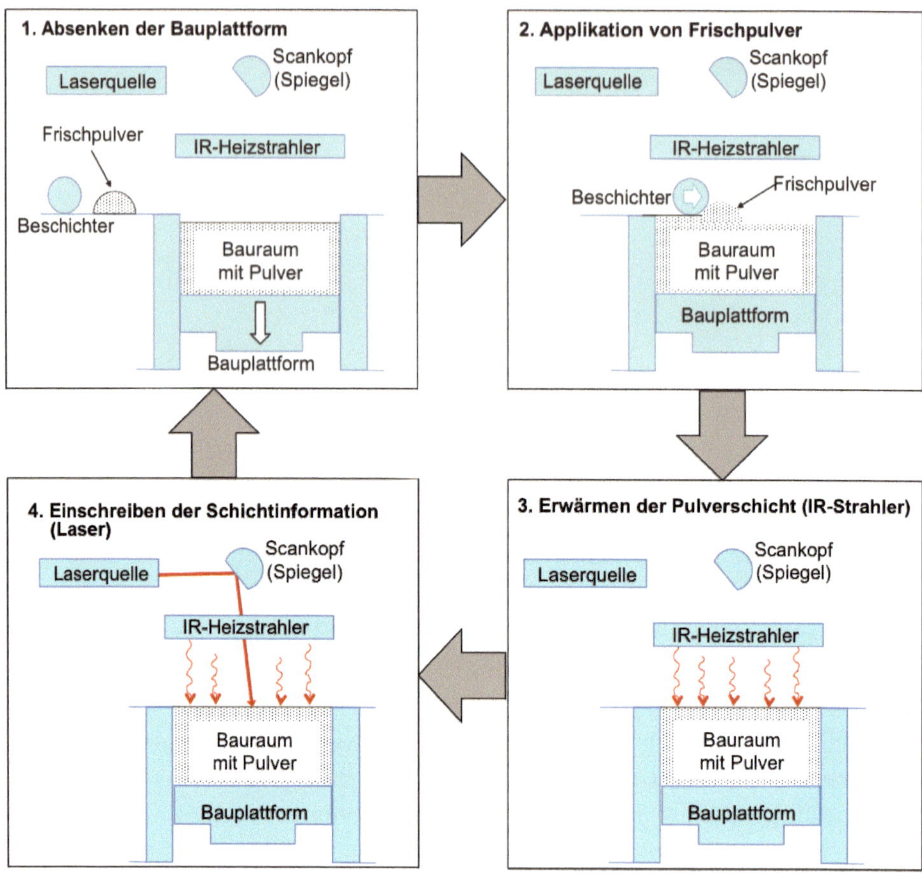

Bild 2.1 Abfolge der Prozessschritte beim LS-Verfahren

Entwicklungsgeschichte

Die Entwicklungsgeschichte der LS-Technologie beginnt an der Universität Austin (USA, Texas) [1]. Hier wurden in den 1980er-Jahren die ersten Laborversuche durchgeführt und in der Doktorarbeit von Carl Deckard [2] grundlegende Patente erarbeitet, welche die Technologie beschreiben. Carl Deckard und Joseph Beaman, der Professor bei dem Deckard promovierte, gelten deshalb heute gemeinhin als Erfinder der LS-Technologie.

Das Wissen und die Patente wurden an die 1989 gegründete Firma DTM lizenziert, welche als Erste die Kommerzialisierung der LS-Technologie vorantrieb. In der Folge wurden von DTM über etwa ein Jahrzehnt verschiedene LS-Maschinengenerationen entwickelt und mit mehr oder weniger großem Erfolg kommerzialisiert.

Die finale Evolution der DTM-Maschinenentwicklung war die „SinterStation", welche es in vier Entwicklungsstufen gab: SinterStation 2000, SinterStation

2500, SinterStation 2500plus, SinterStation Pro (Bauzeit von 1992 bis 2001). Bild 2.2 zeigt den prinzipiellen Aufbau der DTM-Maschinen. Alle wesentlichen Teile und Maschinenkomponenten sind dargestellt und werden im Folgenden besprochen.

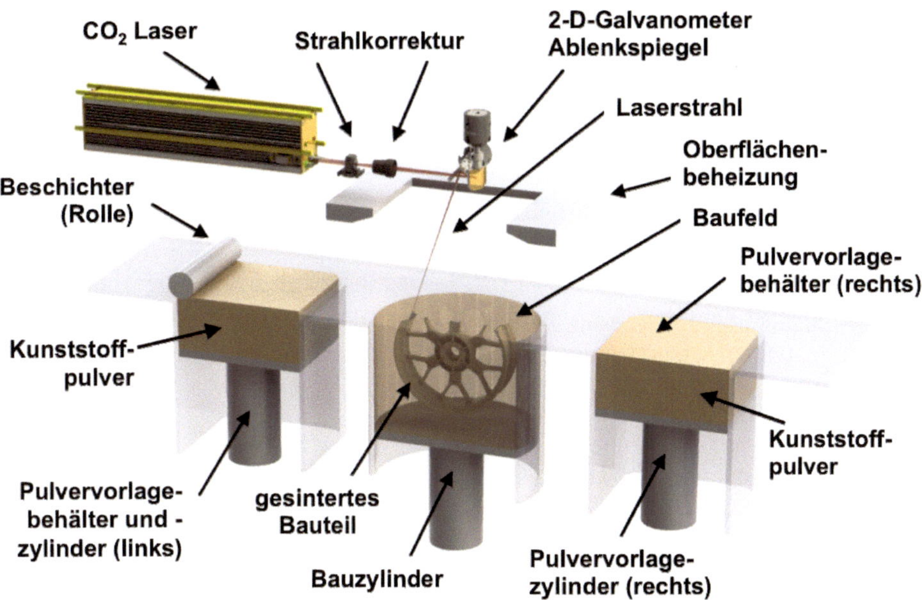

Bild 2.2 Prinzipieller Aufbau der LS-Maschinen der Firma DTM/3D-Systems

Trotz ihres fortgeschrittenen Alters sind viele SinterStation-Maschinen der Firma DTM im Originalzustand oder in aufgerüsteter Form auch heute noch im Einsatz. Sie gelten gemeinhin als robust und zuverlässig. Nachrüstungen wie Mehrzonenheizungen, verbesserte Temperaturkontrollausrüstungen, digitale Scanköpfe, neue Beschichtungseinheiten usw. sind möglich und werden von verschiedenen Systemanbietern angeboten. Wettbewerbsfähige Teile können mit solchen Anlagen bei entsprechender Wartung problemlos gebaut werden.

Mit der Übernahme von DTM durch die Firma 3D-Systems (USA) in 2001 ging dieses erfolgreiche und sehr robuste Maschinenkonzept in den Besitz von 3D-Systems über und wurde ebenfalls sukzessive weiterentwickelt (Sinterstation® HiQ™, sPro™). Mittlerweile hat 3D-Systems mit der ProX™ 6100-Plattform eine nächste Entwicklungsstufe erreicht (siehe Abschnitt 2.2.1.2).

Parallel dazu entwickelte die Firma Electro Optical Systems (EOS) ein unabhängiges LS-Maschinenkonzept und stellte 1994 mit der „EOSINT P 350“ eine eigene LS-Maschine vor. Aufbauend auf dieser Basismaschine wurde in den letzten 20 Jahren ein breites Maschinenportfolio entwickelt (siehe Abschnitt 2.2.1.1).

2.1 Maschinentechnologie

2.1.1 Maschinenkonfiguration

Die marktdominierenden Systeme der Firmen 3D-Systems und EOS sind in ihrem Kernaufbau strukturell ähnlich, unterscheiden sich aber in Details wie Pulverzuführung, Pulverauftrag, optischen Korrekturen und der Belichtungsstrategie.

Der prinzipielle Aufbau einer LS-Maschine besteht, wie in Bild 2.3 gezeigt, aus drei Ebenen: Optikmodul, Prozesskammer mit Baufeld und Pulverbereich.

Das Optik- oder Lasermodul enthält den Laser, den Strahlengang mit entsprechenden Umlenkspiegeln, eine Korrekturlinse zur Fokuskorrektur sowie den Scankopf. Dieser Maschinenteil ist hermetisch von der restlichen Maschine abgekoppelt und sollte möglichst staubfrei sein. Staubpartikel an den optischen Teilen würden zu Streuverlusten der Laserstrahlung führen und die Qualität der Bauteile massiv negativ beeinflussen.

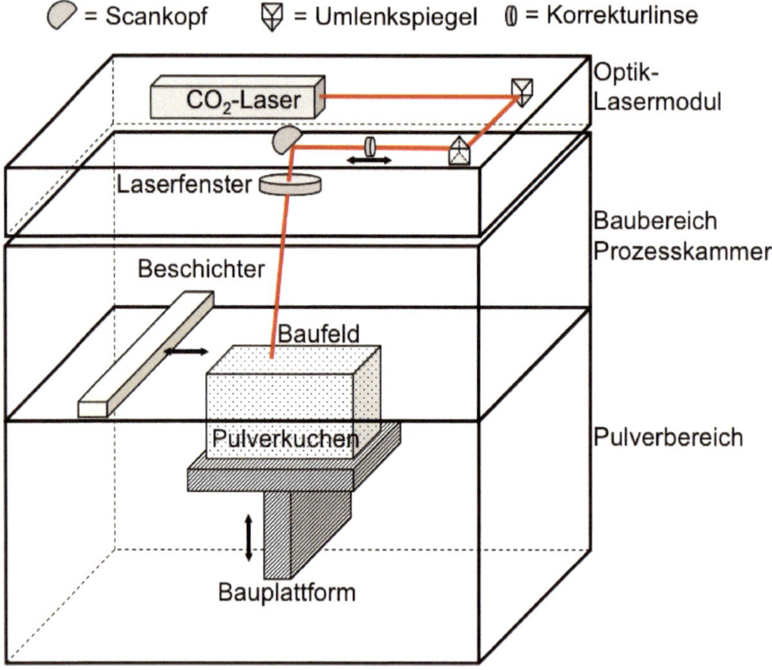

Bild 2.3 Prinzipieller Aufbau einer LS-Maschine in drei Ebenen

Bild 2.4 zeigt einen Blick in das Lasermodul einer DTM-Sinterstation 2500plus. Die in Bild 2.3 genannten Komponenten Laser, Umlenkspiegel, Korrekturlinse und

Scankopf sind hier gut sichtbar. Weitere, hier nicht gezeigte Elemente, sind die elektronischen Steuerungsmodule des Scankopfes, welche in staubfreier Umgebung im Lasermodulbereich untergebracht sind.

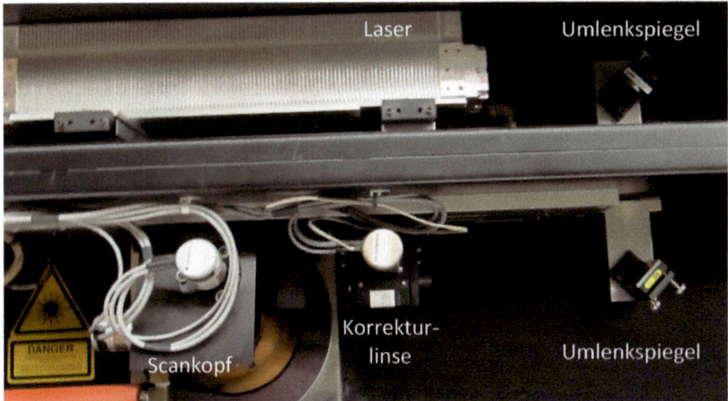

Bild 2.4 Blick von oben in das Lasermodul einer LS-Maschine: Laser, Umlenkspiegel, Korrekturlinse und Scankopf sind sichtbar. [Quelle: Inspire AG]

Unter dem Scankopf in Bild 2.4 ist das Laserfenster zu erkennen, welches den Übergang (die Schnittstelle) zum darunterliegenden Baufeld darstellt. Das Laserfenster besteht aus speziellen optischen Materialien mit einer extrem hohen Transmission für die entsprechende Laserwellenlänge. Im Falle der LS-Maschinen mit CO_2-Lasern (λ = 10,6 µm) wird Zinkselenid (ZnSe) für die Laserfenster verwendet. Bild 2.5 zeigt die Komponenten des Laserfensters in ein- und ausgebauten Zustand.

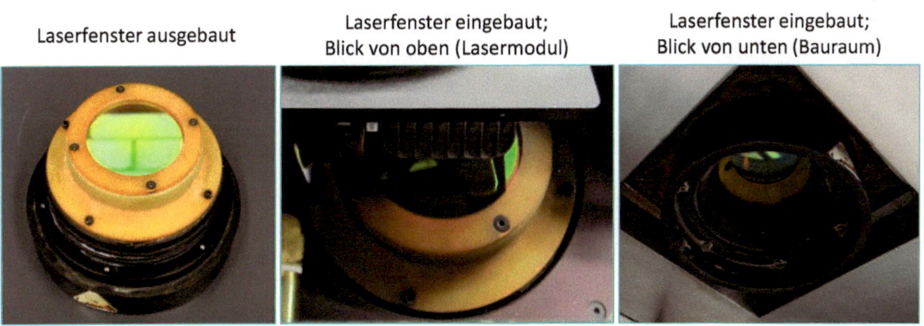

Bild 2.5 Laserfenster in ein- und ausgebauten Zustand [Quelle: Inspire AG]

Für ein gutes Sinterergebnis sollte/muss das Laserfenster nach jedem Bau sorgfältig gereinigt werden. Ablagerungen oder das Einbrennen von Partikeln würden den Prozess massiv beeinträchtigen. Das Laserfenster muss periodisch im Sinne eines Verschleißteils ersetzt werden, da es im Laufe des Prozesses „blind“ werden kann.

Die beiden nächsten Bereiche in einer LS-Maschine sind die Prozesskammer und der Pulverbereich. Diese beiden Bereiche sind über das Baufeld miteinander verbunden. Im Falle der DTM-/3D-Systems-Technologie erfolgt auch die Pulverzuführung (vgl. Abschnitt 2.1.3.1) an der Schnittstelle zwischen Bau- und Pulverbereich, d. h., die Vorratskammern für das Baupulver befinden sich im Pulverbereich.

Bild 2.6 zeigt Lasermodul, Prozesskammer und Pulverbereich einer EOSINT P 760. Die prinzipielle Modultrennung ist erkennbar. Einer der wesentlichen Unterschiede dieser Maschine und aller EOS-Systeme im Vergleich zur DTM/3D-Systems-Technologie liegt in der Pulverzuführung (siehe Abschnitt 2.1.3.1). Das Pulver wird während des Prozesses sukzessive von oben über die angezeigten Schläuche, der Maschine und dem Bauprozess zugeführt.

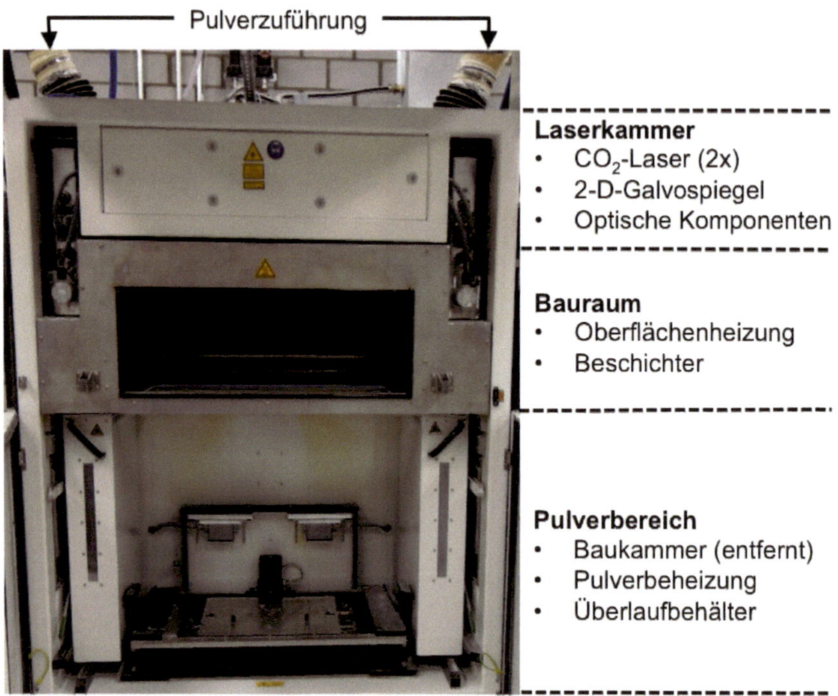

Bild 2.6 Geöffnete Prozesskammer und Pulverbereich einer EOS-LS-Maschine; oben sind die Zuführungsschläuche für das Prozesspulver zu erkennen (EOSINT P 760) [Quelle: Inspire AG].

Für ein überzeugendes Sinterergebnis muss die Temperaturführung im Prozesskammer- und Pulverbereich sehr gut steuer- und kontrollierbar sein. LS-Maschinen haben im Bereich der Temperatursteuerung aber nach wie vor Schwächen. Die Temperaturführung sollte von den Maschinenherstellern idealerweise von einer linearen Steuerung weiter zu Closed-Loop-Regelprozessen entwickelt werden. Diese geschieht mittlerweile in ersten Ansätzen (siehe Abschnitt 2.2.1.2) ist aber noch keineswegs breit implementiert.

2.1.2 Temperaturführung

In der Prozesskammer liegt das Baufeld und es erfolgt die seitliche Pulverbereitstellung durch die Beschichtungseinheit. In diesem Bereich der Maschine ist eine exakte Temperaturführung unerlässlich. Temperaturschwankungen speziell an der Oberfläche des Baufelds können zu massiven Prozessproblemen führen.

Bild 2.7 zeigt die Prozesskammer der Sinterstation einer DTM 2500plus. Die Temperaturkontrolle im großen Gasvolumen der Prozesskammer ist sowohl bei Systemen der Firma EOS wie auch der Firma 3D-Systems schwierig, da während des Prozesses mit nicht vorgeheiztem Stickstoff als Schutzgas gespült werden muss, um Oxidationsprozesse an den Polymerpulvern zu minimieren.

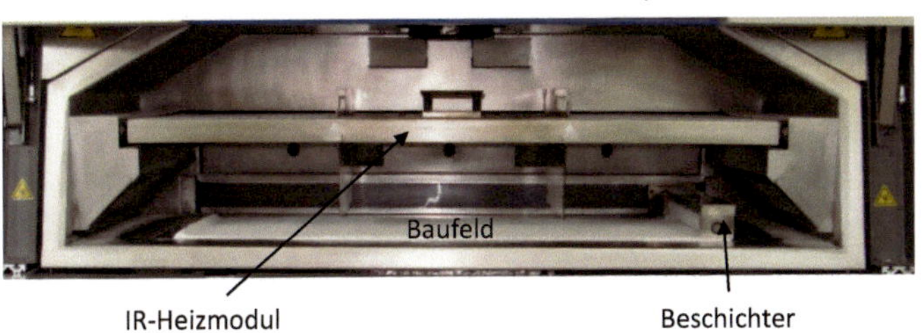

Bild 2.7 Prozesskammer (Bauraum) einer LS-Maschine mit Baufeld, Beschichter und Infrarot (IR)-Heizmodul [Quelle: Inspire AG]

Um eine stabile thermische Situation für den Pulverkuchen und vor allem die Baufeldoberfläche zu erzielen, werden in LS-Maschinen mehrere Wärmequellen zur Einstellung und Kontrolle der Temperatur eingesetzt.

2.1.2.1 Wärmequellen

Die Temperaturführung des LS-Prozesses im Bau- und Pulverbereich erfolgt über mehrere Heizungen (siehe Bild 2.8). Die Wände sowie der Boden der Baukavität werden unabhängig voneinander temperiert. Zudem wird die oberste Pulverlage des Bauraums über eine Flächen- oder Mehrzonenheizung (IR-Strahler) auf die gewünschte Prozesstemperatur knapp unterhalb des Schmelzpunkts des jeweiligen Polymers gebracht (siehe Abschnitt 4.2.1).

Eine zusätzliche, materialbedingte Temperaturvariable stellt zudem das schichtweise aufgebrachte Frischpulver dar, welches je nach Prozessführung unterschiedlich vorgeheizt wird. Im Überblick (Bild 2.8) ergibt sich also eine komplexe Temperatursituation und -verteilung im Bauraum durch viele unterschiedliche Wärmequellen. Zeitlich abhängige komplexe Temperaturgradienten in alle Raumrichtungen liegen in der Baukavität vor, das Pulver selbst kann zusätzliche Wärmeeffekte einbringen (siehe Abschnitt 4.2.1.2).

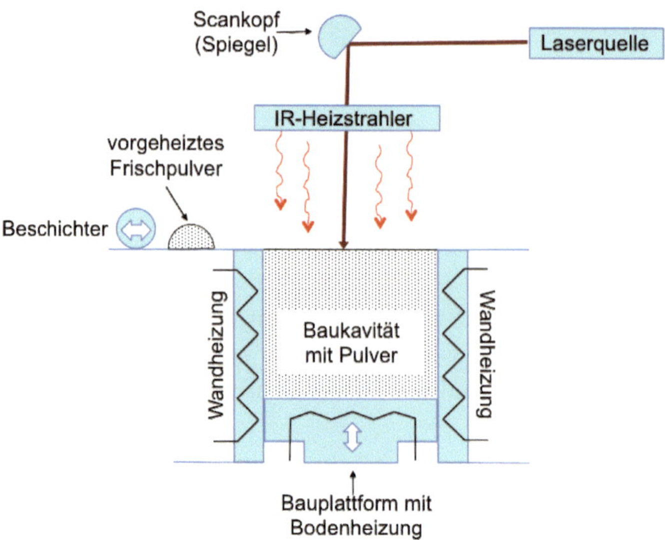

Bild 2.8 Wärmezuführung und Wärmequellen im LS-Bauraum

Besonderes Augenmerk im Zusammenhang mit den verschiedenen Wärmequellen verdient der Heizstrahler über der Baufläche. Diesem Element kommt die Aufgabe zu, die oberste Pulverschicht flächig homogen auf eine definierte Temperatur zu bringen und stabil bei dieser Temperatur zu halten.

2.1.2.2 Oberflächentemperatur am Baufeld

Die Temperatureinstellung an der Pulveroberfläche im Baufeld wird in kommerziellen LS-Maschinen durch IR-Strahler (Heizlampen) geleistet. Aufgabe dabei ist, die gewünschte Bauraumtemperatur an der Pulveroberfläche, dem Baufeld, einzustellen und über die gesamte Fläche konstant zu halten. Dieses Unterfangen ist für größere Bauflächen schwierig und selbst bei neueren technischen Entwicklungen (individuelle Mehrzonenheizungen anstatt Flächenstrahlern) werden noch deutliche Abweichungen von einigen Grad Celsius über die Baufläche gemessen.

Bild 2.9 zeigt die Temperaturverteilung (Aufnahme einer kalibrierten IR-Kamera) an der Oberfläche des Bauraums einer DTM-SinterStation 2500plus während der Kalibrierung der eingebauten Mehrzonenheizung. Die Durchschnittstemperatur über der Baufläche beträgt 172,1 °C. Der kälteste Punkt (engl. cold spot) liegt in diesem Beispiel in der linken oberen Ecke und beträgt 168,6 °C, der wärmste Punkt in der Mitte der Baufläche hat eine Temperatur von 174,2 °C (engl. hot spot). Es liegt also eine Differenztemperatur (ΔT) von mehr als 5 °C vor. Es ist zu betonen, dass dies die optimale Einstellung für die eingebaute Heizung ist. Weitere Justierungsarbeiten ergeben keine oder nur marginale Verbesserungen der Temperatursituation.

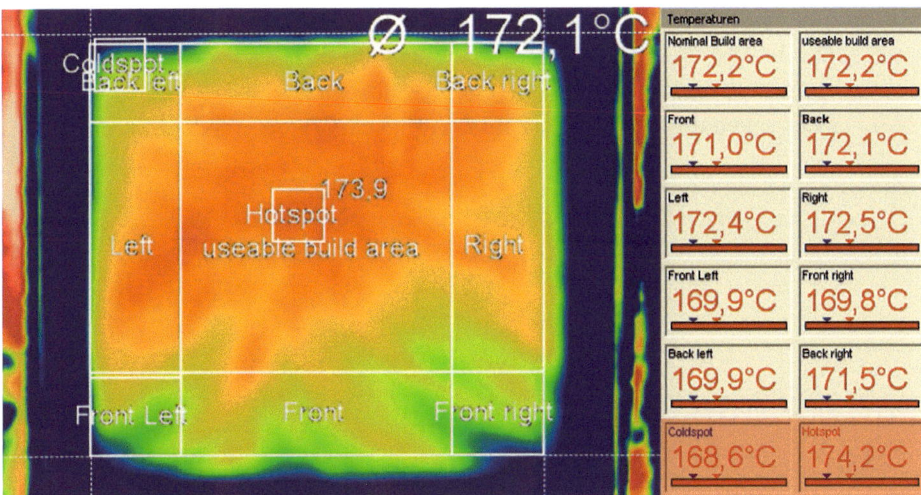

Bild 2.9 Temperaturverteilung auf der Baufeldoberfläche [Quelle: Inspire AG]

Es ist bekannt, dass Schwankungen in der Oberflächentemperatur und in der Temperatur des Pulverkuchens zu unterschiedlichen Eigenschaften bei LS-Bauteilen führen [3]. Speziell die in den Ecken des Baufelds und in die anderen „cold spots" der Bauflächen gebauten Teile neigen durch vorzeitige Kristallisation zu Curling oder Verzug und sind meist Ausschuss. In der Praxis werden Bauteile im LS-Bauraum nie ganz am Rand oder in den Ecken platziert, um diesen Umstand zu umgehen.

Für die gesamte Prozessführung ist es wichtig, dass möglichst homogene Temperaturbedingungen im gesamten Bauraum herrschen. Speziell an der Oberfläche des Baufelds sind starke Temperaturschwankungen zu unterbinden, damit der Energieeintrag durch den Laser in einem konstanten Umfeld erfolgt und das zu bearbeitende Pulver gleichmäßig aufgeschmolzen werden kann.

Nur das letzte Teilpaket an Energie, welches letztendlich zum Schmelzen der Pulverpartikel benötigt wird, stellt der Laser zur Verfügung. Die eingebrachte Energie durch den Laser wird als Flächen- oder Volumenenergie angegeben (Andrew-Zahl).

2.1.2.3 Laserenergieeintrag, Andrew-Zahl (A_Z)

Die wichtigste Temperaturquelle beim LS-Verfahren stellt der Laser selbst dar. Beim sogenannten isothermen Lasersintern [4] wird, wie bereits beschrieben, auf dem Baufeld eine möglichst homogene Temperaturverteilung knapp unterhalb des Schmelzpunkts des jeweiligen Polymers eingestellt. Dies ist erforderlich, um das Material im sogenannten Sinterfenster (vgl. Abschnitt 4.2.1.1) thermisch konstant zu halten und Prozessprobleme zu vermeiden.

Mit der Laserstrahlung wird schließlich nur eine kleine Portion Restenergie in das vorgeheizte Pulver eingebracht, welche gerade zum Schmelzen der Pulverpartikel notwendig und ausreichend ist. Der Energiebeitrag des Lasers beim LS-Prozess wird mit der sogenannten Andrew-Zahl (A_Z) [5] beschrieben (siehe Bild 2.10).

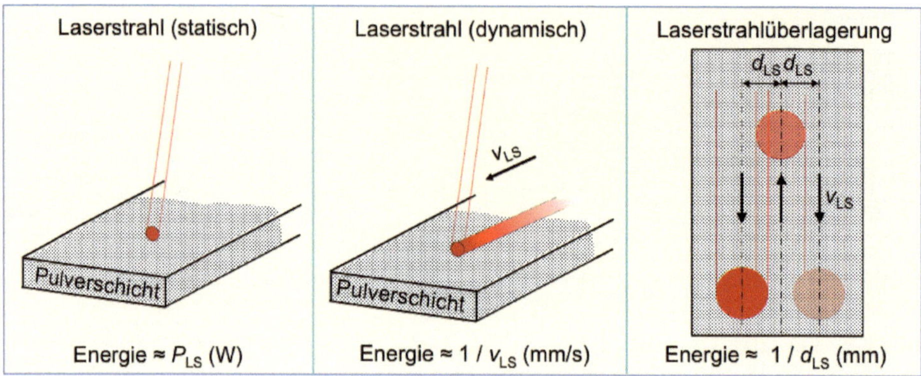

Bild 2.10 Energieeintrag auf das LS-Pulver durch den Laser (statisch, dynamisch und überlagerte Laserspuren)

Beim LS-Prozess, bei dem der Laser dynamisch über die Pulveroberfläche geführt wird und mehrere Laserspuren überlagert werden, berechnet sich die „Andrew-Zahl (A_Z)" aus den folgenden Komponenten:

- Laserleistung P_{LS} in W = J/s,
- Ablenkgeschwindigkeit des Laserstrahls v_{LS} in mm/s,
- Laserspurabstand d_{LS} in mm.

Die Laserleistung P_{LS} ist die am Laser eingestellte Leistung in Watt oder Joule/Sekunde. Die Ablenkgeschwindigkeit des Laserstrahls v_{LS} ist die Geschwindigkeit in Millimeter/Sekunde, mit welcher der Laserstrahl über die Pulveroberfläche geführt wird.

Beim Laserspurabstand d_{LS} ist angegeben, inwieweit parallel zueinander geführte direkt aufeinanderfolgende Laservektoren überlagert sind. Also die Distanz zwischen den Mittelpunkten zweier aufeinanderfolgender Laserlinien (mm). In der Zusammenfassung ergibt sich also der in Formel 2.1 gezeigte Zusammenhang:

$$A_Z = \frac{P_{LS}}{v_{LS} \times d_{LS}} \left(\frac{\text{J}}{\text{mm}^2}\right) \tag{2.1}$$

Gelegentlich wird auch die Schichtdicke der Pulverschicht (mm) im Nenner von Formel 2.1 zur Berechnung von A_Z herangezogen [6]. Da aber die Eindringtiefe des Laserstrahls in die Pulverschicht von optischen Faktoren wie Absorption, Transmission und Reflexion abhängt (siehe Abschnitt 4.2.3) und für ein gutes Sinterergebnis (gute Schichthaftung) die Eindringtiefe des Lasers eine Pulverschichtdicke überschreiten sollte, ist der Einbezug der Pulverschichtdicke zur Berechnung der applizierten Laserenergie weniger exakt und die Sinnhaftigkeit Gegenstand von kontroversen Diskussionen.

Es muss betont werden, dass bei der einfachen Formel 2.1 A_Z numerisch für verschiedene P_{LS}, v_{LS} und d_{LS} den gleichen Wert annehmen kann, aber das Sinterergebnis trotzdem nicht identisch sein wird. Zum Beispiel ist A_Z für die unterschiedliche Wertekombination in Formel 2.2 jeweils gleich 0,024 J/mm².

$$A_Z = \frac{30\ \mathrm{W}}{5000\frac{\mathrm{mm}}{\mathrm{s}} \times 0{,}25\ \mathrm{mm}} = \frac{60\ \mathrm{W}}{10000\frac{\mathrm{mm}}{\mathrm{s}} \times 0{,}25\ \mathrm{mm}} = 0{,}024 \left(\frac{\mathrm{J}}{\mathrm{mm}^2}\right) \quad (2.2)$$

In der Regel weisen die mit höherer Lasergeschwindigkeit (v_{LS}) gebauten Teile (im Beispiel von Formel 2.2: 10 000 statt 5000 mm/s) aber eher tiefere mechanische Eigenschaften (siehe Abschnitt 7.1.1) auf, obwohl A_Z durch Verdoppelung der Laserleistung P_{LS} (30 W → 60 W) numerisch identisch ist [7]. Dies lässt sich empirisch mit der in Formel 2.1 nicht berücksichtigten Zeitabhängigkeit der Energieabsorption erklären.

Die Energieaufnahme eines Materials pro Zeiteinheit ist beschränkt, was auch durch eine hohe Laserleistung nicht einfach kompensiert werden kann. Die Kombination von geringerer Laserleistung bei tiefer Ablenkgeschwindigkeit wäre hinsichtlich der mechanischen Eigenschaften und der generellen Qualität von LS-Bauteilen in der Regel zu bevorzugen. Dagegen ist es im Sinne der Wirtschaftlichkeit des LS-Verfahrens wünschenswert, mit höheren Lasergeschwindigkeiten zu arbeiten, um die Bauzeiten zu verringern.

Dieser Trend ist auch in den modernen Maschinengenerationen zu beobachten. Neue digitale Scanköpfe erlauben Ablenkungsgeschwindigkeiten des Laserstrahls von bis zu 15 000 mm/s, was im Gegenzug den Einbau von CO_2-Hochleistungslasern bis zu 200 W erfordert, um eine genügend hohe Energiedichte (A_Z) pro Zeiteinheit zu erhalten. Diese hohe Produktivität neuerer LS-Anlagen führt daher tendenziell zu etwas reduzierten mechanischen Bauteileigenschaften.

Wie bereits erwähnt, spielt auch das Pulver selbst eine Rolle beim Temperaturmanagement in der LS-Maschine. Die unterschiedlichen Arten, das Pulver in die Maschine zu bringen, und auch die Pulverapplikation am Baufeld spielen eine Rolle.

Im aktuellen Abschnitt wurde beschrieben, welche Kontroll- und Einstellmöglichkeiten zur Temperaturführung in einer LS-Maschine vorliegen. Eine zusätzliche thermische Größe stellt das Frischpulver selbst dar. Die Zuführung des Pulvers zum Baufeld und der Pulverzustand haben einen großen Einfluss auf das Sinterergebnis. Dabei gilt es zu unterscheiden, wie das Pulver einerseits in die Maschine gelangt (Pulverbereitstellung) und wie das Pulver andererseits auf dem Baufeld appliziert wird (Pulverauftrag).

2.1.3 Pulverbereitstellung und Pulverkonditionierung

Eine wesentliche Verfahrensaufgabe beim LS-Prozess ist es, das Pulver der Prozesskammer zuzuführen. In diesem Punkt unterscheiden sich die Maschinenkonzepte der Firmen 3D-Systems und EOS grundlegend. Während bei der Firma 3D-Systems das für einen geplanten Bau benötigte Pulver vorab in die Maschine eingefüllt werden muss, wird beim EOS-Konzept das Pulver sukzessive während des Prozesses über eine geeignete Förderung (z. B. „Transitube“) von extern zugeführt (siehe auch Bild 2.6).

2.1.3.1 Interne und externe Pulverbereitstellung

Bild 2.11 zeigt schematisch die unterschiedlichen Konzepte zur internen und externen Pulverbereitstellung. Bei den LS-Anlagen der Firma 3D-Systems, die bis heute hauptsächlich im Einsatz sind, wird das Pulver üblicherweise links und rechts vom Baufeld in den Vorratsbehältern vorgelegt und während des Baus mit einem Rollenbeschichter sukzessive von beiden Seiten über das Baufeld appliziert (interne Bereitstellung).

Nachteilig an diesem Vorgehen ist, dass für jeden Bau immer genug Vorratspulver eingefüllt werden muss, damit ein Bau nicht unvollständig abgebrochen wird. Das elektronische „Nachfüllen“ von Teilen während des Prozesses ist daher über die zur Verfügung stehende Bauhöhe, gegeben durch die Menge an Vorratspulver in der Maschine, limitiert. Zudem ist der Platzbedarf (die Baubreite) von 3D-Systems-Anlagen größer, da in der Maschine zusätzliche Behälter für den Pulvervorrat vorhanden sein müssen.

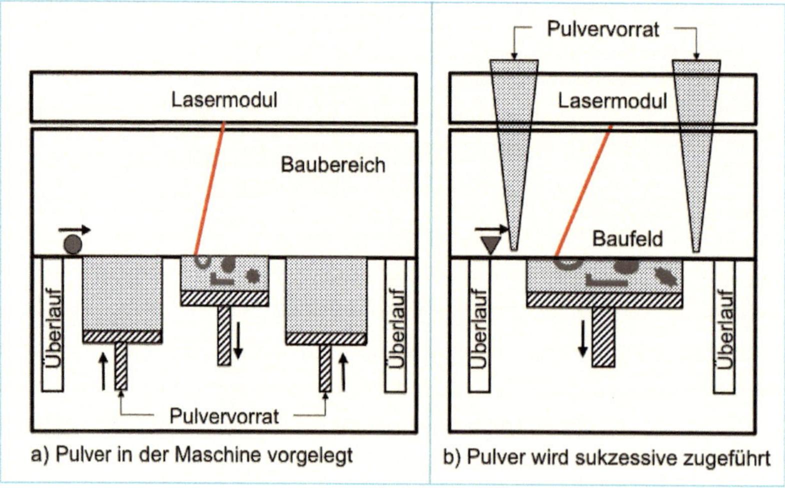

Bild 2.11 Pulverzuführung zur Prozesskammer: a) 3D-Systems (interne Bereitstellung) und b) EOS (externe Bereitstellung)

Da der Pulvervorrat beim EOS-Konzept (externe Bereitstellung des Prozesspulvers) außerhalb der Maschine in separaten Behältern deponiert ist, sind die EOS-Geräte insgesamt schmaler und lassen mehr Raum für das eigentliche Baufeld.

Wie bereits angemerkt, haben die einzelnen Konzepte zur Pulverbereitstellung Vor- und Nachteile bezüglich der Vorlagemenge, sie sind aber zusätzlich auch hinsichtlich des Pulverzustands und einer möglichen Konditionierung zu bewerten.

2.1.3.2 Pulverzustand

Da beim EOS-Konzept der Pulvervorrat außerhalb der LS-Maschine vorliegt, muss ein zusätzliches Augenmerk auf den Pulverzustand in den Vorratsbehältern gerichtet werden. Speziell die Feuchte, aber auch die Temperatur des Pulvers sind zu beachten. Diese können in Abhängigkeit von den Umgebungsbedingungen wie (relative) Feuchtigkeit, Taupunkt und Lufttemperatur schwanken. Zudem wird bei den größeren EOS-Maschinen das Pulver mit einer mechanischen Förderung zu den Maschinenschächten geführt, was zu einer statischen Aufladung an den Pulverpartikeln führen kann.

Im Sinne der Pulverkonditionierung besitzt das Konzept der Firma 3D-Systems Vorteile. Die Pulver werden zu Beginn des Baus komplett in die Maschine eingefüllt. Danach wird die Prozesskammer geschlossen und das Pulver sehr langsam unter Flutung mit getrocknetem Stickstoff auf Prozessbedingungen gebracht.

Es ist zu erwarten, dass sich am Ende der Aufwärm- und Induktionsphase, bevor der eigentliche Bauprozess beginnt, das Pulver aus Sicht der Feuchte einem homogenen Gleichgewichtszustand nähert, zumal diese Induktionsphase üblicherweise mehrere Stunden benötigt. Die LS-Maschine der Firma 3D-Systems fungiert hier sozusagen als „Trockenschrank“, der das Pulver in den Gleichgewichtszustand bringt, bevor der Prozess beginnt. Eine mögliche statische Aufladung der Pulver und damit Probleme beim Pulverauftrag auf das Baufeld lassen bei diesem Konzept weniger Probleme erwarten, da die lange Vorlaufzeit eine kontinuierliche Ladungsabfuhr gestattet.

2.1.4 Pulverapplikation

Dem Pulverauftrag, also der Pulverzuführung zum Baufeld, kommt beim LS-Prozess eine besondere Bedeutung zu. Es ist sehr wichtig, dass das Pulver auf dem gesamten Baufeld homogen, mit hoher Dichte und möglichst perfekter Oberfläche abgelegt wird und dass auch jede aufgebrachte Schicht identisch ist. Die Eigenschaften eines LS-Bauteils hängen zu einem großen Anteil von diesem Umstand ab. Inhomogene Pulverdichten oder eine schlechte Pulveroberfläche spiegeln sich direkt in den produzierten Teilen wieder. Nur wenn das Pulver im Baufeld im Sinne der Pulverdichte und -oberfläche perfekt homogen vorgelegt ist, kann ein gutes Resultat hinsichtlich der Bauteile erwartet werden.

Die Ausbildung der gewünschten Eigenschaften der Pulverschicht (Dichte und Homogenität) hängen zu einem großen Teil von der Fließ- oder Rieselfähigkeit der Pulver beim Auftragsprozess ab. Schlecht fließende Pulver zeigen meist kein gutes Bauteilergebnis. Dabei ist zu bedenken, dass die Pulverfließfähigkeit auch bei den in der Maschine herrschenden höheren Temperaturen gut sein muss. Das Verständnis für Einflussgrößen, welche die Pulverfließfähigkeit beim LS-Prozess beeinflussen, steht noch am Anfang. Verschiedene Methoden sind vorgeschlagen und werden erforscht, um diesen Parameter prozessnah bestimmen zu können (Abschnitt 5.2.3).

Ebenso wie bei der Pulverbereitstellung unterscheiden sich die Maschinen der Firmen EOS und 3D-Systems auch beim Pulverauftrag auf das Baufeld. Während die Firma 3D-Systems immer mit einer gegenläufigen Rolle als Beschichter arbeitet (Bild 2.12, links), werden bei der Firma EOS Klingen verwendet, die unterschiedlich ausgelegt sind. Es sind entweder rakelähnliche Einzelklingen (EOS P 110 Velocis, Bild 2.1, Mitte) oder in Kassetten angeordnete Doppelklingen für die Beschichtung in beide Richtungen (EOS P 3- und P 7-Systeme, Bild 2.12, rechts). In der neusten EOS-Anlage P 500 (Abschnitt 2.2.1.1) wird mittlerweile auch ein Rollenbeschichter eingesetzt, was nach dem Auslaufen entsprechender Patente möglich wurde. Bild 2.12 zeigt schematisch die unterschiedlichen Pulverauftragskonzepte.

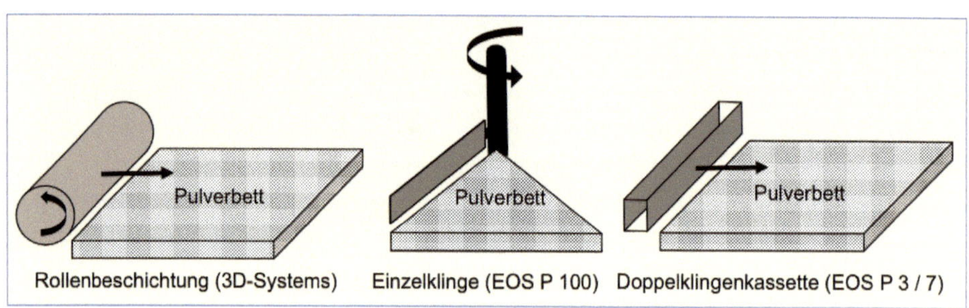

Bild 2.12 Roller, Einzelklinge oder Pulverkassette mit Doppelklinge zum Pulverauftrag

2.1.4.1 Klinge und Pulverkassette

Bei der kleinsten EOS-Maschine (P 110 Velocis) kommt eine Einzelklinge zum Einsatz, die analog einem Scheibenwischer beim Auto über die Pulverbettfläche geführt wird. Das zu applizierende Pulver wird während des Prozesses vor der Klinge abgelegt und mit einer Drehbewegung der Klinge um die starre Achse am Kopfpunkt des Baufelds verteilt. Am Ende des Beschichtungsvorgangs wird die Klinge kurz angehoben und hinter dem Überschusspulver wieder abgesenkt. Die vorgelegte Pulvermenge wird hoch genug dosiert, damit es für Hin- und Rückbewegung ausreicht. Es ist bekannt, dass diese Art der Beschichtung zu schönen Pulveroberflächen und Bauteilen mit sehr guten Oberflächen führt. Bautechnisch ist es aber für größere Maschinen und Baufelder weniger geeignet.

Die bei EOS-Systemen eingesetzten Klingen sind an der unteren Kante gekrümmt (siehe Bild 4.21 in Abschnitt 4.2.3.1), um die Fluidisierung der Pulver zu unterstützen. Über den Krümmungsradius können die Klingen an die Pulvergeometrie und Pulververteilung angepasst werden. Die Firma EOS bietet entsprechende Klingensysteme (unterschiedliche Baumuster) mit optimierten Kantengeometrien für verschiedene Pulver, die für verschiedene Schichtdicken vorgesehen sind, an:

- Baumuster Nr. I: runde Kantengeometrie: Pulverschichtdicke 60–100 µm,
- Baumuster Nr. II: flache Kantengeometrie: Pulverschichtdicke 100–150 µm,
- Baumuster Nr. III: dreieckige Kantengeometrie: Pulverschichtdicke > 150 µm.

Für die größeren EOS-Maschinen (P 3- und P 7-Systeme) kommen Pulverkassetten mit Klingen links und rechts an der Innenseite der Beschichterkassette zum Einsatz. Das Pulver wird beim Bauprozess in den Hohlraum zwischen den beiden Klingen eingebracht. Die beidseitige lineare Beschichtungsbewegung verteilt das Pulver über dem Baufeld. Bild 2.13 zeigt den schematischen Aufbau der Kassette (links) und die Beschichtungseinheit (Baumuster Nr. II) in der Ansicht von unten. Man erkennt sehr gut die konkave Krümmung an der Innenseite der Klinge. Wie in Bild 4.21 (Abschnitt 4.2.3.1) gezeigt, unterstützt diese Geometrie den Pulverauftrag durch Fluidisierung der Pulver.

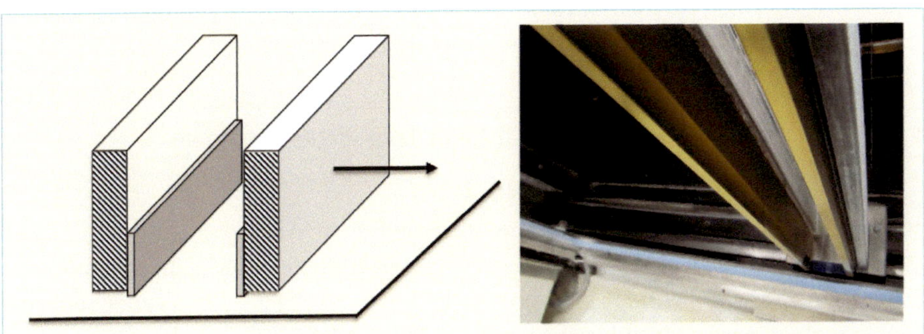

Bild 2.13 Pulverkassette schematisch (links) und in der Realität (rechts) [Quelle: Inspire AG]

Es ist sehr wesentlich, dass das Kassettenklingensystem exakt parallel über dem Baufeld justiert wird, da es sonst zu Problemen mit den aufgezogenen Pulverschichten kommen kann. Ist die Kassette nur geringfügig verkantet, so kommt es beim Pulverauftrag von links oder rechts nicht zum gleichen Beschichtungsergebnis und damit unter Umständen zu nicht homogenen Bauteilen.

Allgemein zeigen die von der Firma EOS eingesetzten Klingensysteme gute Beschichtungsergebnisse bei gut und frei fließenden Pulvern (siehe Abschnitt 5.2), also bei den für den LS-Prozess optimierten Werkstoffen (siehe Kapitel 6). Klingensysteme haben tendenziell aber Probleme mit schlechter fließenden Werkstoffen. In diesem Fall sind Rollenbeschichter die bessere Wahl.

2.1.4.2 Rollenbeschichter

Die Rollenbeschichter der Firma 3D-Systems sind im Allgemeinen die robusteren Beschichter, welche Prozessfehler eher „verzeiht“. Allerdings kommt es bei Rollenbeschichtern gelegentlich zu Problemen durch anhaftendes Pulver. Dies kann durch statische Aufladung der Pulver oder aufgrund thermischer Umstände (Partikel kleben an der Rolle durch Anschmelzen) erfolgen. Wenn die zu verarbeitenden Pulver zum Ankleben neigen, kann die Rolle vor dem Bau mit handelsüblichen Antihaftsprays behandelt werden.

Um die Fluidisierung der Pulver beim Prozess zu unterstützen, ist die Rollenbewegung immer entgegengesetzt zur Vorwärtsbewegung der Rolle. Die Mechanik ist dabei so ausgelegt, dass die laterale Vorschubgeschwindigkeit der Rolle gleich der Rotationsgeschwindigkeit der Rolle ist. Die Rolle rotiert also immer mit der gleichen Geschwindigkeit von der Pulveroberfläche weg, wie sie linear seitwärts über das Baufeld bewegt wird (Translationsgeschwindigkeit = Tangentialgeschwindigkeit). Typische Geschwindigkeiten liegen im Bereich zwischen 180–250 mm/min.

Es gab auch bereits Untersuchungen zur entgegengesetzten Rollenrotation. Die Idee dahinter war, eine höhere Verdichtung der Pulver und damit eine höhere Bauteildichte zu erreichen [8]. Die Rotation zur Pulveroberfläche hin führt aber bisher eher zu Verschiebungen in den Bauteilschichten und damit zu Prozessfehlern. Um den Beschichtungsprozess mit Rollersystemen zu unterstützen, können im Prinzip in folgenden Bereichen Optimierungen vorgenommen werden:

- Rollendurchmesser,
- Oberfläche der Rolle (Rauigkeit, Adhäsion, Leitfähigkeit etc.) und
- Geschwindigkeit der Rolle.

In welcher Art die Anpassung für verschiedene Pulver erfolgen muss, kann grundsätzlich nur schwer vorhergesagt werden. Ein bekannter empirischer Zusammenhang ist, dass die Rolle umso größer und die Rollenoberfläche umso rauer sein sollten, je schlechter das jeweilige Pulver fließt. Bild 2.14 zeigt zwei Rollenoberflächen, wie sie in der Praxis eingesetzt werden:

- Bild 2.14 links: glatte Oberfläche für Duraform® PA (gut fließend),
- Bild 2.14 rechts: raue Oberfläche für Duraform® FLEX (schlecht fließend).

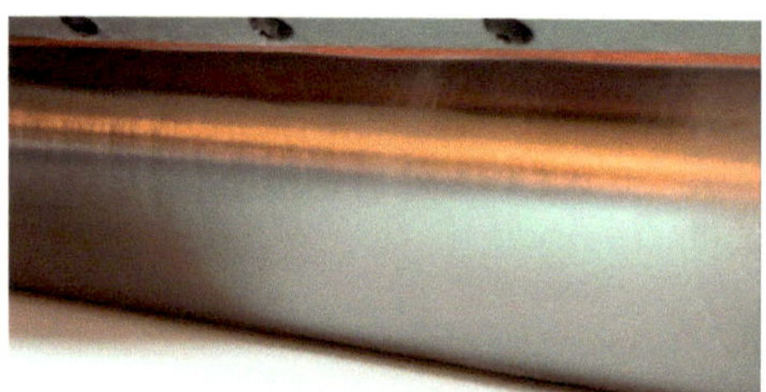

Bild 2.14 Glatte und raue Rollenoberfläche zur Verarbeitung unterschiedlicher LS-Pulver [Quelle: Inspire AG]

2.1.4.3 Kombinierte Beschichtungssysteme

Kombination Klinge/Roller

Bei den Überlegungen zur Erhöhung der Pulverdichte beim Beschichten ist in der wissenschaftlichen Literatur ein Ansatz beschrieben, bei dem beide Systeme (Roller und Klinge) kombiniert sind [9]. Im Kombinationsbeschichter fährt ein Klingenbeschichter voraus und legt eine geringfügig dickere Pulverschicht ab, als benötigt wird. Die direkt hinter der Klinge geführte Rolle mit etwas geringerem Schichtabstand kompaktiert nun das Pulver auf die gewünschte Dicke durch Rotation zur Pulverebene hin und verdichtet das Pulver mechanisch.

Die Tragfähigkeit des Konzepts ist in der täglichen Praxis noch nicht bestätigt, da es bisher nur in der Forschung untersucht wurde. Bei der neuesten Maschinengeneration der Firma 3D-Systems (ProX™) wird aber in einem ähnlichen System durch Doppelbeschichtung mit dem Roller von beiden Seiten ebenfalls eine gewisse höhere Pulverdichte erzeugt, die gemäß der Firma 3D-Systems zu dichteren Teilen mit besseren Oberflächen führt.

Kombination Roller/Roller

Die Firma EOS (D) hat für seine neueste Maschinengeneration EOS P 500 (siehe Abschnitt 2.2.1.1) nun erstmals in einer kommerziellen Maschine eine Doppelrolle als Pulverauftrag vorgestellt und verbaut. Bild 2.15 zeigte den schematischen Aufbau in Anlehnung an das Deutsche Patent DE 10 2016 203556 A1. Die Überlegung hinter dem Konzept ist ähnlich wie bei der Kombination Roller/Klinge. Durch die erste Rolle (R1 in Bild 2.15), welche von der Beschichtungsebene wegdreht, wird eine Pulverschicht appliziert, deren Schichtdicke etwas dicker ist als die nominelle Pulverschicht. Die zweite Rolle (R2 in Bild 2.15) hat einen etwas geringeren Abstand zur Pulveroberfläche und verdichtet das Pulver durch eine zur Pulveroberfläche hin drehende Bewegung. Die mit diesem Verfahren applizierten Pulverschichten sollten durch Kompaktierung eine etwas höhere Pulverdichte aufweisen, die in der Folge zu Bauteilen mit einer höheren Dichte führen.

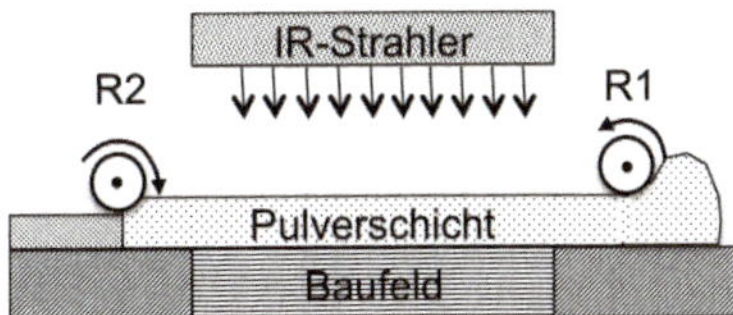

Bild 2.15 Doppelrollenbeschichtung mit Auftragsrolle (R1) und Verdichterrolle (R2) zur Applikation von Pulverschichten mit höherer Pulverdichte (in Anlehnung an das Deutsche Patent DE 10 2016 203556 A1)

2.1.5 Optische Komponenten

Weitere Maschinenkomponenten, die einen erheblichen Einfluss auf das Sinterergebnis ausüben und die es deshalb zu beachten gilt, finden sich im Bereich der optischen Komponenten.

Zum einen stellt sich die Frage, wie der Fokus des Laserstrahls bei Ablenkung aus der Senkrechten wieder korrigiert werden kann, und zum anderen ist es auch interessant, die Strategie zu erkennen, wie in den LS-Maschinen die Belichtung der Sinterfläche durch exakte Laserstrahlpositionierung erfolgt (siehe auch Abschnitt 3.1.3.4).

2.1.5.1 Laserstrahlpositionierung

Wie in Bild 2.4 gezeigt, sind die wesentlichen optischen Komponenten in einer LS-Maschine der Laser, die Laserstrahlführung (Umlenkspiegel) und der Scanner. Im Scankopf wird über zwei absolut exakt geführte Spiegel die präzise Position des Laserstrahls eingestellt. Die Steuerung/Positionierung der Spiegel erfolgt entweder mittels Galvanometer (analoge Positionierung) oder digitalen Encodern (digitale Positionierung).

Bild 2.16 zeigt den Blick in das Innere eines digitalen Encoders der Firma Scanlab. Die beiden Ablenkspiegel sind gut zu erkennen. Die Unterschiede zwischen analogen und digitalen Scansystemen mit den jeweiligen Vor- und Nachteilen sind in der Literatur [10] ausführlich beschrieben und werden hier nicht näher erläutert. Digitale Scannersysteme gelten aber gemeinhin als präziser bezüglich Positioniergenauigkeit und vor allem sehr viel schneller, was die „Spiegelgeschwindigkeit“ anbelangt. Hochpreisige LS-Produktionssysteme verfügen daher heutzutage im Allgemeinen über digitale Spiegelencoder.

Bild 2.16 Blick in das Innere eines digitalen Encoders mit den beiden Spiegeln zur Positionierung des Laserstrahls [Quelle: ©SCANLAB GmbH]

2.1.5.2 Fokuskorrektur

Bezüglich der Belichtung der Baufläche in einer LS-Anlage ist es völlig klar, dass ohne eine optische Korrektur der Fokus des Laserstrahls nur auf eine Stelle der Baufläche exakt auf die Pulveroberfläche justiert werden kann. Alle anderen Positionen liegen mehr oder weniger weit außerhalb der Fokusebene. Zudem ist der Laserspot nur im rechten Winkel unter dem Scankopf rund (Zentrum der Baufläche). Sobald der Laserstrahl aus dieser Mittelposition abgelenkt wird, wird der Spot zunehmend ovaler. Bild 2.17 zeigt schematisch den Zusammenhang.

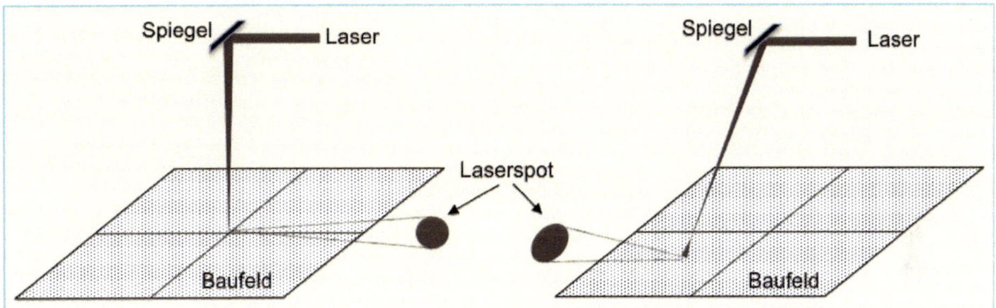

Bild 2.17 Laserspotform (rund und oval) und Fokusebene in Abhängigkeit der Belichtungsposition

Die Korrektur der Fokusebene erfolgt auf unterschiedliche Weise. Bei den Maschinen der Firma 3D-Systems erfolgt die Anpassung des Laserstrahlfokus mithilfe der in Bild 2.4 sichtbaren Korrekturlinse. Diese Linse wird im Strahlengang in Abhängigkeit der jeweiligen Laserstrahlposition so verschoben, dass der Fokus wieder in der Bauebene zu liegen kommt.

Eine andere technische Lösung ist in den Geräten der Firma EOS realisiert. Dort wird mit einer sogenannten F-Theta-Linse, die nach dem Scankopf angebracht ist, die Fokuseinstellung des Laserstrahls korrigiert. Mit der F-Theta-Linse gelingt es durch eine Serie hintereinandergeschalteter spezieller Linsen, den Laserstrahl immer auf den jeweiligen Punkt auf der Baufeldoberfläche unabhängig vom Ablenkungswinkel des Spiegels zu fokussieren. Zur exakten Wirkungsweise einer F-Theta-Linse finden sich Beschreibungen im Internet (z. B. [11]).

Während sich die abweichende Fokusebene technisch durch das Linsensystem korrigieren lässt, ist die Korrektur der Laserspotform (von oval zu rund) schwieriger. In einer LS-Maschine nimmt deshalb üblicherweise die Abbildungsgenauigkeit zum Rand des Baufelds hin ab.

Im vorliegenden Abschnitt wurden einige wesentliche Maschinenkomponenten von LS-Anlagen vorgestellt und ihre Bedeutung auf das Sinterergebnis diskutiert. Welche kommerziellen Maschinen aktuell verfügbar sind, ist in Abschnitt 2.2 zusammengestellt.

2.2 Maschinenmarkt

Der Markt für LS-Maschinen lässt sich heute grob in Maschinen zur industriellen Produktion von High-End-Teilen einerseits und kleinere Labor- oder Technikumsmaschinen für einfachere Ansprüche oder für Forschung und Entwicklung andererseits einteilen.

LS-Anlagen für Industrie- und/oder Serienbauteile sind in der Regel geschlossene Systeme, bei denen die OEM eine Reihe von Maßnahmen zur Qualitätssicherung implementieren und der Anwender auf den eigentlichen Prozessablauf/die Prozessparameter nur noch wenig Einfluss nehmen kann. Ausführungsarten von LS-Maschinen für Forschungs- und Entwicklungs- und/oder Technikumsansprüche sind dagegen in der Regel offene Systeme mit kleineren Baufeldern, bei denen geringere Materialmengen verarbeitet werden können und bei denen Prozessparameter mehr oder weniger ausgeprägt regelbar sind.

Auch im Grenzbereich zwischen Industrie und Forschung und Entwicklung haben sich Geräte positioniert. Speziell die ProMaker P1000 Maschinen der Firma Prodways (Frankreich) und die eForm der Firma Farsoon (China) erlauben die LS-Produktion unter industriellen Bedingungen und gleichzeitig forschungs- und entwicklungsgerechte Parametervariationen. Der Systempreis und das Bauvolumen sind jeweils am unteren Ende des industriellen Bereichs angesiedelt und die offene Systemarchitektur erlaubt einen Eingriff in die Prozessparametrisierung.

Die Preise für Komplettanlagen inklusive Abkühl- und Auspackstationen schwanken dabei je nach Ausstattung zwischen mehreren Millionen Euro für Systeme einsetzbar in der Industrieproduktion und wenigen Tausend Euro für Geräte im Laborbereich.

2.2.1 Industrielle Lasersinteranlagen

Der Weltmarkt für professionelle LS-Produktionssysteme zur Herstellung industriell einsetzbarer Bauteile wird seit vielen Jahren von den beiden Herstellern EOS (Deutschland) und 3D-Systems (USA) dominiert. Diese beiden Firmen verfügen über das aktuell größte Maschinenportfolio in unterschiedlichen Bauraumdimensionen.

Daneben gibt es noch die Firma Farsoon Technologies (China), welche drei Maschinen unterschiedlicher Größe und eine große Ausstattungsvielfalt für die Basismaschinen anbietet. Bild 2.16 fasst die Maschinen dieser drei Hersteller zusammen und ordnet sie entsprechend der zunehmenden Bauraumgröße (Angabe der Baukavität in mm; Länge × Breite × Höhe).

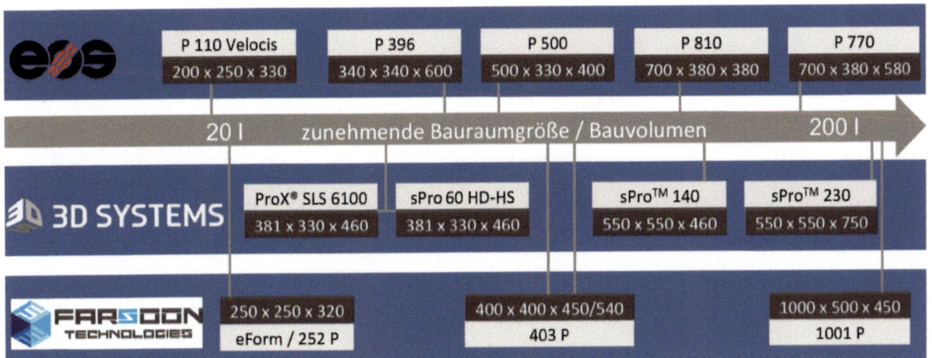

Bild 2.18 Industrielle LS-Anlagen der aktuellen Marktführer: EOS und 3D-Systems sowie Farsoon im Größenvergleich; Angabe der Größe der Baukavität in mm (Länge × Breite × Höhe)

Die Anlage mit dem kleinsten Bauvolumen (unter 20 l) ist aktuell die EOS P 110 Velocis, welche auch als einzige aller Anlagen, aufgrund ihrer geringen Größe, eine spezielle Pulverbeschichtungseinheit aufweist. Die Beschichterklinge ist an eine zentrale Achse an Rand des Baufelds montiert (siehe auch Abschnitt 2.1.2.3). Der P 110 wird allgemein die höchste Bauteilqualität hinsichtlich Bauteildichte und Oberflächenrauigkeit attestiert (Stichwort: „FORMIGA-Qualität").

Bezüglich des zur Verfügung stehenden Bauraums sind die beiden größten Anlagen aktuell die sPro 230 von 3D-Systems und die 1001 P der Firma Farsoon, beide mit über 200 l Fassungsvermögen im Baufeld. Die Anlagen überspannen heute also circa ein Bauvolumen von 20 bis 200 l.

Alle Maschinen sind mit einem oder mehreren CO_2-Lasern als Belichtungsquelle zum Schmelzen der Kunststoffpulver ausgerüstet. Die Leistungen, die dabei zur Verfügung gestellt werden, liegen üblicherweise zwischen 30–100 W. Teilweise kommen auch 200 W-Laser zum Einsatz. Je größer das Baufeld, umso höher ist die Notwendigkeit, mehrere Laser als Strahlungsquellen einzusetzen. Damit wird die Abbildegenauigkeit gewährleistet und die Schichtzeiten werden bei den gegebenen Scangeschwindigkeiten nicht zu hoch.

Wenn zwei oder mehr Laser gleichzeitig belichten, ist die Belichtungszeit pro Schicht deutlich geringer, aber es muss durch eine exakte Synchronisation der virtuellen Baufelder der einzelnen Laser sichergestellt werden, dass in allen Baufeldern das gleiche Sinterergebnis erzielt wird. Besonders an der Grenzlinie ist die Abstimmung sehr wesentlich, damit hier keine Bauteilschwachstellen in Form von Bindenähte oder Spurversatz auftreten.

Die Ablenkgeschwindigkeit, mit welcher der Laserstrahl durch die Scannerspiegel über das Baufeld geführt wird, liegt heute üblicherweise bei 10 m/s. Sehr schnelle Scanner arbeiten auch bei Geschwindigkeiten von 15 m/s oder mehr. Allerdings muss dann die Laserleistung entsprechend erhöht werden, um die eingebrachte

Energie pro Zeit- und Flächeneinheit ausreichend hoch zu gestalten. Wie in Abschnitt 2.1.2.3 erläutert, kann sich aber eine hohe Ablenkgeschwindigkeit des Lasers negativ auf die Bauteilqualität auswirken. In der Praxis erwartet man generell gute Ergebnisse bei einer Geschwindigkeit von 6 m/s. Höhere Ablenkgeschwindigkeiten können Doppelscanstrategien erfordern, um gute Ergebnisse zu liefern.

Die meisten der heute angebotenen Systeme zur industriellen Herstellung von LS-Bauteilen fokussieren im Wesentlichen auf die Verarbeitung von Polyamid 12 (PA 12), Polyamid 11 (PA 11) und Polyurethanen (TPU), den heute mit Abstand gängigsten LS-Werkstoffen (siehe Kapitel 6).

Für die sogenannten Hochtemperaturwerkstoffe (z. B. PA 6, PA 66, PBT, PEEK, PPS), welche LS-Maschinen mit höheren Bauraumtemperaturen erfordern, wie EOS P 810 oder Maschinen der ST-Serie der Firma Farsoon, sind aktuell sehr teuer und daher nur in geringer Anzahl bei Druckdienstleistern oder in der Industrie vorhanden.

2.2.1.1 Firma Electro Optical Systems – EOS (Deutschland)

Die Firma EOS (*www.eos.info*) wurde 1989 in München gegründet. Am Anfang der Firmengeschichte standen SLA-Maschinen. Etwa 1994 wurde mit der EOSint P 350 die erste LS-Maschine entwickelt und kommerziell angeboten. 1997 erfolgte die strategische Fokussierung auf pulverbettbasierte Laserschmelzverfahren – sowohl für Kunststoffe als auch für Metalle. Andere AM-Verfahren wurden von EOS – auch aus patentrechtlichen Gründen – nicht mehr weiterverfolgt.

Aktuell werden von EOS im Bereich Kunststoffverarbeitung fünf unterschiedliche Maschinen angeboten (siehe Bild 2.18). Vier dieser Maschinen (P 110 Velocis, P 396, P 500, P 770) sind aktuell primär für die Standard-LS-Materialien (PA 12, PA 11) ausgelegt. Als Kernstück für die weitere Industrialisierung wird die EOSint P 500 positioniert, welche als „Zukunftstechnologie“ auch mit anderen Belichtungseinheiten, wie CO-Laser (FDR-Technology) oder Diodenarrays (LaserProFusion) ausgestattet werden kann.

Die vor etwa zwei Jahren auf dem Markt eingeführte Maschine EOS P 500 ist konzeptionell für die Serienfertigung von LS-Teilen in automatisierten Fertigungsketten ausgelegt. Die Zuführung und Entnahme von Pulverbehältern erfolgt vollautomatisch und in geschlossenen Prozessketten. Weitere Besonderheiten dieser Maschine sind:

- Serienfertigung durch geschlossene Materialströme und digitalisierten Prozessketten,
- Temperaturauslegung bis 300 °C (Verarbeitung des PEKK-Werkstoffs – in Planung),
- Pulverbeschichtung mit Doppelrollensystem (siehe Abschnitt 2.1.2.3) zur Verbesserung der Pulverdichte im Baufeld.

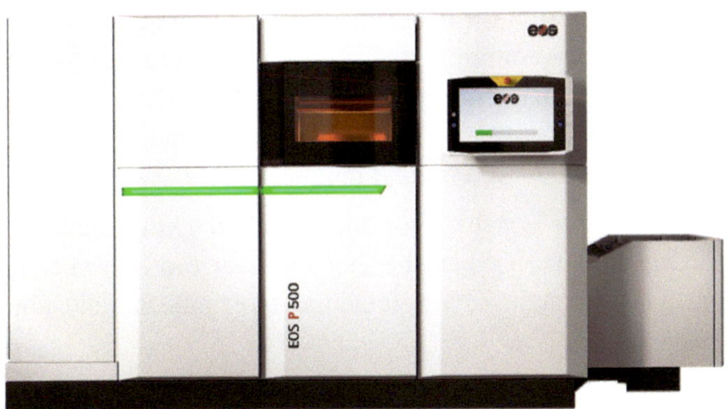

Bild 2.19 EOS P 500-System mit der Schleuse für die automatisierte Materialzuführung auf der rechten Seite (Quelle: EOS)

Die Maschine mit der Bezeichnung P 810 stellt einen Sonderfall dar. Diese Maschine ist ausschließlich für die Verarbeitung von Hochtemperaturwerkstoffen, speziell aus der Polyaryletherketon (PAEK)-Familie gedacht. EOS stellt allerdings aktuell nur einen kommerziellen Werkstoff zur Verfügung, der auf der P 810 verarbeitet werden soll: EOS HT-23. Ein Kompositwerkstoff mit einem Anteil von 23 % Carbonfasern (HT-23) und PEKK als Basiswerkstoff (Schmelzpunkt circa 300 °C). Weitere Details zum chemischen Aufbau und den Abkürzungen der PAEK-Werkstoffe finden sich in Abschnitt 6.2.2. Der PEKK-Basiswerkstoff ist zukünftig auch für das P 500-System vorgesehen.

2.2.1.2 Firma 3D-Systems (USA)

Im Gegensatz zu EOS fokussiert sich die Firma 3D-Systems (*www.3dsystems.com*) nicht ausschließlich auf PBF-LB-AM-Verfahren, sondern hat weitere Anlagen aus dem Bereich VPP und MJT im Programm. Im Bereich LS werden von der Firma 3D-Systems unterschiedliche Maschinenkonzepte angeboten: zum einen die sPro™-Plattform in unterschiedlichen Größen (siehe Bild 2.18) und zum anderen die ProX® LS 6100 [13]. Die sPro™-Maschinen sind eine Weiterentwicklung des „SinterStation"-Konzepts der Firma DTM, welche 2001 von der Firma 3D-Systems übernommen wurde. Während bei den sPro™-Systemen die Baupulver vor dem Bau in die Maschine eingefüllt werden müssen, erfolgt bei der ProX™ LS 6100 die Zuführung von Frischpulver während des Bauprozesses von extern analog zu den Maschinen der Firma EOS. Die ProX™ LS 6100 ist auch im Bereich der Pulverzustellung zur Bauplattform konzeptionell anders aufgebaut als die sPro™-Maschinen. Die Beschichtung erfolgt nur von einer Seite.

Für die sPro™ 60 HS (High Speed) und die ProX® LS 6100 werden Scanköpfe mit einer hohen Ablenkgeschwindigkeit von 12,7 m/s eingesetzt, um die Baugeschwindigkeiten anzuheben. Alle Systeme sind für den Einsatz der Standard PA 12- und PA 11-Werkstoffe (unverstärkt und verstärkt) zugelassen. Flexiblere Materialien (TPU, Duraform FLEX) können nur auf der sPro™ 60 verarbeitet werden. Maschine und Werkstoff sind bei der Firma 3D-Systems über Freigabecodes gekoppelt, sodass eine Verarbeitung von Fremdmaterialien nicht möglich ist.

Vor Kurzem wurde von der Firma 3D-Systems noch ein neuer Anlagentyp „LS 380“ am Markt vorgestellt. Ein spezielles Merkmal dieses Geräts ist die Closed-Loop-Kontrolle und die Steuerung einer Acht-Zonen-Heizeinheit für das Baufeld über eine integrierte Infrarotkamera.

2.2.1.3 Firma Farsoon Technologies (China)

Im Zuge der chinesischen Strategie im Bereich des 3-D-Druckens einen zukünftigen nationalen Industrieschwerpunkt zu setzen, wurde im Jahr 2009 die Firma Hunan Farsoon gegründet (später Farsoon Technologies). Die Firma Farsoon (*www.farsoon.com*) fokussiert neben der Entwicklung eigener LS-Maschinen auch auf die Herstellung proprietärer LS-Pulver (siehe Abschnitt 6.1.6).

Dr. Xiaoshu Xu, Gründer und CEO von Farsoon, ist eine bekannte Person im AM-Umfeld und hat eine lange Karriere im Bereich LS. Er hat in Amerika viele Jahre für die Firmen DTM und 3D-Systems gearbeitet. Es ist deshalb naheliegend, dass die Maschinen der Firma Farsoon ebenfalls an die grundlegenden Konzepte der Firmen DTM/3D-Systems anknüpfen.

Aktuell werden von der Firma Farsoon LS-Maschinen in drei Größen kommerziell angeboten (siehe Bild 2.18). Bei der hinsichtlich des Bauvolumens größeren Maschine mit der Bezeichnung „Farsoon 1001 P“ sind Bauteile mit einer Kantenlänge bis zu 1 m möglich, was aktuell das Maximum für die LS-Technologie darstellt.

Alle Farsoon-Anlagen können relativ variabel auf Kundenwunsch für Temperaturen bis 220 °C und die 252 P als ST-Variante sogar bis 280 °C ausgestattet werden. Auch der Einsatz unterschiedlicher Laser im Bereich 30–100 W ist möglich. Analog zu den Maschinen der Firma 3D Systems wird das Baupulver vor dem Prozess in die Maschinen eingefüllt und das Pulver mit einem Roller appliziert.

Einen Sonderstatus im Farsoon-Maschinenportfolio stellt die FLIGHT HT403P dar. Diese Maschine ist mit einem 500 W-Faserlaser (Wellenlänge λ = 1064 nm) ausgerüstet. Der Vorteil dieses Lasertyps neben der hohen Leistung ist der sehr geringe Laserspotdurchmesser von etwa 70–100 µm für sehr feine Bauteilstrukturen (bis zu 0,3 mm) und einen hohen Detailierungsgrad. Allerdings leidet die Produktivität unter dem geringen Laserspotdurchmesser, was durch eine hohe Laserleistung und eine hohe Scangeschwindigkeit (bis 20 m/s) kompensiert werden soll. Zudem muss das Prozesspulver an die Laserwellenlänge angepasst werden, um eine genügend hohe Energieabsorption zu gewährleisten. Aktuell ist nur ein Polyamid 1212

(PA 1212)-Material (FS3300PA-F) zur Anwendung zugelassen. Bild 2.20 zeigt das aktuelle Flaggschiff der Farsoon-Maschinen, die „FLIGHT HT403P“.

Farsoon verfügt zudem über eigene Anlagen zur Rohmaterial-/Pulverproduktion. Im Jahr 2015 wurde in Changsha (China) das Farsoon-Zentrum für Maschinen- und Materialproduktion eröffnet.

Bild 2.20 Farsoon FLIGHT Maschine mit 500 W-Faserlaser (λ = 1064 nm); (Quelle: Farsoon)

2.2.1.4 Weitere Hersteller von LS-Anlagen

In Asien, aber auch in Europa gibt es noch eine Reihe weiterer Hersteller von LS-Anlagen, die sich in Detaillösungen voneinander unterscheiden oder spezifische Größen abbilden.

Firma Aspect (Japan) und Firma RICOH (Japan)

Die Firma Aspect (*www.aspect.jpn.com*) in Japan wurde im Jahr 1996 gegründet und hatte anfangs die Verkaufsvertretung von DTM-Maschinen für Japan. Zudem fungiert die Firma Aspect seit 1998 auch als LS-Dienstleister (Service Bureau) in Japan. Nach dem Verkauf der Firma DTM an die Firma 3D-Systems wurde die Firma Aspect unabhängig und hat in Eigenregie an der Weiterentwicklung der LS-Technologie gearbeitet.

Aus diesen Arbeiten ist nicht nur ein umfangreiches Portfolio mit LS-Maschinen in unterschiedlicher Größe entstanden, sondern die Firma Aspect hat parallel dazu auch sehr spezielle Materialien für die LS-Anwendung entwickelt. Ein hochsphärisches Polypropylen (PP)-Pulver wurde vor einigen Jahren als erstes PP-Pulver auf dem LS-Markt platziert und kürzlich wurden unterschiedliche Polyphenylensulfid (PPS)-Typen für Hochtemperaturanwendungen vorgestellt. Die Produkte der Firma Aspect (Maschinen und Materialien) werden aktuell allerdings nur für den japanischen Markt angeboten.

Eine Besonderheit der Aspect-Maschinen liegt einerseits darin, dass alle Maschinen auf einen 50 W-Faserlaser umgerüstet werden können und andererseits in der spezifischen Temperaturkontrolle im Bauraum. Mit insgesamt bis zu acht Pt100-Messfühlern wird die Bauraumtemperatur überwacht und gesteuert, was eine deutliche Verbesserung und Abgrenzung zu anderen kommerziellen Maschinen bedeutet. Zudem wird von der Firma Aspect auch eine andere Belichtungsstrategie (Zickzackscan) verwendet, um Bauteile mit höherer Dichte und besseren Oberflächen zu generieren.

Die größte der Aspect-Maschinen mit einem Bauraum von 500 × 500 × 550 mm wird mittlerweile über die Firma RICOH (*www.ricoh.com*) unter der Bezeichnung AM S5500P auch in Europa angeboten. Die offensichtliche Ähnlichkeit der Aspect-Maschine (RaFaEl 550) und der RICOH AM S5500P ist augenfällig (siehe Bild 2.21).

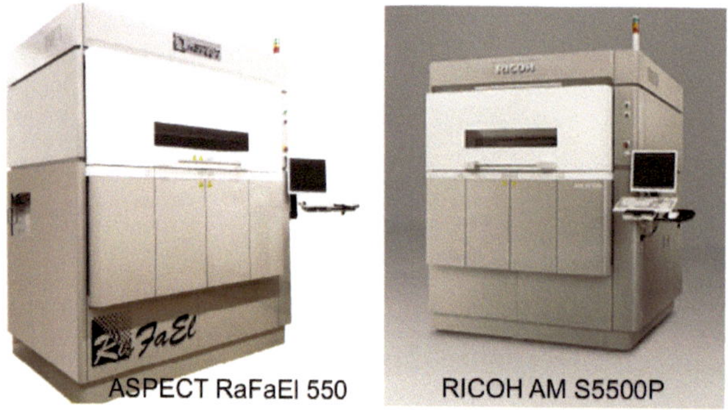

Bild 2.21 Aspect RaFaEl 550 (links) und RICOH AM S5500P (rechts) mit offensichtlicher Ähnlichkeit; „Ricoh-Design“ für den EU-Markt (Quelle: Aspect und RICOH)

RICOH stellt auch ein weiteres sehr spezifische Thermoset-Material aus einer Zusammenarbeit mit der Firma TIGER Coatings (Österreich) für die Verarbeitung auf der AM S5500P zur Verfügung (siehe Abschnitt 6.2.5).

Firma TPM3D (China)

Bei TPM3D handelt es sich um einen LS-Maschinen-Hersteller aus China mit einem relativ breiten Produktsortiment. Die Maschinen und die weiteren Spezifikationen liegen in der Größenordnung der anderen Hersteller industrieller LS-Systeme. Als Besonderheit ist das S320 HT-System zu erwähnen, welches für maximale Temperaturen bis zu 350 °C ausgelegt ist, um PAEK-Werkstoffe verarbeiten zu können. TPM3D stellt darüber hinaus auch eigene Lasersintermaterialien her, welche aber auch wie die meisten anderen LS-Materialien auf PA 12 basieren.

Momentan beziehen sich die Marktaktivitäten von TPM3D hauptsächlich auf den chinesischen Markt. In Europa oder USA sind nur wenige Systeme im Einsatz.

Firma Weirather (Österreich)

Die Firma Weirather (Österreich) hat vor einigen Jahren mit der „WLS 3232“ eine eigene LS-Maschine vorgestellt. Die Nummerierung bezieht sich auf die Größe der quadratischen Prozesskammer mit 320 mm × 320 mm (Breite × Länge) und einer Höhe von 380 mm. Es handelt sich also um ein eher kleines Bauvolumen von ca. 38 l. Wesentliche Merkmale der Maschine sind das Fehlen einer F-Theta-Linse zur Fokussierung des Laserstrahls, das spezielle Heizsystem, welches eine hochpräzise Einstellung der Temperaturen ermöglicht, sowie der patentierte Pulverbeschichter welcher, gemäß Angabe des Herstellers, zu einer besseren Verdichtung der Pulverschichten führt. In Verbindung mit der sehr schnellen Scaneinheit (15 m/s) ist die Maschine in der Lage, hohe Produktivitätsraten bei gleichzeitig hoher Bauteilqualität zu erzielen.

In einer kürzlich vorgestellten überarbeiteten Version wurden partielle Verbesserungen implementiert, um die Produktivität und die Bauteilqualität zu steigern. So kommt eine neu entwickelte „Laserwindow“-Einheit zum Einsatz, welche einfach zu reinigen ist und eine Verschmutzung des Scanners zuverlässig verhindern soll. Der Materialwechsel wurde zudem durch ein Rollwagensystem vereinfacht. Die Materialvorbereitung und -vorwärmung kann somit offline erfolgen, was die Produktivität steigert.

Firma Nexa3D (USA)

Ein spezifisches Merkmal der LS-Anlage der Firma Nexa3D (QLS 350), einem Hersteller aus Kalifornien (USA), ist die Verwendung von vier 100 W-CO_2-Lasern für einen relativ geringen Bauraumquerschnitt von 350 mm × 350 mm. Das effektive Bauvolumen pro Zeit kann durch die vierfache Belichtung auf herausragende 8 l/h gesteigert werden. Mit der erhöhten Bauraumtemperatur (250 °C) können neben den üblichen PA 12- und PA 11-LS-Materialtypen auch Sondermaterialien wie Polybutylenterephthalat (PBT) mit einem erhöhten Schmelzpunkt verarbeitet werden.

Firma Sindoh (Südkorea)

Die Sindoh Anlage S100 weist mit einer Bestückung mit zwei 100 W-CO_2-Lasern und einer Bauraumgröße von 510 mm × 510 mm × 500 mm (130 l) eine industrietaugliche Dimensionierung auf. Durch die Zusammenarbeit mit der Firma Materialise (Belgien) wird neben den üblichen Standardmaterialien auch ein von der Firma Materialise entwickeltes zu 100 % rezyklierbares PA 12 (Bluesint PA 12) angeboten, welches für kosten- und nachhaltigkeitsbewusste LS-Anwender relevant sein kann.

Firma Sondasys (Polen)

Die Firma Sondasys aus Polen bietet aktuell eine LS-Maschine (Typ SL02) an. Die Spezialität dieser Maschine ist, dass der Benutzer die Wahl zwischen zwei Bauraumgrößen hat: 27 oder 81 l. Der Einsatz des 27 l-Bauraumeinsatzes zielt neben kleinen Baujobs auch auf die Verarbeitung von Sondermaterialien ab, welche üblicherweise nicht in größeren Mengen zur Verfügung stehen. Das wird auch durch die offene Steuerung der Maschine unterstützt. Zusätzlich arbeitet die SL02 ohne Fokuslinsensystem (F-Theta-Linse) und erzielt die nötige Fokussierung des Laserspots auf der Baufeldoberfläche durch die zusätzliche Bewegung der Scanspiegel auch in Z-Richtung. Die maximale Bauraumtemperatur beträgt 300 °C, sodass auch Hochtemperaturmaterialien wie PA 6 oder PA 66 mit der Sondasys-Anlage verarbeitet werden können.

Die Maschine der Firma Sondasys stellt also den Spagat zwischen einer Produktionsanlage mit mittelgroßem Bauvolumen (81 l) und einer Technikums-/Forschungs- und Entwicklungsanlage mit kleinem Bauvolumen (27 l) und offener Steuerung dar.

Firma Prodways (Frankreich)

Die P 1000 LS-Systeme der Firma Prodways sind im Grenzbereich von professionellen Anlagen und Technikumsgeräten angesiedelt. Sie arbeiten mit 30 W- bzw. 60 W-CO_2-Lasern und professionellen, aufwendigen Heizsystemen einerseits, erlauben aber mit der offenen Parametergestaltung und durch das geringe Bauraumvolumen von ca. 30 l andererseits auch Entwicklungsarbeiten auf Technikumsniveau zum Einsatz kleinerer Materialmengen zur LS-Pulverentwicklung.

2.2.2 Technikums- sowie Forschungs- und Entwicklungsanlagen

Neben den oben beschriebenen industrieadäquaten LS-Systemen, die bezüglich der Marktanteile eindeutig von den „Platzhirschen“ EOS und 3D-Systems dominiert werden, hat sich in den letzten Jahren ein Nischenmarkt für kleinere LS-Anlagen etabliert, der auch lukrativ und mittlerweile umkämpft ist. Mögliche Gründe für die Entscheidung für eine Technikums-/Forschungs- und Entwicklungsanlage können sein:

- Kennlernen der Technologie,
- Vermeidung erheblicher Einstiegsinvestitionen in „Großanlagen“ am Anfang,
- Testen/Herstellen erster eigener Produkte/Geschäftsmodelle,
- Personalschulung an einfacheren Systemen,
- interne Produktionsabläufe (inklusive Pre- und Postprocessing) für 3-D-Druck etablieren,
- eigene Prozess-/Pulverentwicklung im Forschungs- und Entwicklungsbereich an kleinen Materialmengen.

Kennzeichnend für entsprechende Anlagen ist neben kleineren Baufeldern oft, dass teure Komponenten wie Laser, aufwendige und präzise Heizungen, Stickstoffgeneratoren für Schutzgas oder andere qualitätsrelevante Bauelemente durch einfachere Komponenten ersetzt oder ganz weggelassen werden, um Kosten zu sparen. Diese Modifikationen haben natürlich einen (negativen) Einfluss auf das Prozessergebnis hinsichtlich Bauteilqualität und Prozessstabilität, können in der Regel zum Einstieg in die Technologie aber akzeptiert werden.

Prinzipiell lassen sich die Anlagen in dieser Maschinenkategorie in Geräte mit CO_2-Laser und Geräte mit anderen Strahlungsquellen, meist Laserdioden, unterteilen. Der Einsatz eines CO_2-Lasers bietet den Vorteil, dass prinzipiell die gleichen kommerziellen Materialien verarbeitet werden können, wie sie auch in „Großgeräten“ zum Einsatz kommen. Für Laserdiodensysteme ist immer eine Anpassung der eingesetzten Materialien erforderlich. Typischerweise werden Absorptionshilfsmittel wie Ruß eingesetzt, um genügend Energie für den Schmelzvorgang in das Pulver einzukoppeln.

2.2.2.1 Anlagen mit CO_2-Laser

Tabelle 2.1 fasst Lasersinteranlagen, welche mit CO_2-Lasern bestückt sind, zusammen. Die Geräte der Firmen Wematter (Schweden), XYZPrinting (USA), Sinterit (Polen) und Sharebot (Italien) stellen zwischen 8–27 l und damit sehr unterschiedliche Bauvolumina zur Verfügung. Die Firmen Wematter und XYZPrinting zielen mit ihren hochwertig ausgestatteten Anlagen auf den halbprofessionellen Bereich ab.

Tabelle 2.1 LS-Anlagen mit CO_2-Laser als Strahlungsquelle

Hersteller	Name	Laser/Leistung	Bauraum	Sonstiges
Wematter (Schweden) *www.wematter3d.com*	Gravity 2021	Keine Angaben	27 l	Prototyping im Büroumfeld
XYZPrinting (USA) *www.xyzprinting.com*	MFGPro 230xS	CO_2/30 W	12 l	Betrieb unter N_2-Schutzgas
Sinterit (Polen) *www.sinterit.com*	LISA X	CO_2/30 W	8 l	Große Materialvielfalt
	NILS 480		12 l	
Sharebot (Italien) *www.sharebot.it*	Snowwhite	CO_2/14 W	8 l	3,5 m/s Scan Speed; erweiterbar mit N_2-Schutzgas

2.2.2.2 Anlagen mit Laserdioden

Bei Anlagen dieser Gerätekategorie ist, wie bereits erwähnt, der relativ teure und eine Kühlung erfordernde CO_2-Laser durch Laserdioden unterschiedlicher Wellenlängen ersetzt (Tabelle 2.2). Die Verwendung von Laserdioden hat den Vorteil, dass diese in Elektronikshops für geringe Kosten erworben werden können. Allerdings erfordert die hier zur Verfügung stehende geringe Leistung in einem für organische Polymere wenig geeigneten Spektralbereich den Einsatz spezieller Materialabmischungen, um genügend Energie in das Material einzukoppeln und es damit zum Schmelzen zu bringen. Teilweise werden zusätzlich Kosten reduziert, wenn optische Spiegelsysteme (Scanner) zur Laserspotpositionierung zugunsten von „Gantry-Systemen" eliminiert werden, bei denen die X,Y-Einstellung der Laserposition mechanisch erfolgt.

Tabelle 2.2 LS-Anlagen mit Laserdioden als Strahlungsquelle

Firma	Name	Laser/Leistung	Bauraum	Sonstiges
Formlabs (USA) *www.formlabs.com*	Fuse 1	Yttrium-Faserlaser 1065 nm/10 W Spotdurchmesser von 200 µm	8 l	▪ Doppelscanner ▪ Quarzheizelemente ▪ wechselbares Laserfenster
Sintratec (Schweiz) *www.sintratec.com*	S1	Laserdiode 445 nm /2,3 W	< 1 l	Kosten: als Bausatz weniger als 5000 Euro
	S2	Laserdiode 1065 nm/10 W	8 l (zylindrisch)	▪ Acht-Zonen-Heizung ▪ schneller Materialwechsel (Trolley)
Sinterit (Polen) *www.sinterit.com*	LISA LISApro	Laserdiode 808 nm/5 W		▪ Gantry-Scanner ▪ große Materialvielfalt
Red Rock (Russland) *www.redrocksls.com*		5 W	7 l	Detailinfo nicht verfügbar

Literatur

[1] Homepage Universität Texas, Inventor of the Year Revolutionized Manufacturing, *https://news.utexas.edu/2015/11/19/inventor-of-the-year-revolutionized-manufacturing/*, zuletzt abgerufen am 11.01.2022

[2] Wikipedia: *https://en.wikipedia.org/wiki/Carl_R._Deckard*, zuletzt abgerufen am 20.01.2022

[3] Wegner, A., Witt, G.: Ursachen für eine mangelnde Reproduzierbarkeit beim Laser-Sintern von Kunststoffbauteilen, Homepage Rte-Journal (on-line), *https://www.rtejournal.de/ausgabe10/3818*, zuletzt abgerufen am 15.04.2015

[4] Alscher, G.: Das Verhalten teilkristalliner Thermoplaste beim Lasersintern, Dissertation Universität Essen, Aachen, 2000

[5] Nelson, J. C.: Selective laser sintering: a definition of the process and an empirical sintering model. PhD dissertation, University of Texas, Austin, TX, 1993

[6] Drummer, D., Rietzel, D., Kühnlein, F.: Development of a characterization approach for the sintering behavior of new thermoplastics for selective laser sintering, *Physics Procedia*, (2010) 5, 533

[7] Pilipovic, A., Valentan, B., et al.: Influence of Laser Sintering Parameters on Mechanical Properties of Polymer Products, Annals of DAAAM for 2010 & Proceedings of the 21st International DAAAM Symposium, ISBN 978-3-901509-73-5, Katalinic, B. (Ed.), (2010) 285–286

[8] Niino, T., Sato, K.: Effect of Powder Compaction in Plastic Laser Sintering Fabrication, Proceedings of the Solid Freeform Fabrication Symposium SFF, (2009) 193

[9] Budding, A., Vaneker, T. H. J.: New strategies for powder compaction in powder-based rapid prototyping techniques, *Procedia CIRP6*, (2013) 527

[10] Sabo, D. A., Brunner, D., Engelmayer, A.: Advantages of digital servo amplifiers for control of a galvanometer based optical scanning system, Proc. SPIE 5873, *Optical Scanning, (2005) 205 (113)*

[11] Homepage der Fa. Sill Optics: *https://www.silloptics.de/produkte/sill-technikon/laser-optik/f-theta-objektive*, zuletzt abgerufen am 09.04.2022

3 Lasersinterprozess

Das Kernstück jeder Produktionstechnologie ist die eigentliche Herstellung von Bauteilen (Bauprozess). An der Qualität und dem Nutzen der erzeugten Bauteile wird ein Produktionsprozess gemessen. So auch beim Lasersintern (LS). Nur wenn es mit dem LS-Verfahren gelingt, Bauteile zu generieren, welche den Qualitätsanforderungen der Kunden gerecht werden, wird ein Herstellungsverfahren vom Markt akzeptiert.

Besonders bei neueren Technologien ist dies oft eine Herausforderung. Naturgemäß sind anfangs die Prozessabläufe nicht (voll-)automatisiert und auch breit akzeptierte Qualitätskonzepte und -maßnahmen entlang der Prozesskette sind (noch) nicht etabliert. Es herrscht etwas „Wildwuchs", da fast jeder Anwender und/oder Dienstleister andere Maßstäbe anlegt und unter Bauteilqualität etwas anderes verstehen kann.

Nachdem in den letzten Jahren aber die Zukunfts- und Leistungsfähigkeit der additiven Technologien insgesamt erkannt wurde, wird an den einzelnen Prozessschritten, deren Kontrolle sowie der Integration von LS in industrielle Produktionsketten intensiv gearbeitet. Prozessbegleitende Qualitätsmaßnahmen und auch eine fortschreitende Standardisierung sind hier essenziell, um die Rahmenbedingungen für eine breite Industrieakzeptanz zu schaffen. In den Normierungsgremien laufen intensive Aktivitäten dazu.

Speziell OEMs und auch einige spezialisierte Zulieferer versuchen, die Prozessabläufe zu vereinfachen und zu automatisieren. Je besser der LS-Prozess entlang der Prozesskette kontrolliert, automatisiert und standardisiert wird, umso überzeugender wird die Bauteilqualität ausfallen.

3.1 Prozesskette

Der Ablauf des LS-Prozesses zur Erstellung von Bauteilen gliedert sich in mehrere Schritte (siehe Bild 3.1). Über die Vorbereitung von Pulver und Maschine und eine kontrollierte Vorwärmphase gelangt man zum eigentlichen Bauprozess. Ein erfolgreicher Bauprozess wird auch von der Teilepositionierung des Baujobs bestimmt.

Eine kontrollierte Abkühlphase führt zum Auspacken der Teile. Erst hier zeigt sich letztendlich Erfolg oder Misserfolg des jeweiligen Baus, wenn die Bauteile dem Pulver entnommen werden. Durch Fehler in den einzelnen Prozessschritten können Baufehler entstehen, die zu Ausschussteilen führen (siehe Abschnitt 3.1.4). Am Ende muss das überschüssige Pulver wieder in den Prozess zurückgeführt werden und die Bauteile können zur weiteren Endbearbeitung dem „Finishing“ zugeführt werden (siehe Abschnitt 7.1.2.3).

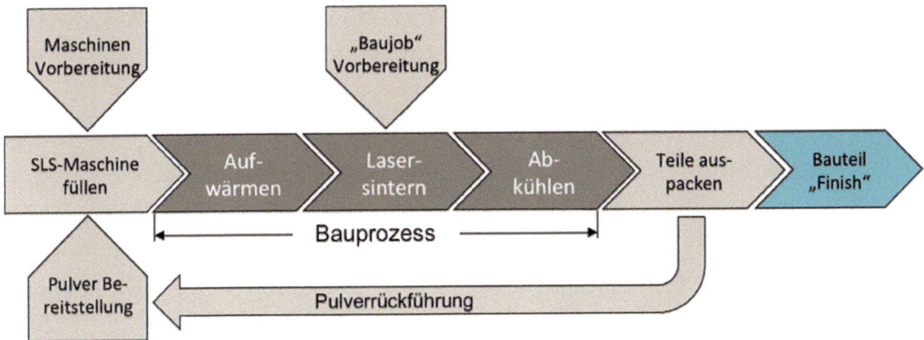

Bild 3.1 Prozessschema für das LS-Verfahren grob aufgeschlüsselt in Einzelstufen; der eigentliche Bauprozess besteht aus drei Stufen, die in der LS-Maschine stattfinden: Aufwärmen, Lasersintern und Abkühlen; vor- und nachgelagerte Prozessschritte sind bezüglich Ergebnisqualität ebenfalls essenziell.

3.1.1 Pulverbereitstellung

Die Herstellung einer korrekten Pulvermischung für den LS-Prozess ist eine gewisse Herausforderung und erfordert spezifisches Prozess-Know-how. Dies vor allem, weil im LS-Prozess gewöhnlich mit Mischungen mehrerer Materialzustände gearbeitet wird.

Bei den Materialmischungen ist wesentlich, dass der Prozess praktisch nie mit reinem Frischpulver durchgeführt wird. Dem eigentlichen Prozesspulver wird immer ein hoher Anteil an gebrauchtem Pulver, bestehend aus Bauresten und Overflow-Pulver, zugegeben. Dies hat einerseits finanzielle Gründe, ist anderseits aber auch prozessbedingt. Die Prozessparameter (Temperaturen und Faktoren der Andrew-Zahl, A_z, siehe Abschnitt 2.1.2) sind in der Regel für die Verarbeitung von Mischpulver eingestellt.

PA 12-Neupulver für LS wird aktuell für einen mittleren Preis von 60 bis 90 Euro gehandelt. Die Tatsache, dass die Packungsdichte einer LS-Maschine mit Teilen im Mittel etwa 10 % beträgt, bedeutet, dass nach dem Bau etwa 90 % unverarbeitetes Pulver vorliegt. Dieses muss kontrolliert in den Prozess zurückgeführt werden, um keine exorbitanten Kosten zu verursachen. Das Baupulver hat sich aber während des Bauprozesses durch mechanische und thermische Belastung in seinen Eigenschaften verändert (siehe Abschnitt 6.1.1.4) [1]. Das heißt, eine kontrollierte Rückführung in den Prozess ist unabdingbar.

Bild 3.2 zeigt ein mögliches Schema zum Pulverkreislauf im LS-Prozess. Es sind auch Kontrollstellen angegeben (markiert mit *), an denen der Pulverzustand sinnvollerweise kontrolliert werden kann. Es bietet sich hier die Bewertung der Schmelze-Volumen-Fließrate (engl. melt volume rate, MVR) an (siehe Abschnitt 4.2.2.1). Ob und wenn ja wie eine korrekte Kontrolle des Pulverzustands erfolgen sollte, ist aber letztendlich jedem Anwender der Technologie selbst überlassen.

Inwieweit der MVR-Wert geeignet ist, den Pulverzustand hinreichend prozesssicher zu qualifizieren, ist noch Gegenstand kontroverser Diskussionen. Zumindest ein OEM (Firma EOS, Deutschland) stellt seinen Kunden einen Vorschlag zum Messablauf dafür zur Verfügung und auch in der VDI-Empfehlung 3405 Blatt 1.1 wird die Ermittlung des MVR-Werts methodisch beschrieben und anhand von LS-Pulver-Messungen und entsprechenden Ergebnissen von Ringversuchen die Aussagekraft diskutiert.

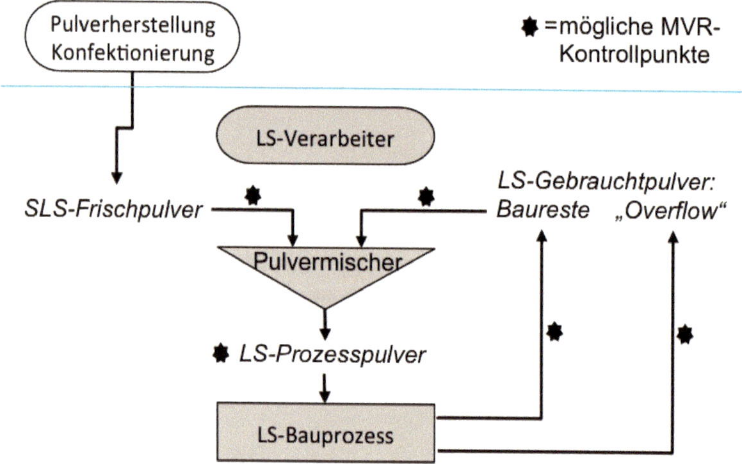

Bild 3.2 Schematischer Pulverkreislauf und mögliche MVR-Kontrollpunkte (*)

Üblicherweise wird mit Mischungen im Bereich von 30 bis 50 % Neupulver und 50 bis 70 % Gebrauchtpulver gearbeitet. Je geringer der Neupulveranteil, umso günstiger die Materialkosten, aber umso größer die Wahrscheinlichkeit für bestimmte Prozessfehler (z. B. „Orangenhaut“, siehe Abschnitt 3.1.4.2).

Von der Firma EOS wird grundsätzlich empfohlen, mit dem Verhältnis 50:50 Frischpulver/Gebrauchtpulver zu arbeiten. Diese Empfehlung ist ein einfacher Ansatz, um mögliche Prozessprobleme zu umgehen. Es blendet aber aus, dass dies für den Kunden eine teure Variante ist und dass das Gebrauchtpulver nicht immer im selben Alterungszustand vorliegt (Einfluss von Bauhöhe, Packungsdichte und Bauzeit).

Bearbeitet ein LS-Verarbeiter mehrere unterschiedliche LS-Materialien, so muss er die Pulverströme, die sich aus dem Pulverkreislauf in Bild 3.2 ergeben, streng getrennt führen. Eine Vermischung von Materialien wie PA 11 und PA 12 hätte fatale Folgen aufgrund der unterschiedlichen thermischen Eigenschaften der Polymere. Ein korrekter Bau wäre mit jedweder Polymermischung nicht möglich. Das bedeutet in der täglichen Praxis auch einen erheblichen logistischen Aufwand, da bestimmte Materialmengen zwischengelagert werden müssen. Im Idealfall werden unterschiedliche Pulver auf separaten Maschinen verarbeitet, um auch eine Querkontamination in den Baukammern der Maschinen zu vermeiden.

Die mechanische und vor allem homogene Vermischung von Pulvern mit unterschiedlichen Alterungszuständen (neu/gebraucht/overflow) in größeren Mengen ist eine technische Herausforderung und nicht einfach zu bewerkstelligen. Technisch orientierte Entwicklungsfirmen haben sich diesem Problem angenommen und bieten Systemlösungen zum Sieben und Mischen von LS-Pulvern in geschlossener Umgebung an. Die Firma Schleiss RPTech (CH) beispielsweise hat hier Systemlösungen im Programm.

Der Transfer der gemischten Pulver und die Befüllung der LS-Maschinen ist eine weitere Herausforderung, wenn man bedenkt, dass es sich bei den LS-Pulvern um sehr feinkörnige Materialien mit einer Partikelgrößenverteilung von 20 bis 100 µm handelt. Die Belastung mit diesem „Feinstaub" kann sehr massiv werden, wenn die Pulverströme offen geführt werden. Aber auch hier gibt es von spezialisierten Systemanbietern Lösungen mit gekapselten Varianten, bei denen der Anwender nur noch sehr selten mit dem Pulver in Kontakt gerät (z. B. Schleiss RPTech). Bei der Anwendung solcher geschlossener Systeme ist aber zu bedenken, dass ein Materialwechsel sehr aufwendig werden kann.

3.1.2 Datenvorbereitung und Baujob

Daten-Files

Parallel zur Maschinenvorbereitung und zur Bereitstellung geeigneter Sinterpulver müssen auch die Grafik- und Geometriedaten der Teile vorbereitet und in Baujobs elektronisch zusammengestellt werden.

Die Datenqualität zur Beschreibung der jeweiligen Bauteilgeometrie und ihrer Eigenschaften ist eine Kerninformation eines erfolgreichen LS-Prozesses. Daten-Formate, die hier Anwendung finden, sind z. B. in der Norm DIN EN ISO/ASTM 52950 zusammengestellt.

Derzeit wird am häufigsten das STL-Format (engl. surface tesselation language) verwendet. Das STL-File beschreibt die Oberfläche eines Körpers bestehend aus einem Netz aus Dreiecken. Je höher die Auflösung der Dreiecke, umso besser ist die Qualität des STL-Datensatzes. Bild 3.3 zeigt den Zusammenhang am Beispiel einer Kugel.

Aufgrund von gewissen Limitationen des STL-Formats gibt es weitere Datenformate, die geeignet sind, im AM-Bereich eingesetzt zu werden. Hier sind primär AMF (engl. additive manufacturing format) und 3MF (siehe: *http://www.3mf.io/*) zu nennen, aber auch einige weitere sind in der Literatur mit den jeweiligen Vor- und Nachteilen beschrieben [2].

Es ist davon auszugehen, dass das STL-Datenformat mittelfristig durch das 3MF- und/oder AMF-Format (beide XML-basiert) abgelöst wird. Ob und welches Format sich in der Industrie mit klaren Vorgaben für das Produktdatenmanagement durchsetzt, ist derzeit noch nicht klar ersichtlich.

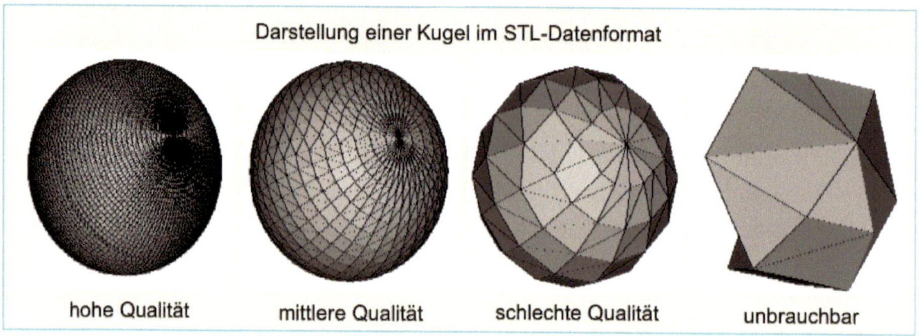

Bild 3.3 Darstellung einer Kugel im STL-Format in verschiedenen Qualitäten [Quelle: Inspire AG]

Elektronische Teilezusamenstellung (Baujob)

Ein großer Vorteil des LS-Prozesses ist, dass in einem Baujob viele verschiedene Teile gleichzeitig gebaut werden können (siehe Bild 3.4). Die zu sinternden Teile können im kompletten Bauraum frei verteilt werden, da das LS-Verfahren im Gegensatz zu anderen AM-Prozessen völlig ohne Stützstrukturen auskommt. Das umgebende nicht „versinterte" Pulver übernimmt die Stütz- und Abtrennfunktion.

Bild 3.4 zeigt einen kompletten Baujob für eine EOS P 760-Maschine. Es handelt sich also um den im Computer zusammengestellten Teilesatz wie er dann tatsächlich gebaut wird. Jede einzelne Schicht des Baujobs wird dabei sukzessive mit dem Laser in die Pulverschichten eingeschmolzen.

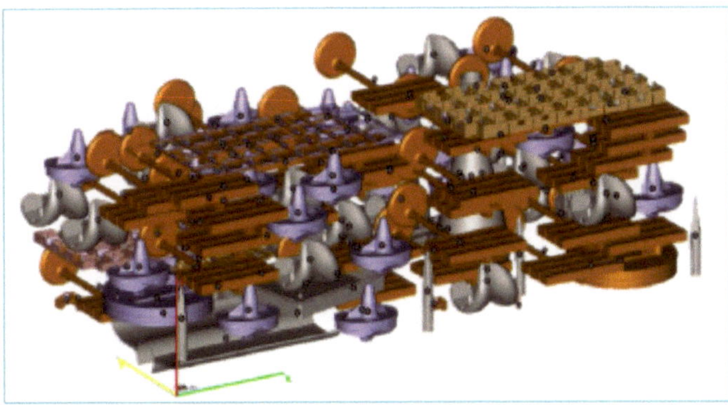

Bild 3.4 Baujob einer EOS P 760-Maschine mit Bauteildaten gefüllt [Quelle: Inspire AG]

Unabhängig davon, dass die Software bei der Zusammenstellung der Teiledaten und der Platzierung der Teile kontrolliert, dass es zu keinen Teilekollisionen kommt, erfordert die korrekte Zusammenstellung eines gut sinterbaren großen Baujobs viel Erfahrung. Einige wichtige Regeln sind:

- glatte Oberflächen flach (XYZ-Ausrichtung) in den Bauraum (Vermeidung von Treppenstufen, siehe Abschnitt 7.1.2),
- **aber:** sehr große Flächen nie komplett flach in den Bauraum (Überhitzung durch lange Belichtungszeiten),
- Löcher, Hohlräume, Gewinde und Schnappfunktionen in Z-Richtung, wenn möglich,
- Abstand von den Rändern einhalten (engl. cold spots, siehe Bild 2.9 in Abschnitt 2.1.2.2),
- homogene Teileverteilung, keine hot spots durch lange Belichtungszeiten erzeugen,
- Schichtzeiten etwa identisch gestalten,
- keine Leerschichten (immer mindestens eine Sinterstelle pro Schicht).

Nach der Erstellung geeigneter und möglichst hoch aufgelöster Bauteildaten und der Übergabe elektronisch zusammengestellter Baujobs kann der eigentliche Bauprozess gestartet werden.

3.1.3 Bauprozess

Wenn die LS-Maschine vorbereitet ist, das richtige Pulver bereitgestellt und der elektronische Baujob in die Steuerungssoftware übertragen wurde, wird die Maschine geschlossen und der Bauprozess unter Verwendung von Stickstoff (N_2) als Schutzgas gestartet. Der eigentliche Prozessablauf besteht dann aus folgenden Schritten:

1. Maschine und Pulver aufwärmen und auf Prozesstemperatur bringen,
2. schichtweises Sintern der Teile,
3. langsames kontrolliertes Abkühlen,
4. Auspacken der Teile.

3.1.3.1 Aufheizen

Das kontrollierte Aufheizen der Maschine zur vorgegebenen Bautemperatur und die dabei einsetzende sukzessive Applikation von leeren Pulverschichten ist ein sehr wichtiger Vorgang, der gelegentlich unterschätzt wird. Die Maschine und das Pulver müssen in einen thermisch stabilen Zustand gebracht werden. Speziell bei Maschinen, bei denen das Baupulver innerhalb der Maschine vorliegt, trifft das auch auf die Pulver in den Vorlagebehältern zu (siehe Bild 2.11).

Inhomogenitäten in der Temperaturverteilung bereits beim Start des Bauprozesses sind unter allen Umständen zu vermeiden. Die Vorwärmphase kann einige Stunden in Anspruch nehmen. Ist der Gleichgewichtszustand bei Baubedingungen erreicht, kann der eigentliche LS-Prozess gestartet werden.

3.1.3.2 Prozessablauf

Im Kontext zu den unterschiedlichen Wärmequellen im LS-Bauraum und der Ausführungen zum Laserenergieeintrag A_z (siehe Abschnitt 2.1.2) lässt sich die Abfolge beim Bearbeiten einer Pulverschicht, wie in Bild 3.5 bis Bild 3.8 dargestellt, aufschlüsseln. Zum besseren Verständnis, in welchem Temperaturbereich gearbeitet wird, ist die DSC-Kurve und das Sinterfenster (siehe Abschnitt 4.2.1) des Polymers eingebunden.

- Bild 3.5: Zu Beginn befindet sich die oberste Pulverschicht im thermischen Gleichgewichtszustand T_0 im festen Zustand, knapp unterhalb vom Schmelzpunkt des Polymers. T_0 wird maßgeblich durch die Flächen- oder Mehrzonenheizung (IR-Strahler) von oben vorgegeben und entspricht der eingestellten Bautemperatur. Anschließend wird der Bauraum um eine Schichtstärke abgesenkt und eine Schicht Frischpulver aufgebracht.
- Bild 3.6: Durch das Applizieren von (kühlerem) Frischpulver erfährt die oberste Schicht im Baufeld einen thermischen Schock (siehe Temperaturverlauf). Ist dieser (zu) massiv, kann Kristallisation induziert werden, was zum Bauteilverzug (siehe Abschnitt 3.1.4.1) führt. Es ist deshalb sehr wichtig, dass die Oberflächenheizung das Pulver wieder sehr rasch und flächig homogen auf die erforderliche Bauraumtemperatur T_0 bringt.
- Bild 3.7: Im nächsten Schritt erfolgt nun das eigentliche Sintern durch die Einkopplung des Laserstrahls. Der Laserstrahl trifft auf seinem vorgegebenen Weg Pulverpartikel, welche schlagartig aufgeschmolzen werden und dabei möglichst

homogen und vollständig mit den umliegenden, ebenfalls geschmolzenen Partikeln zusammenfließen sollen (vollständige Koaleszenz, siehe Bild 4.5 in Abschnitt 4.1.4).

Die Temperatur in der Laserspur wird also schlagartig über den Schmelzpunkt des Polymers erhöht und sinkt danach rasch aber unkontrolliert wieder auf T_0 ab. Da nun aber T_0 von der Seite der Schmelze erreicht und der Kristallisationspunkt nicht unterschritten wird, verharrt die Schmelze bei T_0. Es liegt nun also eine (unterkühlte) Polymerschmelze und festes Polymer bei der gleichen Bauraumtemperatur T_0 vor.

- Bild 3.8: Nach dem Sintern einer Schicht beginnt der Zyklus von vorne. Jedes Sintern einer Schicht ist also mit einem kurzzeitigen Abkühlen und einem schlagartigen Aufheizen in der Laserspur verbunden. Zudem wandern mit jedem Sinterzyklus die gesinterten Schichten im Bauraum nun sukzessive nach unten, was mit einem thermisch schwer kontrollierbaren langsamen Abkühlprozess verbunden ist.

Aus diesen Überlegungen ergibt sich zwingend, dass die Bauraumtemperatur beim LS-Prozess zumindest in den obersten Schichten oberhalb des Kristallisationsbereichs des Polymers liegen muss, da andernfalls die Kristallisation sehr rasch einsetzt und der bekannte und unerwünschte Effekt des „Curlings“ auftritt.

Aus der Beschreibung in Bild 3.5 bis 3.8 werden die verschiedenen Temperatureinflüsse in ihrer zeitlichen Abfolge ersichtlich. Es ist offensichtlich, dass speziell die thermischen Vorgänge, wenn die Schichten sukzessive im Pulverkuchen verschwinden (siehe Schichten I–III in Bild 3.8), schwer zu erfassen sind.

Aktuelle Forschungsarbeiten für ein besseres Verständnis dieser Vorgänge laufen (siehe Bild 4.13 und Abschnitt 4.2.1.4). Auch in der Literatur [3] finden sich erste Ansätze, um speziell die Temperaturen zu verschiedenen Zeiten an verschiedenen Orten im Bauraum zu erfassen.

Neben den in Bild 3.5 bis 3.8 etwas abstrakt dargestellten thermodynamischen Vorgängen beim Sinterprozess lässt sich der Vorgang des Lasersinterns visuell ebenfalls sehr gut direkt in der Maschine beobachten.

Bild 3.9 oben zeigt den Blick in den Bauraum (Oberfläche des Baufelds) während des Sinterprozesses. Die vom Laser eingeschriebenen Informationen in Form der Schmelzspuren sind deutlich zu erkennen. Unten links in Bild 3.9 ist zur Veranschaulichung die vom Computer vorgegebene Schichtinformation für die aktuelle gesinterte Schicht gezeigt.

Schließlich sind noch einige Bauteile, die dabei erzeugt wurden, in Bild 3.9 rechts unten zu erkennen. Eine jeweils gleiche Geometrie befindet sich zum besseren Verständnis im gestrichelten Kreis in allen drei Aufnahmen. Die Kongruenz zwischen den geschmolzenen Bereichen im Baufeld, der Vorgabe des Computers sowie den dabei entstandenen Bauteilen ist offensichtlich.

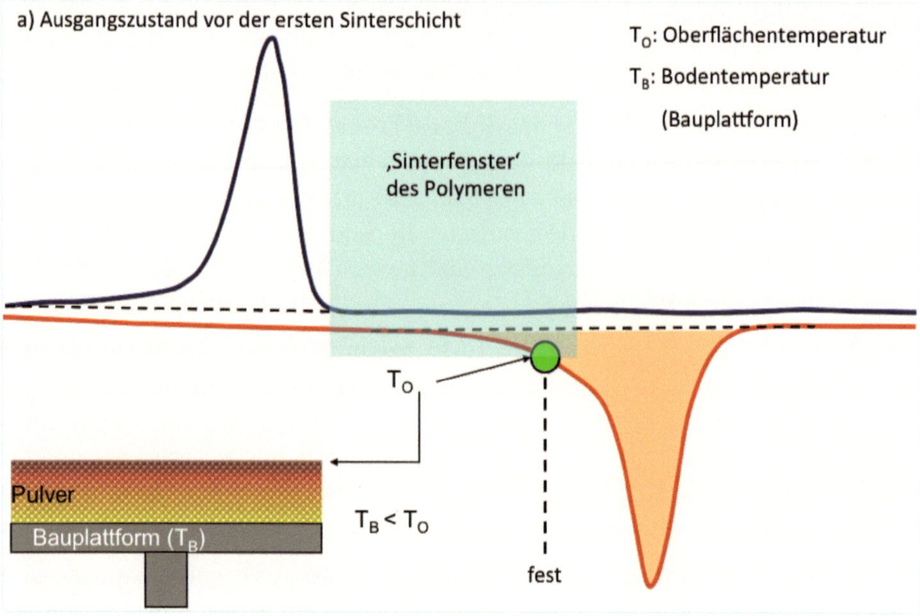

Bild 3.5 Prozessabfolge beim LS-Prozess hinsichtlich des Temperaturverlaufs: a) Ausgangszustand vor der ersten Sinterschicht

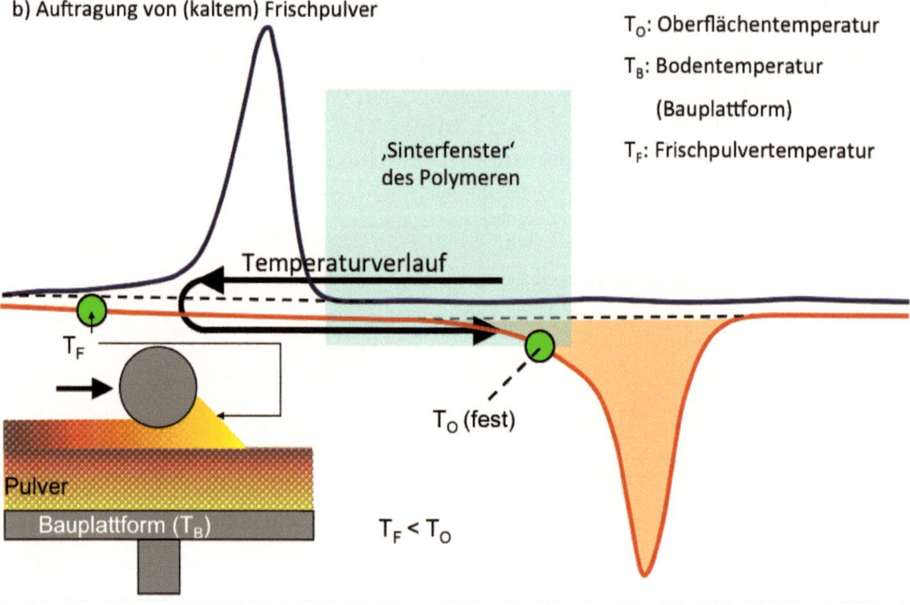

Bild 3.6 Prozessabfolge beim LS-Prozess hinsichtlich des Temperaturverlaufs: b) Auftragung von (kaltem) Frischpulver

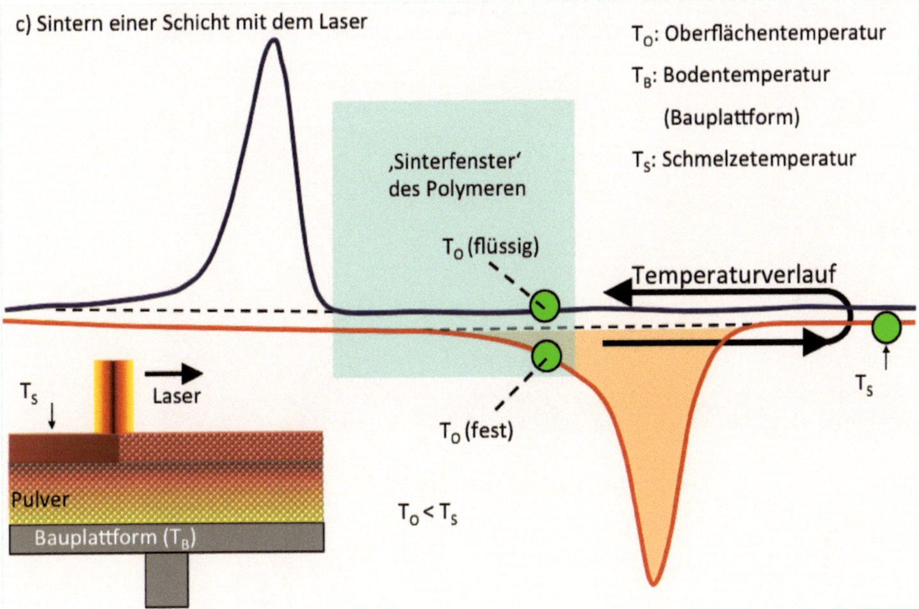

Bild 3.7 Prozessabfolge beim LS-Prozess hinsichtlich des Temperaturverlaufs: c) Sintern einer Schicht mit dem Laser

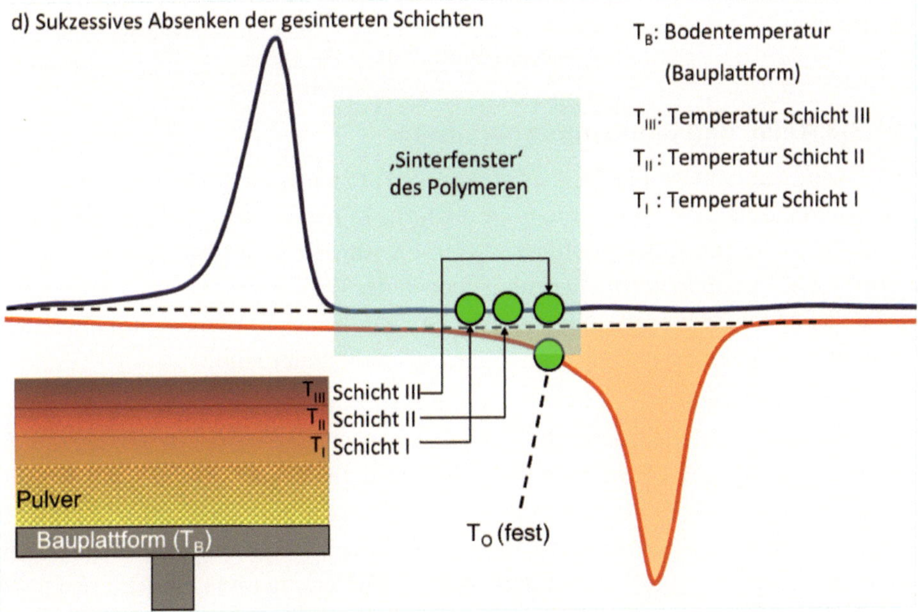

Bild 3.8 Prozessabfolge beim LS-Prozess hinsichtlich des Temperaturverlaufs: d) sukzessives Absenken der gesinterten Schichten

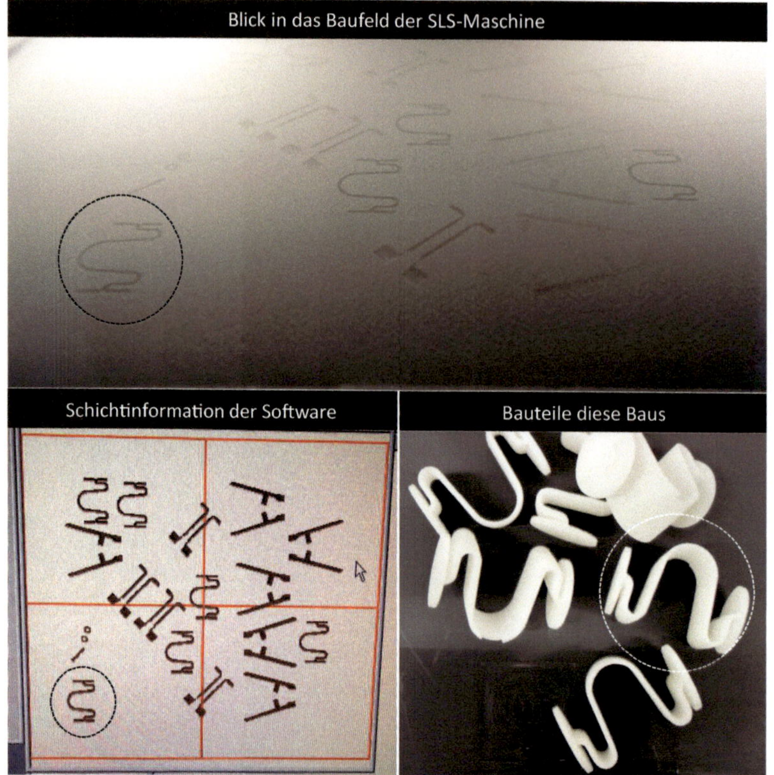

Bild 3.9 Blick in den Bauraum während des Sinterns (oben), Schichtinformation des Computers (links unten) und gebaute Teile (rechts unten) [Quelle: Inspire AG]

3.1.3.3 Teile- und Baukammerparameter

Das eigentliche Sintern der Teile erfolgt unter Vorgabe einer ganzen Fülle von verschiedenen Teile- und Baukammerparametern. Je nach Maschinentyp kann eine Auswahl davon vom Anwender selbst gewählt werden. Es empfiehlt sich bei der Verarbeitung von Standardmaterialien aber in der Regel nicht, allzu viele Parametereinstellungen selbst vorzunehmen. Es handelt sich um ein System ineinandergreifender Größen, welche nicht unabhängig voneinander sind.

Bei Maschinen der neuesten Generationen (siehe Abschnitt 2.2) ist die Einflussmöglichkeit des Anwenders mittlerweile fast ausgeschlossen. Vonseiten der OEMs werden die Zugriffsmöglichkeiten mehr und mehr geblockt. Für innovative Anwender der LS-Technologie, die auch in der Lage sein möchten, Sondermaterialien mit anderen/eigenen Parametersätzen zu verarbeiten, eine eher ungünstige Situation. Hier ist idealerweise auf Maschinen im Bereich Forschung und Entwicklung (siehe Abschnitt 2.2.2) auszuweichen.

Grundsätzlich unterscheidet man bei den Prozessparametern zwischen Bau- und Teileparametern. Bei den Bauparametern geht es im Wesentlichen um die Temperaturvorgaben für die unterschiedlichen Bereiche in der LS-Maschine, in denen das Prozesspulver auf die gewünschte Temperatur gebracht werden muss. Aber auch Parameter, die den Pulverauftrag betreffen, können hier genannt werden: Vorschubgeschwindigkeit des Beschichters (engl. roller speed) oder Schichtdickenvorgabe (engl. feed distance).

Aufseiten der Teilparameter sind die wesentlichen Größen:

- Laserleistung der Belichtungsvektoren (engl. fill laser power),
- Geschwindigkeit der Spiegelablenkung des Scankopfs (engl. fill scan speed),
- Überlappung der Laserspuren (engl. slicer fill scan spacing).

Siehe auch Parameter, welche in der Andrew-Zahl A_z zusammengefasst sind (Abschnitt 2.1.2.3).

3.1.3.4 Belichtungsstrategie

Die Bestrahlung der Baufläche, also die Stelle an der ein Bauteil entstehen soll, ist von der Belichtungsstrategie eines LS-Systems abhängig und unterscheidet sich bei den verschiedenen OEMs. Details dazu werden aber in der Regel von den Maschinenherstellern nicht offengelegt.

Von Bedeutung dabei ist, mit welcher Strategie der Laser ein- und ausgeschaltet wird und wie dabei die Spiegelposition des Scankopfs ist. Die Belichtung hängt dann im Wesentlichen von zwei Größen ab. Der Laserleistung in dem Moment, wenn der Rand der Belichtungsfläche erreicht wird, und der Spiegelgeschwindigkeit des Scankopfs im selben Augenblick.

Eine mögliche Strategie ist es, die Spiegel des Scankopfs in die Position zu bringen, die den Laserspot am Rand eines zu erstellenden Teils positioniert, dann den Laser mit maximaler Leistung einzuschalten und den Laser mit der gewünschten Geschwindigkeit über die Baufläche zu führen (Bild 3.10, links).

Bei diesem Vorgehen gilt es allerdings zu bedenken, dass auch der Laser eine gewisse Trägheit besitzt und die volle Leistung nicht von Anfang an anliegt. Ein Kennwert für CO_2-Laser in diesem Zusammenhang ist, dass nach einer Zeit von 50 µs etwa 85 % der maximalen Laserleistung erreicht werden. Wenn die Ablenkgeschwindigkeit des Scanners aber z. B. 5 m/s beträgt, wird in dieser Zeit bereits ein Weg von 250 µm zurückgelegt. Dies kann speziell z. B. bei sehr kurzen Scanvektoren problematisch werden, da hier durch das kurz getaktete Beschleunigen und Abbremsen des Scanners und das Ein- und Ausschalten des Lasers sehr inhomogene Belichtungsbedingungen vorliegen können.

Zur Kompensation dieses Verzögerungseffektes kann das sogenannte „Sky-Writing" eingesetzt werden. Hier werden die Scanspiegel schon außerhalb des eigentlichen Belichtungsbereichs beschleunigt, sodass über der gewünschten Belichtungsfläche die Spiegelgeschwindigkeit immer identisch ist (Bild 3.10, rechts).

Zusätzlich muss aber berücksichtigt werden, dass üblicherweise unabhängig von der Belichtungsstrategie in Bild 3.10 eine zusätzliche Konturfahrt des Lasers im Randbereiche der Sinterflächen durchgeführt wird, um die oben beschriebenen Effekte auszugleichen.

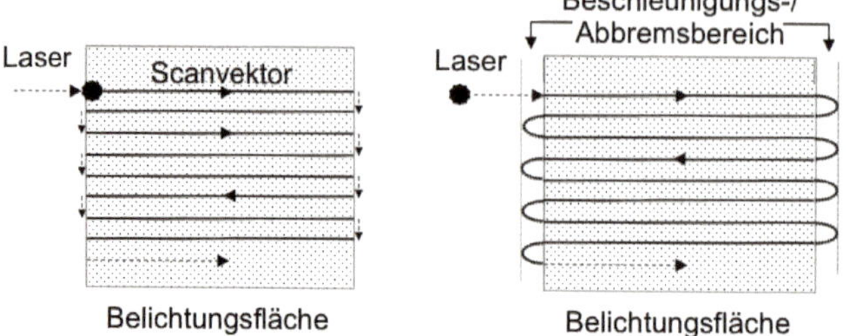

Bild 3.10 Unterschiedliche Belichtungsstrategien für die Baufläche: ohne (links) und mit „Sky-Writing" (rechts); Sky-Writing = Beschleunigung und Abbremsen der Scannerspiegel außerhalb des eigentlichen Bauteilquerschnitts (Belichtungsfläche)

Wie bereits angedeutet, können für beide Belichtungsstrategien aufgrund einer gewissen Systemträgheit (Spiegelbeschleunigung und Einschaltverzögerung des Lasers) sehr kurze Scanvektoren problematisch sein. In Maschinen der neuesten Generationen mit entsprechend leistungsfähiger Software wird hier automatisch eine Steuerung und Kompensation der Laserleistung in Abhängigkeit von der Vektorlänge vorgenommen, um möglichst gleichmäßige Sinterergebnisse zu erzielen.

In welcher Art und Weise also die Belichtung der Pulveroberfläche mit dem Laser erfolgt, besitzt Auswirkungen auf die Qualität der gesinterten Bauteile. Tendenziell führen die beiden Strategien zu Unterschieden an den Bauteiloberflächen und Kanten. Beim Vorgehen ohne Sky-Writing kommt es durch den punktuell höheren Energieeintrag am Rand des Bauteils durch Wärmestrahlung zu einem Anschmelzen umgebender Pulverpartikel, was zu raueren Oberflächen durch anhaftende Pulverpartikel führen kann.

Weitere wichtige Strategien beim Belichten der Bauteile während des Prozesses sind:

- In jeder Schicht werden die einzelnen Bauteile in einer statistisch zufällig gewählten unterschiedlichen Abfolge belichtet.
- Die Scanrichtung des Lasers (X- oder Y-Richtung) wird von Schicht zu Schicht gewechselt.

Diese ständige Variation in der Belichtung der einzelnen Bauteile führt insgesamt zu deutlich homogeneren und isotroperen Bauteileigenschaften mit geringerem Verzug.

Nachdem beim LS-Prozess üblicherweise mit Pulverschichtstärken von 0,1 mm gearbeitet wird, dauert die Fertigstellung eines kompletten Baus mit großen oder vielen Teilen viele Stunden. Der eigentliche Sintervorgang erfolgt deshalb häufig nachts. Als nächster Schritt im Bauprozess müssen die erstellten Teile aus dem Pulverkuchen extrahiert werden.

3.1.3.5 Abkühlen und Auspacken

Nachdem der gesamte Baujob gesintert wurde, befindet sich die Maschine bzw. die Baukavität mit den „vergrabenen“ Bauteilen und dem losen Pulver noch immer nahe der Prozesstemperatur (ca. 150 °C am Ende des Prozesses). Ein langsames und kontrolliertes Abkühlen des Pulverkuchens ist nun erforderlich, um die Teile nicht noch nach der Fertigstellung zu schädigen. Im Idealfall bleibt der Pulverkuchen auch weiterhin unter Schutzgas, um Oxidationen zu vermeiden. Werden die Bauteile zu heiß aus dem Pulverkuchen entnommen, setzt eine unkontrollierte Kristallisation in den Bauteilen ein, was zu einem Verzug der Teile führen kann. Speziell bei PA 12-Teilen kann auch eine deutliche Vergilbung der Oberflächen durch Oxidation bei zu heißer Bauteilentnahme erfolgen. An sich erfolgreich gesinterte Teile wären dann Ausschuss.

Eine Faustregel besagt, dass ein Bau genauso lange abkühlen sollte, wie er für den Aufbau benötigt hat. In der Praxis zeigt die Erfahrung, dass es auch der Faktor 1,5 oder mehr sein kann. Auf jeden Fall sollten PA 12-Teile nicht bei einer Kerntemperatur des Pulverkuchens von über 50 °C entnommen werden, um Bauteilverzug durch inhomogene Kristallisation zu vermeiden.

Bild 3.11 zeigt den Pulverkuchen eines Baujobs nach der Entnahme aus der LS-Maschine mit Temperaturkontrolle während der Abkühlung (Bild 3.11, links oben) sowie die manuelle Extraktion der Bauteile (Bild 3.11, rechts oben).

Bild 3.11 Abkühlen und Auspacken der Bauteile am Ende des Bauprozesses [Quelle: Inspire AG]

Nachdem die Teile grob mit der Hand entnommen wurden, werden sie durch Strahlen mit Pressluft von losem Pulver befreit (Bild 3.11, unten links) und können dann einer weiteren Nachbearbeitung (Abschnitt 7.1.2.3) oder allfälligen Finish-Prozessen (Abschnitt 7.1.2.4) zugeführt werden.

Wie komplex die komplette Füllung eines Baujobs sein kann, zeigt Bild 3.12. Viele verschiedene Teile für unterschiedliche Projekte und Anwendungszwecke wurden zusammen in einem Baujob hergestellt.

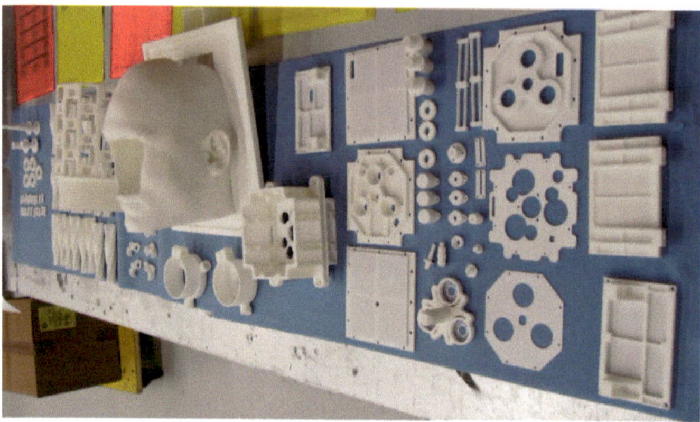

Bild 3.12 Teilefüllung einer kompletten LS-Maschine (EOS P 760) [Quelle: Inspire AG]

Im Idealfall liegen am Ende der gesamten Bauprozesskette alle Teile in der in Bild 3.12 abgebildeten Form vor. Kein Bauteilverzug oder sonstige Prozessfehler sind zu erkennen.

3.1.4 Prozessfehler

Wie bei anderen Produktionsprozessen auch, können beim LS-Verfahren eine ganze Reihe von Prozessproblemen auftreten. Diese führen entweder zu Ausschussteilen oder im ungünstigsten Fall zu einem Abbruch des Bauprozesses mit Schädigung von Maschinenkomponenten (siehe Bild 3.13, links).

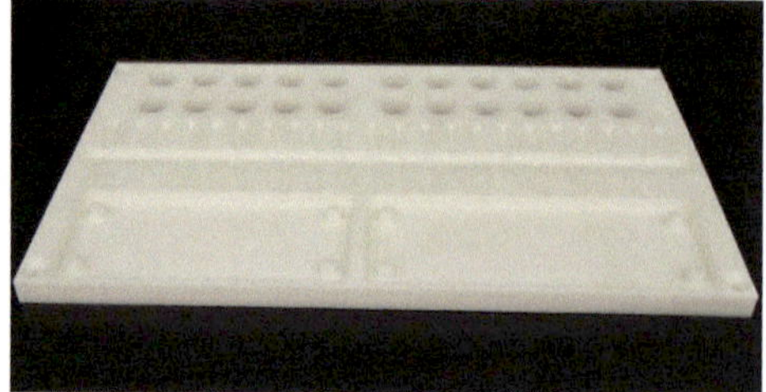

Bild 3.13 Bauabbruch durch Blockade der Beschichtungseinheit [Quelle: Inspire AG]

Beim Herstellen des in Bild 3.13 (rechts) gezeigten großflächigen Bauteils kam es durch falsche Teilepositionierung zu einer massiven Überhitzung von einzelnen Schichten (zu hohe Schichtzeiten), was zu einer partiellen Schmelze des Baufelds führte. Der Beschichter hat die bereits aufgezogenen Schichten erfasst und zur Seite verschoben. Der Bau war zu verwerfen und die Beschichtungseinheit musste komplett neu justiert werden.

Nicht immer sind die auftretenden Probleme so massiv wie in Bild 3.13 gezeigt. In vielen Fällen wird der komplette Baujob auch fertiggestellt und die Probleme, wenn es sich um Bauteilverzug oder andere geometrische Abweichungen (Deformationen) handelt, erst beim Auspacken der Teile erkannt.

3.1.4.1 Deformation der Teile

Bei der Deformation der Teile unterscheidet man Vorgänge, die während des Baus (engl. in-built) oder nach dem Bauprozess (engl. post-built) auftreten. In der Regel spricht man von Curling, wenn bei einem Bauteil die ersten gesinterten Schichten direkt betroffen sind, der Rest der Schichten dann aber normal gebaut wurde. Bei Verzug (engl. warpage) wurde das Bauteil aber korrekt gebaut und hat sich erst nach der Fertigstellung verzogen. In Bild 3.14 sind die Unterschiede schematisch dargestellt.

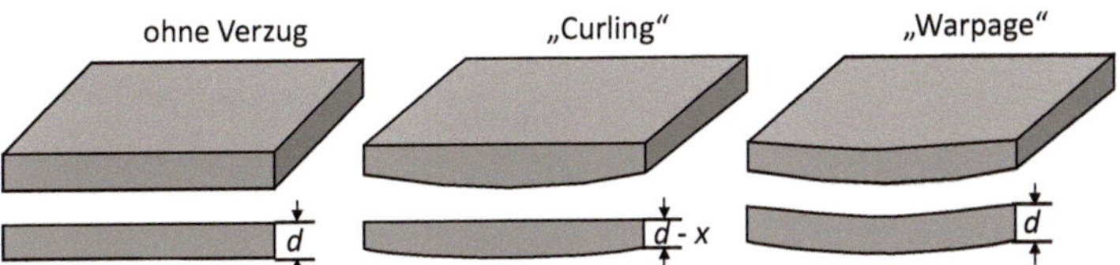

Bild 3.14 Unterschiede beim Bauteilverzug: Curling und Warpage

Curling kann während des Prozesses aber auch so massiv auftreten, dass der gesamte Bau sofort abzubrechen ist. Bild 3.15 zeigt beispielhaft sehr starkes Curling, das zum Abbruch eines Bauprozesses geführt hat. Wenn die Ränder des Bauteils bereits bei den ersten Schichten so stark aus der Pulverebene hervorragen wie in Bild 3.15, käme es bei der nächsten Pulverapplikation durch den Roller zu massiven Bauteilverschiebungen und der Zerstörung des Pulverbetts.

Bild 3.15 Massives Curling der ersten Bauteilschichten [Quelle: Inspire AG]

Bauteilverzug kann aber auch durch falsche Teilepositionierung im Baufeld ausgelöst werden. Bild 3.16 zeigt einen typischen Fall. Acht sehr dünnwandige, aber große Bauteile sollten aus Kostengründen möglichst in einem Bau hergestellt werden. Dazu wurden sechs Teile flach und zwei Teile senkrecht im Baujob positioniert (Bild 3.16, rechts). Während die sechs in der Mitte liegend gebauten Bauteile (X,Y-Positionierung) weitgehend gerade Wände und nur minimalen Verzug aufwiesen, waren die beiden links und rechts stehend gebauten Teile stark verzogen und unbrauchbar (siehe Bild 3.16, links).

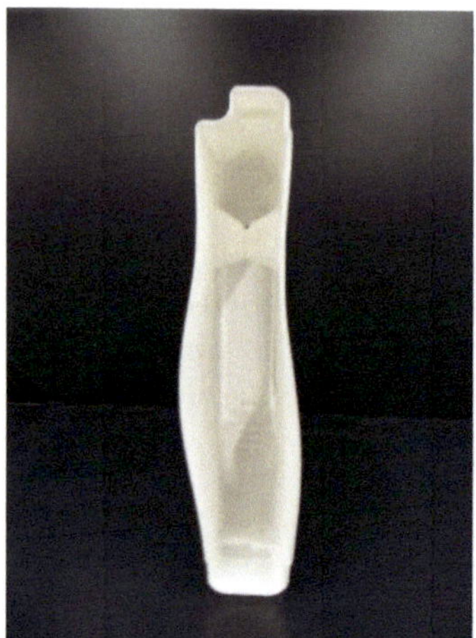

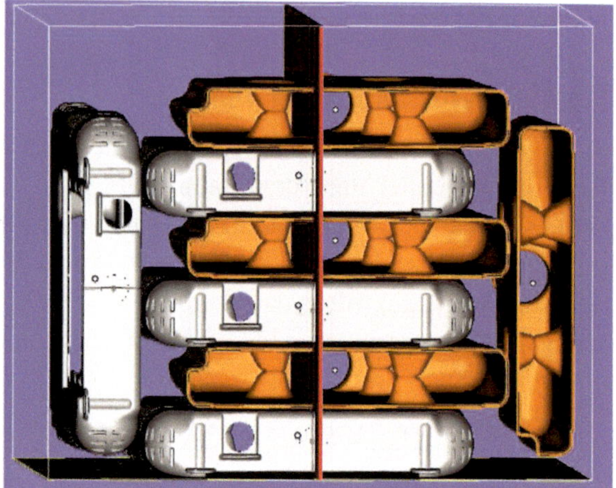

Bild 3.16 Verzug dünnwandiger Bauteile durch falsche Baupositionierung [Quelle: Inspire AG]

Neben den oben erläuterten verschiedenen Verzugsarten können als weitere Prozessfehler Oberflächenprobleme auftreten, die in ihrer welligen Form an Orangenhaut erinnern.

3.1.4.2 Oberflächendefekte: Orangenhaut

Das Phänomen der Ausbildung der Orangenhaut an LS-Bauteiloberflächen tritt immer dann auf, wenn Pulver in einem zu hohen Alterungszustand eingesetzt wird. Ist die Nachkondensation des PA 12-Pulvers zu weit vorangeschritten (siehe Abschnitt 6.1.1.4), steigt die Schmelzviskosität des Materials so weit an, dass die Fließfähigkeit der Schmelze in der Schmelzspur des Lasers nicht mehr in der Lage ist, glatte Oberflächen auszubilden (siehe Bild 3.17).

Die Ausbildung von Orangenhaut hängt also ursächlich mit der reduzierten Schmelzviskosität der Polymerpulver zusammen. Allerdings wurde mittlerweile auch erkannt, dass weitere Effekte hier sehr wesentlich sind. Zum einen spielt es eine Rolle, wie groß die Schichtdicke des Bauteils ist (siehe Bild 3.18), und zum anderen kommt es auch auf die Positionierung des Bauteils, also den Winkel der Fläche im Bauraum, an.

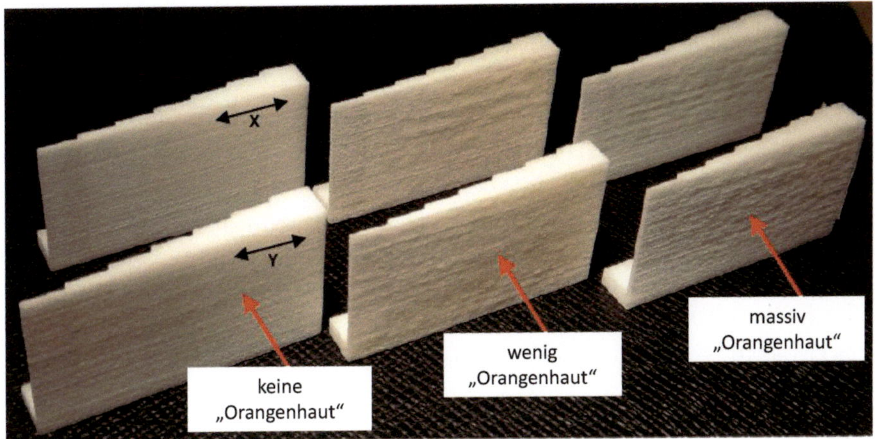

Bild 3.17 Ausbildung von Orangenhaut (engl. orange peel) in unterschiedlicher Ausprägung bei LS-Bauteilen [Quelle: Inspire AG]

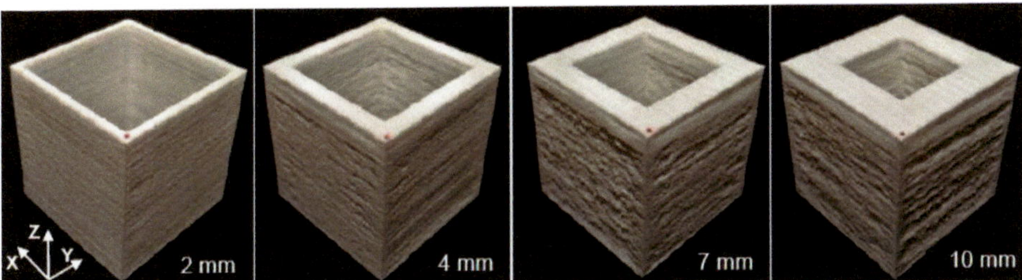

Bild 3.18 Abhängigkeit des Auftretens von Orangenhaut in Abhängigkeit von der Bauteilwandstärke bei identischen Bauparametern [Quelle: Inspire AG]

In der Regel kann Orangenhaut durch genügend Zugabe von Frischpulver zur Pulvermischung vermieden werden, was aber einen massiven Kostentreiber beim LS-Prozess darstellt. Es gibt deshalb verschiedene Ansätze, das gealterte Pulver selbst wieder zu rezyklieren [4] oder auch durch angepasste Prozessparameter das Problem zu vermeiden [5].

3.1.4.3 Weitere Prozessfehler

Neben den oben im Detail besprochenen häufigeren Prozessproblemen, können noch weitere Probleme während des Prozesses auftreten. In Tabelle 3.1 sind mögliche Prozessfehler zusammengestellt und ihre Ursachen genannt.

Tabelle 3.1 LS-Prozessfehler und ihre möglichen Ursachen

Fehlerbeschreibung	Mögliche Ursache
Curling und Verzug	Kristallisation setzt zu früh ein oder ist ungleichmäßig, Bauteile zu heiß entnommen
Oberflächendefekte (Orangenhaut)	Falsche Pulvermischung, Schmelzfließfähigkeit der Pulver nicht korrekt
Schichtdelamination	Laserleistung zu gering, um Schichten ausreichend zu verbinden
Gering versinterte Bauteile	Zu tiefe Baufeldtemperatur, Baufeldheizung nicht korrekt
Bauhöhe in Z-Richtung	Laserleistung zu hoch, Anbinden von unter dem Bauteil liegenden Pulverschichten am Anfang
Pulververklumpung und Streifenbildung	Zu hoher Feinanteil im Pulver, zu hohe Temperatur in den Pulvervorlagebehältern
Risse im Pulverbett	Pulvertemperatur zu hoch, zu hoher Feinanteil im Pulver
Partielle Baufeldschmelze	Heizleistung nicht korrekt (zu hoch); falsches Pulver
Unkontrolliertes Teilewachstum und „wash-out“	Wärmestrahlung in Bauteilecken und „down face“ (Anschmelzen von umgebendem Pulver)
Pulverzufuhr „short feed“	Falscher Vorgabewert für die zu applizierende Pulvermenge, zu hohe Teiledichte in einer Schicht
Teilevergilbung	Mangelnde Schutzgasatmosphäre, Bauteilentnahme bei zu hohen Temperaturen

Einige der vorgenannten Probleme treten durch verbesserte Prozesskontrolle in neueren Maschinen nur noch sehr selten auf (z. B. unkontrolliertes Teilewachstum oder Bauhöhenprobleme in Z-Richtung).

Die Maschinen der aktuellen Generationen der führenden OEMs (siehe Abschnitt 2.2) werden hinsichtlich ihrer Prozessparameter immer mehr auf die Bearbeitung der häufigsten Materialien wie PA 12 und PA 11 (siehe Abschnitt 6.1) eingestellt, sodass die pulverbasierte Fehlerhäufigkeit deutlich abnehmend ist. Dasselbe gilt ebenso für prozessbedingte Fehler, da die Prozesssteuerung hinsichtlich Temperatur und anderer Parametern fortlaufend prozessstabiler erfolgt.

Die Zukunft der additiven Fertigung und speziell der pulverbettbasierten Verfahren gilt der Serienproduktion von Bauteilen in industriellem Umfeld. Dazu ist eine Integration von LS in bestehende Fertigungsketten erforderlich und umfassende Qualifizierungsmaßnahmen sind zu ergreifen, um diese Verfahren in die industrielle Serienproduktion zu integrieren.

3.2 Qualifizierung für die industrielle Serienproduktion

Gabriele Fruhmann

Beim Lasersintern handelt es sich im Vergleich zu aktuell häufig angewandten Fertigungsfahren bei Kunststoffen um ein werkzeugfreies Verfahren, aus welchem Bauteile entstehen können, die in sehr unterschiedlichen Produkten zum Einsatz kommen. Daher können die Anforderungen an das Bauteil selbst und an die Qualifizierung der für die Herstellung verwendeten Produktionsanlagen sehr unterschiedlich sein. Die Vielzahl der Anforderungen wird bereits in der 2014 erschienenen VDI-Richtlinie 3405 [6] aufgezeigt. Nach ISO 17296-2 wird hinsichtlich der Art der Bauteile zwischen Prototyp, Endprodukt bzw. Fertigungsbauteile und weiteren Kategorien unterschieden. Im Hinblick auf diese Einteilung werden in diesem Abschnitt die Qualifizierungs- und Qualitätssicherungsaspekte für Endprodukte bzw. Fertigungsbauteile behandelt. Die Norm nennt auch zwei Kategorien für die additiven Fertigungsprozesse - die einstufigen Prozesse und die mehrstufigen Prozesse. Das Lasersintern ist dem einstufigen Prozess zuzuordnen, d.h., die Herstellung der Bauteile erfolgt in einem einzigen Arbeitsgang, in welchem die geometrische Formgebung und die grundlegenden Werkstoffeigenschaften des Bauteils gleichzeitig entstehen. Dies ist in Bild 3.20 durch den Bauprozess im In-Prozess dargestellt. Hinsichtlich der Industrialisierungsstufen von 0 (= manuell geprägte Prozessabläufe) bis 5 (= autonome additive Fertigung) sind die meisten Realisierungen in Stufe 1 (= assistierte additive Fertigung) und Stufe 2 (= teilautomatisierte additive Fertigung) einzustufen. Anwendungsnahe Forschung und Entwicklung wird vor allem für Stufe 3 (= hochautomatisierte additive Fertigung) betrieben und die grundlagenorientierten Forschungen konzentrieren sich auf Stufe 4 (= Vollautomatisierung des Druckprozesses) und Stufe 5.

Die Art der Produktgruppe (z.B. Medizinprodukt, Bauteil für eine Anlage), die Verwendung des Produkts (z.B. Spielzeug, Behältnis für Lebensmittel, Fahrzeugteil etc.) sowie die geforderten Funktionen am Produkt bestimmen die Mindestsicherheitsanforderungen (CE-Konformitätsanforderungen bzw. Product Compliance) des lasergesinterten Bauteils. Ein wesentlicher Treiber dieser Mindestanforderungen ist das Produktsicherheitsrecht sowie der aktuelle Stand der Technik, forciert durch den Wettbewerb und neue Entwicklungen.

Weitere Anforderungen ergeben sich durch spezifische Kundenanforderungen und vertragliche Anforderungen (z.B. aus den Optionen Kaufvertrag, Werkliefervertrag oder Werkvertrag) [7, 8, 9] sowie unternehmenseigene Anforderungen (z.B. Arbeitssicherheit, Umweltschutz, Ansprüche hinsichtlich Rendite etc.). Für die industrielle Serienproduktion der lasergesinterten Bauteile werden in Abhängigkeit der Anforderungen vergleichbare Qualitätssicherungsmaßnahmen, die auch bei herkömmlichen Fertigungstechnologien (z. B. Spritzguss) als Stand der Technik in der jeweiligen Branche gelten, erwartet.

Aufgrund der Unterschiede zu den bisher angewendeten Fertigungstechnologien mit Werkzeugen, siehe Bild 3.19, müssen in vielen Bereichen der Prozesskette die Qualitätssicherungsmaßnahmen angepasst bzw. gegebenenfalls für die neuen Randbedingungen entwickelt werden.

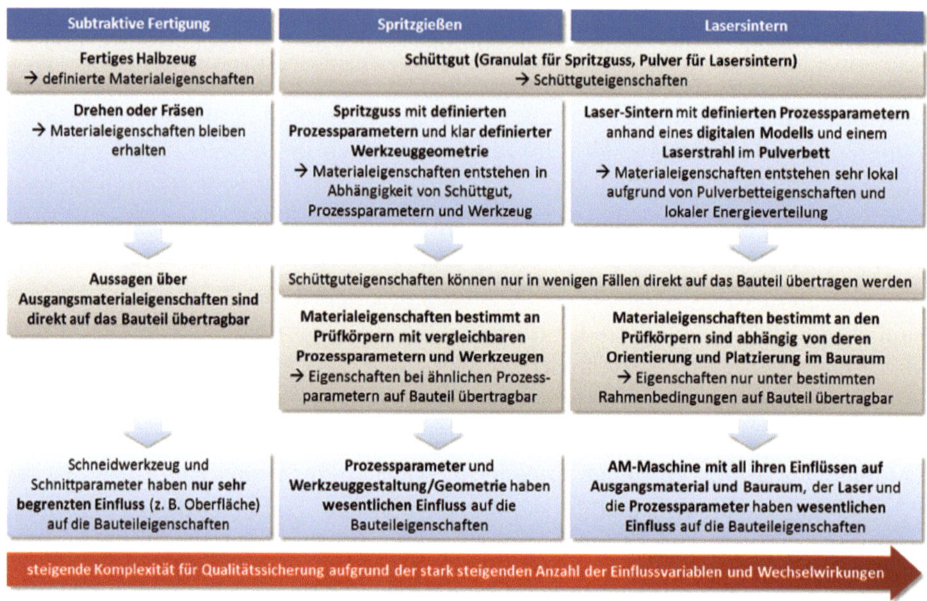

Bild 3.19 Wichtige Unterschiede bei der Entstehung von Bauteileigenschaften bei subtraktiver Fertigung, Spritzgießen und Lasersintern

Neben den Grundinformationen in VDI 3405 sind in den letzten drei Jahren spezifische Leitlinien (z. B. VDI 3405 Blatt 1, VDI 3405 Blatt 1.1, VDI 3405 Blatt 5.1, VDI 3405 Blatt 7, DIN SPEC 17071, ISO/ASTM 52920, ISO/ASTM 52924) für die Qualifizierung und Qualitätssicherung von additiv gefertigten Bauteile entstanden. Diese geben Hilfestellungen für die Qualifizierung und Festlegung von Qualitätssicherungsmaßnahmen bei einer eigenen oder externen Prozesskette, sind aber keine verbindlichen Vorgaben [7, 8]. Es liegt daher beim unternehmenseigenen Qualitätsmanagement, diese Leitlinien für die eigenen Anwendungen anzupassen bzw. zu detaillieren und daraus die notwendigen Qualifizierungskonzepte und -pläne und die notwendigen Qualitätssicherungsmaßnahmen abzuleiten. Aus diesem Grund gibt es nicht „die Qualifizierung" für die industrielle Serienproduktion bei lasergesinterten Bauteilen. Vielmehr gilt es, anhand der Zielkunden und der eigenen Schwerpunkte ein entsprechendes Vorgehen zu entwickeln.

Nachfolgend werden Hinweise und Möglichkeiten für die Erarbeitung eines Konzeptes zur Qualifizierung und für die Definition von Qualitätssicherungsmaßnahmen in der Serienproduktion vorgestellt. Die dargestellten Umfänge haben keinen Anspruch auf Vollständigkeit, sondern sollen zusammen mit der weiterführenden Literatur eine Hilfestellung für die Entwicklung eines eigenen Konzeptes geben.

Je nach Anwendungsbereich der Bauteile und somit der Branche kann sich der Umfang für ein Konzept bei der Qualifizierung stark unterscheiden. Es sind daher die Regelwerke für das Qualitätsmanagement der jeweiligen Branche unbedingt zu beachten. Branchenübergreifend findet dabei häufig die DIN EN ISO 9001 [10] Anwendung. Spezifisch für die Automobilindustrie sind die IATF 16949 [11] sowie ergänzende Informationen aus den VDA-Bänden [12] zu beachten. Im Schienenverkehrsbereich erfolgt die Ergänzung der ISO 9001 mit dem International Railway Industrie Standard (IRIS) – ISO/TS 22163 [13]. Für Medizintechnikprodukte sind unterschiedlichste Anforderungen zu beachten, sodass für eine geeignete Konzeptentwicklung am besten auf übergeordnete Fachliteratur [14] zur Unterstützung zurückgegriffen wird. Häufig werden auch noch der Good-Manufacturing-Practice (GMP)-Leitfaden [15] zusammen mit dem Good-Automated-Manufacturing-Practice (GAMP)-Leitfaden [16] für computerunterstützte Fertigungssysteme in der Pharma-, Lebensmittel und Futtermittelindustrie eingesetzt und können somit für Bauteile in diesem Bereich sowie für die Vorgehensweise bei der Prozessqualifizierung selbst als Unterstützung herangezogen werden. Aus den zuvor genannten Werken ergeben sich hinsichtlich Qualifizierung folgende Teilbereiche:

- Qualifizierung der LS-Maschine,
- Qualifizierung des Ausgangsmaterials,
- Qualifizierung des LS-Prozesses,
- Qualifizierung der Mitarbeiter,
- Erfüllung der (lokalen) Auflagen für Arbeitssicherheit und Umweltschutz,
- gegebenenfalls erforderliche Qualifizierung von Räumlichkeiten und Infrastruktur.

Zusätzlich kann als unterstützendes Dokument die DGUV-Regel 113-011 – Sicheres Arbeiten in der Kunststoffindustrie (ehemals BGR 223) [17] für die Gestaltung der einzelnen Abläufe herangezogen werden. Es enthält leider derzeit noch keine spezifischen Informationen zur additiven Fertigung, beschreibt aber sehr gut die Regelungen für die anderen Verfahren zur Kunststoffverarbeitung.

Es zeigt sich, dass in vielen Branchen ein prozessorientiertes Qualitätsmanagement aufbauend auf die ISO-9000-Normenfamilie eingesetzt wird. Auch bei den aktuellen Standardisierungsaktivitäten für die additive Fertigung sind prozessorientierte Ansätze zu beobachten. Daher wird als Vorschlag für das Vorgehen ein Konzept auf Basis von Prozessen mit Unterteilung in produktbezogene Prozesse für das Lasersintern und funktionsbezogene Prozesse, die zur Unterstützung der produktbezogenen Prozesskette erforderlich sind, vorgestellt (siehe Bild 3.20).

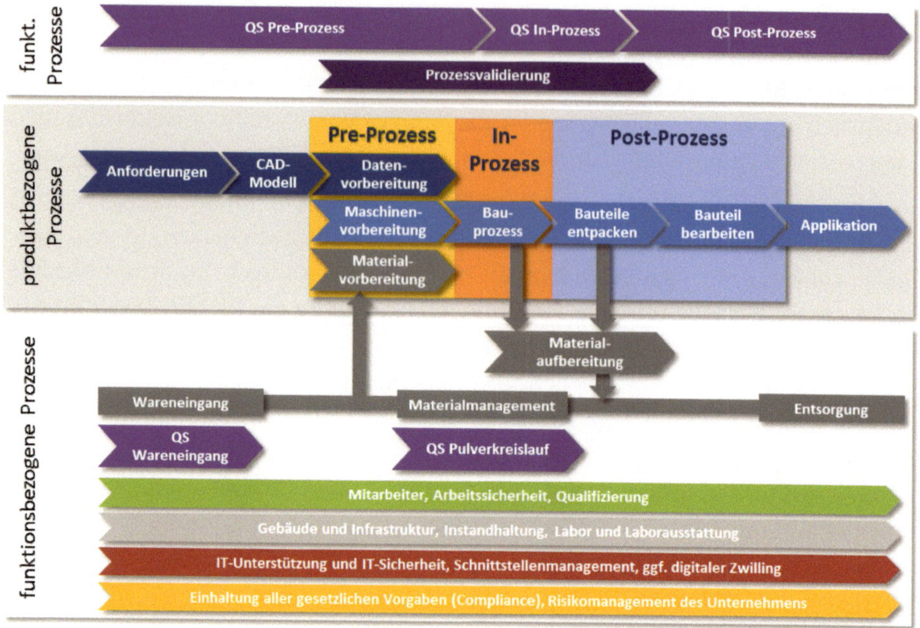

Bild 3.20 Prozesse und Qualitätssicherung (QS) für die Herstellung von LS-Bauteilen

Für die einzelnen Prozesse sind je nach Branchenanforderung und Notwendigkeit z.B. Eingaben, Anforderungen und zur Verfügung stehende Mittel zu definieren. Nachfolgend werden beispielhaft für die einzelnen Prozesse relevante Punkte aufgezeigt, die bei der Erstellung des Konzepts zu entscheiden sind.

3.2.1 Produktbezogene Prozesse

Produktbezogene Prozesse beinhalten die Herstellung bzw. Werterhöhung und stehen somit im Fokus bei der Qualifizierung. Wichtig für die richtige Wahl des Umfangs und der sich daraus ergebenden Maßnahmen sind die Anforderungen an das Bauteil. Diese sind möglichst genau zu erfassen und ergeben sich in der Regel aus folgenden Unterlagen bzw. Randbedingungen:

- Kundenanfrage: ein bereits fertiges CAD-Modell oder – im Idealfall – ein möglichst umfassendes Lastenheft, je nach Auftragsumfang,
- Qualitätsanforderungen, Kostenrahmen, Liefervorschriften und IT-Anforderungen des Kunden,
- Vertragsgestaltung zwischen Kunden und Auftragnehmer, z.B. bestimmt durch den Umfang des Auftrags bezüglich konstruktiver Gestaltung und Optimierung für das Lasersintern zusätzlich zum Druckprozess selbst sowie festgelegte Liefermenge und zeitlicher Abruf der Teile, siehe auch [7–9],

- gesetzliche und branchenspezifische Vorgaben, z.B. aus dem Produktsicherheitsgesetz [18] und gegebenenfalls den anzuwendenden branchenspezifischen Regelwerken,
- unternehmenseigene Randbedingungen, z.B. Maschinenpark, Materialportfolio, Mitarbeiterqualifikation, Laborausstattung, Umweltauflagen etc.

Enthält der Auftragsumfang eine Auslegung und Konstruktion für das zu druckende Bauteil, ist mit dem Kunden abzustimmen, ob ein Pflichtenheft bei der Angebotslegung erwartet wird. Bei komplexeren Bauteilen und hohen Qualitätsanforderungen wird empfohlen, dieses zu erstellen, um zum einen die gesamten Herstellkosten (z.B. aus Entwicklung, Material, dem Druckprozess, Nachbearbeitung, Qualitätskontrollen, erforderliche Dokumentationen, Verpackung etc.) aufzeigen zu können und um eine Basis für die eigene erste Risikoabschätzung zu haben. Hilfreiche Begriffsdefinitionen und Hinweise für die Erstellung des Pflichtenhefts und der Beschreibungen finden sich in ISO/ASTM 52901, ISO/ASTM 52924, ISO 17296-3 und ISO/ASTM 52921. Es empfiehlt sich eine Gruppierung der Anforderungen und Beschreibungen vorzusehen, welche z.B. wie folgt sein kann:

1. **Allgemeine Bestellinformationen** mit z.B. Informationen zum Auftragnehmer, Auftraggeber sowie dem Auftrag selbst mit Liefertermin, Lieferort, Anzahl der Teile etc.
2. **Definition des zu fertigenden Bauteils:** dazu zählen Informationen wie z.B. Geometrie inklusive geforderter Toleranzen, benötigte Oberflächeneigenschaften bzw. -struktur. Gegebenenfalls können erweiterte Informationen bezüglich Orientierung beim Bau, individuelle Kennzeichnung und dem gewünschten Ausgangsmaterial bereits vorliegen und somit in die Dokumentation mit einfließen. Wird ein spezifisches Ausgangsmaterial bereits vom Kunden definiert, sind die benötigten Informationen für die Abwicklung des Auftrags genau festzulegen. Falls die verfügbaren Daten nicht ausreichen, muss die Beschaffung für die fehlenden Daten geklärt werden und ist somit gegebenenfalls auch Inhalt des Auftrags. Es sind dabei die Punkte vom Materialmanagement, siehe Abschnitt 3.2.2.1, inklusive Entsorgung zu beachten.

   Bei hochwertigen und teuren Bauteilen ist zu prüfen, ob Regelungen bezüglich Reparatur, Nachbesserungen und Abnahme für das jeweilige Bauteil aufgenommen werden müssen.
3. **Beschreibung und Festlegung der Eigenschaften für Funktionalität und Leistung des Bauteils:** Hier werden alle Informationen zusammengefasst, die nicht unter Punkt 2 bereits erfasst wurden. Typischerweise werden mechanische, physikalische, chemische etc. Eigenschaften definiert, die das Bauteil für seinen Gebrauch aufweisen muss, vgl. ISO 17296-3. Idealerweise wird dabei auf bestehende Normen für die Anforderungen und der Erbringung der entsprechenden Nachweise verwiesen bzw. die gewünschten Werte mit den geforderten Nachweisführungen definiert.

Sind zur Erfüllung der geforderten Eigenschaften Nachbearbeitungsschritte erforderlich, müssen diese ebenso vereinbart werden. Es ist gegebenenfalls erforderlich, festzulegen, ob dafür ein weiterer Dienstleister am Auftrag beteiligt werden muss und unter welchen Rahmenbedingungen die Nachbearbeitung durchzuführen und abzunehmen ist.

4. **Abnahme des Bauteils:** In dieser Gruppe sind die kundenspezifischen Abnahmeanforderungen zu erfassen. Je nach Art des Bauteils und der Anforderungen kann die Abnahme für unterschiedliche Phasen mit entsprechenden Nachweispflichten (z. B. grundsätzliche Bauraumfreigabe für eine Maschine-Material-Kombination, Freigabe der Fertigung anhand von einem Referenz- und/oder Qualifikationsbauteil, Fertigungsbegleitproben für Freigabe der Bauteile aus einem Baujob, Vorversandkontrolle für die Freigabe der Auslieferung) gegliedert sein, vgl. ISO/ASTM 52901.

   Hierzu können z. B. auch Vereinbarungen zählen, die spezifische Prozesskontrollinformationen (Art und Darstellung der Informationen, gegebenenfalls Datenformat für Übergabe, Aufbewahrungsfristen etc.) betreffen, vgl. ISO 17296-3 und VDI-Blatt 5.1. Falls für die Endabnahme autorisierte externe Dienstleister erforderlich sind, ist das im Pflichtenheft mit zu erfassen.

Die Beschreibungen aus den Punkten 2–4 sind maßgeblich für die Festlegung des Umfangs der Qualitätspläne und der erforderlichen Dokumentationen sowie auch ein hilfreicher Input für die Erstellung von Terminplänen und Kostenschätzungen.

Auf die Auslegung und Erstellung des Bauteils und das zugehörige CAD-Modell wird hier nicht im Detail eingegangen, da dies nicht im Fokus des Buches steht. Es wird aber davon ausgegangen, dass Empfehlungen für die Gestaltung und Auslegung von Bauteilen im Pulverbettverfahren aus Leitfäden zum Design for Additive Manufacturing (DFAM) [19, 20] sowie ISO/ASTM 52910 beachtet werden. Ein weiterer wesentlicher Faktor ist das Datenhandling und die Wahl der Datenformate. Ein Überblick dazu ist in ISO/ASTM 52950 sowie in Abschnitt 3.1.2 zu finden.

3.2.1.1 Pre-Prozess

Der Pre-Prozess setzt sich aus den folgenden drei Teilprozessschritten zusammen:

- **Datenvorbereitung:** Sie fasst alle digitalen Abläufe, die vor der Fertigung erforderlich sind, zusammen.
- **Maschinenvorbereitung:** In diesem Prozess werden die Aktivitäten zusammengefasst, die im unmittelbaren Umfeld der Fertigungsanlage erfolgen und der Initiierung des Druckprozesses dienen.
- **Materialvorbereitung:** Beinhaltet alle Schritte, die für und im Zusammenhang mit der Vorbereitung des Ausgangsmaterials für die unmittelbare Befüllung der

Anlage stehen. Die anderen Arbeitsschritte werden dem Materialmanagement zugeordnet, vgl. Bild 3.20.

Je höher die Qualitätsanforderungen an das fertige Bauteil sind, desto detaillierter sind die drei Unterprozesse zu planen, zu prüfen und zu dokumentieren.

Datenvorbereitung

Die Datenvorbereitung ist ein essenzieller Prozessschritt, da Fehler im CAD-Modell alle weiteren Prozessschritte beeinflussen können. Es wird daher empfohlen, bereits am **Beginn der Datenvorbereitung einen Baustein des Qualitätssicherungskonzepts** als Teil der Qualitätssicherung im Pre-Prozess mit folgenden Punkten vorzusehen:

- Genaue Definition der Schnittstelle und des Datenformats für die Übernahme des CAD-Modells
- Festlegung von datenformatspezifischen Parametern, z.B. Mindestauflösung, Toleranzen etc.
- Überprüfung der Geometrie auf Fehlerfreiheit bezüglich Flächen und Volumina
- Festlegung des Vorgehens und der Maßnahmen im Falle von Fehlern
- Überprüfung des CAD-Modells in Bezug auf das geplante Material, die geplante Maschine und die vorgesehene Schichtstärke
- Festlegen der Vorgaben für das Koordinatensystem des Baujobs, z.B. nach ISO/ASTM 52921, sowie der Positionierung und Orientierung des einzelnen Bauteils inklusive der erforderlichen Mindestabstände zu benachbarten Bauteilen im übergeordneten Baujob. Überprüfung, ob neben Positionierung und Orientierung noch weitere Randbedingungen wie z.B. Schichtzeitvorgaben, Bauraumeinschränkungen, Mindestwandstärken etc. für die Erreichung von vorgegebenen Anforderungen festgelegt werden müssen.
- Falls erforderlich, sind Fertigungsbegleitproben zum Nachweis von vereinbarten Anforderungen eines Bauteils oder für einen gesamten Baujob zu planen und mit dem Kunden abzustimmen, vgl. VDI 3405 Blatt 5.1.
- Genaue Festlegung der Art und des Umfangs der Kennzeichnung eines Bauteils und der geeigneten Positionierung am Bauteil: Dabei ist darauf zu achten, ob nur eine Identifizierung oder auch eine Authentifizierung mit der Kennzeichnung erreicht werden soll [8].
- Sicherung des CAD-Modells vor der Weiterverarbeitung und Dokumentation aller durchgeführten Überprüfungen unter Einhaltung der erforderlichen Datensicherheits- und Datenschutzbestimmungen
- Festlegung der Datenaufbewahrungsfristen

Die Qualitätskontrolle und Dokumentation in diesem Prozessschritt dient bei Fragen zur Produktsicherheit und Produkthaftung dem Nachweis, ob ein Konstruktionsfehler vorlag oder nicht [7, 8].

Folgende Aspekte sind für die Datenvorbereitung selbst und für die Sicherstellung der Qualität dieses Teilprozesses in Betracht zu ziehen:

- Festlegung der Software und der erforderlichen Funktionalitäten für die Zusammenstellung der Baujobs
- Genaue Definition der Schnittstelle zur Maschine und des Datenformats für die Übertragung an die Maschine: Werden Maschinen von unterschiedlichen Herstellern betrieben, muss gegebenenfalls auf entsprechende Kompatibilität geachtet werden.
- Festlegung eines Grundsetups für Maschine-Material-Kombination in der Software: Gut geplante Vorlagen vermeiden Fehler in der Platzierung und kennzeichnen kritische Stellen im Bauraum in Bezug auf die Maschine-Material-Kombination.
- Definition der Regeln und des Vorgehens für die Platzierung der vorbereiteten Teile: Anhand dieser Regeln sind die vorbereiteten CAD-Modelle im freigegebenen Bauraum für den Baujob zu platzieren.
- Kennzeichnung der einzelnen Bauteile mit der vorgesehenen Identifizierung
- Falls Begleitproben für ein oder mehrere Bauteile vereinbart sind, müssen diese nach vorgegebenen Regeln platziert werden sowie mit einer eindeutigen Kennzeichnung versehen werden. Werden vom Auftraggeber keine Begleitproben gefordert, ist eine interne Festlegung bezüglich der Einbringung von Probekörpern zu treffen, wenn eine entsprechende Qualitätsanforderung für den Nachweis der Reproduzierbarkeit des Prozesses besteht. Dabei ist auf die Lesbarkeit der Kennzeichnung zu achten, damit später die Prüfergebnisse korrekt zugeordnet werden können. Für die Definition von Probekörpern siehe auch ISO/ASTM 52936-1.
- Nach der Erstellung des Baujobs empfiehlt sich eine Kontrolle folgender Punkte:
  - Sind alle Bauteile innerhalb des für die Produktion freigegebenen Bauraums platziert?
  - Wird der für das Material und die geforderte Qualität festgelegte Bereich des Füllgrades eingehalten?
  - Wird der Mindestabstand zwischen den Bauteilen erfüllt?
  - Sind die Schichtzeiten innerhalb des für das Material festgelegten Bereichs?
  - Sind die Skalierungen in X-, Y- und Z-Richtung für das Material korrekt zugewiesen?

- Stimmt die erstellte, platzierte und zugewiesene Bauteilkennzeichnung für das jeweilige Bauteil?
- Optional: Sind alle geforderten Fertigungsbegleitproben korrekt platziert und beschriftet?

- Festlegung der Prozessparameter für die Phasen Aufheizen der Maschine, Bauprozess und Abkühlprozess bis hin zur Entnahmefreigabe der definierten Maschine-Material-Kombination gegebenenfalls unter Berücksichtigung der vorhandenen Bauteilgeometrien und -anforderungen soweit dies über die Datenvorbereitungs-Software möglich ist.
- Archivierung des Baujobs vor der Übertragung zur Maschine und Dokumentation aller durchgeführten Überprüfungen unter Einhaltung der erforderlichen Datensicherheits- und Datenschutzbestimmungen sowie vermerken der Datenaufbewahrungsfrist.

Häufig werden diese Punkte in spezifischen Dokumenten wie z. B. Prozessbeschreibungen oder Arbeitsanweisungen betriebsintern festgelegt. Diese Dokumente werden in der Regel über das Qualitätsmanagement gelenkt und verwaltet.

Materialvorbereitung

Im Rahmen des Pre-Prozesses wird nur die Vorbereitung des Materials für die Befüllung der Maschine betrachtet. Alle weiteren Punkte werden dem Materialmanagement und dessen Unterprozesse zugeordnet, siehe Abschnitt 3.2.2.1.

Wird eine Maschine mit einem anderen Material als bei dem Baujob zuvor befüllt, muss sichergestellt sein, dass die Maschine ausreichend gereinigt und für das neue Material konfiguriert bzw. umgebaut wurde. In der Regel werden die Maschinen mit gleichbleibendem Material betrieben. Daher wird dieser Spezialfall nicht weiter ausgeführt.

Ein äußerst wichtiger Punkt in der Materialvorbereitung ist die Sauberkeit. Sie ist sowohl im gesamten Materialmanagement wie auch in der Maschinenvorbereitung grundlegend, da jede noch so kleine Verschmutzung Potenzial für einen Fehler im Prozess birgt. Relevante Inhalte der Materialvorbereitung sind:

- Festlegung der Kontrollen und der einzuhaltenden Anforderungen für das bereitgestellte Material und die vorgesehene Maschine, bevor die Materialbefüllung freigegeben wird. Es muss dabei sichergestellt sein, dass die Maschine nur mit freigegebenem Material befüllt wird.
- Auflistung der einzuhaltenden Arbeitssicherheitsanforderungen für den Befüllvorgang
- Festlegung des Vorgehens für die Maschinenbefüllung in Abhängigkeit der Möglichkeiten der Maschine selbst und der vorhandenen Infrastruktur für den Materialtransport z. B. in einer Anweisung unter Berücksichtigung der Vorgaben

bei der Arbeitssicherheit. Die Vorgaben können sich in diesem Schritt stark unterscheiden, da Anlagen manuell, teilautomatisiert oder vollautomatisiert befüllt werden können. In der Regel ist ein möglichst geschlossener Pulverkreis mit teilautomatisierter oder vollautomatisierter Befüllung für die Serienproduktion zu bevorzugen.

- Überprüfung der Materialeinstellung in der Software an der Maschine und Kennzeichnung der vorbereiteten Maschine mit ihrem Status und dem eingefüllten Material; Freigabe der Maschine für den Start eines Bauprozesses
- Festlegung der erforderlichen Dokumentation und Archivierung der Informationen

Auch für diese Prozessschritte sind entsprechende Dokumentationen und Checklisten anzufertigen. Um die manuelle Übertragung von Daten aus Checklisten zu vermeiden, sollte frühzeitig in Zusammenarbeit mit der IT geprüft werden, welche IT-technischen Unterstützungen verfügbar sind, um Kontrollinformationen und Rückmeldungen gleich digital zu erfassen. Damit lassen sich später relevante Datenanalysen und automatisierte Dokumentation des Bauprozesses erstellen. Im Falle eines Fehlers ist es in der Regel auch leichter nachvollziehbar, wo es zu einer Abweichung gekommen ist.

Maschinenvorbereitung

Der dritte Unterprozess beinhaltet die Maschinenvorbereitung, welche durch die entsprechenden Maschinenvorgaben geprägt ist. Es wird für diesen Prozess davon ausgegangen, dass die Maschine beim Abrüsten bereits ordnungsgemäß gereinigt wurde und eine ausreichende Qualifizierung für den Auftrag aufweist, vgl. Abschnitt 3.2.2.2. Es werden daher nur Punkte betrachtet, die für einen ordnungsgemäßen Baujobstart erforderlich sind. Dazu zählen:

- Festlegung der Kontrollen (z. B. Maschine korrekt gereinigt, alle erforderlichen Wartungen durchgeführt, alle Versorgungsanschlüsse in Ordnung, Materialbefüllung wie vorgegeben erfolgt etc.), bevor die Maschine zur Anlagenvorbereitung freigegeben wird.
- Festlegung der Anforderungen an Bauplattform und/oder Baubehälter, damit diese für die Maschine-Material-Kombination geeignet sind. Ebenso sind entsprechende Vorbereitungsschritte für diese Anlagenteile und deren einwandfreie Funktionsfähigkeit und Sauberkeit vor Freigabe zur Verwendung zu definieren. Die Vorgabe von entsprechenden Kontrollen und deren Dokumentation ist empfehlenswert.
- Auflistung der einzuhaltenden Arbeitssicherheitsanforderungen für die Maschinenvorbereitung
- Festlegen des Vorgehens für die Maschinenvorbereitung selbst z. B. in einer entsprechenden Anweisung

- Vorgaben zum Laden der Daten für den vorgesehenen Baujob sowie Vorgabe der Kontrollen zur Prüfung, ob die Daten korrekt geladen wurden. Dabei sind auch alle Prozessparameter auf korrekte Übernahme bzw. Einstellung zu prüfen.
- Festlegung der Kontrollen (z.B. ob alle überwachten Temperaturen ihren Sollwert erreicht haben, die Prozessgasversorgung mit ausreichender Durchflussmenge erfolgt etc.), ob die Maschine fehlerfrei in den Zustand für den Start des Baujobs hochgefahren wurde. Bei Polymeren, die hohe Bauraumtemperaturen erfordern, ist unbedingt auf ausreichende Vorheizung der Maschine zu achten.
- Festlegung eines Vorgehens, falls die Maschine Fehlermeldungen anzeigt und/oder den Zustand für die Freigabe des Baujobs nicht erreicht. Es sollte für diesen Fall ein Maßnahmenplan vorliegen, wer zu informieren ist und welche Schritte zur Ermittlung der Ursache und der Behebung des Fehlers eingeleitet werden müssen.
- Dokumentation des Maschinenzustands vor Freigabe des Baujobs an der Maschine und Rückmeldung des Status von der Maschine für den Baujob
- Start des Baujobs auf der Maschine, sofern alle Freigaben vorliegen.

Anhand der umfangreichen Vorbereitungsschritte in den einzelnen Unterprozessen ist klar erkennbar, dass es viele Einflussgrößen auf den Bauprozess und damit die Qualität im gesinterten Bauteil gibt. Sie treffen im In-Prozess zusammen, welcher nachfolgend beschrieben wird.

3.2.1.2 In-Prozess

Unter dem Begriff In-Prozess ist der direkte Druckprozess gemeint, vgl. DIN SPEC 17071. Es werden darunter alle jene Teilschritte verstanden, die innerhalb der Maschine während des Bauprozesses bis hin zur Entnahme der Bauteile auftreten. Hier treffen die drei Kernausgangsgrößen CAD-Daten, Ausgangsmaterial und Laserenergie zusammen und bestimmen maßgeblich die Eigenschaften (Geometrie und Maßhaltigkeit, Materialeigenschaften sowie Oberfläche) des fertigen Bauteils. Abweichungen in einer oder mehreren Größen an dieser Stelle führen unweigerlich zu abweichenden Eigenschaften im Bauteil. Beim Lasersintern ist der In-Prozess der Bauprozess und er beinhaltet die folgenden Punkte:

- **Stabiler Baubetrieb der Maschine:** Hierzu sind zum einen die korrekten Daten aus dem Pre-Prozess, eine zuverlässige Materialzuführung sowie eine stabile Medienversorgung erforderlich. Für die Protokollierung des Produktionsdurchlaufs sind die übernommenen Daten aus dem Pre-Prozess zu bestätigen. Werden weitere Einstellungen bei den Prozessparametern vorgenommen (z.B. Feinjustierung der Bauraumtemperatur, Materialdosierung etc.), müssen diese entsprechend dokumentiert werden. Ebenso müssen der Status der Anlagenkomponenten - sofern verfügbar - und gegebenenfalls weitere spezifische Maschinendaten in die Qualitätsdokumentation mit aufgenommen werden.

- **Überwachung des Prozessdurchlaufs:** Dieser Punkt ist sehr maschinenspezifisch und abhängig von den verfügbaren Sensoren und der Möglichkeit, deren Daten in vorgegebenen Zeitintervallen zu erfassen. Die Tendenz ist, dass immer mehr Daten erfasst werden, was auch eine entsprechende IT-Infrastruktur für deren weitere Verarbeitung und Speicherung erfordert. Aktuell stehen die aufgezeichneten Daten meist erst nach Beendigung des Baujobs für eine Datenanalyse zur Unterstützung des Qualitätsmanagements zur Verfügung. Daher ist ein direkter Eingriff aufgrund dieser Daten nicht möglich. Häufig können aber bei kritischen Baujobs erfahrene Mitarbeiter erkennen, wenn sich ungünstige Prozesssituationen ankündigen. Sie passen dann in der Regel während des Prozesses die Prozessparameter in kleinen Schritten an. Diese Vorgehensweise ist für das Einfahren eines Serienprozesses sehr hilfreich. Die angepassten Parameter sind in die Dokumentation mit aufzunehmen. Dabei ist auch auf die Rückführung der Information in die entsprechenden Pre-Prozess-Schritte zu achten.

  Moderne Maschinen bieten neben Temperaturüberwachungen auch Videoaufnahmen von der Beschichtung für die Auswertung an. Aktuell ist aber eine Verwendung dieser Daten mit einer Onlineauswertung zur Anpassung der Prozessparameter noch nicht ausreichend zuverlässig für die Serienproduktion.
- **Festlegung eines Vorgehens im Falle von Fehlern:** Falls die Maschine Fehlermeldungen anzeigt bzw. ein Prozessabbruch auftritt, muss ein Maßnahmenplan vorliegen, wer zu informieren ist und welche Schritte zur Ermittlung der Ursache und der Behebung des Fehlers eingeleitet werden müssen. Zusätzlich ist es empfehlenswert, vorab zu definieren, ob Teile aus einem Baujob mit Prozessabbruch aus Bereichen, in denen die Teile vollständig gebaut wurden, gegebenenfalls verwendet werden dürfen.
- **Entnahme des Pulverkuchens inklusive Bauteile:** Nachdem der Bauprozess abgeschlossen ist, kann die Entnahme erfolgen. Dabei sind folgende Unterpunkte zu beachten:
  - Vorgabe der Entnahmetemperatur aufgrund des Materials und der Entnahmemöglichkeiten an der Maschine. Wird bei hoher Temperatur entnommen, muss festgelegt werden, ob für das Material für die weitere Abkühlung eine Schutzgasatmosphäre zur Verhinderung der thermischen Oxidation erforderlich ist.
  - Auflistung der einzuhaltenden Arbeitssicherheitsanforderungen für die Entnahme
  - Festlegen des Vorgehens für die Entnahme selbst z. B. in einer entsprechenden Anweisung
  - Dokumentation des Zustands und Status an der Maschine vor Entnahme sowie des Entnahmezustands selbst

  - Sicherung der Daten vom Prozessablauf, gegebenenfalls Freigabe der Daten für die Auswertung von Kennzahlen, die in das Qualitätsmanagement einfließen.
- **Rückführung von Material aus Prozess:** Festlegung ob und gegebenenfalls unter welchen Rahmenbedingungen Material, z. B. aus dem Overflow, wieder in den Materialkreislauf zurückgeführt werden darf. Bei Rückführung muss festgelegt werden, welche Kontrollen zu erfüllen sind und an welcher Stelle das Material wieder dem Kreislauf zugeführt werden darf. Die Rückführung ist entsprechend zu dokumentieren.
- **Abkühlen der Maschine und Reinigung:** Für diesen Schritt ist festzulegen, wie weit die Maschine abgekühlt werden muss, bis diese für eine Reinigung freigeben werden kann. Relevante Punkte sind in der Regel:
  - Vorgabe der Reinigungsschritte unter Beachtung der Arbeitssicherheitsanforderungen. Bei der Reinigung ist darauf zu achten, dass nur Hilfsmittel und Reinigungsmittel verwendet werden, die vom Maschinenhersteller freigegeben sind.
  - Vorgabe der Kontrollen nach der Reinigung und Festlegung von Maßnahmen, falls die vorgesehenen Reinigungsschritte nicht ausreichend sind.
  - Vorgabe des Intervalls und der Inhalte für erweiterte Reinigung, da bei gleichbleibendem Material und stabil laufendem Fertigungsprozess nur in spezifischen Abständen eine erweiterte Reinigung erforderlich ist.
  - Vorgabe für die Überprüfung der Anlagenkomponenten und/oder ausgewählter Prozessparameter (z. B. Laserleistung) nach der erweiterten Reinigung.
  - Vorgaben zur Prüfung, ob spezifische Wartungen an der Anlage aufgrund der Einsatzdauer anstehen oder ob spezifische Statusmeldungen an der Maschine eine außerordentliche Wartung erforderlich machen. Das Vorgehen für die Wartung und deren Dokumentation ist über die funktionsbezogenen Prozesse, z. B. im Rahmen der Instandhaltung, zu definieren.
  - Festlegung der erforderlichen Dokumentation für die Reinigung und der gegebenenfalls zusätzlichen Arbeiten
  - Sind alle Reinigungen erfolgt und stehen keine spezifischen Wartungen an, kann die Maschine für einen weiteren Bauprozess zur Maschinenvorbereitung freigegeben werden.

Die weiteren Schritte am Pulverkuchen und den Bauteilen werden dem Post-Prozess zugeordnet und in Abschnitt 3.2.1.3 beschrieben.

3.2.1.3 Post-Prozess

Der Post-Prozess setzt sich aus der verfahrensbedingten Prozessnachbereitung mit dem Entpacken und Entpulvern der Bauteile sowie der bauteilbezogenen Nachbearbeitung am einzelnen Bauteil zusammen.

Verfahrensbedingte Prozessnachbereitung

Zu diesem Teilprozess zählen jene Schritte, die ein grundsätzlich verwendbares Bauteil nach dem Druckprozess ergeben, vgl. DIN SPEC 17071. Für das Lasersintern sind dies die Schritte des Entpackens und Entpulverns. Dabei sind folgende Punkte zu beachten:

- Festlegung der Kerntemperatur in Abhängigkeit des Materials und gegebenenfalls der Geometrien, ab welcher entpackt werden darf, vgl. z. B. auch ISO/ASTM 52936-1.
- Festlegung der Handhabung des Pulvers aus dem Pulverkuchen unter Berücksichtigung der Arbeitssicherheitsvorgaben: Es muss definiert werden, welches Pulver überhaupt für eine Rückführung infrage kommt und wie dieses gehandhabt werden muss, bis es wieder dem Materialmanagement zugeführt wird.
- Festlegung des Verfahrens, das für die Entpackung angewendet werden soll: Je nach Art der Teile und betrieblichen Möglichkeiten können hier sehr unterschiedliche Vorgaben möglich sein. Bei ausreichend robusten Teilen wird in der Regel ein Rütteltisch für das Entpacken eingesetzt.
- Vorgabe der Arbeitsschritte für die weitere Pulverentfernung: Je nach Geometrie der Bauteile sind dabei teilautomatisierte Anlagen einsetzbar. Bei der Wahl des Verfahrens und der Anlagen muss darauf geachtet werden, dass Geometrie und/oder Oberfläche der Bauteile keinen Schaden erleiden (Kerben, Abrundung von Kanten etc.) und trotzdem eine ausreichende Pulverentfernung möglich ist.
- Abhängig von Art des Auftrags und der Teilegeometrie ist eine Sortierung und Zuordnung der Teile aufgrund ihrer Kennzeichnung erforderlich. Empfohlen wird, an dieser Stelle bereits die erste Kontrolle bezüglich offensichtlicher Beschädigungen, noch anhaftender Pulverreste, Vollständigkeit der Anzahl der Bauteile etc. zu integrieren. Es können dabei teil- oder vollautomatisierte Systeme zum Einsatz kommen, die mithilfe von Bildanalysesystemen die Sortierung unterstützen oder sogar eigenständig durchführen.
- Falls Fertigungsbegleitproben mitgebaut wurden, sind diese für die Prüfung vorzubereiten und dieser zuzuführen.
- Definition des Vorgehens für die vollständige Zuordnung der Bauteile auf den/die Aufträge aufgrund ihrer Identifikation und der zu dokumentierenden Qualitätsprüfungen: Dazu zählen die Dokumentation der Kontrollen und der daraus resultierenden Ergebnisse für den Baujob (gegebenenfalls mithilfe der Prüfung

von den Fertigungsbegleitproben) sowie die Erfassung als Einzelteil und den gegebenenfalls definierten zerstörungsfreien Prüfungen am Bauteil selbst. Es sind die Kriterien und deren Dokumentation für die Freigabe zur weiteren Bearbeitung festzulegen. Es ist darauf zu achten, dass alle Daten an dieser Stelle für das jeweilige Bauteil zusammengeführt werden und mit dem Bauteil zusammen für weitere Prozessschritte übergeben werden können. Dies erfordert eine sorgfältige Planung zusammen mit der IT, um die Qualität des Bauteils lückenlos nachweisbar zu machen.

Bauteilbezogene Nachbereitung: Bauteil bearbeiten

Dieser Teilprozess ist stark von der Anwendung des Bauteils und der geforderten Oberflächeneigenschaften abhängig. Aufgrund der vielfältigen Möglichkeiten kann im Rahmen dieser Darstellung keine detailliertere Beschreibung erfolgen.

3.2.1.4 Prozessvalidierung

Je nach Umfang des Auftrags und der geforderten Qualität können unterschiedliche Abnahmephasen zum Einsatz kommen. Aus Sicht der Entwicklung des Bauteils kommen dabei häufig folgende Phasen zum Einsatz:

- **Abnahme von Qualifikationsbauteilen:** Ein Qualifikationsbauteil ist dabei ein Bauteil, welches der Beurteilung von wesentlichen Eigenschaften, die für das Bauteil relevant sind, dient. Das Qualifikationsbauteil muss dabei in seiner Geometrie nicht dem für die Produktion geplanten Bauteil direkt entsprechen.
- **Abnahme des End- oder Referenzbauteils:** Das Referenzbauteil ist ein Bauteil, das ähnliche Eigenschaften wie das für die Fertigung geplante Bauteil aufweist. Es kann jedoch in der Geometrie oder dem Maßstab abweichen, vgl. ISO/ASTM 52901. In der Regel wird es so ausgelegt, dass die relevanten Merkmale einfach zu überprüfen sind. Dieses Vorgehen kommt häufig zum Einsatz, wenn die Entwicklung mit beauftragt wurde bzw. wenn es sich um Bauteile mit hohen Anforderungen in sehr geringer Stückzahl handelt.
- **Abnahme des ersten Produktionsbauteils:** Wird eine größere Anzahl von Bauteilen mit sehr ähnlicher Geometrie gebaut, z. B. Teile mit individualisierten Schriftzügen oder Grafiken, werden in der Regel die ersten produzierten Bauteile dem Kunden für die Überprüfung zur Verfügung gestellt. Nach Abnahme durch den Kunden oder Erfüllung der vorgegebenen Prüfungen wird erst die weitere Produktion freigegeben, vgl. ISO/ASTM 52901 und VDI 3405 Blatt 5.1.

Häufig ist es hilfreich für die Prozessvalidierung bzw. im Rahmen der Prozessvalidierung, eine Fehlermöglichkeits- und Einflussanalyse (FMEA) zu erstellen [21, 22]. Sie unterstützt die Nachweisbarkeit von Qualitätsmaßnahmen und ermöglicht die kontinuierliche Verbesserung des Prozesses. Die FMEA unterstützt im laufenden Prozess die Eingrenzung und Auffindung von Fehlern und spart somit in der

Regel Kosten und Zeit im produktiven Betrieb. In der Automobilindustrie wird inzwischen die FMEA häufig vorgegeben.

Wird ein neuer Fertigungsprozess etabliert, ist es oft erforderlich, die für die Validierung notwendigen Umfänge in Teilschritte zu gliedern. Die möglichen Teilschritte für die Validierung des Gesamtprozesses werden bei den funktionsbezogenen Prozessen in Abschnitt 3.2.2 genauer ausgeführt.

Wurde eine spezifische Entwicklung des Fertigungsverfahrens für das bzw. die Bauteile beauftragt, kann es an der Stelle auch zu einer spezifischen Abnahme für die Entwicklung kommen. Mögliche Vorgehen sind dabei die Abnahme des Bauraums, in welchem vereinbarte Eigenschaften prozesssicher für ein oder mehrere Bauteile erreicht werden müssen, und/oder die Abnahme von Referenz- oder Qualifikationsbauteilen.

3.2.2 Funktionsbezogene Prozesse

Funktionsbezogene Prozesse unterstützen die produktbezogenen Prozesse und müssen häufig vorab durchgeführt und in Grundzügen etabliert werden, um die produktbezogenen Prozesse überhaupt erst möglich zu machen. Die drei wichtigsten spezifischen funktionsbezogenen Prozesse für das Lasersintern sind dabei die Qualifizierung der LS-Maschine, das Materialmanagement inklusive der Qualifizierung des Ausgangsmaterials sowie die Qualifizierung des LS-Prozesses für eine Anlagen-Material-Kombination selbst.

3.2.2.1 Materialmanagement

Zum Materialmanagement werden der Wareneingang, die Materialaufbereitung, die Entsorgung und die jeweiligen Prozesse für Qualitätssicherung (QS) gezählt, vgl. Bild 3.20. Wie bereits bei den produktbezogenen Prozessen ausgeführt, ist der Umfang für die Qualitätssicherung beim Materialmanagement auf die Anforderungen am Bauteil und die geforderten Qualitätsnachweise auszurichten. Zwei grundlegende Anforderungen an das Materialmanagement sind:

- Die Sauberkeit, da Pulverwerkstoffe nach einer Verunreinigung nur mit hohem Aufwand wieder gereinigt werden können bzw. im schlimmsten Fall sogar eine Entsorgung des verunreinigten, aber ungenutzten Pulvers erforderlich macht. Es wird daher grundsätzlich ein möglichst geschlossener Pulverkreislauf mit Kontrollen an allen Zuführungsstellen empfohlen.
- Der sorgsame Umgang bei allen Aufbereitungsprozessen, damit möglichst kein Pulver in die Umgebung gelangt und auch nicht verschwendet wird, da es im Vergleich zu den Spritzgussgranulaten in der Regel ein sehr teurer Ausgangswerkstoff ist. Dabei sind auch entsprechende Vorgaben bezüglich Mikroplastik [23] und Arbeitsschutz, z. B. Stoffbelastung am Arbeitsplatz [24, 25], zu beachten.

Beschreibungen zu den Teilprozessen für das Materialmanagement finden sich auch in DIN SPEC 17071 und ISO/ASTM 52925.

Wareneingang

Beim Wareneingang erfolgt die Übergabe des Pulvers an den verarbeitenden Betrieb. Das Pulver muss mit vereinbarten Begleitdokumenten (z.B. Lieferschein, Werkszeugnis und Material Safety Datasheet, MSDS) angeliefert werden. Die Dokumente werden häufig elektronisch übermittelt und müssen bei der Warenannahme mit der physischen Lieferung zusammengeführt werden. Dafür ist eine entsprechende Abstimmung für die Umsetzung in der IT erforderlich.

Das Pulver muss in der Regel für die Serienproduktion einer Spezifikation entsprechen, die z.B. in Form einer technischen Lieferbedingung und ergänzenden kaufmännischen Dokumenten festgelegt werden kann. Es muss klar vereinbart werden, wer (Auftraggeber oder Auftragnehmer für die Herstellung der Bauteile) für die Festlegung der Spezifikation zuständig ist und welche Punkte diese zu enthalten hat. Typische Inhalte sind:

- genaue Bezeichnung (Handelsname und gegebenenfalls Zusatzangaben) für das Pulver,
- Art und Weise der Kennzeichnung der Charge, z.B. Chargennummer, Produktionsdatum etc., die eine eindeutige Identifikation und spätere Zuordnung im Produktionsprozess ermöglicht,
- Menge pro Verpackungseinheit und Vereinbarung möglicher Abruf- bzw. Liefereinheiten,
- Art der Verpackung,
- Transport- und Lagerbedingungen, z.B. Temperatur, Luftfeuchte, Sauberkeit,
- gegebenenfalls Ablaufdatum,
- falls zutreffend: Regelung für Gefahrstoffe,
- Festlegung des Vorgehens zur repräsentativen Probenahme für die Ermittlung der Eigenschaften [26] und der erforderlichen Menge, vgl. ISO/ASTM 52925,
- Definition der Inhalte für das Werksprüfzeugnis (engl. factory test certificate oder certificate of analyses, CoA), z.B. welche Eigenschaften mit welchen Messmethoden ermittelt werden müssen und wie diese zu dokumentieren sind. Dazu sollte nach Möglichkeit auf bestehende Normen verwiesen werden, vgl. VDI 3405 Blatt 1.1 und ISO/ASTM 52925. Aktuell ist es empfehlenswert, eine weitere Detaillierung für das jeweils verwendete Pulver durchzuführen, da die Angaben in diesen Standards sehr allgemein sind. Die Eigenschaften können durch Mittelwerte mit Standardabweichungen oder durch Grenzwerte charakterisiert und vereinbart werden. Zudem sollten Maßnahmen festgelegt werden, die bei Nichteinhaltung der Werte einzuleiten sind,

- Festlegung der Warenbegleitdokumente und in welcher Form diese zu übermitteln sind.

Die Definition des Werksprüfzeugnisses kann je nach Qualitätsanforderung sehr umfangreich sein und die Ausarbeitung dementsprechend arbeitsaufwendig. Dies ergibt sich durch die derzeit noch geringe Verbreitung in der Serienfertigung und der oft nicht ausreichenden Erfahrung im Umgang mit Pulverwerkstoffen und den zugehörigen Prüfmethoden. Daher sollte in einem Entwicklungsauftrag hier frühzeitig eine Klärung der erforderlichen Inhalte und Aufgaben herbeigeführt werden.

Für die Einführung von neuen Werkstoffen wird empfohlen, die Prüfungen im Werksprüfzeugnis in folgende Gruppen zu unterteilen:

- Prüfungen, die bei jeder Lieferung vorliegen müssen,
- Prüfungen, die bei jeder Chargenfreigabe erforderlich sind,
- Zusätzliche Prüfungen, die bei Abweichungen in den Chargenfreigabeprüfungen durchzuführen sind,
- Prüfungen, die für eine Erstqualifizierung des Werkstoffes erforderlich sind. Hier empfiehlt es sich, ein umfangreicheres Portfolio zu definieren, das zum einen für eine schnelle Fehleranalyse zur Verfügung steht und zum anderen als Basis für die Materialweiterentwicklung und Prozessoptimierung eingesetzt werden kann.

Nach dem Wareneingang müssen die Lagerung, der Lagerabruf und die interne Lieferung des Pulvers an die Materialaufbereitung inklusive der Freigabe des Neupulvers für die Verwendung in der Materialaufbereitung entsprechend der firmeninternen Logistik und Freigabesysteme festgelegt werden. Dabei ist darauf zu achten, dass in der IT die erforderlichen Freigabe- und Dokumentationsmöglichkeiten vorliegen.

Materialaufbereitung

In der Materialaufbereitung werden Neupulver vom Wareneingang und gebrauchtes Pulver, welches aus dem Produktionsprozess kommt, zusammengeführt. Dabei muss darauf geachtet werden, dass das rückgeführte Pulver keine unzulässige Schädigung im vorangegangenen Produktionsdurchlauf erfahren hat. Die Rückführung eines zu stark geschädigten Pulvers kann den Pulverkreislauf so stark beeinträchtigen, dass dieser neu aufgesetzt werden muss, was zu erheblichen Materialkosten und Zeitverlust führt und damit unbedingt vermieden werden muss.

Es wird hier nur der Aufbereitungsprozess für compoundiertes Pulver beschrieben. Pulver, die als Dry Blend hergestellt wurden, neigen häufig zur Entmischung und erfordern eine sehr spezifische Materialaufbereitung nach Herstellerangaben. Sollte ein Dry-Blend-Pulver für die Serienproduktion nominiert werden, müssen die Aufbereitung und die dafür erforderlichen Einrichtungen unbedingt im Vorfeld mit dem Materialhersteller geklärt werden. Es ist zu beachten, dass dies auch zusätzliche Investitionskosten verursachen kann.

Für die Rückführung wird empfohlen, das Pulver aus dem Bauprozess, z. B. Overflow-Pulver, vor der Wiedereinbringung auf Schmutzpartikel, Verfärbungen, unförmige Partikel z. B. aufgrund von Ablagerungen etc. zu prüfen, bevor dieses für die Zuführung an der Entpackstation freigegeben wird. An der Entpackstation selbst muss das Pulver so zugeführt werden, dass es sämtliche Sieb- und Kontrollschritte wie das Pulver vom Pulverkuchen selbst durchläuft.

Beim Entpacken der Teile selbst ist darauf zu achten, dass Pulver, welches sehr hart bzw. verbacken ist, nicht mehr in den Pulverkreislauf gelangt, da es in der Regel eine thermische Schädigung und/oder eine Kornformänderung aufweist. Typischerweise kann dies bei dickwandigen Bauteilen und sehr hohen Füllgraden auftreten.

Die leicht zu entfernenden Pulveranteile, welche keine übermäßigen Verfärbungen aufgrund thermischer Oxidation aufweisen, können über eine Siebstation für den Mischprozess in der Materialaufbereitung vorbereitet werden. Nach dem Sieben sind je nach Qualitätsanforderung die Art und der Umfang der Kontrollen bzw. Prüfungen zu definieren. Folgende Prüfungen werden unter Beachtung einer repräsentativen Probenahme [26] empfohlen:

- Überprüfen der Partikelgrößenverteilung (Abschnitt 5.2.1.2), damit gegebenenfalls eine unzureichende Siebung oder ein Siebbruch frühzeitig entdeckt werden kann. Als Freigabekriterium können dabei die gleichen oder gegebenenfalls leicht ausgeweiteten Kenngrößenbereiche aus dem Werksprüfzeugnis für das Neupulver herangezogen werden.
- Überprüfung der Eigenschaftsänderungen am Pulver aufgrund thermischer, oxidativer und gegebenenfalls anderweitiger Belastungen. Häufig wird derzeit die Melt Volume Rate Prüfung dafür herangezogen. Weitere Details zu dieser Messung finden sich unter (Abschnitt 4.2.2.1).

Erfüllt das gebrauchte Pulver die definierten Vorgaben für die Freigabe zur weiteren Verwendung, wird es der Zwischenlagerung für Gebrauchtpulver oder der Mischstation direkt zugeführt. Für die Mischung selbst kann ein fixes Mischverhältnis für Neupulver zu Gebrauchtpulver oder ein flexibles Mischverhältnis aufgrund vom gemessenen MVR-Wert vorgegeben werden, vgl. VDI 3405 Blatt 1.1 und ISO/ASTM 52925. Mittlerweile werden am Markt vollautomatische Mischstationen angeboten, die die Zuführung und Dosierung durch eine integrierte Wägung über Computersteuerung ermöglichen. Die Herstellung des Mischpulvers erfolgt dabei im Batchbetrieb. Beim Mischen sind folgende Punkte zu beachten:

- genaue Definition des Mischprozesses (Gesamtmenge, Mischverhältnis, Parameter für Fluidisierung und Mischwerk, der Luftfeuchte im Mischer, Mischzeit etc.) für das definierte Material

- Art der Dokumentation des Mischprozesses inklusive der verwendeten Charge beim Neupulver und des verwendeten Gebrauchtpulvers
- Je nach Qualitätsanforderung muss festgelegt werden, ob das Pulver nach dem Mischen nochmals überprüft werden muss. In der Regel ist es bei einem stabil laufenden Serienprozess ausreichend, das Neupulver und das Gebrauchtpulver vor dem Mischen zu kontrollieren. Somit empfiehlt es sich, an der Stelle eine Kontrolle zu definieren, die nur bei Abweichungen im Prozess zum Einsatz kommt.
- Vereinbarung der Kontrolle und Dokumentation für die Freigabe des Mischpulver-Batches zur Bereitstellung an der Materialvorbereitung

Eine sorgfältige Planung und ausreichend Zeit beim Einfahren der Teilprozesse in der Materialaufbereitung zeigen in der Praxis nennenswerte Vorteile im späteren Betrieb. Zum einen ist es aufgrund der festgelegten Werte beim Einfahren frühzeitig möglich, Abweichungen zu erkennen und regelnd einzugreifen, zum anderen können die Messwerte für die Optimierung des Materialeinsatzes verwendet werden. Durch Datenanalyse der Messwerte in Kombination mit Kenngrößen aus dem Baujob kann in Abhängigkeit der Baujobhöhe und des Füllgrades eine Vorhersage zum Neupulverbedarf etabliert werden.

Entsorgung

Je nach verwendetem Material und der geforderten Qualität kann nur ein Teil des Altpulvers in den weiteren Produktionslauf rückgeführt werden. Grundsätzlich sollte bei der Materialauswahl für einen Serienprozess darauf geachtet werden, dass möglichst wenig Material entsorgt werden muss, weil aufgrund hoher Ausgangsmaterial- wie auch Entsorgungskosten die Wirtschaftlichkeit des Prozesses stark davon abhängt. Aktuell werden Untersuchungen durchgeführt, inwieweit Altpulver in anderen Kunststoffverarbeitungsprozessen als Post-Industrial-Recyclingmaterial verwendet werden kann. Dabei ist zu beachten, dass das Altpulver über einen anerkannten Entsorgungsbetrieb der weiteren Verwertung zugeführt werden muss.

3.2.2.2 Qualifizierung der Lasersintermaschine

Bei der Qualifizierung von LS-Maschinen kann zwischen verschiedenen Anlässen für die Qualifizierung unterschieden werden, vgl. Bild 3.21. Die Beurteilung der Maschine ist das Hauptziel dieser Untersuchungen.

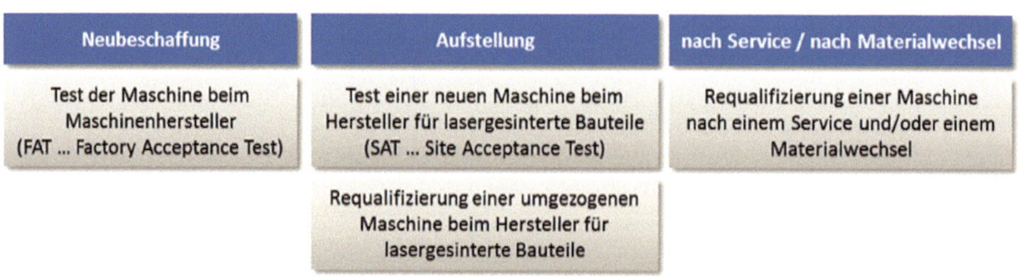

Bild 3.21 Mögliche Anlässe für die Qualifizierung bzw. Requalifizierung einer LS-Maschine

Typischerweise erfolgt beim Neukauf einer Maschine für Serienproduktion eine Qualifizierung direkt beim Maschinenhersteller (auch: Factory Acceptance Test, FAT) mit dem vereinbarten Material und für eine vereinbarte Konfiguration. Unter Konfiguration werden hierbei

- ein oder mehrere festgelegte Baujobs – relevant sind vor allem Füllgrad, Bauhöhe, Wandstärken und Größe des maximal genutzten Bauraums,
- ein definierter Prozessparametersatz,
- ein vereinbarter Pulverzustand (Neupulver oder mit einer festgelegter Auffrischrate vorbereitetes Mischpulver) sowie
- Zustand der Probekörper/Referenzkörper für die Prüfungen, Art der Prüfungen inklusive der zu erfassenden Kennwerte und wer die Prüfungen durchführt

verstanden.

Je nach Qualitätsvorgaben müssen die Art der Qualifizierung und die Anzahl der Probekörper und gegebenenfalls Referenzbauteile pro Baujob sowie die Anzahl der Baujobs festgelegt werden. Der größte Umfang ergibt sich in der Regel bei einer Kombination von einer neuen Maschine mit einem neuen Material. Hierfür sind oft Vorversuche erforderlich, um die geeigneten Prozessparameter für die Material-Maschinen-Kombination zu finden. Nachfolgend wird davon ausgegangen, dass aus Vorversuchen bereits ein Prozessparametersatz ermittelt wurde, der unter den vorgesehenen Randbedingungen die erforderlichen Nennwerte erreicht.

Als Beispiel für eine einfache und bauteilunabhängige Qualifizierung zum Nachweis erreichbarer mechanischer und ausgewählter geometrischer Kennwerte sind z. B. Zugstäbe (z. B. mit 2, 3 oder 4 mm Dicke) als Probekörper geeignet. Diese können über den relevanten Bauraum angeordnet werden. Wichtig dabei ist, dass alle Probekörper eindeutig einer Position und einem Baujob zuordenbar sind, siehe Bild 3.22.

Es empfiehlt sich, die Probenkennzeichnung so zu wählen, dass diese möglichst automatisiert in den erforderlichen Auswertungen weiterverarbeitet werden kann, da in der Regel eine große Anzahl von Probekörpern erforderlich ist, um einen vorgegebenen Bauraum ausreichend abzubilden. Dabei sollten die Probe- bzw. Prüfkörpergeometrien so gewählt werden, dass diese auch für teilautomatisierte Prüfdurchführungen geeignet sind. Eine mögliche Kennzeichnung für Zugstäbe ist in Bild 3.23 abgebildet. Es ist darauf zu achten, dass beide Hälften des Zugstabes beschriftet sind, damit nach automatisierter Prüfung mit Prüfmagazinen die Probekörperhälften für z. B. eine nachfolgende Bruchflächenanalyse einander zugeordnet werden können. Der Data Matrix Code (DMC) erlaubt über eine geeignete Erkennungssoftware die automatische Erfassung der Probekörper und Messdaten vor und gegebenenfalls nach der Prüfung in einer Datenbank.

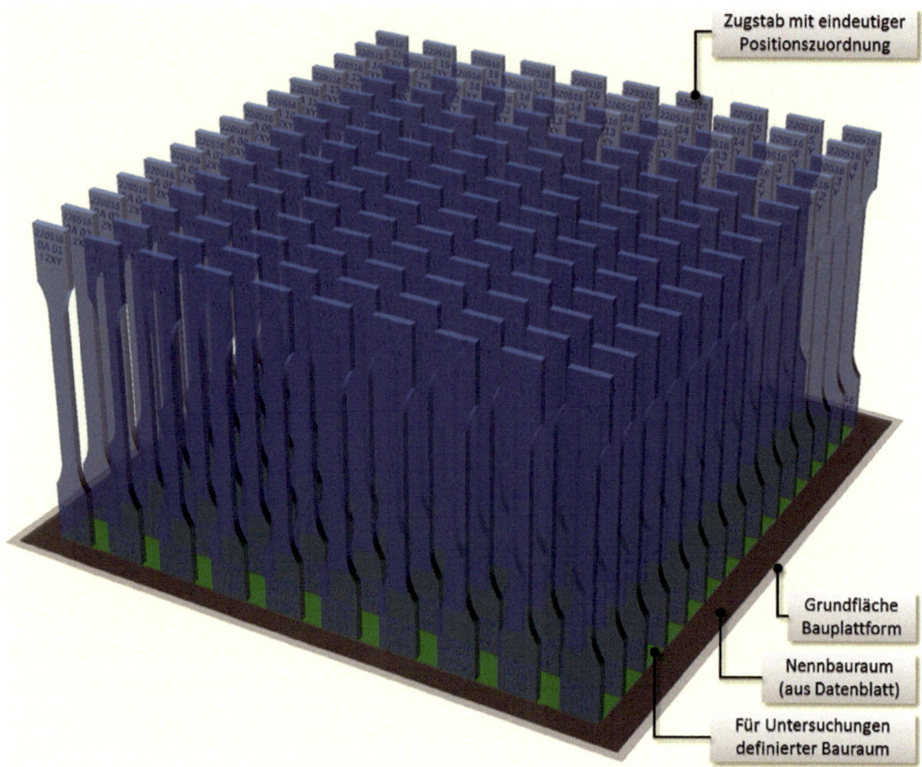

Bild 3.22 Beispielbaujob mit Zugstäben für die Qualifizierung einer LS-Maschine und/oder einer Prozessqualifizierung

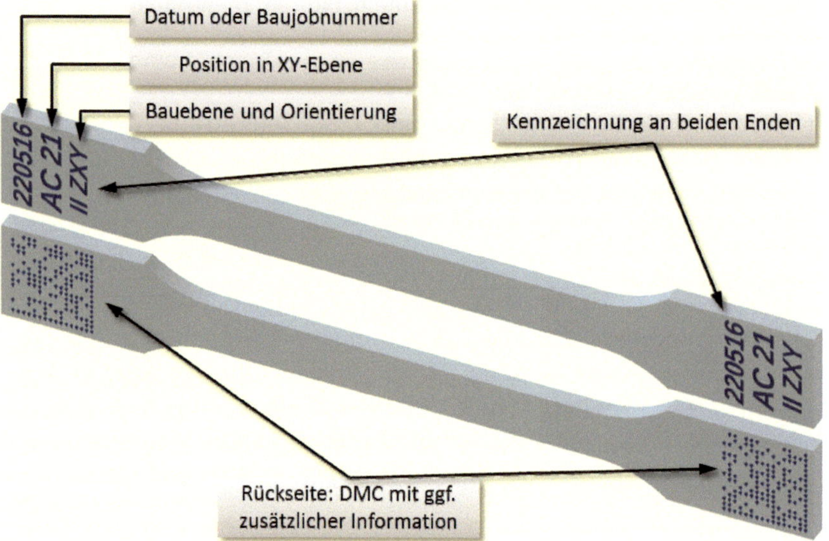

Bild 3.23 Beispiel für Zugstab 1A nach DIN EN ISO 527-2 mit eindeutiger Kennzeichnung und Data Matrix Code (DMC)

Einmal in der Datenbank erfasste Messdaten (z.B. Probendicke, Probenbreite, Oberflächenrauheit, Zug-E-Modul, Zugfestigkeit, Bruchdehnung) inklusive Prüfrandbedingungen können für eine statistische Auswertung und die Ermittlung erforderlicher Kenngrößen für den Qualifizierungsnachweis eingesetzt werden. Zudem eignen sich die Daten mit passender Aufbereitung auch für die Visualisierung der Eigenschaften über den Bauraum, siehe Bild 3.24. Häufig treten an den Ecken und an der Maschinenrückseite schlechtere Kennwerte auf, die zu einer Nichterfüllung der Qualifikationswerte in diesen Bereichen führen können. Je größer die Maschine und der Bauraum sind, desto größer sind beim aktuellen Stand der Technik die Abweichungen.

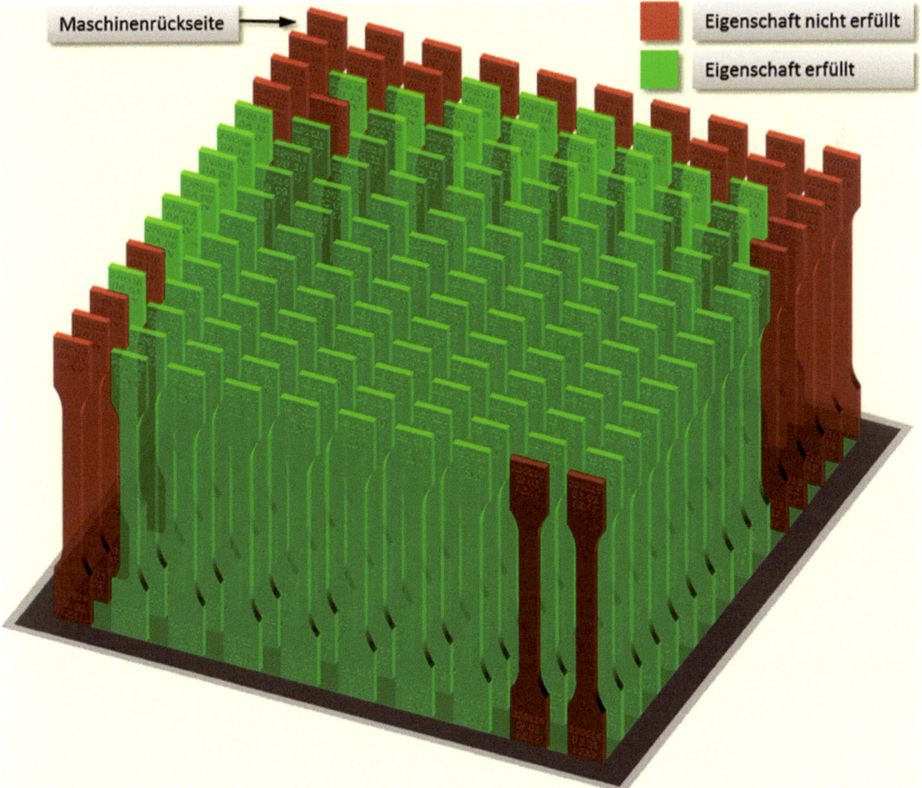

Bild 3.24 Erfüllung von Kennwerten für die Qualifizierung über den Bauraum anhand einer Beispieldarstellung

Anhand der Darstellung in Bild 3.24 lassen sich einzelne Baujobs leicht miteinander vergleichen. Daraus lässt sich über eine zeitliche Abfolge von Baujobs die Entwicklung der Abweichungen beobachten und quantifizieren. Wird eine solche Grafik anhand der Prüfergebnisse aus dem FAT ermittelt, kann dies ein Teil der Abnahme für die Maschine sein. Zudem bilden diese Daten eine gute Vergleichsbasis für die Qualifizierung nach der Aufstellung und Inbetriebnahme der Maschine am Produktionsstandort für die Untersuchungen beim SAT.

Im Serienbetrieb sind regelmäßige Wartungen erforderlich, die je nach Umfang der Wartung eine Überprüfung der Maschine und eine Requalifizierung erfordern. Wird für diese wiederum der gleiche Baujob wie bei FAT und SAT verwendet, ist ein schneller Vergleich mit den bereits bestehenden Daten möglich. Dies macht die Wirkung der Wartungsmaßnahmen zeitnah überprüfbar und nachvollziehbar.

Eine weitere Vergleichsmöglichkeit und Nutzung der Datenbasis bietet sich beim Wechsel von Materialien an. Anhand der Darstellung in Bild 3.24 für zwei unterschiedliche Materialien auf ein und derselben Maschine kann ermittelt werden, ob sich ein Material für eine bestimmte Anlage besser eignet.

Zusammenfassend kann gesagt werden, dass eine sorgfältige Zuordnung und Verwaltung der Messdaten aus Prüfungen für Qualifizierungen einen wertvollen Datenbestand für den Betrieb und die kontinuierliche Verbesserung an Maschinen und Material darstellen. Der Datenbestand bildet somit einen wichtigen Input für die Kostenreduktion und Weiterentwicklung beim Lasersintern.

Die Daten können auch für den Vergleich mit Fertigungsbegleitproben an vergleichbaren Positionen herangezogen werden. Damit bilden sie eine gute Basis für Maschinen- und Prozessfähigkeitsuntersuchungen, welche im nachfolgenden Abschnitt behandelt werden.

3.2.2.3 Qualifizierung des Lasersinterprozesses

Im Mittelpunkt der Prozessqualifizierung steht der Nachweis, dass sich der Fertigungsprozess bezüglich der definierten produkterforderlichen Kenngrößen reproduzieren lässt. Eine mögliche Vorgehensweise ist die Ermittlung von repräsentativen Kenngrößen an Probekörpern wie bereits bei der Qualifizierung von LS-Maschinen vorgestellt. Auch hier hängt die Anzahl der Probekörper vom Umfang des geforderten Nachweises (z. B. aufgrund eines vorgegebenen Konfidenzintervalls) ab. In der Regel muss der Nachweis über mehrere Baujobs gleicher Art in unmittelbarer Folge erbracht werden.

Es wird zwischen der Maschinenfähigkeitsuntersuchung (MFU) und der Prozessfähigkeitsuntersuchung (PFU) unterschieden [11, 21]. Die Maschinenfähigkeitsuntersuchung fokussiert auf eine spezifische Anlage und baut in der Regel auf die Erfahrungen bei der Qualifizierung der LS-Maschine auf. Für festgelegte Kenngrößen ist dann der C_{mK}- und C_m-Wert zu ermitteln.

Der Prozessfähigkeitsnachweis erfolgt im Gegensatz zur Maschinenfähigkeitsuntersuchung meist an Qualifikations- oder Referenzbauteilen gegebenenfalls in Kombination mit Fertigungsbegleitproben, also Probekörpern wie sie auch in den Untersuchungen zuvor verwendet wurden. Er beinhaltet die gesamte Prozesskette für die Bauteile und für die vereinbarten Kenngrößen werden C_{pK}- und C_p-Wert ermittelt.

Die Ermittlung der C_{mK}-, C_m-, C_{pK}- und C_p-Werte hängt von der Art der Kennwerte ab und sie sind den jeweiligen Handbüchern für diese Untersuchungen zu entnehmen.

Häufig ist für die Fertigung der Bauteile ein angepasster Prozessparametersatz im Vergleich zum Parametersatz für die Maschinenqualifikation/Maschinenfähigkeitsuntersuchung erforderlich. Durch den Abgleich der Daten aus den jeweiligen Untersuchungen und mithilfe geeigneter Datenanalysen können Grenzen für die Änderung von Prozessparametern erarbeitet werden.

Eine ähnliche Vorgehensweise kann für die Festlegung der Auffrischrate zum Einsatz kommen. Anhand von Vergleichen der Ergebnisse aus den Qualifikations-, Maschinenfähigkeits- und Prozessfähigkeitsuntersuchungen unter Berücksichtigung der zusätzlichen Informationen aus dem Pulverkreislauf kann der Mindestwert für die Auffrischrate definiert werden. In Fällen, wo eine relevante Abhängigkeit der Prozessparameter vom Alterungszustand des Pulvers gegeben ist, muss auch ein oberer Grenzwert festgelegt werden, sofern der Prozessparametersatz konstant gehalten wird.

Die zuvor stehenden Ausführungen zeigen, dass viele Einflussparameter und eine hohe Komplexität beim Lasersintern gegeben sind, vgl. Bild 3.19. Daher sind eine gute Strukturierung der Informationen, eine Erfassung in geeigneten Datenmanagementsystemen und die Verwendung moderner Datenanalysetools ein wesentlicher Bestandteil für eine erfolgreiche Anwendung des Lasersinterns in der Serienproduktion.

3.2.3 Stand der Normung

Technologien, welche sich in der industriellen Praxis durchsetzen und breite Anerkennung und Akzeptanz finden möchten, müssen durch entsprechende Normierung unterstützt und begleitet sein. In den letzten Jahren gab es im Bereich AM verstärkte Aktivitäten für die Erarbeitung von spezifischen Regelwerken. Diese Arbeiten sind nicht abgeschlossen und es ist mit Überarbeitungen, Ergänzungen und weiteren Standards in nächster Zeit zu rechnen. Damit empfiehlt sich eine regelmäßige Abfrage zum aktuellen Stand der Normen.

Um eine möglichst einheitliche Entwicklung der Standards zu ermöglichen, haben sich alle namhaften Normungsgremien (ASTM, ISO, CEN) für eine Zusammenarbeit bei der Standardisierung von AM-Verfahren entschieden. Dafür wurden entsprechende technische Komitees gegründet:

- ASTM F42 (gegründet 2009) [27],
- ISO TC 261 (gegründet 2011) [28],
- CEN/TC 438 (gegründet 2015) [29].

Für die Zusammenarbeit zwischen ISO und ASTM wurde 2011 das sogenannte „Partner Standards Development Organization“ – kurz PSDO – Übereinkommen abgeschlossen, welches einen Plan für die gemeinsame Entwicklung, Handhabung der Urheberrechte, Publikation und Vermarktung von internationalen Standards für die additive Fertigung beinhaltet. Durch diese Zusammenarbeit wird eine schnelle Übernahme von Vorschlägen aus beiden Organisationen unterstützt. In 2016 erfolgte eine Ergänzung des Abkommens durch die Bestätigung einer gemeinsamen Organisationsstruktur für die AM-Standards, siehe Bild 3.25. Die Zusammenarbeit zwischen CEN und ISO wird über das „Vienna Agreement“ von 1991 geregelt.

Hierarchieebene	Inhalte	Beispielhafte Themenfelder
Übergeordnete AM-Standards	• allgemeine Konzepte • gemeinsame Anforderungen • übergeordnet anwendbar	Terminologie, Datenformate, Qualifikationsanleitungen, Zuverlässigkeit und Leistung von Systemen, Ringversuche und Testprotokolle, allg. Konstruktionsrichtlinien, Prüfmethoden, Testobjekte, Sicherheit, Abnahmemethoden etc.
AM-Standards für spezifische Kategorien	• spezifisch für eine Materialgruppe • spezifisch für eine Prozessgruppe	Polymerpulver, Filamente, Photopolymerharze, Pulverbettverfahren, Materialextrionsverfahren, Photopolymerisationsverfahren, Post-Prozessing, mechanische Prüfmethoden, chemische Prüfmethoden etc.
AM-Standards mit spezifischen Schwerpunkten	• spezifisch für ein Material • spezifisch für einen Prozess • spezifisch für Material-Prozess-Kombination • spezifisch für eine Anwendung	Polyamidpulver, Polyamidpulver für Lasersintern, ABS-Filamente, Automotive-Anwendungen, medizintechnische Anwendungen etc.

Bild 3.25 Abgestimmte Organisationsstruktur für die AM-Standards in Anlehnung an [30]

Dem ISO/TC 261 haben sich mittlerweile 26 Normenkomitees auf Länderebene und neun weitere Länder für die Beobachtung der Aktivitäten angeschlossen [30]. Diese sind mit dem ISO/TC 261 verknüpft und erstellen keine von der ISO unabhängigen Normen. Es erfolgt inzwischen eine schrittweise Eingliederung der zuvor auf nationaler Ebene erarbeiteten Standards in die internationale Struktur. Die aktuelle Verknüpfung der weltweiten Standardisierungsbestrebungen ist schematisch in Bild 3.26 abgebildet. Die Verwaltung der Technischen Komitees von CEN/TC 438 und ISO/TC 261 rotiert zwischen den einzelnen Normenkomitees auf Länderebene.

Historisch gesehen ist die Vorreiterrolle im Bereich der Normierung von AM-Verfahren durch den Verein Deutscher Ingenieure (VDI) zu erwähnen. Der VDI-Fachausschuss FA 105 [31] beschäftigte sich bereits seit 2006 mit der AM-Thematik und legte 2009 mit der VDI-Empfehlung: „VDI 3404 – Generative Fertigungsverfahren – Rapid-Technologien (Rapid Prototyping) – Grundlagen, Begriffe, Qualitätskenngrößen, Liefervereinbarungen“ weltweit die erste standardisierungsnahe Beschreibung für AM vor. Mittlerweile sind in diesem Gremium weitere VDI-Empfehlungen erarbeitet worden, welche nun als Basis für die Erarbeitung der internationalen Standards dienen. Organisatorisch erfolgt die Zusammenarbeit zwischen VDI und ISO/TC 261 über das Deutsche Normungsinstitut (DIN), welches sich als deutsches Normenkomitee dem ISO/TC 261 angeschlossen hat, vgl. Bild 3.26.

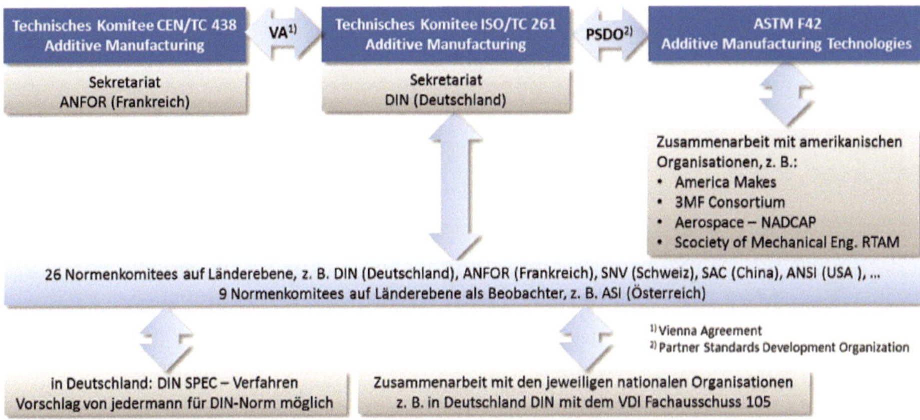

Bild 3.26 Verknüpfung der weltweiten AM-Standardisierungsaktivitäten

Für die praktische Umsetzung der Zusammenarbeit wurden sowohl beim ISO/TC 261 wie auch beim ASTM F42 entsprechende organisatorische Strukturen geschaffen. Diese sind so gewählt, dass eine einfache Zuordnung zwischen den jeweiligen Hauptgruppen (Working Groups, WG) möglich ist, siehe Bild 3.27. Die Bearbeitung der spezifischen Themengebiete erfolgt durch gemeinsam gebildete Gruppen (Joint Groups, JG) zwischen ISO/TC 261 und ASTM F42. Diese Joint Groups sind den Working Groups zugeordnet. Die regulären Working Groups werden noch ergänzt durch sogenannte Joint Working Groups (JWG), die eine Zusammenarbeit zwischen unterschiedlichen Technischen Komitees darstellen. Die jeweils aktuelle Struktur kann über [27], [28] und [29] im Internet über Tabellen oder in Textform abgerufen werden.

Eine neuerdings häufiger verwendete Form der Erarbeitung von Standardisierungsvorschlägen in Deutschland erfolgt über die Möglichkeit der DIN SPEC im PAS-Verfahren [32], wobei PAS für „Publicity Available Specification“ steht. Es bietet eine schnelle Veröffentlichungsmöglichkeit für erarbeitete Standardisierungsvorschläge. Somit können Vorschläge für DIN-Standards z. B. direkt aus der Forschung oder aufgrund industrieller Erstanwendungen auf kurzem Wege etabliert werden, vgl. Bild 3.26.

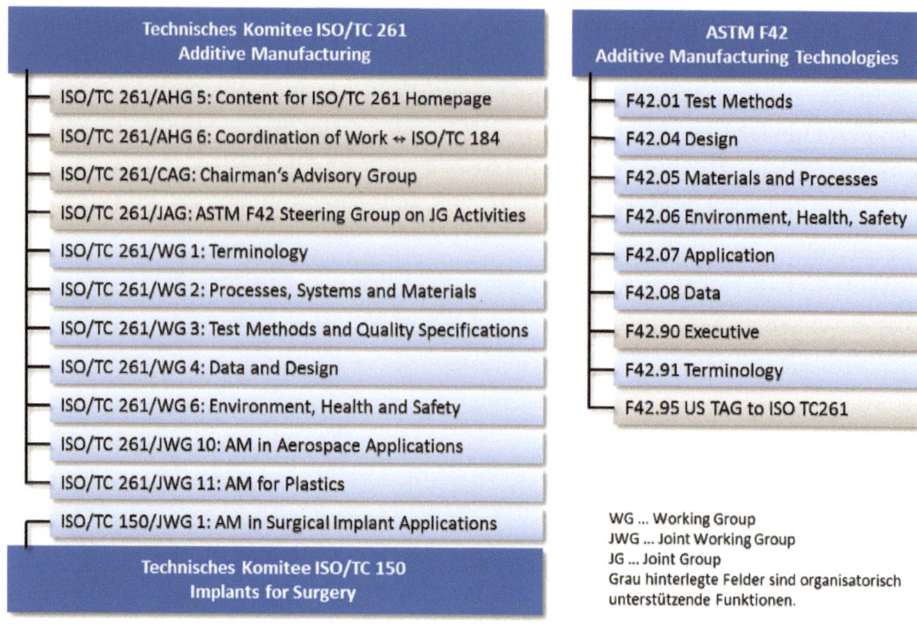

Bild 3.27 Organisatorische Struktur für die Zusammenarbeit zwischen ISO/TC 261 und ASTM F42

Entsprechend der Organisationsstruktur für die AM-Standards (Bild 3.27) werden die aktuellen Normen bzw. die sich in Erstellung befindlichen Entwürfe, die relevant für das Lasersintern sind, in Tabelle 3.2, Tabelle 3.3, Tabelle 3.4 und Tabelle 3.5 gelistet. Normen zu weiteren AM-Verfahren können über ASTM F42 [27] und/oder ISO/TC 261 [28] abgerufen werden.

Tabelle 3.2 Übergeordnete AM-Standards mit ihrem jeweiligen Status und den zuständigen Arbeitsgruppen

Norm/ Technische Regel	Titel	Stand/Ausgabe	Arbeitsgruppen
VDI 3405	Additive Fertigungsverfahren – Grundlagen, Begriffe, Verfahrensbeschreibungen	2014-12	VDI FA 105
VDI 3405 Blatt 3.2	Additive Fertigungsverfahren – Gestaltungsempfehlungen – Prüfkörper und Prüfmerkmale für limitierende Geometrieelemente	Entwurf 2019-07	VDI FA 105
VDI 3405 Blatt 5.1	Additive Fertigungsverfahren – Rechtliche Aspekte der Prozesskette	Entwurf 2020-01	VDI FA 105.5

Norm/ Technische Regel	Titel	Stand/Ausgabe	Arbeitsgruppen
ISO/ASTM 52900	Additive Fertigung - Grundlagen - Terminologie	2021-11	NA 145-04-01 AA ISO/TC 261/JG 51
ISO/ASTM 52902	Additive Fertigung - Testkörper - Allgemeine Leitlinie für die Bewertung der geometrischen Leistung additiver Fertigungssysteme (AM-Systeme)	Revision in Arbeit 2019-07	NA 145-04-01 AA ISO/TC 261/JG 52
ISO/ASTM 52910	Additive Fertigung - Konstruktion - Anforderungen, Richtlinien und Empfehlungen	Revision in Arbeit 2018-07	NA 145-04-01 AA ISO/TC 261/JG 54
ISO/ASTM 52915	Spezifikation für ein Dateiformat für Additive Fertigung (AMF) Version 1.2	2020-03	NA 145-04-01-01 GAK ISO/TC 261/JG 64
ISO/ASTM TR 52916	Additive manufacturing for medical – Data – Optimized medical image data	2022-01	NA 145-04-01-01 GAK ISO/TC 261/JG 70
ISO/ASTM TR 52917	Additive Fertigung - Ringversuche - Leitfaden zur Durchführung von Ringversuchen	2022-09	NA 145-04-01 AA ISO/TC 261/JG 62
ISO/ASTM CD TR 52918	Additive manufacturing – Data formats – File format support, ecosystem and evolutions	Entwurf in Arbeit	NA 145-04-01-01 GAK ISO/TC 261/JG 64
ISO/ASTM DIS 52920	Additive Fertigung - Qualifikationsprinzipien - Anforderungen an Standorte für industrielle additive Fertigung	Entwurf 2021-8	NA 145-04-01 AA ISO/TC 261/JG 75
ISO/ASTM DIS 52921	Additive Fertigung - Grundlagen - Standardpraxis der Positionierung, Koordinaten und Ausrichtung des Bauteils	Entwurf 2019-09	NA 145-04-01 AA ISO/TC 261/JG 61
ISO/ASTM DIS 52927	Additive Fertigung – Grundlagen – Hauptmerkmale und entsprechende Prüfverfahren	Entwurf 2022-01	NA 145-04-02 GA ISO/TC 261/JG 76
ISO/ASTM 52950	Additive Fertigung - Grundlagen - Überblick über die Datenverarbeitung	2021-01	NA 145-04-01-01 GAK ISO/TC 261/JG 67
ISO 17296-2	Additive Fertigung - Grundlagen - Teil 2: Überblick über Prozesskategorien und Ausgangswerkstoffe	2015-01	NA 145-04-01 AA ISO/TC 261/WG 1
DIN SPEC 17028	Additive Fertigung - Methode zur zerstörungsfreien Ermittlung von mechanischen Eigenschaften von additiv gefertigten Kunststoffteilen	2021-04	Erstellt nach PAS-Verfahren

Tabelle 3.3 AM-Standards für die Kategorie Polymerpulver für Lasersintern mit ihrem jeweiligen Status und den zuständigen Arbeitsgruppen

Norm/Technische Regel	Titel	Stand/ Ausgabe	Arbeitsgruppen
VDI 3405 Blatt 1.1	Additive Fertigungsverfahren - Laser-Sintern von Kunststoffbauteilen - Materialqualifizierung	2018-09	VDI FA105.1
ISO/ASTM 52925	Additive manufacturing of polymers - Feedstock materials - Qualification of materials for laser-based powder bed fusion of parts	2022-04	NA 145-04-03 GA ISO/TC 261/JWG 11
ISO/ASTM DTR 52913-1	Additive manufacturing – Feedstock materials – Part 1: Parameters for characterization of powder flow properties	Entwurf in Arbeit; eventuell zuerst nur für Metalle	NA 145-04-01 AA ISO/TC 261/JG 63

Tabelle 3.4 AM-Standards für die Kategorie LS-Prozess mit ihrem jeweiligen Status und den zuständigen Arbeitsgruppen

Norm/Technische Regel	Titel	Stand/ Ausgabe	Arbeitsgruppen
VDI 3405 Blatt 6.2	Additive Fertigungsverfahren - Anwendersicherheit beim Betrieb der Fertigungsanlagen - Laser-Sintern von Kunststoffen	2021-04	VDI FA105.6
ISO/ASTM 52911-2	Additive Fertigung - Konstruktion - Teil 2: Laserbasierte Pulverbettfusion von Polymeren	2019-09	NA 145-04-03 GA ISO/TC 261/JG 57
ISO/ASTM TS 52930	Additive Fertigung - Grundlagen der Qualifizierung - Installation, Funktion und Leistung (IQ/OQ/PQ) von PBF-LB-Anlagen	Vornorm 2021-11	NA 145-04-01 AA ISO/TC 261/JG 72
DIN SPEC 17071	Additive Fertigung - Anforderungen an qualitätsgesicherte Prozesse für additive Fertigungszentren	2019-12	Erstellt nach PAS-Verfahren

Tabelle 3.5 AM-Standards für die Kategorie lasergesinterte Bauteile oder Probekörper mit ihrem jeweiligen Status und den zuständigen Arbeitsgruppen

Norm/Technische Regel	Titel	Stand/Ausgabe	Arbeitsgruppen
VDI 3405 Blatt 1	Additive Fertigungsverfahren - Laser-Sintern von Kunststoffbauteilen - Güteüberwachung	2019-11	VDI FA105.1
VDI 3405 Blatt 1.2	Additive Fertigungsverfahren; Pulverbettbasiertes Schmelzen; Prüfung und Qualitätsbewertung von Individualbauteilen und von Bauteilen in der Serienfertigung	laufendes Projekt	VDI FA105.1
VDI 3405 Blatt 7	Additive Fertigungsverfahren - Güteklassen für additiv gefertigte Kunststoffbauteile	2019-04	VDI FA105.1
ISO/ASTM 52901	Additive Fertigung - Grundlagen - Anforderungen an erworbene additiv gefertigte Bauteile	2017-08	NA 145-04 FBR ISO/TC 261
ISO/ASTM DIS 52924	Additive Fertigung - Qualifizierungsgrundsätze - Güteklassen für additiv gefertigte Kunststoffbauteile	Entwurf 2020-04	NA 145-04-03 GA ISO/TC 261/JWG 11
ISO/ASTM DIS 52936-1	Additive Fertigung - Qualifizierungsgrundsätze - Laserbasiertes pulverbettbasiertes Schmelzen von Polymeren - Teil 1: Allgemeines und Herstellung von Prüfkörpern	Entwurf 2021-08	NA 145-04-03 GA ISO/TC 261/JWG 11
ISO 17296-3	Additive Fertigung - Grundlagen - Teil 3: Haupteigenschaften und entsprechende Prüfverfahren	2014-09	NA 145-04-01 AA ISO/TC 261/WG 3
ISO 27547-1	Kunststoffe - Herstellung von Probekörpern aus Thermoplasten durch nicht formgebende Technologien - Teil 1: Allgemeine Richtlinien und Lasersintern von Probekörpern	2010-09	NA 145-04-03 GA ISO/TC 261/JWG 11

Aufgrund der großen Anzahl der Standardisierungsaktivitäten ist bereits eine breite industrielle Akzeptanz erkennbar. Laufend werden Verbesserungen hinsichtlich Prozessführung und Bauteilqualität durch die Unterstützung der Standardisierung in die Praxis umgesetzt. Es ist davon auszugehen, dass in Zukunft eine Ergänzung durch Standards für spezifische Schwerpunkte im Polymerbereich erfolgt, wie es zum Teil bei den metallbasierten Verfahren bereits umgesetzt wird.

Literatur

[1] Mielicki, C., Gronhoff, B., Wortberg, J.: Effects of laser sintering processing time and temperature on changes in polyamide 12 powder particle size, shape and distribution, Proceedings of the Polymer Processing Society 29th Annual Meeting, Nürnberg, 2013

[2] Bonnard R., Hascoët J.-Y, Mognol P.: Data model for additive manufacturing digital thread: state of the art and perspectives, *International Journal of Computer Integrated Manufacturing*, (2019) 32 (12), 1170

[3] Wegner, A., Witt, G.: Understanding the Decisive Thermal Processes in Laser Sintering of Polyamide 12, Proceedings of the Polymer Processing Society 30th Annual Meeting, Cleveland, 2014

[4] Homepage der Firma Relay3D: *www.relay3D.com*, zuletzt abgerufen am 25.04.2022

[5] Amado, A., Schmid, M., Wegner, K.: Further Insights in the Nature of Orange Peel, Proceedings of the Additive Manufacturing Users Group AMUG, Jacksonville, FL, 2015

[6] VDI 3405:2014-12, Additive Fertigungsverfahren – Grundlagen, Begriffe, Verfahrensbeschreibungen, Beuth Verlag

[7] Leupold, A., Glossner, S.: 3D-Druck, Additive Fertigung und Rapid Manufacturing: Rechtlicher Rahmen und unternehmerische Herausforderung, 1. Aufl., Franz Vahlen, 2016 *https://doi.org/10.15358/9783800651504*

[8] Leupold, A., Glossner, S. (Hrsg.): 3D Printing Recht, Wirtschaft und Technik des industriellen 3D-Drucks, C. H. Beck, 2017

[9] Tobuschat, S.: Kaufgewährleistung und Produkthaftung bei Generativen Fertigungsdienstleistungen. Dissertation, Juristische Schriftenreihe: Band 282, 2015

[10] DIN EN ISO 9001:2015-11, Qualitätsmanagementsysteme – Anforderungen, Berlin, Beuth Verlag

[11] IATF 16949:2016-10, Anforderungen an Qualitätsmanagementsysteme für die Serien- und Ersatzteilproduktion in der Automobilindustrie, Beuth Verlag

[12] VDA QMC Qualitätsmanagement Center im Verband der Automobilindustrie e. V. (VDA), *https://webshop.vda.de/QMC/de/vda-b%C3%A4nde-deutsch*, zuletzt abgerufen am 28.02.2022

[13] ISO/TS 22163:2017-05, Bahnanwendungen – Qualitätsmanagementsystem – Anforderungen an Geschäftsmanagementsysteme für Organisationen im Bahnsektor: ISO 9001:2015 und besondere Anforderungen für die Anwendung im Bahnsektor, Beuth Verlag

[14] Harer, J., Baumgartner, C.: Anforderungen an Medizinprodukte Praxisleitfaden für Hersteller und Zulieferer, 3. vollständig überarbeitete Auflage, Hanser, 2018

[15] European Comission, Good Manufacturing Practice (GMP) guidelines, EudraLex, Volume 4, *https://ec.europa.eu/health/medicinal-products/eudralex/eudralex-volume-4_en*, zuletzt abgerufen am 28.02.2022

[16] ISPE (Hrsg.), GAMP 5: Ein risikobasierter Ansatz für konforme GxP-computergestützte Systeme, *https://ispe.org/publications/guidance-documents/gamp-5*, abgerufen am 28.02.2022

[17] HVBG Fachausschuss „Chemie" der BZG, DGUV Regel 113-011 Sicheres Arbeiten in der Kunststoffindustrie, 2007, *https://www.arbeitssicherheit.de/schriften/dokument/0%3A4989067%2C1%2C20070101.html?query=BGR%20223*, abgerufen am 23.3.2022

[18] Bundesamt für Justiz, Gesetz über die Bereitstellung von Produkten auf dem Markt (Produktsicherheitsgesetz – ProdSG), *http://www.gesetze-im-internet.de/prodsg_2021/*, zuletzt abgerufen am 28.02.2022

[19] Allison, J., Sharpe, C., Seepersad, C. C.: Powder bed fusion metrology for additive manufacturing design guidance, *Additive Manufacturing*, (2019) 25, 239–251, *https://doi.org/10.1016/j.addma.2018.10.035*

[20] Vaenker, T., Bernard, A., Moroni, G., Gibson, I., Zhang, Y.: Design for additive manufacturing: Framework and methodology, *CIRP-Annals - Manufacturing Technology*, (2020) 69, 578–599, *https://doi.org/10.1016/j.cirp.2020.05.006*

[21] AIAG, VDA: FMEA-Handbuch. Fehler-Möglichkeits- und Einfluss-Analyse. Design-FMEA, Prozess-FMEA, FMEA-Ergänzung – Monitoring & Systemreaktion, 1. Aufl., Beuth, 2019

[22] Tietjen, T., Decker, A.: FMEA-Praxis. Einstieg in die Risikoabschätzung von Produkten, Prozessen und Systemen. 4., überarbeitete Auflage, Hanser, 2020

[23] ECHA – European Chemicals Agency, Restricting the use of intentionally added microplastic particles to consumer or professional use products of any kind, *https://echa.europa.eu/pact?p_p_id=disspact_WAR_disspactportlet&p_p_lifecycle=0&_disspact_WAR_disspactportlet_substanceId=100.256.329&_disspact_WAR_disspactportlet_jspPage=%2FdetailsPage%2Fview_detailsPage.jsp*, zuletzt abgerufen am 23.03.2022

[24] Hebisch, R., Prott, U., Woznica, A., Walter, J., Hustedt, M., Kaierle, S.: Stoffbelastungen bei der additiven Fertigung mit Pulverbettverfahren, *Gefahrstoffe - Reinhaltung der Luft*, (2021) 81 (1-2), 53–59

[25] Walter, J., Hustedt, M., Kaierle, S., Prott, U., Baumgärtel, A., Woznica, A., Hebisch, R.: Expositionsermittlung bei Tätigkeiten mit Gefahrstoffen bei additiven Fertigungsverfahren – Einsatz von Pulverbettverfahren, 1. Auflage. Dortmund: Bundesanstalt für Arbeitsschutz und Arbeitsmedizin 2021. Seiten 117, Projektnummer: F 2410, PDF-Datei, DOI: 10.21934/baua:bericht20210121

[26] Sommer, K.: Probenahme von Pulver und körnigen Massengütern. Grundlagen, Verfahren, Geräte, Springer-Verlag, 1979

[27] Homepage von ASTM F42: *https://www.astm.org/get-involved/technical-committees/committee-f42*, zuletzt abgerufen am 06.12.2021

[28] Homepage von ISO/TC 261: *www.iso.org/committee/629086.html*, zuletzt abgerufen am 06.12.2021

[29] Homepage von CEN/TC 438: *https://standards.cencenelec.eu/dyn/www/f?p=205:7:0::::FSP_ORG_ID,FSP_LANG_ID:1961493,25&cs=14975D2943DBCE35F20A758610EC3ADA9*, zuletzt abgerufen am 06.12.2021

[30] ISO/ASTM Additiv Manufacturing Standards Structure: *https://committee.iso.org/sites/tc261/home/projects.html*, zuletzt abgerufen am 06.12.2021

[31] Homepage von VDI-Fachbereich Produktionstechnik und Fertigungsverfahren: *https://www.vdi.de/tg-fachgesellschaften/vdi-gesellschaft-produktion-und-logistik/produktionstechnik-und-fertigungsverfahren*, zuletzt abgerufen am 06.12.2021

[32] Wie eine DIN SPEC entsteht: *https://www.din.de/de/forschung-und-innovation/din-spec/wie-eine-din-spec-entsteht-63574*, zuletzt abgerufen am 06.12.2021

4 Lasersinterwerkstoffe: Polymereigenschaften

4.1 Polymere

In der Kunststofftechnik unterscheidet man zwischen Thermoplasten, Elastomeren und Duroplasten [1]. Dies gibt zum einen Auskunft darüber, wie sich die Polymersysteme verarbeiten lassen, und zum anderen über die Grundeigenschaften des jeweiligen Materials.

Thermoplastische Systeme sind unter Temperatureinwirkung (reversibel) bearbeitbar. Elastomere und Duromere sind dagegen in der Wärme gut (Elastomere) oder nur minimal (Duromere) dehnbar, behalten aber ihre vorgegebene Gestalt. Die Überführung von Elastomeren und Duromeren in eine andere Form durch Schmelzen ist nicht möglich. Molekular gesehen basiert dieses Auftreten im inneren Zusammenhalt der Polymerketten. Sind die Ketten nur durch (schwache) Nebenvalenzkräfte miteinander verbunden, so können durch die Zufuhr von genügend Energie (Temperatur) die Ketten voneinander gelöst werden und die Polymermasse verhält sich dann wie eine mehr oder weniger zähe Schmelze.

Sind die Polymerketten dagegen über chemische Bindungen miteinander verknüpft (Elastomere, Duroplaste), so scheidet eine thermoplastische Bearbeitung aus. Die Vernetzungen können durch die Zufuhr von Energie nicht gelöst werden. Liegen nur wenige Quervernetzungen vor, so bleibt eine hohe Verformbarkeit erhalten und man spricht von Elastomeren oder Gummi. Im Falle einer starken Vernetzung ist das System dagegen hart und nicht verformbar (Duroplaste). Die Vernetzungsart, reversibel oder kovalent, sowie der Vernetzungsgrad, also die Anzahl chemischer Brücken zwischen den Ketten pro Volumeneinheit, bestimmen somit das grundlegende Verhalten der polymeren Werkstoffe.

Einen Sonderfall stellen die thermoplastischen Elastomere (TPE) dar. Im Fall der TPE werden die Vernetzungsstellen nicht durch kovalente Verknüpfungen, sondern durch physikalische Netzpunkte erzeugt. Der chemische Aufbau der TPE erfolgt durch eine periodische Verknüpfung von Hartsegmentbausteinen und Weichsegmenten. Hartsegmente bilden im System kristalline Aggregate und damit die Verknüpfungspunkte. Die Weichsegmente dagegen sind durch ihre flexible chemische Struktur für den elastomeren Charakter der TPE verantwortlich. Der Unterschied zwischen den einzelnen Polymersystemen ist in Bild 4.1 schematisch dargestellt.

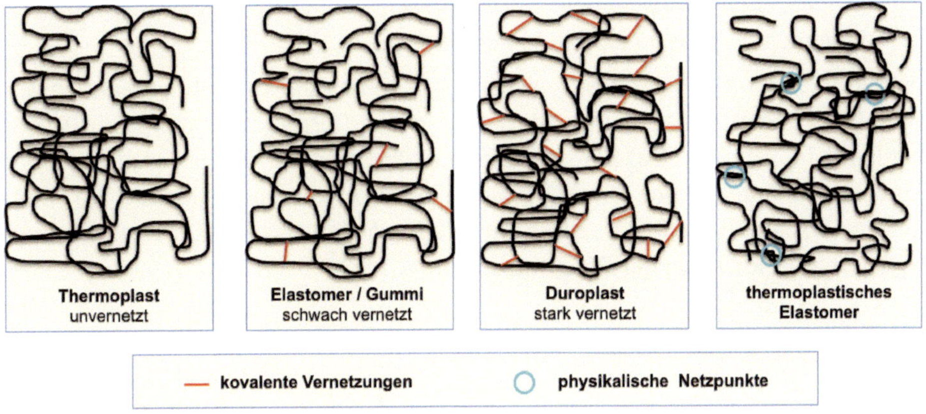

Bild 4.1 Schematischer Aufbau von Polymeren

Für die Verarbeitung im Bereich LS kommen thermoplastische Systeme infrage. Durch die Zufuhr von Energie mittels Laserstrahlung werden die Kunststoffpartikel geschmolzen. Im Bereich der Laserspur muss dann ein ausreichendes Zusammenfließen (Koaleszenz) der Polymerpartikel erfolgen, damit auf diesem Weg der Konsolidierung ein Kunststoffbauteil entstehen kann.

Während des Zusammenfließens der Partikel in der Schmelze können weitere chemische Prozesse ablaufen. Es ist deshalb von Bedeutung zu erkennen, wie ein Polymer synthetisiert wurde, da der Herstellungsprozess Auswirkungen auf das Verhalten der Polymere in Folgeprozessen wie LS haben kann.

4.1.1 Polymerisation

Die Verknüpfung von Monomeren zu einer Polymerkette kann auf verschiedene Arten erfolgen. Die wesentlichen Technologien sind: radikalische und ionische Polymerisationen sowie Stufenwachstumsreaktionen. Die wesentlichen Unterschiede zwischen Polymerisationen einerseits und Stufenreaktion andererseits sind:

- Bei der **radikalischen und ionischen Polymerisation** werden einzelne Monomere an ein aktives Kettenende (Radikal, Ion) addiert. Das Kettenende ist während der Reaktion hochreaktiv; der Kettenaufbau an einem initiierten Monomer erfolgt innerhalb weniger Sekunden. Nach dem Ablauf der Polymerisation wird das Kettenende durch diverse Abbruchreaktionen deaktiviert. Polymerisate besitzen am Ende der Polyreaktion also keine reaktiven Kettenenden.

- Bei der **Stufenwachstumsreaktion** wird die Polymerkette über viele Einzelreaktionen an funktionellen Endgruppen über klassische chemische Reaktionen wie Veresterung oder Amidierung aufgebaut. Durch den stufenweisen Charakter des Kettenwachstums trägt jede lineare Polymerkette zu jeder Zeit der Reaktion zwei funktionelle Endgruppen. Auch am Ende der Reaktion sind diese aktiven Kettenenden im Reaktionsprodukt vorhanden.

In Bild 4.2 ist der Unterschied zwischen Polymerisation und Stufenreaktion am Beispiel der Synthesegleichung von Polypropylen (PP) und Polyamid 66 (PA 66) verdeutlicht. Aus den Reaktionsgleichungen wird ersichtlich, dass es sich bei der Stufenwachstumsreaktion um eine Gleichgewichtsreaktion im klassischen Sinn der organischen Chemie handelt, während die Polymerisation mit Radikalen unumkehrbar in Richtung der Produkte abläuft.

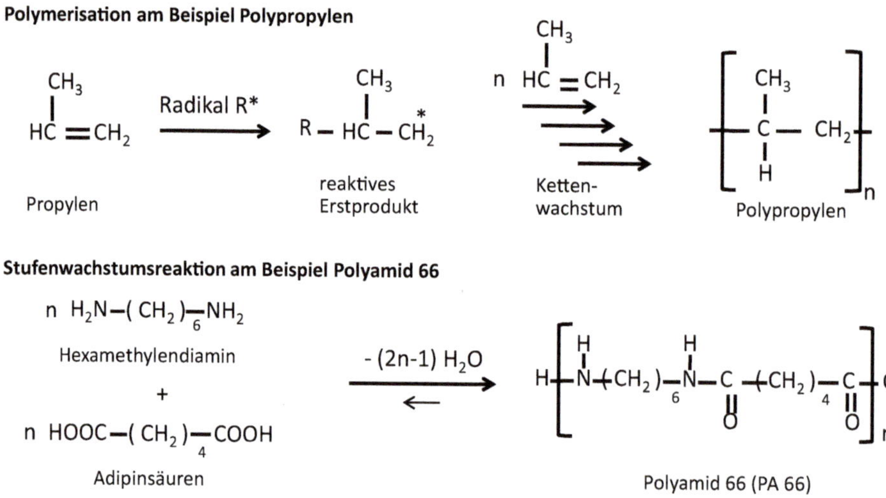

Polymerisation am Beispiel Polypropylen

Propylen: $HC(CH_3){=}CH_2$ —Radikal R*→ reaktives Erstprodukt: $R{-}HC(CH_3){-}\overset{*}{C}H_2$; n $HC(CH_3){=}CH_2$ → Kettenwachstum → Polypropylen: $[{-}C(CH_3)(H){-}CH_2{-}]_n$

Stufenwachstumsreaktion am Beispiel Polyamid 66

n $H_2N{-}(CH_2)_6{-}NH_2$ (Hexamethylendiamin) + n $HOOC{-}(CH_2)_4{-}COOH$ (Adipinsäuren) $\underset{\longleftarrow}{\xrightarrow{-(2n-1)\,H_2O}}$ $H{-}[N(H){-}(CH_2)_6{-}N(H){-}C(=O){-}(CH_2)_4{-}C(=O)]_n{-}OH$ Polyamid 66 (PA 66)

Bild 4.2 Radikalische Polymerisation von Polypropylen (PP) und Stufenwachstumsreaktion von Polyamid 66 (PA 66)

Aus der Reaktionsgleichung der Synthese von PA 66 wird zudem ersichtlich, dass bei jedem Reaktionsschritt auch ein Wassermolekül (H_2O) freigesetzt wird. Es handelt sich in diesem Fall also um eine Polykondensationsreaktion. Durch das Entfernen des Wassers durch geeignete Reaktionsbedingungen oder wasserbindende Systeme kann die Reaktion in Richtung der Produkte verschoben werden (Prinzip von Le Chatelier). Es bedeutet aber auch, dass Polykondensationsprodukte in der Regel anfällig für hydrolytischen Abbau sind (Rückreaktion).

Polyamide, welche aktuell mit Abstand am häufigsten im Bereich LS eingesetzt werden, stammen also aus der Gruppe der Stufenwachstumspolymere. Sie werden meist ungeregelt eingesetzt. In ungeregelten Polykondensaten werden die reaktivon Kettenenden nicht durch spezielle Abbruchreaktionen blockiert. Unter den Bedingungen der LS-Verarbeitung können deshalb Folgereaktionen (Nachkondensation) auftreten, mit massivem Einfluss auf die Eigenschaften der LS-Bauteile oder des LS-Pulvers. Neben diesen Endgruppeneffekten sind aber auch die Morphologie (chemische Struktur) und das thermische Verhalten des Polymers während des LS-Prozesses von entscheidender Bedeutung.

4.1.2 Chemische Struktur (Morphologie)

Die Morphologie eines Polymersystems wird im Wesentlichen durch den molekularen Aufbau der Polymerketten bestimmt. Die Kettenglieder, die Monomere, induzieren durch ihre Gestalt und ihre chemische Struktur einen erheblichen Teil des makroskopischen Verhaltens der Polymere. Die Kenntnis, wie sich bestimmte strukturelle Elemente der Monomere auf die Eigenschaften eines Polymersystems auswirken, ist ein wesentlicher Bestandteil zum Verständnis des physikalischen Verhaltens der polymeren Werkstoffe. Daneben spielen noch weitere Faktoren wie Molmasse (Kettenlänge) und stereochemische Grundordnung (Taktizität) eine Rolle.

Das makroskopische Verhalten von Polymeren hängt also essenziell von ihrer Morphologie, von ihrer molekularen Gestalt ab. Üblicherweise unterscheidet man bei thermoplastischen Polymeren zwischen amorphen und teilkristallinen Typen. Amorph bezeichnet den Zustand, wenn die Molekülketten regellos und ohne Nahordnung von Kettensegmenten vorliegen. Eine geometrisch stark gestörte molekulare Struktur verhindert in diesen Fällen die Ausbildung einer höheren Ordnung im System. Die Polymerketten gleichen im amorphen Zustand den regellos ineinander verschlungenen Nudeln in einem Teller gekochter Spaghetti. Von teilkristalliner Gestalt spricht man dagegen, wenn mehr oder weniger ausgeprägte Bereiche der Polymermoleküle in kristallinen Phasen angeordnet sind und somit eine Nahordnung in kristallinen Molekülgittern aufweisen. Der Kristallinitätsgrad bezeichnet dabei den Volumenanteil vom Gesamtvolumen, der in kristalliner Gestalt vorliegt. Bild 4.3 verdeutlicht schematisch die unterschiedliche Morphologie.

Im Detail ist eine exakte Beschreibung der unterschiedlichen physikalischen Zustände bei Polymeren sehr komplex [2]. Ein wichtiger Punkt ist, dass sich aus der Morphologie der Polymere wichtige Aspekte ihres thermischen Verhaltens ableiten lassen.

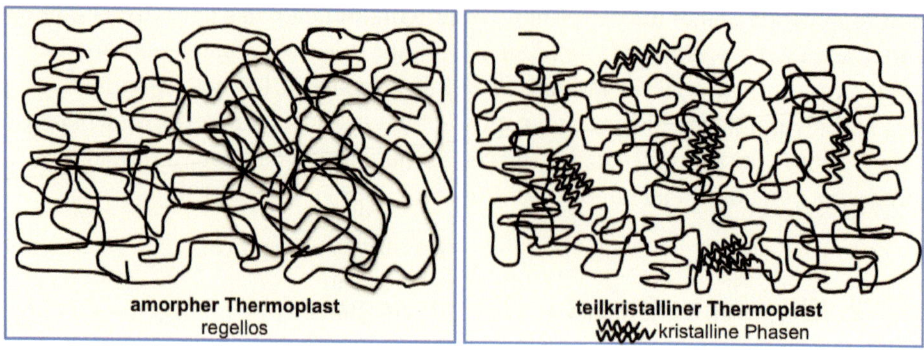

Bild 4.3 Schematischer Aufbau von amorphen und teilkristallinen Thermoplasten

4.1.3 Thermisches Verhalten

Thermoplastische Polymere zeichnen sich dadurch aus, dass sie bei der Einwirkung von ausreichend Wärme plastisch verformbar sind und in diesem Zustand üblicherweise verarbeitet und in die gewünschte Form gebracht werden können. Die Einstellung des plastischen Zustands hängt dabei von verschiedenen thermischen Übergangsbereichen ab.

Demzufolge hängt auch die Verarbeitungstemperatur der unterschiedlichen Thermoplaste von diesen Übergangsbereichen ab. Da die Formgebung von polymeren thermoplastischen Werkstoffen üblicherweise im plastischen oder schmelzflüssigen Zustand erfolgt, ist die Kenntnis der unterschiedlichen thermischen Übergänge und der Viskosität in den unterschiedlichen Zuständen bedeutend. Betrachtet man die thermischen Übergänge von amorphen und teilkristallinen Polymeren, so kann man zwischen den folgenden wesentlichen Phasenübergängen und thermischen Übergangspunkten unterscheiden:

- **Glaspunkt** (T_g): Der Glaspunkt ist thermodynamisch gesehen ein Phasenübergang zweiter Ordnung. Bei T_g erfolgt also keine Änderung des Aggregatszustands. Der Glaspunkt ist ein Fest-Fest-Übergang, der immer der amorphen Phase eines Polymers zuzuordnen ist. Es handelt sich um eine Art Erweichungspunkt der amorphen Struktur eines Polymers. Auf molekularer Ebene lässt es sich als eine beginnende Kettenbeweglichkeit beschreiben, wenn koordinative Bewegungen über mehrere Segmente der Polymerkette hinweg möglich werden. Beim Glaspunkt ändert sich u. a. die Wärmekapazität (c_p) des Polymers, was eine T_g-Bestimmung ermöglicht.
- **Schmelzpunkt** (T_m): Der Schmelzpunkt ist immer der kristallinen Struktur eines Polymers zuzuordnen. Wird die Nahordnung der Moleküle bzw. der Polymerkettensegmente in den kristallinen Strukturen durch Zufuhr ausreichender

(Wärme-)Energie aufgelöst, so kommt es zum Schmelzen des Polymers. Bei T_m erfolgt also ein Phasenübergang von fest nach flüssig, ein Phasenübergang erster Ordnung. Nach Überschreiten des Schmelzpunkts ist das Polymer im schmelzflüssigen Zustand.

- **Fließpunkt** (T_f): Für die Verarbeitung des Polymers in verschiedenen Prozessen ist auch der Fließpunkt von erheblicher Bedeutung. Für teilkristalline Polymere ist der Fließpunkt identisch mit dem Schmelzpunkt. Für amorphe Polymere ist T_f allerdings schwer zu bestimmen. Dies gelingt in der Regel nur empirisch im jeweiligen Verarbeitungsprozess und unter den jeweiligen Verarbeitungsbedingungen. Deshalb kann T_f in der Realität über einen weiten Bereich variieren und ist nicht exakt vorhersagbar.
- **Zersetzungspunkt** (T_z): Bei zu hohem Energieeintrag beginnen sich organische Polymere relativ rasch zu zersetzen. Da sich die meisten Polymere auf Kohlenstoff-Kohlenstoff-Einfachbindungen aufbauen, ist der Zersetzungspunkt meist durch die Bindungsenergie dieser C–C-Bindungen (ca. 345 kJ/mol) vorgegeben. Beim Überschreiten der Temperatur von ca. 300 bis 350 °C tritt üblicherweise Zersetzung ein.

In Bild 4.4 ist der Zusammenhang zwischen den thermischen Übergangspunkten von teilkristallinen und amorphen Polymeren dargestellt und mit der Viskosität und Elastizität der Systeme in Beziehung gebracht.

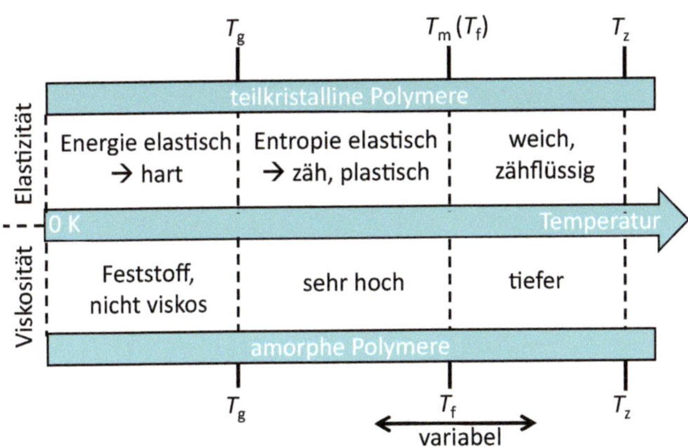

Bild 4.4 Thermische Übergänge amorpher und teilkristalliner Polymere

Für die Verarbeitung und Formgebung von polymeren Werkstoffen ist entscheidend, in welchem Zustand sich die Systeme nach dem Überschreiten der thermischen Übergänge befinden und wie hoch die Fließfähigkeit (Viskosität) des Polymers im jeweiligen Zustand ist.

4.1.4 Polymerverarbeitung

Bei der Verarbeitung von thermoplastischen Kunststoffen wird zwischen der Primär- und Sekundärverarbeitung unterschieden. Bei der Verarbeitung im Primärzustand erfolgt der Verarbeitungsschritt oberhalb des Fließpunkts der Polymere: für teilkristalline Typen also über T_m und für amorphe Werkstoffe über T_f (siehe Bild 4.4). Die Werkstoffe sind hier üblicherweise gut fließend (tiefviskos) und können relativ einfach mit gängigen Verarbeitungsverfahren (Spritzguss, Extrusion) in die gewünschte Form gebracht werden.

Im Gegensatz dazu erfolgt die Sekundärverarbeitung von Kunststoffen unterhalb des Fließpunkts, also im zähplastischen Bereich zwischen T_g und T_f. Beispiele für die Kunststoffverarbeitung im sekundären Bereich sind unter anderem Blasformen, Tiefziehen und das Folienreckverfahren. Dabei sind erhebliche zusätzliche Kräfte erforderlich, um die Polymere in diesem Zustand hoher Viskosität in die gewünschte Form zu bringen.

Für die LS-Verarbeitung lässt sich daraus ableiten, dass hauptsächlich teilkristalline Werkstoffe im Primärzustand auf akzeptablem Weg gut bearbeitet werden können. Amorphe Werkstoffe sind oft bis weit oberhalb des Glaspunkts sehr hochviskos und zeigen beim LS-Prozess ein unzureichendes Zusammenfließen der Pulverpartikel. Es kommt hier in der Regel nicht zu einer vollständigen Koaleszenz, sondern nur zu einer Ausbildung von Sinterhälsen zwischen den Pulverkörnern (schematisch dargestellt in Bild 4.5). Die resultierenden Bauteile zeigen in der Regel geringe Dichten und geringe mechanische Stabilitäten.

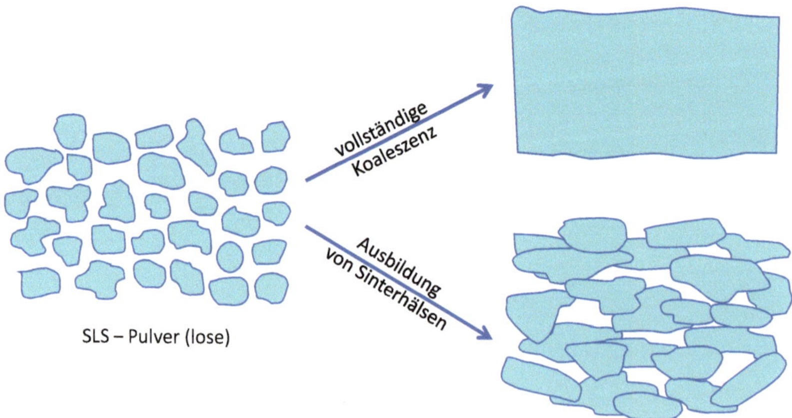

Bild 4.5 Vollständiges Zusammenfließen (Koaleszenz) der Polymerpartikel oder Ausbildung von Sinterhälsen (schematisch)

Da Werkstoffe aus dem Bereich der amorphen Thermoplaste (z. B. Polycarbonat, PC; Polymethylmethacrylat, PMMA) in den Anfangszeiten der LS-Entwicklung häufig eingesetzt wurden, entstanden zu Beginn der Prozessentwicklung keine hochfesten, sondern häufig nur sehr spröde, instabile sinterartigen Bauteile.

In Bild 4.5 ist schematisch gezeigt, dass beim Schmelzen von Pulverpartikeln voll verschmolzene Bereiche oder nur schwach versinterte Körper erhalten werden können, die vor einem vollständigen Zusammenfließen wieder erstarren. Neben der Oberflächenspannung ist die Viskosität der Polymerschmelze hier von zentraler Bedeutung. Nur bei geeigneter, in der Regel sehr tiefer Viskosität, wird die gewünschte vollständige Koaleszenz erzielt.

4.1.5 Viskosität und Molekulargewicht

Thermoplastische Polymere sind im schmelzflüssigen Zustand strukturviskose Körper. Ihre Viskosität hängt neben der Temperatur im Wesentlichen auch von der mechanischen Belastung (Scherung γ) während der Verarbeitung ab. Je höher die Scherkräfte sind, umso tiefer sinkt die Viskosität. Auf molekularer Ebene lässt sich das anschaulich damit erklären, dass durch hohe Scherungen die Polymerknäuel in der Schmelze in Belastungsrichtung gestreckt und linear ausgerichtet werden. Dies führt zu einem bessern Abgleiten (Fließen) der Polymerketten untereinander.

Bild 4.6 zeigt die schematische Viskositätskurve eines thermoplastischen Werkstoffs. Mit absinkender Viskosität und zunehmender Scherbelastung steigt die Linearisierung der Polymerknäuel. Es findet eine Entschlaufung oder Entknäuelung statt. Aus den Kurven lassen sich zudem näherungsweise die Nullviskositäten (η_0) des Polymers unter der jeweiligen Temperatur extrapolieren.

Eine weitere wichtige Einflussgröße auf die Viskosität eines Polymers stellt die Kettenlänge bzw. das mittlere Molekulargewicht dar. Auch dieser Zusammenhang lässt sich aus Bild 4.6 ableiten. Je größer das Polymerknäuel aufgrund seiner Kettenlänge ist, umso mehr Scherung (externe Krafteinwirkung) ist erforderlich, um einen gestreckten Polymerzustand zu erreichen. Die genaue Beschreibung des rheologischen Verhaltens von Polymeren ist aber sehr komplex [2] und wird hier nicht abschließend erläutert.

Die Verarbeitung von thermoplastischen Polymeren mit unterschiedlichen formgebenden Verfahren findet in bestimmten, jeweils typischen Scher- und Viskositätsbereichen statt.

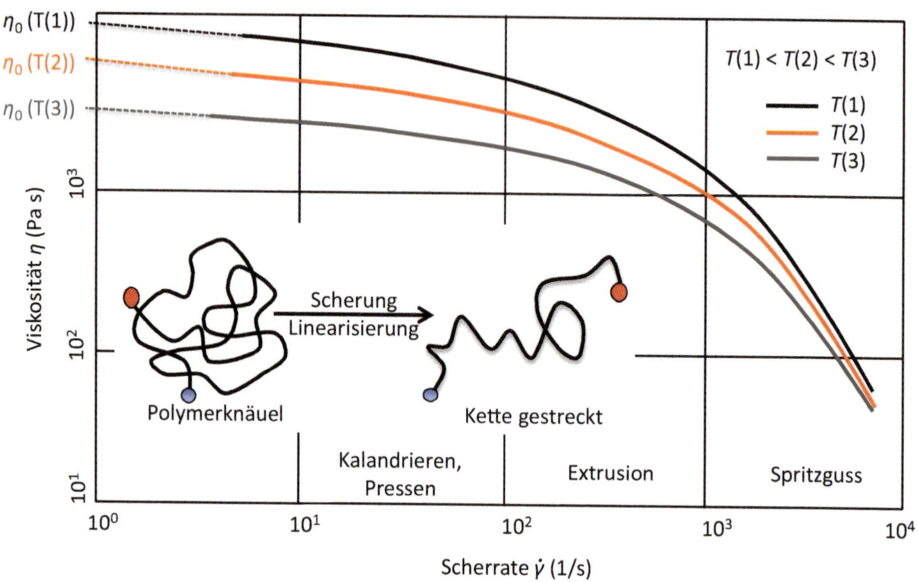

Bild 4.6 Viskositätskurve eines thermoplastischen Polymers (schematisch)

Der Zusammenhang zwischen unterschiedlichen Verarbeitungsprozessen und der Scherrate (γ) lässt sich grob wie folgt einteilen:

- Scherrate 10^1 bis 10^2 s^{-1}: Kalandrieren, Pressen,
- Scherrate 10^2 bis 10^3 s^{-1}: Extrusion, Blasformen,
- Scherrate 10^3 bis 10^4 s^{-1}: Spritzgießen,
- Scherrate $\geq 10^4$ (s^{-1}): Faserspinnen.

Für die Bearbeitung von Polymeren im LS-Verfahren ist es in diesem Zusammenhang von zentraler Bedeutung, dass systembedingt außer der Schwerkraft keine zusätzlichen Scherkräfte in die Polymerschmelze eingebracht werden können. Die Verarbeitung erfolgt also sehr nahe bei der sogenannten Nullviskosität (η_0), welche für eine Scherrate von 1 s^{-1} extrapoliert werden kann.

Um ein ausreichendes Zusammenfließen der Pulverpartikel während der Verarbeitung mit LS zu erreichen, ist also ein relativ geringes η_0 unerlässlich. Auch das mittlere Molekulargewicht des eingesetzten Polymers sollte nicht zu hoch liegen, um nicht durch ein zu hohes Molekulargewicht und der damit verbundenen hohen Viskosität den LS-Prozess von vorneherein zu behindern. Andererseits wäre ein höheres Molekulargewicht hinsichtlich guter mechanischer Bauteileigenschaften wünschenswert.

Aus diesem Spannungsfeld und den vorgängigen Ausführungen zu morphologischen, thermischen und rheologischen Randbedingungen kann bereits abgeleitet werden, dass der Prozess der LS-Verarbeitung sehr spezifische Anforderungen an ein Polymer stellt. Die Kenntnis der Zusammenhänge ist beim Einsatz aber vor allem bei der Entwicklung von entsprechenden Polymersystemen für die LS-Verarbeitung von großer Bedeutung und wird im Folgenden erläutert.

4.2 Schlüsseleigenschaften von LS-Polymeren

Die Verarbeitung von teilkristallinen thermoplastischen Polymeren im LS-Verfahren stellt sehr spezifische Anforderungen an die Eigenschaften der eingesetzten Kunststoffmaterialien. Im Wesentlichen muss eine ideale Kombination mehrerer Basiseigenschaften gegeben sein, damit ein Polymerpulver im LS-Prozess erfolgreich eingesetzt werden kann. Die fundamentalen Faktoren, die über Erfolg und Misserfolg im ersten Ansatz entscheiden, werden im Folgenden aufgezeigt. Schlüsselgrößen wie thermische und rheologische Eigenschaften sind ebenso ausschlaggebend wie Pulvergeometrie und -verteilung. Daneben spielen auch noch Eigenschaften wie Absorptionsvermögen für die Laserstrahlung und das Alterungsverhalten während des Prozesses eine Rolle. Nur die optimale Kombination der Basiseigenschaften verleiht dem gewählten System eine Chance zum Erfolg.

In Bild 4.7 sind die erforderlichen Eigenschaften für LS-Polymere übersichtlich zusammengefasst. Den Polymerpartikeln kommt eine besondere Bedeutung zu. Ihre Form und Oberfläche, welche mit der Herstellung gekoppelt ist, hat einen entscheidenden Einfluss auf das Pulververhalten während des LS-Prozesses. Sind die Pulverpartikel nicht weitgehend rund und die Oberfläche stark zerklüftet und zerhackt, wie häufig bei gemahlenen Pulvern, wird eine homogene Ausbildung des Pulverbetts stark beeinträchtigt und der LS-Prozess gestört (weitere Erläuterungen in Kapitel 5).

Neben einer geeigneten Verteilung des Pulvers (ca. 20–80 µm) sind weitere Materialparameter sehr wesentlich. So stellt z. B. das sogenannte Sinterfenster für viele Kunststofftypen eine Hürde bei der Verarbeitung im LS-Prozess dar. Kristallisieren und Aufschmelzen dürfen sich nicht überlappen. Nur im thermischen Zwischenbereich zwischen Schmelzpunkt und Kristallisationspunkt (Sinterfenster) kann erfolgreich gearbeitet werden. Daneben sind vom Material weitere, sehr spezifische Anforderungen hinsichtlich optischer und rheologischer Eigenschaften zu erfüllen. Hier sind eine ausreichende Absorption der eingestrahlten Laserwellenlänge sowie eine möglichst gute Fließfähigkeit der Polymerschmelze (η_0) zu nennen.

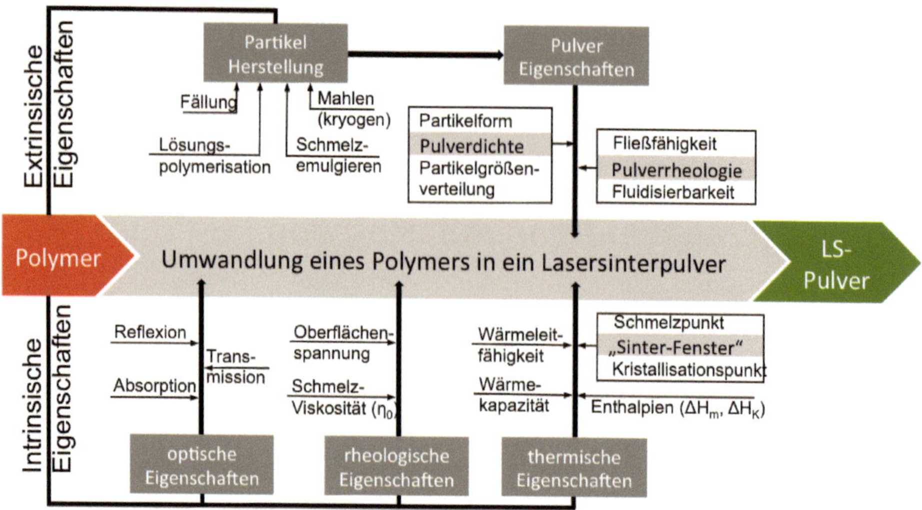

Bild 4.7 Schlüsseleigenschaften von LS-Polymeren

Die unterschiedlichen Eigenschaften können in intrinsische (thermische, optische und rheologische Eigenschaften) und extrinsische Eigenschaften (Partikel und Pulver) unterteilt werden. Intrinsische Eigenschaften werden in der Regel von der molekularen Struktur des Polymers zu einem gewissen Grad vorgegeben und können von außen nur schwer oder gar nicht beeinflusst werden. Die extrinsischen Eigenschaften sind dagegen durch Herstellverfahren oder andere vorgängige Prozesse vorgegeben (z. B. Pulverherstellung, siehe Abschnitt 5.1). Die spezifischen Anforderungen, welche für die intrinsischen Eigenschaften gelten, werden im Folgenden thematisiert.

4.2.1 Thermische Eigenschaften

Die Analyse des thermischen Verhaltens von Polymeren [3] findet in nahezu allen Bereichen der Kunststoffverarbeitung statt. Die Bestimmung verschiedenster Effekte mit einer ganzen Reihe unterschiedlicher Messverfahren wie dynamische Differenzkalorimetrie (DDK, engl. differential scanning calorimetry, DSC), Thermogravimetrie (TGA), thermomechanische Analyse (TMA), dynamisch-mechanische Analyse (DMA) und andere kann je nach Fragestellung und Anwendung im Vordergrund stehen. Dabei werden chemische oder physikalische Eigenschaften eines Materials unter dynamischen oder statischen (isothermen) Bedingungen bestimmt.

4.2.1.1 Dynamische Differenzkalorimetrie (DDK/DSC)

Die dynamische Differenzkalorimetrie (DDK; engl. differential scanning calorimetry, DSC) ist ein thermisches Analyseverfahren. Es dient zur Messung von abgegebenen oder aufgenommenen Wärmemengen eines Materials. Für Kunststoffe gibt es eine Reihe von Normen (z.B. DIN EN ISO 11357 Teil 1-7), in denen die Möglichkeiten und Bedingungen für DSC-Messungen beschrieben und definiert sind. Auch Keramiken oder Metalle können mit DSC-Messungen untersucht werden.

Im Allgemeinen erhält man mit DSC-Analysen quantitative Aussagen über verschiedene Erscheinungen oder Eigenschaften der untersuchten Werkstoffe. Physikalische Umwandlungen erster Ordnung mit Änderung des Aggregatszustands (Schmelzen, Kristallisieren) sind ebenso erfassbar wie Phasenumwandlungen höherer Ordnung (Glasübergang oder polymorphe Festkörperumwandlungen). Spezifische Untersuchungen zum Ablauf chemischer Reaktionen, Bestimmungen der thermischen und oxidativen Stabilität oder auch Wärmekapazitätsmessungen sind ebenso möglich.

Für den LS-Prozess stellt die DSC ein sehr wichtiges analytisches Instrument dar. In diesem Zusammenhang ist speziell die Bestimmung des Sinterfensters von zentraler Bedeutung (Bild 4.8). Das Sinterfenster, also der Abstand von Schmelz- zu Kristallisationsbereich bezogen auf die Temperatur, ist im LS-Prozess das erste Bewertungskriterium eines Polymerpulvers hinsichtlich seiner LS-Tauglichkeit.

Die DSC-Analyse liefert zudem einen ersten Hinweis zur Temperatur, die im Prozess als maximale Oberflächentemperatur im Baufeld gewählt werden kann, als Onset des Schmelzens, T_m(onset). Speziell bei Entwicklungsmaterialien, welche für die LS-Bearbeitung noch keine Standardprozessparameter besitzen, kann T_m(onset) als Startpunkt zur Parameterentwicklung dienen.

Um den Aspekt des passenden thermischen Verhaltens von Polymeren für die LS-Verarbeitung zu verstehen, muss man sich den prinzipiellen Ablauf des LS-Verfahrens und im Speziellen den Bauprozess vergegenwärtigen (siehe Abschnitt 3.1).

Beim LS-Prozess werden sukzessive dünne Pulverschichten in einem Baufeld appliziert. Die Schichtdicke jeder Pulverschicht beträgt in der Regel 100 µm. Die Strahlung eines CO_2-Lasers trifft die Pulverpartikel und schmilzt die oberste Schicht des Pulverkuchens ortsaufgelöst auf. Beim LS-Prozess werden Bauten mit einer Gesamthöhe von bis zu 50 cm und mehr gebaut. Bei einer Schichtbauzeit im Bereich von 30 bis 40 s oder auch mehr (abhängig von Füllgrad und Baufeldgröße) ergibt sich also zwingend, dass ein entsprechender LS-Bau zur Fertigstellung viele Stunden oder sogar Tage benötigt.

Da beim LS-Prozess üblicherweise mit teilkristallinen Polymeren gearbeitet wird, setzt während des Abkühlens die Kristallisation des Polymers ein. Der Prozess des Kristallisierens ist aber immer mit geometrischen Veränderungen, Schrumpf und oftmals Verzug, verbunden. Die Bauraumtemperatur beim LS-Prozess sollte also möglichst so geführt werden, dass das Kristallisieren des Polymers während des Bauprozesses möglichst lange unterdrückt wird. Gelingt dies nicht, treten während des Bauens typische Prozessfehler wie Curling auf (siehe Abschnitt 3.1.4.1).

Die Hemmung der Kristallisation ist zudem erforderlich, um eine Schichtanbindung in der Schmelze mit den darunterliegenden Bauteilschichten zu erzielen. Nur in der Schmelze kann eine Interdiffusion und Verschlaufung (engl. entanglement) und gegenseitiger Durchdringung von Polymerketten zwischen den Schichten stattfinden. Bei ungenügender Schichthaftung durch vorzeitige Kristallisation neigen LS-Bauteile im Endzustand zur Delamination und verlieren an Festigkeit (siehe Bild 6.14 in Abschnitt 6.1.1.4).

Einerseits muss also die Bauraumtemperatur über dem Kristallisieren des jeweiligen Polymers liegen, andererseits muss die Temperatur aber zwingend unter dem Schmelzpunkt liegen, damit nicht der komplette Pulverkuchen im LS-Bauraum schmilzt. Diesen Temperaturbereich nennt man im Jargon der LS-Verarbeitung das „Sinterfenster des Polymers".

4.2.1.2 Kristallisation und Schmelzen (Sinterfenster)

Thermodynamisch gesehen befindet sich das LS-Sinterfenster im metastabilen Bereich der unterkühlten Schmelze. Tatsächlich ist es ein Bereich, in dem zwei Phasen, fest und flüssig, nebeneinander vorliegen. Überlappen sich Kristallisation und Aufschmelzen eines Polymers auf der Temperaturachse zu einem wesentlichen Anteil, so ist dieses Polymer mit hoher Wahrscheinlichkeit dem LS-Prozess nicht zugänglich. Es weist keinen ausreichenden LS-Sinterbereich auf.

Das Sinterfenster eines Polymers kann in einem einfachen und ersten Ansatz mit einer DDK-/DSC-Messung sichtbar gemacht werden. Bild 4.8 zeigt als Beispiel das DSC-Thermogramm eines kommerziellen Polyamid 12 (PA 12)-Pulvers, das im LS-Prozess breite Anwendung findet (Duraform® PA). Die untere Kurve in Bild 4.8 ist dem Aufheizen zuzuordnen, die obere dem Abkühlen.

Üblicherweise definiert man das Sinterfenster des Polymers zwischen den Onset-Punkten von Schmelzen (T_m(onset)) und Kristallisieren (T_K(onset)). Im vorliegenden Fall ist aus Bild 4.8 klar ersichtlich, dass es einen ausreichend großen Zwischenbereich (LS-Sinterfenster) gibt, in dem die Temperatur bei dem LS-Prozess geführt werden kann. Im vorliegenden Fall ist das Sinterfenster nahezu ΔT = 30 °C.

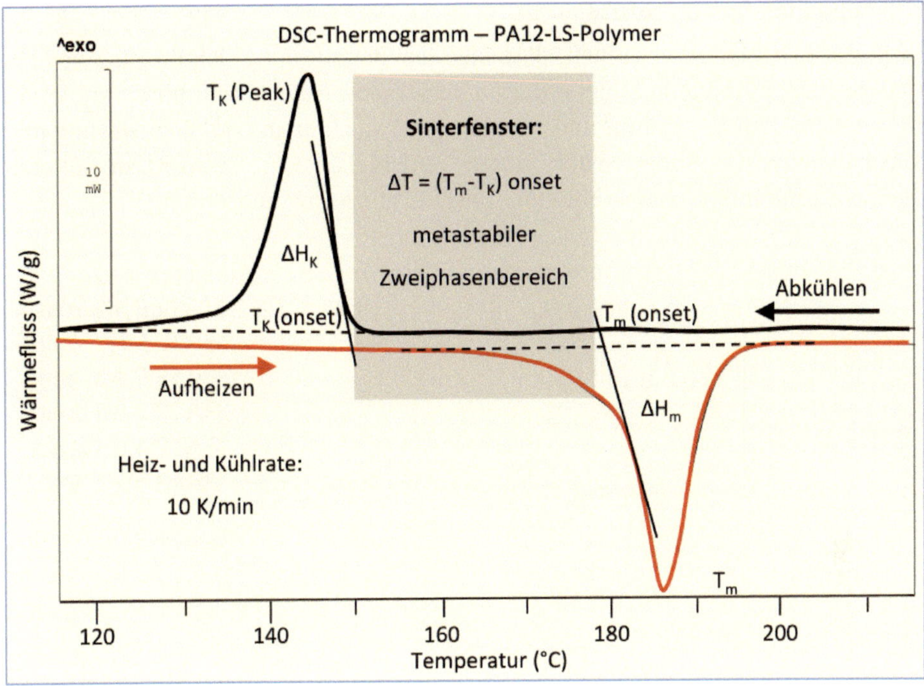

Bild 4.8 DSC-Messung zur Darstellung des LS-Sinterfensters

Es muss jedoch betont werden, dass die Darstellung in Bild 4.8 eine idealisierte Messkurve zeigt, da in der DSC-Messung normgerecht (DIN EN ISO 11357-Teil 1) mit relativ hohen sowie linearen Heiz- und Kühlraten (10 °C/min) gearbeitet wird. In der LS-Realität kommt es aber prozessbedingt zu nicht linearen schwer fass- und steuerbaren Temperaturänderungsraten. Beim Aufheizen mit dem Laser kommt es innerhalb von Sekundenbruchteilen zu einem Temperatursprung in der Laserspur mit sehr hoher Heizrate und die vorliegenden Kühlraten im LS-Bauraum sind sehr viel geringer als bei der DSC-Messung (weniger als 1 °C/min).

Diese Bedingungen lassen sich mit der DSC-Messung nur sehr schwer exakt simulieren und auch nur annäherungsweise abbilden; Bild 4.9 zeigt Versuche dazu. In den Messungen in Bild 4.9 wurden PA 12-Pulverproben (Duraform® PA) in einer DSC-Messeinrichtung auf Bauraumtemperatur gebracht, und nach 2 min Temperzeit schlagartig mit einer Temperaturänderungsrate von 40 °C/min um $\Delta T = 50$ °C aufgeheizt und abgekühlt, was den punktuellen Energieeintrag des Lasers darstellen soll. Nach dem Wiedererreichen der ursprünglichen Bauraumtemperatur wurden die Proben mit Kühlraten von 0,1 bis 3,2 °C/min abgekühlt, um unterschiedliche Temperaturgradienten im LS-Bauraum zu simulieren (siehe Grafik zum Temperaturverlauf in Bild 4.9, links oben). Die Abhängigkeit der Kristallisation von der Kühlrate ist offensichtlich.

Kristallisation im LS-Prozess

In Bild 4.9 ist klar zu erkennen, dass sich der Beginn der Kristallisation des Polymers stark zu höheren Temperaturen verschiebt, wenn die Kühlrate abnimmt. Dieses Verhalten ist bekannt und erwartet [3]. Von einer starken Reduzierung und Verkleinerung des Sinterfensters durch Verschieben von T_K(onset) zu höheren Temperaturen in der LS-Realität muss deshalb ausgegangen werden.

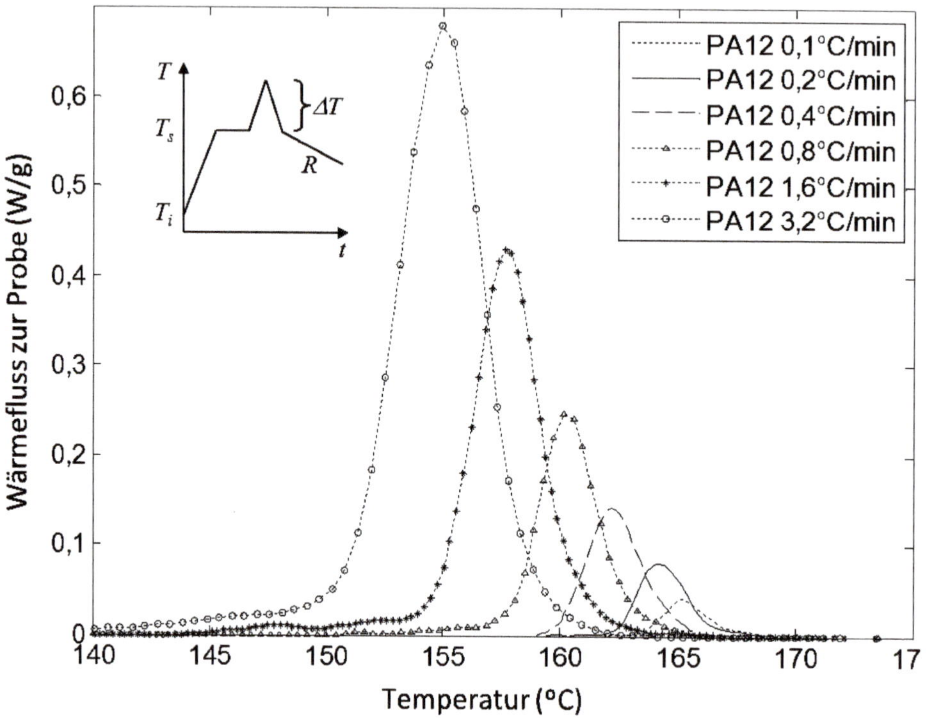

Bild 4.9 Nicht-isotherme Kristallisation beim LS-Prozess (DSC-Messungen mit unterschiedlichen Kühlraten)

In der Praxis wird die LS-Bauraumtemperatur demgemäß häufig so nah als möglich beim Onset des Schmelzens, T_m(onset), geführt, um einem vorzeitigen und unkontrollierten Kristallisationsprozess so gut als möglich auszuweichen. Die schwer fass- und steuerbaren Kühlraten in einem LS-Bau, welche über viele Stunden anliegen, machen die exakte Steuerung der Kristallisation in den entstehenden Bauteilen aber nahezu unmöglich.

In der Regel entstehen bei teilkristallinen Polymeren unter Bedingungen, wie sie während und am Ende des LS-Prozesses herrschen, sehr große sphärolithische Kristallstrukturen. Diese sind für die meisten Materialeigenschaften und die Isotropie der Bauteile negativ. Wie ausgeprägt die Größe der Kristallite die mechanischen Eigenschaften eines Polymers beeinflusst, zeigt schematisch Bild 4.10. Während der E-Modul mit einem Anwachsen der Kristallite ansteigt, nehmen Eigenschaften wie Bruchdehnung, Schlagfestigkeit, Zugfestigkeit und Streckspannung ab.

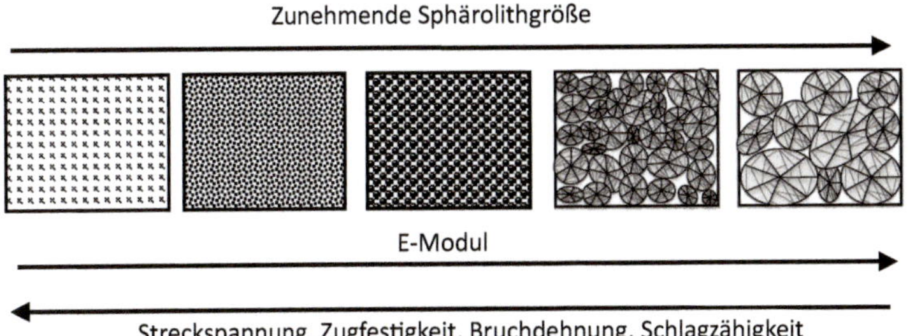

Bild 4.10 Materialeigenschaften von teilkristallinen Polymeren in Abhängigkeit von der Kristallitgröße

Bild 4.11 (links) zeigt die sich ausbildenden Strukturen für Polyamid 12 (PA 12) mit Rissbildungen im Bereich der Sphärolithgrenzen. Zusätzlich ist in Bild 4.11 (rechts) als Beispiel noch die Abhängigkeit der Bruchdehnung von der Sphärolithgröße von Polypropylen (PP) gezeigt. Die stark abfallende Kurve bei einem Überschreiten der mittleren Spährolithgröße von ca. 100 µm zeigt den Zusammenhang und den negativen Verlauf der Bruchdehnung deutlich.

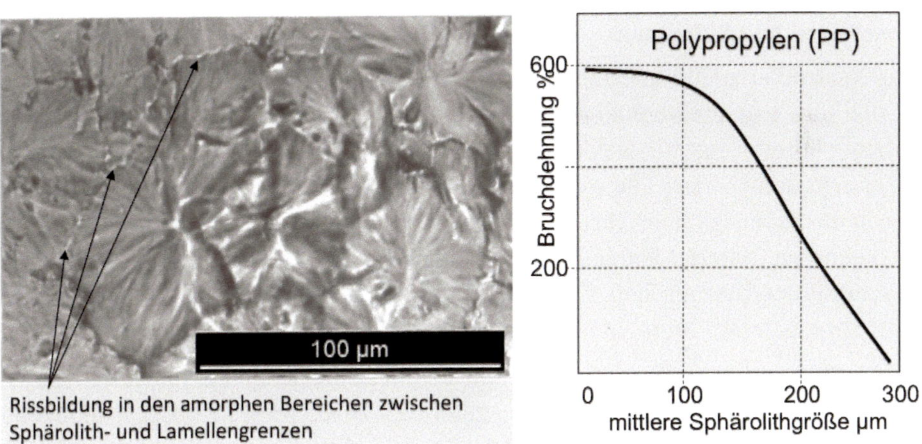

Bild 4.11 Rissbildung an Sphärolithgrenzen und Einfluss der Sphärolithgröße auf die Bruchdehnung von Polypropylen (PP)

Es ist zu erwarten, dass die Schichtgrenzen der Pulverschichten beim LS-Prozess auch eine gewisse und natürliche Grenze für wachsende Kristallite darstellen. Die Kristallisation findet bevorzugt in den einzelnen Pulverschichten statt, ohne Schichtgrenzen mit Kristallstrukturen zu überbrücken.

Eine ungenügende Schichtverbindung sowie die Ausbildung großer sphärolithischer Kristallstrukturen führen makroskopisch zu reduzierten mechanischen Bauteileigenschaften (siehe Abschnitt 7.1.1). So ist die Bruchdehnung bei LS-Bauteilen wesentlich niedriger als bei spritzgegossenen Bauteilen gleichen Typs:

- Bruchdehnung PA 12 bei LS-Proben: 10–20 %,
- Bruchdehnung PA 12 bei Spritzgussproben: > 50 %.

Die thermischen Bedingungen während eines gesamten LS-Baus sind also sehr komplex und der Kristallisationsverlauf ist inhomogen und kaum exakt zu beschreiben. Das schwer kontrollierbare Kristallisationsverhalten im LS-Prozess stellt einen wesentlichen Unterschied zu anderen polymerverarbeitenden Prozessen dar. So kann z. B. beim Spritzguss oder auch bei der Extrusion über die Zugabe von Kristallisationshilfen oder über die Werkzeugkühlung die Kristallisation des Polymeren gezielt gesteuert werden, um möglichst isotrope Bauteileigenschaften zu erzielen. Die Zugabe von Kristallisationshilfsmitteln, wie in anderen kunststoffverarbeitenden Prozessen, ist aufgrund der spezifischen Pulverherstellung (Abschnitt 5.1) beim LS schwierig und bisher nicht weitverbreitet.

Eine weitere Prozesshürde für eine homogene Kristallisation ist beim LS-Prozess zudem durch den unter bestimmten Randbedingungen, wie z. B. große Pulverkörner und hohe Scangeschwindigkeit, nur beim partiellen Schmelzvorgang selbst gegeben (siehe Abschnitt 7.1.1.4).

Schmelzen im LS-Prozess

Das kontrollierte und vollständige Aufschmelzen von teilkristallinen Polymeren in den diversen Verarbeitungsprozessen von Kunststoffen ist eine Grundvoraussetzung für eine anschließende homogene Kristallisation. Für diesen Idealzustand ist es erforderlich, dass alle vorhandenen Kristallite im Ausgangsmaterial vollständig in die Schmelze überführt werden und keine latent vorhandenen Kristallisationskeime im Material verbleiben. Es ist bekannt, dass die Zeit zur vollständigen Löschung der thermischen Vorgeschichte, also zur völligen Isotropisierung der Schmelze, mehrere Minuten in Anspruch nehmen kann [3].

Im LS-Prozess ist das nicht gegeben. Durch die schlagartige Energiezufuhr durch den schnell über die Pulveroberfläche geführten Laserstrahl wird kaum genügend Energie eingebracht, um alle vorhandenen Kristallite im Ausgangsmaterial vollständig aufzuschmelzen. Eine vollständige Homogenisierung der Schmelze ist nicht gegeben. Es ist also zu erwarten, dass Kristallisationskeime und Restkristallisation in der Spur der Aufschmelzung verbleiben und den weiteren Kristallisationsvorgang beeinflussen.

Dieses Verhalten ist für Polyamid 12, das im LS-Prozess am häufigsten eingesetzte Polymer, bekannt und wird in der Literatur als „degree of particle melted" beschrieben. In Untersuchungen konnte das Ausmaß des Effekts in Abhängigkeit von der eingebrachten Flächenenergie (Andrew-Zahl, A_z) quantifiziert werden (siehe

Abschnitt 7.1.1.4 und [4]). Auch für PA 11 gibt es Hinweise, dass Keime bestehen bleiben (Memoryeffekt), auch über längere Zeit, weil die Temperatur in der Schmelze zu niedrig ist bzw. die Zeit bei den hohen Temperaturen nicht ausreicht, um die kristallinen Bereiche so stark aufzulösen, dass es wirklich zu einer „Löschung" der kristallinen Anordnung kommt [5].

Die Komplexität bezüglich Schmelzen und Kristallisieren wird in das System also über sehr viele unterschiedliche Faktoren und Effekte eingebracht. Eine weitere Wärmequelle, die Einfluss auf den LS-Prozess nimmt und ebenfalls schwer exakt zu erfassen ist, stellt das LS-Pulver selbst dar. Die Wärmekapazität und -leitfähigkeit sowie auch die Enthalpien bei den Phasenübergängen des jeweiligen LS-Pulvers sind im Prozess zu beachten.

4.2.1.3 Wärmekapazität (c_p) und Enthalpie (ΔH_K, ΔH_m)

Die Wärmekapazität (c_p) sowie die Abgabe der Energiemenge der eingesetzten Polymere während des Kristallisierens (Kristallisationsenthalpie, ΔH_K) spielen ebenfalls eine Rolle im gesamten Temperaturmanagement des LS-Prozesses. Diese Eigenschaften kommen speziell am Ende des Prozesses zum Tragen, wenn der Bauraum langsam und kontrolliert abgekühlt werden soll.

Wenn die Fähigkeit eines Polymers zur Speicherung von Energie (Wärme) sehr ausgeprägt ist oder wenn die Kristallisationswärme sehr groß ist, wird der Versuch des kontrollierten Abkühlens des Bauraums durch das Polymer selbst behindert oder gar sabotiert. Örtlich unterschiedlich auftretende Wärmemengen in LS-Bauten am Ende des Bauprozesses können zu Postcurling der gesinterten Bauteile führen oder im schlimmsten Fall sogar zu einem kompletten Aufschmelzen des Bauraums (siehe Abschnitt 3.1.4.3).

Bezüglich der Schmelzenthalpie (ΔH_m) eines Polymers im LS-Prozess ist dagegen ein möglichst hoher Wert vorteilhaft. Je höher die Schmelzenthalpie ist, umso geringer ist die Wahrscheinlichkeit, dass Pulverpartikel in unmittelbarer Nähe zur Laserspur durch Wärmestrahlung unkontrolliert mit aufgeschmolzen werden. Dies ist von Nachteil für die Konturschärfe von LS-Bauteilen durch anhaftende Partikel.

Physikalische Größen wie c_p, ΔH_K und ΔH_m sind in DSC-Messungen zwar relativ einfach zugänglich, das Verständnis ihrer Auswirkungen im thermisch komplexen Umfeld eines LS-Bauraums ist aber bislang noch nicht voll verstanden und in theoretische Modelle integriert worden.

Aktuell werden die Prozessabläufe beim Abkühlen eines LS-Baus daher vorwiegend empirisch gesteuert oder unkontrolliert sich selbst überlassen (abstellen aller Heizungselemente in einer LS-Maschine während oder am Ende eines Baus). Daten wie c_p, ΔH_K und ΔH_m müssen zukünftig in Modelle zur Simulation von LS-Prozessen einfließen, um konkrete Vorhersagen zur gesamten thermischen Situation während und nach dem Bauprozess treffen zu können (siehe Abschnitt 4.2.1.5).

4.2.1.4 Wärmeleitfähigkeit und Wärmestrahlung

Da ein Teil der Energie in das System über Laserstrahlung eingebracht wird, ist es auch entscheidend, wie das jeweilige Polymersystem die eingebrachte Strahlung absorbiert, in Wärme umwandelt und diese Wärme in alle Raumrichtungen weiterleitet (siehe auch Abschnitt 4.2.3). Nur wenn die Wärmeleitfähigkeit des Polymers ausreichend ist, um die Wärme auch in mindestens eine darunterliegende Sinterschicht zu transportieren, kommt es zur Interdiffusion und Durchdringung der Schmelze an den Schichtgrenzen und es besteht die Chance auf eine stabile Schichtverbindung.

Neben einer gewünschten hohen Wärmeleitfähigkeit zur Schichtverbindung können auch unerwünschte Prozessvorgänge durch Wärmestrahlungseffekte begünstigt werden. Es gilt zu bedenken, dass am Ende des Bauprozesses im Pulverkuchen gesinterte Teile vergraben sind (siehe Abschnitt 3.1.3.3) und dass die Wärmeleitfähigkeit der gesinterten Kunststoffbauteile um einige Faktoren höher liegt, als die Wärmeleitfähigkeit in einem losen, kaum verdichteten Pulver mit vielen thermisch gut isolierenden Hohlräumen. Bild 4.12 zeigt schematisch die vorliegenden Bedingungen.

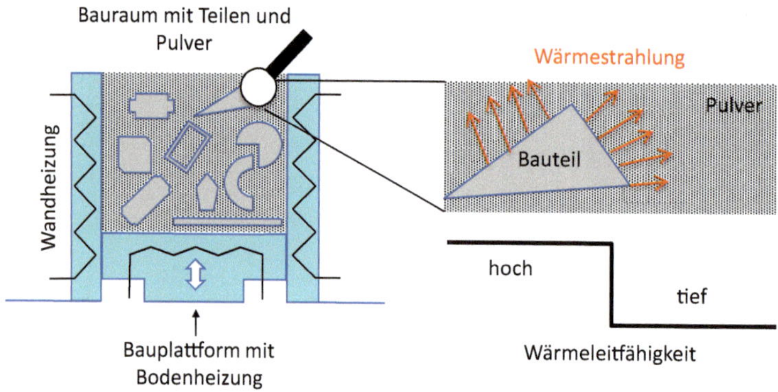

Bild 4.12 Wärmeleitfähigkeit und Wärmestrahlung in Bauteil und Pulver

Am Rande der Bauteile im Pulverkuchen gibt es einen Sprung in der Wärmeleitfähigkeit, was zu Wärmestau und zu einem Anschmelzen/Aufschmelzen des bauteilumgebenden Pulvers durch Wärmestrahlung führen kann. Es ist bekannt, dass die Pulverbereiche in räumlicher Nähe zu den Bauteilen höhere Festigkeiten aufweisen und stärker gealtert sind (siehe Abschnitt 6.1.1.4), was unter anderem auf die hohe Wärmeleitfähigkeit der Bauteile zurückgeführt werden kann.

Die beim Abkühlen des Baus einsetzende Kristallisation und die dabei freigesetzte Kristallisationswärme (ΔH_K) der Teile kann das umgebende Pulver noch an der Oberfläche schwach schmelzen und leicht verkleben, was wiederum (negative) Auswirkungen auf die Oberflächenstruktur der Bauteile (Rauigkeit) hervorrufen kann.

Für weitere Optimierungen der LS-Abläufe muss ein Model erarbeitet werden, welches die thermischen Abläufe im LS-Bauraum anhand der thermodynamischen und kinetischen Daten des jeweiligen Polymersystems mathematisch möglichst exakt beschreibt.

Nur dann kann zukünftig die Kristallisation der LS-Bauteile über eine exakte Steuerung der Temperaturquellen (siehe Bild 2.8 in Abschnitt 2.1.2.1) besser geregelt werden und auch Phänomene wie Curling und Verzug (siehe Abschnitt 3.1.4.1) sowie die Ausbildung homogener kristalliner Strukturen in den LS-Teilen prozessbegleitend bestimmt und entsprechende Maßnahmen durch die Prozesssteuerung eingeleitet werden. Speziell die Simulation der Vorgänge im metastabilen Bereich des Sinterfensters, der Übergang von flüssiger Phase in den festen Zustand (Mischung aus kristallin und amorph), sind aufgrund der beschriebenen thermischen Randbedingungen komplex.

4.2.1.5 Modellierung der Abläufe im Sinterfenster

Nachdem die Polymerpartikel durch den Laser aufgeschmolzen wurden, erfolgt die Abkühlung der Schmelze in zwei Stufen:

- zuerst mit extrem hoher Kühlrate, nachdem die Bauraumtemperatur erreicht ist,
- dann mit sehr geringer Abkühlungsgeschwindigkeit.

Die exakte Kühlrate während des Bauvorgangs ist also sehr komplex und kaum präzise bestimmbar. Sie hängt neben den Prozessbedingungen und den Materialeigenschaften zudem auch von der Geometrie der Sinterteile, deren Packungsdichte und deren Verteilung im Bauraum ab (siehe Bild 4.12). Aufgrund der hohen Ungenauigkeit, die sich daraus ergibt, ist eine analytische Erfassung der thermischen Abläufe beim Phasenübergang flüssig nach fest im LS-Bauraum sehr schwierig und die Erstellung eines adäquaten Modells eine überaus komplexe Aufgabe.

Ein erster Ansatz für ein besseres Verständnis des Polymerverhaltens in Abhängigkeit von Position und Zeit kann durch numerische Simulation erhalten werden. Die Kombination von Gleichungen, welche die Kristallisationskinetik bei der Phasenänderung beschreiben [6], mit Gleichungen zur Temperaturentwicklung des Baufeldes ergibt erste Ansätze zur Bestimmung der tatsächlichen Entwicklung des Phasenübergangs.

Aufgrund der baulichen Gegebenheiten im LS-Bauraum, wobei die oberste Pulverschicht auf einer konstanten und homogenen Temperatur unter dem Schmelzpunkt gehalten wird, liegt der wesentliche Temperaturgradient entlang der Baurichtung, also senkrecht zu den Schichten. Somit kann der Wärmeübergang parallel zur Schichtebene aufgrund der thermischen Symmetrie vernachlässigt werden und eine eindimensionale Simulation senkrecht zur Schichtebene kann als Näherung verwendet werden.

Bild 4.13 zeigt die Ergebnisse zur Simulation des Verfestigungsgrades aus einem Schichtstapel von zehn Schichten [7]. Der kumulative Grad der Verfestigung für jede Schicht ist dargestellt. Es kann ein interessantes Treppenmuster beobachtet werden. Das Treppenmuster stellt den nicht konstanten schrittweisen Verfestigungsvorgang dar. Das treppenförmige Muster ergibt sich aus zwei wesentlichen Einflüssen:

- sprunghafte Zunahme der Verfestigung durch die Applikation einer frischen (kühleren) Pulverschicht,
- Haltezeit zwischen der Applikation einer neuen Pulverschicht mit einem relativ konstanten Fest-Flüssig-Zustand.

Die steile Änderung der Verfestigung ist höher für die ersten (obersten) Schichten im Bauraum und nimmt kontinuierlich mit der fortschreitenden Höhe des Aufbaus ab. Der Einfluss durch Applikation von Frischpulver wird immer geringer, je weiter sich die betrachtete Schicht von der Bauraumoberfläche entfernt. Andererseits nehmen die thermischen Einflüsse durch umgebende Schichten und deren Wärmestrahlung zu. Durch diesen inneren und eher kontinuierlich linearen Energieeintrag kommt es zu einem Abflachen des Treppenmusters (siehe Bild 4.13, links).

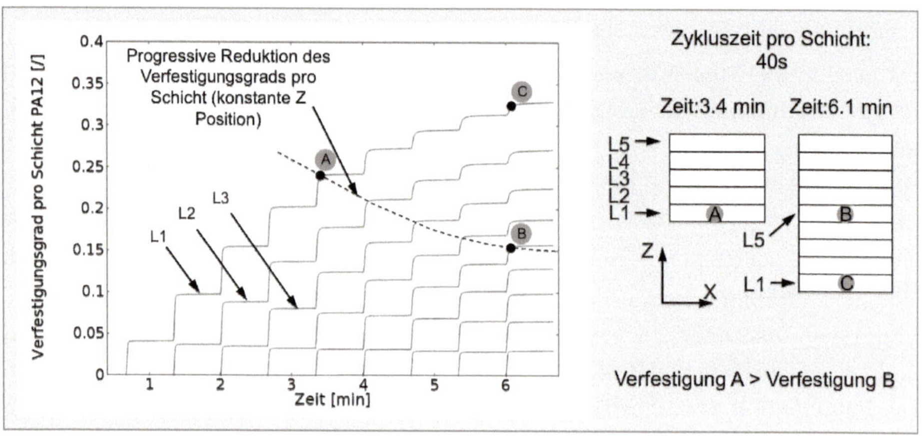

Bild 4.13 Simulation des Übergangs flüssig → fest für zehn gesinterte Schichten (Standardprozessbedingungen für Duraform® PA)

Im Beispiel in Bild 4.13 wird für die erste applizierte Schicht (L1) nach ca. 3,4 min (Position A) ein Verfestigungsgrad von ca. 24 % errechnet. Nach der Applikation von fünf weiteren Schichten (L1, Position C in Bild 4.13) beträgt der Anteil der festen Phase ca. 32 %. Dieser variable, nicht lineare Gradient der Verfestigung ist für die Entwicklung von inneren Spannungen verantwortlich und kann Verformungen der Teile während oder nach dem Bau induzieren, wenn die Prozesstemperaturen nicht korrekt eingestellt sind.

Weitere Ansätze zur Simulation der thermischen Abläufe beim Lasersintern finden sich in der aktuellen Literatur [8, 9]. Bei diesen Arbeiten stehen aber Simulationen zum Laserenergieeintrag und die unmittelbaren Prozessvorgänge am Anfang der Partikelkoaleszenz sowie Wärmeübertragungsphänomene in der ersten Prozessphase im Vordergrund.

Die Ergebnisse der Simulationen könnten in Zukunft herangezogen werden, um im Vorfeld kritische Positionierungen der Teile im Bauraum oder ungeeignete Temperaturverläufe zu erkennen und vor dem Bau zu korrigieren. Bis zu einem vollständigen Modell zur Simulation der thermischen Bedingungen während eines LS-Baus sind aber noch erhebliche Beiträge aus der Grundlagenforschung zu erbringen.

Neben den in Abschnitt 4.2.1 erläuterten thermischen Voraussetzungen, die ein geeignetes LS-Polymer erfüllen sollte, sind weitere intrinsische Eigenschaften der Werkstoffe hinsichtlich rheologischer und optischer Eigenschaften wesentlich.

4.2.2 Rheologie der Polymerschmelze

Wie in Abschnitt 4.1.5 erläutert, ist eine möglichst hohe Fließfähigkeit der Polymerschmelze ohne zusätzliche Scherkräfte (Nullviskosität, η_0) während des LS-Bauprozesses von zentraler Bedeutung. Nur wenn eine geringe Schmelzviskosität gegeben ist, erfolgt mit hoher Wahrscheinlichkeit ein vollständiges Zusammenfließen der Pulverpartikel im kurzen Zeitfenster des schmelzförmigen Zustands der Pulverpartikel.

Eine weitere wichtige Größe in diesem Zusammenhang stellt die Oberflächenspannung (γ) dar. Eine niedrige Oberflächen- oder Grenzflächenspannung zwischen den Partikeln unterstützt die Koaleszenz durch leichtes Aggregieren ebenfalls. Vor allem um eine hohe Bauteildichte mit einer geringen Anzahl an Hohlräumen zu erzielen, ist eine vollständige Koaleszenz aller Pulverpartikel, welche vom Laserstrahl getroffen und aufgeschmolzen werden, entscheidend (siehe auch schematische Darstellung in Bild 4.5).

4.2.2.1 Schmelzviskosität

Wie in Abschnitt 4.1.5 ausgeführt, ist das Verständnis für die Schmelzviskosität der Polymeren im LS-Prozess sehr wesentlich. Gute Bauteile mit akzeptablen Oberflächen und ausreichenden Bauteileigenschaften können nur generiert werden, wenn eine hohe Koaleszenz der Pulverpartikel in der Laserschmelzspur erfolgt.

Zur Bestimmung der Schmelzviskosität von Polymeren stehen verschiedene Messsysteme zur Verfügung [10, 11]. Für die Arbeiten unter wissenschaftlichen Bedingungen und zur Bestimmung komplexer Viskositätskurven unter wechselnden Temperatur- und Belastungsbedingungen werden häufig sogenannte Kegel-Platte-, oder Platte-Platte-Rheometer eingesetzt, um scherungsabhängige Viskositätskurven zu ermitteln.

Für die tägliche Praxis unter „Produktionsbedingungen" wird dagegen häufig nur die Bestimmung des Schmelzeflussindex als Einpunktkennwert angewendet. Diese wird im Anschluss zum Platte-Platte-Viskosimeter vorgestellt.

Platte-Platte-Viskosimeter

Bild 4.14 links zeigt den prinzipiellen Aufbau und die ermittelten Viskositätskurven für Duraform® PA bei einer Temperatur von 210 °C mit einem entsprechenden Rheometer.

Wie zu erwarten ist, gibt es einen Abfall des Werts für die komplexe Viskosität (η^*), wenn die Belastungsfrequenz zunimmt. Das entspricht dem typischen strukturviskosen Verhalten eines semikristallinen Polymers. Das typische Plateau, welches eigentlich für niedrige Scherbelastungen erwartet wird (siehe auch Bild 4.14, rechts) und welches dem Verhalten einer newtonschen Flüssigkeit entspricht, wird hier nicht erhalten. Dies lässt sich durch die kontinuierliche Nachkondensation (Molekulargewichtzunahme) des Polymers (siehe Abschnitt 6.1.1.4) im geschmolzenen Zustand erklären, welche parallel zur Messung abläuft. Jedoch kann die Nullscherviskosität (η_0) durch Extrapolation mit ca. 1400 Pa s abgeschätzt werden.

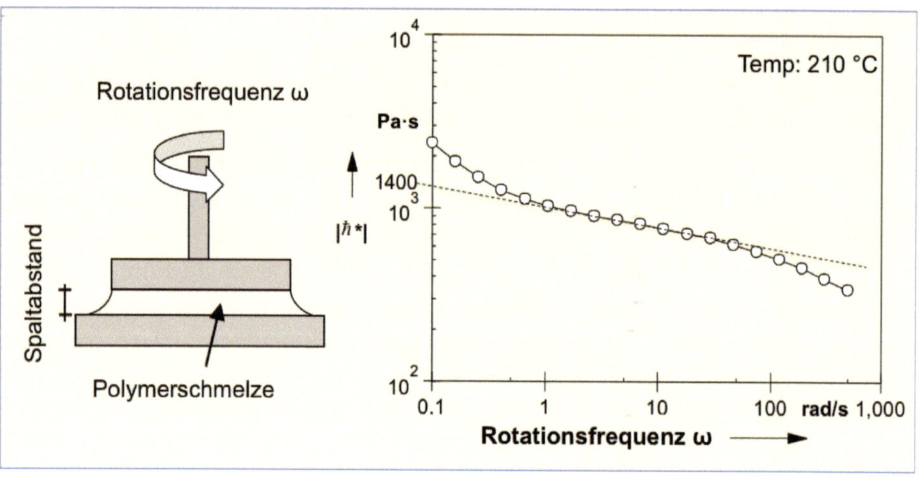

Bild 4.14 Prinzipieller Aufbau eines Platte-Platte-Viskosimeters und die ermittelte Viskositätskurve eines LS-Polymers (Duraform® PA 12)

Auch beim Baufortschritt im LS-Prozess befinden sich die gesinterten Schichten unterhalb der Baufeldoberfläche immer noch in einem quasiflüssigen Zustand (unterkühlte Schmelze, siehe auch Bild 4.8) und unterliegen einer langsam voranschreitenden kontinuierlichen Verfestigung, vgl. Bild 4.13. Die Schmelzviskosität des Polymers und die damit verbundenen viskoelastischen Eigenschaften spielen somit eine wichtige Rolle, wenn sich das Polymer während des LS-Prozesses verfestigt.

Bild 4.15 rechts zeigt die komplexe Viskosität (η*) der Polymerschmelze von Duraform® PA bei 172 °C, also bei der Bauraumtemperatur, welche im LS-Prozess für PA 12 üblicherweise eingestellt ist. Zudem ist der Spaltabstand (*d* in µm) zwischen den beiden Messplatten aufgetragen (rechte Achse).

Die Messung startet bei einem vorgewählten Schichtabstand (*d*) von 1 mm. Nach einer kurzen Aufweitung des Spalts durch Expansion der Schmelze kommt es zu einer Reduktion des Messspalts auf ca. 970 µm, dies stellt den eigentlichen Startpunkt der Messung dar.

Mit dem Einsetzen der Verfestigung der unterkühlten viskoelastischen Schmelze nach ca. 30 min ist simultan eine voranschreitende Reduktion der geometrischen Ausdehnung der Schmelze (Schrumpf) bei gleichzeitigem Anstieg der komplexen Viskosität (η*) zu beobachten. Je nach Rotationsfrequenz ω steigt die komplexe Viskosität von einem Startwert zwischen 10^3 und 10^4 Pa s durch die fortschreitende Verfestigung der Schmelze um mehrere Zehnerpotenzen an.

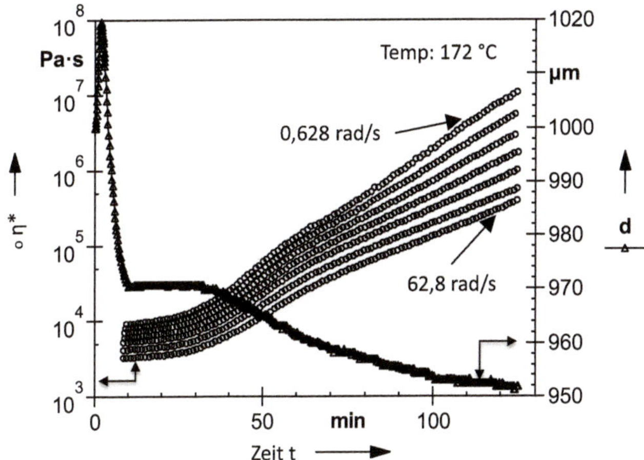

Bild 4.15 Zunahme der komplexen Viskosität und Reduktion des Abstands des Messspalts während der einsetzenden Verfestigung (Messung an Duraform® PA)

Die Änderung der viskoelastischen Eigenschaften über der Zeit ist ein kritischer Faktor für die geometrische Stabilität der gesinterten Teile. Eine ausgeprägte räumlich inhomogene Veränderung der transienten Viskoelastizität kann geometrische Verformungen an Teilen induzieren. Das sind Phänomene, die als Postbuilt-Verzug beim LS-Prozess bekannt sind.

Schmelzflussindex (MVR/MFI-Messung)

Neben der oben vorgestellten, sehr exakten aber relativ komplexen Messmethode (Kegel-Platte-Rheometer) zur Bestimmung von temperatur- und scherabhängigen

Schmelzviskositätskurven von Polymeren, bietet der MVR/MFI-Wert (engl. melt volume rate, MVR; melt flow index, MFI) einen einfacheren Zugang zu rheologischen Grunddaten, die in der Kunststoffverarbeitung breite Anwendung finden.

MVR/MFI sind Einpunktmessungen zur Bestimmung der Schmelzfließfähigkeit (Schmelzflussindex). Die Polymerschmelze wird bei einer vorgegebenen Temperatur und einem exakten Belastungsgewicht durch eine Düse mit definiertem Durchmesser gedrückt (siehe z. B. DIN EN ISO 1133 Teil 1 und Teil 2). Das Polymervolumen, welches in einem Zeitfenster von 10 min aus der Düse austritt, stellt das Ergebnis dar (MVR-Wert in cm^3/10 min). Analog dazu kann das Ergebnis als MFI auch in g/10 min angegeben werden. Beide Aussagen sind als gleichwertig zu betrachten.

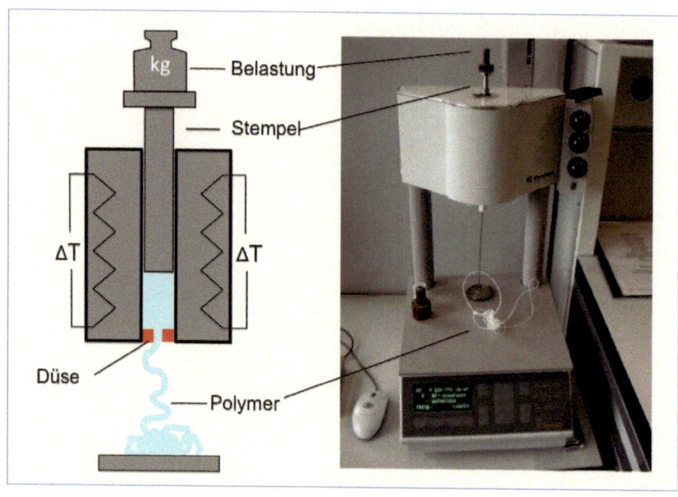

Bild 4.16 Schmelzflussindexmessgerät zur MVR/MFI-Messung [Quelle: Inspire AG]

Bild 4.16 zeigt den prinzipiellen Messaufbau. Die erhaltenen MVR-Messwerte geben gute Hinweise auf die Fließfähigkeit von einzelnen Polymeren. Allerdings sind verschiedene Polymere untereinander kaum vergleichbar und MVR-Werte stellen keine streng reproduzierbaren Absolutmessungen dar. Die Reproduzierbarkeit ist speziell im Fall von hydrolyseempfindlichen Polymeren wie z. B. PA 12 eingeschränkt. Hydrolyseprozesse bei Polykondensaten führen zu einem Molmassenabbau, was zu einer Verfälschung der Messergebnisse führen kann. Bei der Ermittlung von hydrolyseempfindlichen Materialien muss daher unbedingt nach Teil 2 von DIN EN ISO 1133 gearbeitet werden, d. h., es werden neben exakteren Vorgaben für die Prüfparameter auch erhöhte Anforderungen an das MFI-Messgerät gestellt. Zusätzlich sind auch die polymerspezifischen Vorgaben wie z. B. die DIN EN ISO 16396-2 für Polyamide zu beachten.

Trotzdem werden die MVR-Messungen aktuell als ein vielversprechendes Messmittel gesehen, um beim LS-Verfahren prozessbegleitend eine Einschätzung des Pulverzustands vornehmen zu können. Speziell die Einstellung eines guten Fließverhaltens der Pulver bei der Vermischung von gealtertem mit neuem LS-Pulver kann mit MVR-Messungen begleitet werden (siehe auch Abschnitt 3.1.1 und Abschnitt 3.2.2.1).

In welchem Maße die MVR-Werte für unterschiedliche LS-Proben miteinander vergleichbar sind, wurde in einem Vergleichsversuch gezeigt (siehe Bild 4.17). Zehn, in ihrem Alterungs- und Viskositätszustand unterschiedliche LS-Pulver wurden von zwei verschiedenen Labors bei unterschiedlichen Messbedingungen untersucht. Einmal wurde bei einer Temperatur von 235 °C und einem Belastungsgewicht von 2,16 kg gemessen, im zweiten Fall waren die Messbedingungen: T = 190 °C und 5 kg Belastungsgewicht.

Die Parallelität der unterschiedlichen Messpunkte in Bild 4.17 ist offensichtlich. Unterschiedliche Messbedingungen können durch Parallelverschiebung nahezu kongruent ineinander überführt werden.

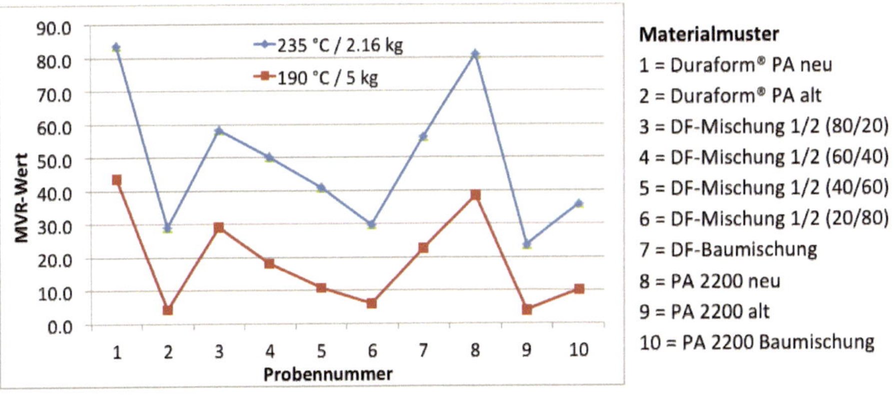

Bild 4.17 MVR-Vergleich von zehn unterschiedlichen LS-Proben, die mit zwei unterschiedlichen MVR-Geräten bei unterschiedlichen Bedingungen gemessen wurden.

Die Messergebnisse folgen dem erwarteten Trend. Je mehr gealtertes Material (Muster 2 und 9 in Bild 4.17) mit hoher Viskosität die jeweilige Pulvermischung enthält, umso tiefer liegt der MVR-Wert. In der Praxis führen Pulvermischungen in einem MVR-Wert im Bereich zwischen etwa 30–50 cm^3/min zu guten Bauergebnissen. Wie bereits erwähnt, sind die MVR-Werte aber keine absoluten Messgrößen und können zwischen Geräten oder durch unterschiedliche Messbedingungen stark schwanken.

Eine ähnliche Tendenz bezüglich der Vergleichbarkeit von MVR-Messungen konnten in einem VDI-Rundversuch ermittelt werden. Die in VDI 3405 Blatt 1.1 (2018) publizierten Ergebnisse zeigen ebenfalls eine Abhängigkeit von Vorbehandlung und Messbedingungen parallel verlaufende MVR-Messkurven.

MVR-Werte wie in Bild 4.17 geben einen eindeutigen Hinweis auf die Viskosität des untersuchten Polymers und damit indirekt auch auf das mittlere Molekulargewicht der Probe. Das mittlere Molekulargewicht eines Polymeren spielt bei vielen makroskopischen Polymereigenschaften eine wichtige Rolle.

Molekulargewicht und Restmonomergehalt

Der Zusammenhang zwischen Molekulargewicht und Rheologie wurde bereits erörtert. Im Allgemeinen besitzen Polymere aber keine diskreten Molekulargewichte, sondern eine mehr oder weniger breite Molekulargewichtsverteilung. Diese Verteilung wird üblicherweise mit den Werten für das Zahlenmittel des Molekulargewichts (M_n) und für das Gewichtsmittel des Molekulargewichts (M_w) charakterisiert. Der Quotient M_w/M_n gibt einen Hinweis auf die Breite der Molekulargewichtsverteilung (Polydispersitätsindex, PDI), siehe Formel 4.1.

$$M_\mathrm{n} = \sum_{i=1}^{\infty} \frac{n_i M_i}{n_i};\ M_\mathrm{w} = \sum_{i=1}^{\infty} \frac{w_i M_i}{w_i};\ PDI = \frac{M_\mathrm{w}}{M_\mathrm{n}} \tag{4.1}$$

n_i = Zahl der Makromoleküle mit i Wiederholungseinheiten
w_i = Masse der Makromoleküle mit i Wiederholungseinheiten

Es gibt eine ganze Reihe von Messmethoden zur Molekulargewichtsbestimmung. Um die Verteilungskurve des Molekulargewichts eines Polymers komplett zu erhalten, eignet sich am besten die sogenannte Gel-Permeations-Chromatografie (GPC). Allerdings ist diese komplexe Methode nicht für den normalen Anwender der LS-Technologie geeignet und sie kann auch kaum prozessbegleitend eingesetzt werden.

Etwas einfacher aber immer noch mit spezifischer Labortechnologie verknüpft, ist die Bestimmung der Viskositätszahl (DIN EN ISO 1628-1). Beide Methoden, GPC und Viskositätszahl, sind auf eine gute Löslichkeit des zu untersuchenden Polymers angewiesen, was bei teilkristallinen Polymeren oft eingeschränkt ist. Die Bestimmung der exakten Molekulargewichte und der entsprechenden Verteilungen kann deshalb aktuell nur durch spezialisierte Labors ausgeführt werden und eignen sich kaum für den Basisanwender der LS-Technologie.

Auch die MVR-Methode gibt Hinweise auf die Entwicklung des Molekulargewichts in einem Polymer. Je niedriger der MVR-Index ist, umso geringer ist die Fließfähigkeit des Polymers und umso höher ist sein (mittleres) Molekulargewicht.

Die Molekulargewichtsverteilungen von Polykondensaten wie PA 12 weisen aufgrund des spezifischen Polykondensationsverlaufs (Stufenreaktion) auch immer noch einen bestimmten Anteil an nicht umgesetzten Monomeren oder gering kondensierten (ringförmigen) Oligomeren auf. Diese werden üblicherweise von den Polymerherstellern bis zu einem vorab in der Spezifikation definierten Wert extrahiert.

Ein zu hoher Anteil an Restmonomeren kann beim LS zu Prozessproblemen führen. Durch den im Vergleich zu den Polymeren geringeren Dampfdruck sublimieren niedermolekulare Anteile des Polymers unter LS-Prozessbedingungen und bilden unerwünschte Ablagerungen in der Maschine oder an sensitiven Maschinenkomponenten wie dem Laserfenster, vgl. auch Abschnitt 6.1.2. Durch das Laserfenster wird der Laserstrahl in die Maschine geführt. Kommt es hier zu Ablagerungen, so ist der Prozess durch Leistungseinbußen bei der Laserenergie stark gestört.

4.2.2.2 Oberflächenspannung

Für ein Zusammenfließen von geschmolzenen Polymerpartikeln ohne externe Druckbelastung ist neben der Schmelzviskosität auch die Oberflächenspannung (γ) wesentlich. Dies wurde bereits sehr frühzeitig erkannt und in der Literatur [12] zum LS-Prozess beschrieben. In den ersten Studien zur Beschreibung der Verschmelzung von Pulverpartikeln wurde häufig Bezug auf das Model von Frenkel/Eshelby genommen (siehe Bild 4.18, links), um die isotherme Koaleszenz aus zwei identischen viskosen sphärischen Partikeln darzustellen.

In diesem Modell ist die Antriebskraft während des Sinterprozesses durch die Oberflächenspannung gegeben, welcher der viskosen Strömung entgegenwirkt. Eine Reduktion der Gesamtoberfläche des Systems ist aus thermodynamischer Sicht die treibende Kraft. Andere Kräfte wie z. B. die Gravitation werden bei diesem Modell vernachlässigt. Zudem ist es nur für ideale newtonsche Flüssigkeiten gültig. Ebenfalls wird kein Bezug auf dreidimensionalen Gegebenheiten in einem LS-Pulverbett genommen.

Bild 4.18 zeigt das typische Bild der Koaleszenz von Duraform® PA-Partikel, wie es unter einem Mikroskop mit Heiztisch erhalten werden kann. Wenn die Partikel (Bild 4.18, Mitte) über den Schmelzpunkt erhitzt werden, kommt es relativ rasch zur Koaleszenz und zum Zusammenfließen der Partikel (Bild 4.18, rechts).

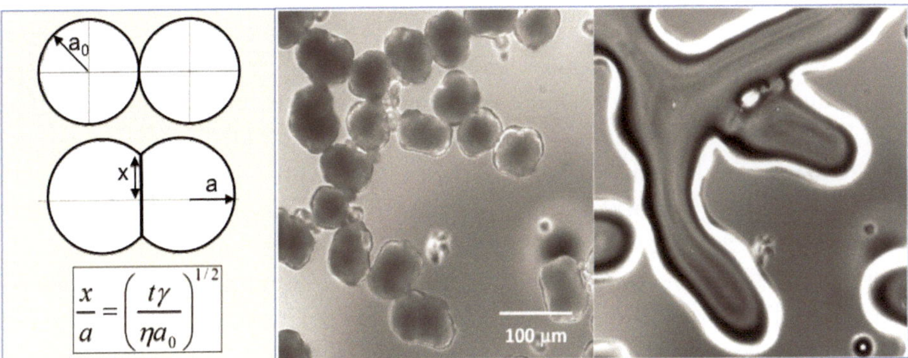

Bild 4.18 Modell von Frenkel/Eshelby zur Koaleszenz von Partikeln und das Zusammenfließen von PA 12-Pulver beim Überschreiten von T_m [Bildquelle: Inspire AG]

Eine genauere Charakterisierung der Parameter zur Oberflächenspannung kann unter Verwendung der Pendant-Drop-Methode bei verschiedenen Temperaturen oberhalb des Schmelzpunktes von Polymeren erfolgen [13]. Den Literaturangaben zufolge variiert der Bereich der Werte für diesen Parameter für verschiedene kommerzielle LS-Werkstoffe nicht mehr als eine Größenordnung bei Temperaturen, wie sie beim LS-Prozess anliegen. Aktuell geht man deshalb davon aus, dass eine ausreichende Koaleszenz beim LS-Prozess mehr durch die Viskosität und weniger durch die Oberflächenspannung dominiert wird.

Dennoch können auch speziell bei der Entwicklung neuer Kunststoffe für das Lasersintern negative Effekte auftreten, die auf eine zu hohe Oberflächenspannung zurückzuführen sind. Bild 4.19 zeigt das typische Erscheinungsbild des sogenannten Balling-Effekts, welcher für Metallpulver beim SLM-Verfahren [14] häufiger auftritt, als beim Lasersintern für Kunststoffe.

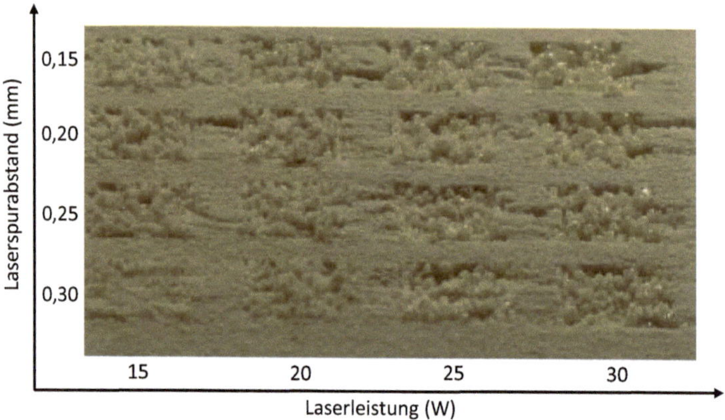

Bild 4.19 Balling-Effekt beim Lasersintern von Kunststoffen [Bildquelle: Inspire AG]

In Bild 4.19 sind Sinterversuche an einem Kunststoff gezeigt, dessen Oberflächenspannung in der vorliegenden Form offensichtlich ungeeignet ist, eine Schmelzspur mit guter Koaleszenz auszubilden. Beim gezeigten Versuch nimmt von links nach rechts und von unten nach oben die eingebrachte Energie durch Laserleistung (W) und Verringerung des Laserspurabstands (mm) zu. Es ist klar zu erkennen, dass mit zunehmender Energie der Balling-Effekt in den kleinen gesinterten Flächen (à 10 mm × 10 mm) verstärkt auftritt. Je höher die eingebrachte Energie ist, umso tiefer sinkt die Schmelzviskosität und umso eindeutiger kommt es zur Tropfenbildung, bevor die Schmelze wieder erstarrt. In der Fläche rechts in Bild 4.19 mit einem Lasereintrag von 30 W sind deutlich voneinander getrennte Schmelzkugeln zu erkennen. Entsprechende Werkstoffe sind für den LS-Prozess natürlich ungeeignet.

In der Patentliteratur [15] sind Ansätze beschrieben, um mit oberflächenaktiven Substanzen (z. B. Metallseifen, nicht ionische Tenside) die Oberflächenspannung von Polymerschmelzen von LS-Polymeren zu reduzieren, um eine verbesserte Partikelkoaleszenz zu induzieren und den Balling-Effekt zu vermeiden.

Das Zusammenfließen der Polymerpartikel im schmelzflüssigen Zustand ist also im Wesentlichen abhängig von rheologischen Parametern. Dass aber das Polymer überhaupt in den schmelzflüssigen Zustand überführt werden kann, basiert neben den thermischen auch auf den optischen Eigenschaften eines Polymers.

4.2.3 Optische Eigenschaften

Die Interaktion von (Laser-) oder elektromagnetischer Strahlung mit Polymerpulver ist einer der Kernprozesse beim LS-Verfahren. Die optischen Eigenschaften der eingesetzten Pulvermaterialien sind deshalb von erheblicher Bedeutung. Einerseits stellt sich die Frage, wie gut die Wellenlänge des eingesetzten Lasers vom Material absorbiert wird und andererseits ist von Bedeutung, wie hoch die Energieverluste durch Reflexion an den Partikeloberflächen und durch Streuphänomene im losen Schüttpulver sind. Bild 4.20 zeigt schematisch den Ablauf des Sinterns von Pulverpartikeln während der Interaktion von Laser und Material.

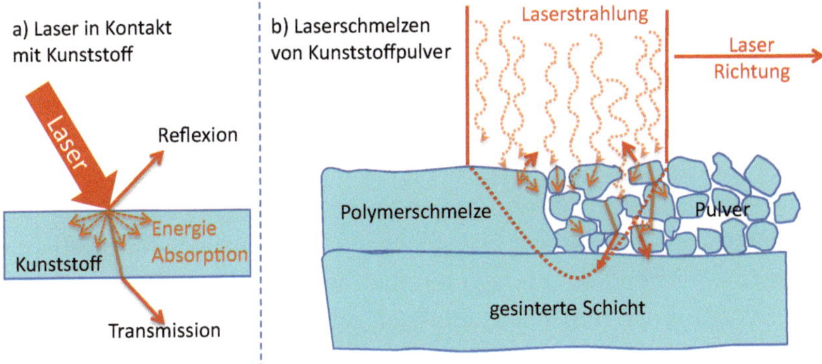

Bild 4.20 Schematische Darstellung der Interaktion zwischen Laserstrahlung und LS-Pulver

Der Laserstrahl wird mit hoher Geschwindigkeit (bis zu 12 m/s) über die Pulveroberfläche geführt. Nur bei ausreichender Absorption und Transmission im kurzen Zeitfenster des Kontakts zwischen Strahlung und Pulver kann genug Energie in das Material eingekoppelt werden um

- das Pulver in der obersten Schicht zu schmelzen und
- eine ausreichende Schichthaftung mit bereits gesinterten Schichten zu erzeugen.

Speziell die Schichtverbindung zwischen sukzessiv applizierten und selektiv aufgeschmolzenen Pulverschichten ist eine der Kernaufgaben beim Lasersintern, sodass Absorptions- und Transmissionswerte des Materials bei der Laserwellenlänge wichtige materialspezifische Größen sind.

Es ist ebenso zu beachten, dass es bei der Energieaufnahme an der Oberfläche der obersten Pulverschicht nicht zur Überhitzung und damit zur Degradation der Polymerketten kommt. Vor allem bei Materialien mit Füllstoffen kann dieser Effekt aufgrund der Mie-Streuung an den feineren Füllstoffpartikeln sowie der zusätzlichen Reflexion aufgrund der unterschiedlichen Brechungsindizes von Polymer und Füllstoffen kommen.

4.2.3.1 Absorption

Der Zusammenhang der Absorption von Strahlung durch Materie wird in Anlehnung an das lambert-beersche Gesetz im einfachsten Ansatz mit: $A_\lambda = \ln(I_0/I)$ beschrieben. Die Absorption eines Materials (A_λ) bei gegebener Wellenlänge (λ) ist durch den Quotienten der Intensität der Strahlung vor (I_0) und der Intensität der Strahlung nach (I) dem Kontakt mit der Materie gegeben. Die Absorption ist dabei direkt proportional dem Extinktions- bzw. Absorptionskoeffizienten (ε) des Materials bei gegebener Wellenlänge: $A_\lambda \approx \varepsilon_\lambda$. Die Transmission beschreibt den Anteil der Strahlung, welcher die Materie durchdringt.

Im Falle der kommerziell verfügbaren LS-Technologie wird mit CO_2-Lasern gearbeitet. Die Wellenlänge (λ) für diesen Lasertyp beträgt 10,6 µm. Es handelt sich also um relativ energiearme Strahlung im Infrarot (IR)-Bereich mit einer Wellenzahl ($1/\lambda$) von etwa 943 cm^{-1}. Diese Wellenlänge liegt im Infrarotspektrum der meisten organischen Polymere im sogenannten Fingerprintbereich (800–1400 cm^{-1}). Das bedeutet, dass organische Polymere, welche aliphatische Kohlenstoff-Wasserstoff (C–H)-Bindungen besitzen, üblicherweise Gruppen- oder Deformationsschwingungen in diesem Frequenzbereich aufweisen. Der Absorptionskoeffizient ε (10,6 µm) der meisten organischen Polymere ist also genügend hoch, um mit der Strahlung eines CO_2-Lasers ausreichend zu interagieren und hinreichend Energie (Wärme) für den Schmelzvorgang aufzunehmen. Bild 4.21 zeigt als Beispiel das Infrarotspektrum von Duraform® PA und den Wellenzahlbereich des CO_2-Lasers.

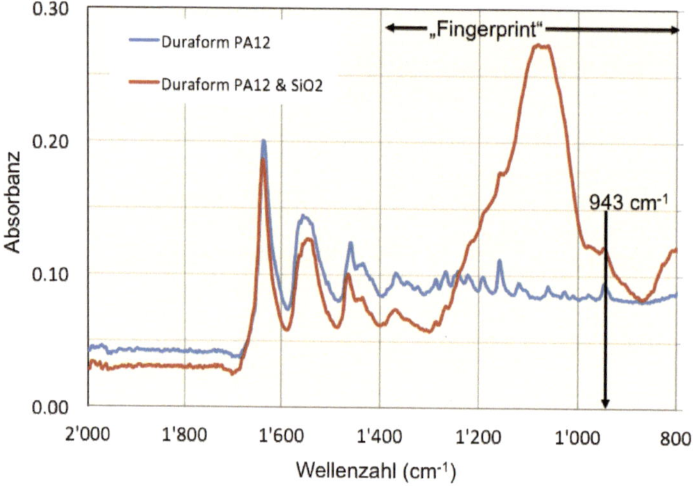

Bild 4.21 IR-Spektrum von PA 12 mit der Absorption bei 943 cm^{-1}

Es ist aber zu beachten, dass es sich beim gezeigten IR-Spektrum um eine Reflexionsmessung handelt, welche keine exakte Bestimmung der Absorption bzw. Transmission darstellt, sondern nur Näherungswerte angibt.

Zur Erhöhung der Absorption können einem LS-Pulver auch Hilfsstoffe zugesetzt werden. Ruß und anderen Substanzen, wie verschiedene Metall- und Nichtmetalloxide mit einer ausgeprägten Absorption bei λ = 10,6 µm, sind hier zu nennen. Als Beispiel zeigt Bild 4.21 auch das Spektrum von Duraform® PA, dem 1 % Siliziumdioxid (SiO_2) zugesetzt wurden. Die Absorption im Bereich der Laserwellenlänge ist durch den Zuschlagstoff sichtbar erhöht.

Einem kommerziellen LS-Pulver der Firma Electro Optical Systems (EOS), PA 2200, ist Titandioxid (TiO_2) in geringer Konzentration beigemischt. Neben der Steigerung der Strahlungsabsorption liegt hier der Fokus aber auch auf dem Effekt der optischen Aufhellung (Weißpigment) der LS-Bauteile. Die Zugabe von Additiven zu einer Steigerung der Strahlungsaufnahme ist in Patenten zum Thema beschrieben [16].

Neben der Strahlungsabsorption durch die Pulverpartikel ist eine weitere wichtige Größe die Eindringtiefe der Strahlung in das Pulverbett beim LS-Prozess (Transmission). Nur wenn der Transport der Strahlung und Wärme (siehe Abschnitt 4.2.1.4) in die Tiefe des Pulverbetts, mindestens bis zur vorangegangenen gesinterten Schicht gelingt, besteht eine Chance, dass sich gesinterte Schichten verbinden. Die Eindringtiefe ist neben der Strahlungsintensität aber auch von der Reflexion und von Streuvorgängen im Pulvermaterial abhängig.

4.2.3.2 Transmission und (diffuse) Reflexion

Da im LS-Prozess Partikel mit einer inhomogenen und rauen Oberfläche bestrahlt werden, kommt es während der Bestrahlung zu diffuser Reflexion (siehe Bild 4.22). Die Reflexion (R) eines Materials bei gegebener Wellenlänge (λ) ist im einfachsten Ansatz folgendermaßen definiert: $R_\lambda = 1 - A_\lambda$. Diffuse Reflexion von Pulvern kann in Messvorrichtungen analog zu einer Ulbricht-Kugel bestimmt werden. Dabei wird eine Pulverprobe in der Mitte einer hermetisch geschlossenen Kugel bestrahlt und die durch die Kugel gesammelte Streustrahlung durch ein Photometer erfasst (siehe Bild 4.22). Gleichzeitig gelingt so die Bestimmung der Transmission (doppelte Ulbricht-Kugel).

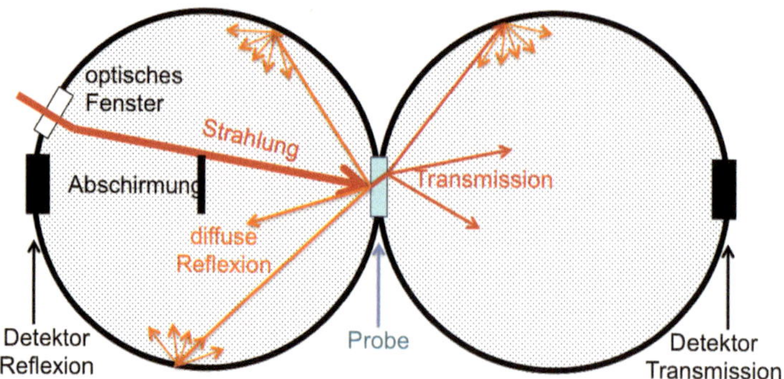

Bild 4.22 Messeinrichtung zur Bestimmung der diffusen Reflexion und Transmission eines Materials (doppelte Ulbricht-Kugel)

Die meisten bis jetzt nach dieser Methode untersuchten kommerziellen LS-Pulver weisen für λ = 10,6 µm einen Reflexionsgrad R < 25 % auf. Der Hauptanteil der Strahlung wird somit absorbiert bzw. mittels Transmission in die tieferen Schichten des Pulverbetts geführt. Üblicherweise werden entsprechende Untersuchungen bei Raumtemperatur durchgeführt.

Es ist aber sehr wesentlich, dass die optischen Eigenschaften von Polymeren in der Regel temperaturabhängig sind. Die Absorption des LS-Pulvers muss also bei Bauraumtemperatur und speziell im Temperaturbereich des Sinterfensters bestimmt werden, um konkrete Aussagen zum Absorptionsverhalten von Polymeren während des LS-Prozesses zu machen. Speziell beim Phasenübergang fest nach flüssig verändern sich die optischen Kennwerte eines Werkstoffs signifikant. Es wurde gezeigt, dass sich für PA 12 die Werte für Absorption, Transmission und Reflexion im Schmelzbereich massiv verändern, was durch das Verschwinden der rauen Partikeloberflächen zum einen und durch die Auflösung der kristallinen Strukturen im Polymeren zum anderen erklärbar ist [17].

Während die (diffuse) Reflexion beim Schmelzen durch die Reduktion von stark streuenden Partikeloberflächen abnimmt, nimmt die Transmission stark zu, da die kristallinen Strukturen im Material, im Wesentlichen verantwortlich für die Absorption, verschwinden. Insgesamt begünstigt das Schmelzen des Polymers während des Sinterns also die Aufnahme von Laserenergie folgendermaßen:

- Die Reflexion nimmt ab, d. h., mehr Energie wird absorbiert.
- Die Transmission nimmt zu, d. h., mehr Energie wird in tiefere Pulverschichten geführt.

Ist die Strahlungsabsorption aufgrund der intrinsischen Materialeigenschaften zu gering, bietet der LS-Prozess Kompensationsmöglichkeiten im Energieeintrag durch regelbare Laserleistung oder die Variation weiterer Prozessparameter (Lasergeschwindigkeit, Laserspurabstand). Mit diesen, in der sogenannten Andrew-

Zahl (A_z) zusammengefassten Leistungsparametern (siehe Abschnitt 2.1.2.3), können ungenügende optische Eigenschaften der Polymermaterialien bis zu einem gewissen Grad kompensiert werden.

Zusätzlich kann es beim Einsatz von Füllstoffen zu Streuungsphänomenen an den Oberflächen der Füllstoffpartikel kommen, welche die optischen Eigenschaften des Gesamtsystems stark beeinflussen. Dies zeigt sich in beim Vergleich von zwei PA 12-Pulvern: PA 2200 und PA 3200 GF. Es konnte gezeigt werden, dass die Glaskugeln in PA 3200 zu einer wesentlich verringerten Transmission führen, sowohl bei nicht geschmolzenem Pulver (40 °C) als auch bei geschmolzenem Pulver (170 °C) [18]. Ähnliches gilt für Farbpigmente, deren Einfluss auf die jeweilige Laserwellenlänge zu prüfen ist. Die reduzierte Transmission kann auch dazu führen, dass gefüllte PA-LS-Pulver eine verminderte Schichthaftung aufweisen, was ein Beitrag zur ausgeprägten Anisotropie gefüllter LS-Werkstoffe sein kann.

Literatur

[1] Kaiser, W.: Kunststoffchemie für Ingenieure – Von der Synthese bis zur Anwendung, Carl Hanser Verlag, 3. Auflage, München, ISBN: 978-3-446-43047-1, 2011

[2] Osswald, T. A., Menges, G.: Material Science of Polymers for Engineers, Carl Hanser Verlag, 3rd Edition, Munich, ISBN 978-1-56990-514-2, 2012

[3] Ehrenstein, G. W., Riedel, G., Trawiel, P.: Thermal Analysis of Plastics – Theory and Practice, Carl Hanser Verlag, Munich, ISBN 978-3-446-22673-9, 2004

[4] Majewski, C., Zarringhalam, H., Hopkinson, N.: Effect of the degree of particle melt on mechanical properties in selective laser-sintered Nylon-12 parts, Proc. IMechE, Vol. 222 Part B, *J. Engineering Manufacture*, (2008), 1055–1064

[5] Scherer, B., Kottenstedde, I., Bremser, W., Matysik, F.-M.: Analytical characterization of polyamide 11 used in the context of selective laser sintering: Physico-chemical correlations, *Polymer Testing*, (2020) 91, 106786

[6] Nakamura, K., Watanabe, T., et al.: Some aspects of nonisothermal crystallization of polymers. I. Relationship between crystallization temperature, crystallinity, and cooling conditions, *Journal of Applied Polymer Science*, (1972) 16 (5), 1077–1091

[7] Amado, F., Schmid, M., et al.: Characterization and modeling of non-isothermal crystallization of Polyamide 12 and co-Polypropylene during the LS process, 5th Inter. Polymers & Moulds Innovations Conference (PMI), Ghent, Belgien, (2012), 207–216

[8] Drexler, M., Drummer, D., et al.: Selektives Strahlschmelzen von Kunststoffen – Grundlagenwissenschaftliche Prozessanalyse und Simulation, 1. Industriekolloquium des Sonderforschungsbereichs 814 – Additive Fertigung, Erlangen, (2012), 27–48

[9] Riedlbauer, D., Steinmann, P., Mergheim, J.: Thermomechanical Simulation Of The Selective Laser Melting Process For PA12 Including Volumetric Shrinkage, Proceedings of the 30th annual meeting of the Polymer Processing Society, PPS-30, Cleveland (USA), 2014

[10] Ferry, J. D.: Viscoelastic Properties of Polymers, 3rd Edition, Wiley, USA, 1960

[11] Macosko, W.: Rheology: Principles, Measurements, and Applications, 1st Edition, Wiley, USA, 1994

[12] Pokluda, O., Bellehumeur, C. T., Vlachopoulos, J.: A modification of Frenkel's model for sintering, *AIChE Journal*, (1997) 43 (12), 3253–3256

[13] Seul, Th.: Ansätze zur Werkstoffoptimierung beim Lasersintern durch Charakterisierung und Modifizierung grenzflächenenergetischer Phänomene, IKV Berichte aus der Kunststoffverarbeitung, Dissertation, RWTH Aachen, ISBN 3-86130-489-9, 2003

[14] Li, R., Liu, J.: Balling behavior of stainless steel and nickel powder during selective laser melting process, *The International Journal of Advanced Manufacturing Technology*, (2012) 59 (9-12), 1025–1035

[15] Patent DE 103'34'496 A1, Laser-Sinter-Pulver mit einem Metallsalz und einem Fettsäurederivat, Verfahren zu dessen Herstellung und Formkörper, hergestellt aus diesem Laser-Sinterpulver, Degussa (D), Erfinder: Monsheimer S., Grebe M., Baumann F.-E., 2005

[16] Patent DE 10'2004'062'761 A1, Verwendung von Polyarylenetherketonpulver in einem dreidimensionalen pulverbasierenden werkzeuglosen Herstellverfahren, sowie daraus hergestellte Formteile, Degussa (D), Erfinder: Monsheimer S., Grebe M., Richter A., Kreidler P., 2006

[17] Laumer, T., Stichel, T., Bock, T., Amend, P., Schmidt, M.: Characterization of temperature-dependent optical material properties of polymer powders, Proceedings of the 30th annual meeting of the Polymer Processing Society, PPS-30, Cleveland (USA), 2014

[18] Schuffenhauer, T., Stichel, T., Schmidt, M.: Employment of an Extended Double-Integrating-Sphere System to Investigate Thermo-optical Material Properties for Powder Bed Fusion, *J. Mater. Eng. Perform.*, (2021) 30 (7), 5013

5 Lasersinterwerkstoffe: Polymerpulver

Die Verwendung von Polymerpulvern in der Kunststofftechnik ist weitverbreitet [1]. Besonders im Bereich der industriellen Pulverlacke werden jährlich Tausende Tonnen Polymerpulver nahezu aller Kunststoffarten verarbeitet. Anwendungen im Bereich elektronischer Bauteile, Haushalt, Möbel, Fahrzeuge, Bau- und Transportbereich sowie Architektur sind wichtige Einsatzgebiete für Pulverlacke [2].

Auch in der Kosmetikindustrie werden große Mengen Polymerpulver als Prozesshilfsmittel eingesetzt. Druckertoner sind ebenfalls ein Hauptgebiet für den Einsatz von Polymerpulvern, wobei hier in der Regel sehr kleine Pulverpartikel (< 5 µm) Anwendung finden. Mikrokapseln auf Basis von wasserlöslichen Polymeren sind ebenfalls ein weiteres Anwendungsgebiet von Polymerpulvern und haben weite Verbreitung in der Pharmabranche.

Jeder Applikationsbereich erfordert spezifische Pulvermaterialien, sowohl hinsichtlich der Polymereigenschaften als auch hinsichtlich der Pulvereigenschaften. Der Herstellung geeigneter Polymerpulver für die jeweilige Anwendung kommt daher große Bedeutung zu.

Wie in Kapitel 4 thematisiert und in Bild 4.7 schematisch dargestellt, können die Kerneigenschaften von LS-Pulvern in intrinsische und extrinsische Eigenschaften separiert werden.

Von **intrinsischen Eigenschaften** wird gesprochen, wenn es um Polymereigenschaften geht, welche durch die molekulare Struktur weitgehend vorgegeben sind und nicht ohne Änderungen am Molekül selbst ohne Weiteres beeinflusst werden können.

Die **extrinsischen Eigenschaften** werden dagegen durch externe Prozesse induziert, wie im Falle der LS-Pulver ganz wesentlich durch die angewendeten Herstellungsverfahren. Bild 5.1 zeigt den Ausschnitt aus Bild 4.7, der die wesentlichen Punkte bezüglich extrinsischer Pulvereigenschaften zusammenfasst.

Die Herstellung von Pulvern, welche auf die Bedingungen im LS-Verfahren zugeschnitten sind, wird intensiv bearbeitet und auch an einigen Hochschulen erforscht. Namentlich an der Universität Erlangen am Institut für Partikeltechnologie (Prof. W. Peukert) wurden in den letzten Jahren auch im Zusammenhang mit dem Sonderforschungsbereich 814 („Additive Fertigung“) viele Ansätze in diese Richtung verfolgt [3].

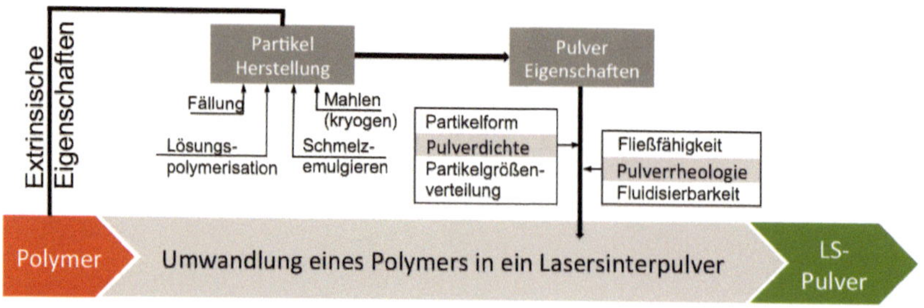

Bild 5.1 Verfahren zur Partikelherstellung und die daraus resultierenden extrinsischen LS-Pulvereigenschaften

Die industriell erfolgreichsten Verfahren bestehen bislang aber immer noch darin, bekannte und bewährte Verfahren in leicht modifizierter Form zur gezielten Anpassung der Pulvereigenschaften für LS-Anwendungen zu benutzen.

5.1 Lasersinterpulverherstellung

Prinzipiell ist bei der Pulverherstellung zu unterscheiden, ob die Polymerpartikel während des Polymerisationsprozesses direkt entstehen oder ob ein fertiges Polymer in einem nachgeschalteten Verfahrensschritt in ein geeignetes Pulver umgewandelt wird.

5.1.1 Emulsions-, Suspensions- und Lösungspolymerisation

Bekannte Verfahren zur direkten Synthese von Polymerpartikeln sind die Emulsions-, Suspensions- und Lösungspolymerisation. Bei dieser Art der Polymerisation werden flüssige (Emulsion) oder feste (Suspension) Monomere in einer wässrigen Flotte gelöst und durch die Zugabe geeigneter Tenside stabilisiert. Durch die Zugabe eines Initiators, der in die organische Phase diffundiert und bei einer bestimmten Temperatur (ΔT) zerfällt, wird die Reaktion gestartet.

Im Bereich der LS-Polymere wird das kommerzielle PA 12 der Firma Arkema (F) mit dem Markennamen Orgasol® Invent Smooth nach einem analogen Verfahren hergestellt [4]. Die Reaktion findet allerdings in Lösung statt. Laurinlactammonomer wird in einer geeigneten Flotte gelöst und mittels anionischer Initiatoren polymerisiert. Das eigentliche Polymer ist im gewählten Lösungsmittel dann unlöslich und fällt aus. Die ionische Polymerisation zeichnet sich durch ein relativ langsames Kettenwachstum aus, wobei die mittleren Molmasse gezielt gesteuert werden kann (lebende anionische Polymerisation).

Wie aufgrund des Herstellungsprozesses zu erwarten ist, zeichnet sich Orgasol® Invent Smooth durch eine sehr enge monomodale Pulververteilung aus (siehe Abschnitt 6.1.1.1). Die erhaltenen Partikel besitzen in der Regel eine sehr hohe Sphärizität (siehe Bild 6.7).

Das Produkt der Firma Arkema ist aktuell das einzige kommerzielle Pulver in der LS-Technologie, bei dem die Polymerpartikel direkt während der Polymerisation hergestellt werden. Bei den anderen bekannten LS-Pulvern kommen indirekte Verfahren zum Einsatz.

5.1.2 Ausfällen aus Lösungen

Ein weitverbreiteter Prozess der chemischen Verfahrenstechnik ist das Aus- und Umfällen von Substanzen zur Reinigung. Dabei wird gezielt eine heiß gesättigte oder übersättigte Lösung einer chemischen Verbindung erzeugt, bei der unter bestimmten Prozessbedingungen (in der Regel durch kontrolliertes Abkühlen) das gewünschte Produkt amorph ausfällt oder schnell auskristallisiert wird.

In einem analogen Fällungsprozess können auch Polymerpulver gewonnen werden. Dazu wird das Polymer, welches als Pulver erhalten werden soll, in einem Nichtlösemittel dispergiert und die Dispersion unter Rühren und gegebenenfalls hohem Druck über den Schmelzpunkt des Polymers erhitzt. Aus der Dispersion entsteht eine Emulsion, also geschmolzene, flüssige Polymertröpfchen in einer inerten Matrix.

Durch genaue Kenntnis der Phasendiagramme (Mischungslücke des jeweiligen Systems) und der dementsprechenden exakten Regelung der Prozessbedingungen, erfolgt durch Abkühlen und/oder Druckreduktion eine Bildung der gewünschten Tröpfchen (Zweiphasenbereich) und eine Verfestigung der Polymerpartikel in ihrer tröpfchenartigen Form durch Unterschreiten des Schmelzpunkts. Ein großer Vorteil des Verfahrens ist, dass über die gezielte Steuerung der Prozessparameter der Ablauf der Kristallisation in den gefällten teilkristallinen Polymeren durch Tempern beeinflusst und gezielt gesteuert werden kann (siehe Abschnitt 6.1.1.3).

Dieses Verfahren zur Herstellung liegt den aktuell am häufigsten eingesetzten LS-Pulvern (Duraform® PA, Firma 3D-Systems; PA 2200, Firma EOS) und INFINAM® PA zugrunde. Diese Produkte basieren auf Pulvern der Marke Vestosint® der Firma Evonik Industries (D) und werden durch spezielle Reaktionsbedingungen für den LS-Prozess angepasst.

Vestosint®-Pulver sind in der chemischen Technologie weitverbreitet und finden Anwendung im Bereich der Beschichtungen (Pulverlacke), Prozessadditive, Lackrohstoffe und einige mehr [5]. Ihre Herstellung erfolgt mit einem Fällungsprozess aus ethanolischer Lösung [6, 7]. Das PA 12 wird bei hohen Temperaturen

(> 140 °C) unter Druck in Ethanol gelöst und die Lösung anschließend langsam und kontrolliert abgekühlt. Durch Abziehen (Destillieren) des organischen Lösemittels und durch Kühlung des Reaktors wird die Fällung des PA 12 aus der übersättigten Lösung induziert. Die Partikelgröße ist von der Rührgeschwindigkeit im Reaktor abhängig. Herausragende Merkmale der so hergestellten Pulver sind:

- ausreichende Sphärizität und glatte Partikeloberflächen (kartoffelförmig),
- hohe Kristallinität und gleichförmige Kristallitdimensionen durch langsames, kontrolliertes Abkühlen,
- erhöhter Schmelzpunkt durch Ausbildung spezifisch geregelter Kristallstrukturen (siehe Abschnitt 6.1.1.3).

Der Fällungsprozess ist großtechnisch komplex und das Arbeiten mit organischen, brennbaren und explosiven Lösemitteln bei hohen Drücken und Temperaturen erfordert ausgeprägtes Prozess-Know-how. Zudem ist es beim Fällungsprozess sehr schwierig, Compounds oder andere Mehrkomponentenmaterialien einzusetzen. Auch geeignete Prozessadditive können nur sehr schwierig in den Fällungsprozess eingebracht werden, um entsprechend additivierte Pulver direkt zu generieren.

Aufgrund der hohen Komplexität des Verfahrens und der weiteren Nachteile, werden einfachere Wege gesucht, um Polymere in entsprechende Pulverformen zu verwandeln.

5.1.3 Mahlen und mechanisches Zerkleinern

Naheliegende Verfahren zur Generierung kleiner Partikel aus Polymergranulaten oder -flakes stellen Mahl- oder Häckselverfahren dar. Eine Reihe geeigneter Mühlen sind hier zu nennen: Stift-, Kugel- und Prallmühlen, Spalt- und Schneidmühlen sowie High-Energy Ball Milling und einige mehr [8].

Bei allen diesen mechanischen Zerkleinerungsprozessen wird hohe kinetische Energie in das zu bearbeitende Material eingebracht, was zur Erwärmung des Mahlguts führt. Steigt die Temperatur während des Mahlvorgangs stark an, so kann es zu einer thermooxidativen Schädigung des Polymers kommen. Zudem neigen Polymere über ihrem Glaspunkt (T_g) unter den Mahlbedingungen zum Verkleben und Verschmieren.

Die Bearbeitung erfolgt deshalb häufig unter Einsatz von Flüssigstickstoff (engl. liquid nitrogen) zur Kühlung. Die Ausbildung einer Schutzgasatmosphäre und die Bearbeitung im harten und spröden (energieelastischen) Zustand ist das Ziel des kryogenen Mahlens.

Vorteil dieses Verfahrens ist, dass es nahezu jedem Polymer zugänglich ist und prozesstechnisch keine extrem hohen Ansprüche stellt. Nachteilig ist:

- eine geringe Ausbeute der Partikelverteilung im LS-Zielbereich (20–100 µm),
- die Ausbildung eines hohen und für die LS-Verarbeitung störenden Partikelfeinanteils,
- stark geschädigte und zerstörte Oberfläche der Partikel mit scharfkantigen Ecken und geringer Sphärizität.

Da das kryogene Mahlen aber auch im Laborumfeld relativ leicht zugänglich ist und apparativ keine hohen Anforderungen stellt, wird es häufig auch in Forschungs- und Entwicklungsprojekten zur Erzeugung kleiner Materialmengen eingesetzt. Zusätzlich werden Nachfolgeprozesse untersucht, um die beschriebenen Nachteile in Folgeschritten zu überwinden. Speziell die Abrundung der Partikel zur Verbesserung der Oberflächenstruktur und Sphärizität, um Pulvereigenschaften wie Dichte und Fließfähigkeit zu verbessern, sind Gegenstand der Forschung [9].

Im Bereich der kommerziellen LS-Materialien werden hauptsächlich die unterschiedlichen Elastomermaterialien (Abschnitt 6.2.1) mit kryogenem Mahlen hergestellt. Aber auch Polyamide wie PA 11 (Rilsan® Invent) und PA 6 (Ultrasint® PA 6) werden durch Mahlen erzeugt. Eine Firma, die sich diesem Verfahren besonders verschrieben hat und kommerzielle LS-Pulver mit Mahlen erzeugt, ist die Firma Dressler (D; *www.dressler-group.com*).

Das Prozessverhalten dieser Pulver beim LS-Verfahren kann aufgrund der kritischen Pulvereigenschaften komplex sein. Der Pulverauftrag muss bei entsprechenden Pulvern zum Teil mit speziellen Rollen mit Oberflächenstruktur ausgeführt werden (siehe Abschnitt 2.1.4.2). Um gute Bauteileigenschaften zu generieren, können auch Doppelbelichtungsstrategien oder nachfolgende Infiltrationsschritte partiell notwendig sein.

Die angesprochenen Nachteile der Mahlverfahren, speziell die sehr stark beschädigten, scharfkantigen und unregelmäßigen Partikel verbunden mit einer geringen Sphärizität, lassen in letzter Zeit weitere Verfahren zur Pulverherstellung in den Fokus des Interesses der LS-Technologie rücken.

5.1.4 Schmelzemulgieren

Das Schmelzemulgieren zur Herstellung feiner Pulver wurde bis jetzt hauptsächlich im Pharma- und Kosmetikbereich eingesetzt [10]. Dabei werden von zwei an sich nicht mischbaren Polymeren durch Coextrusion unter geeigneten Extrusionsbedingungen eine Tröpfchen-Matrix-Morphologie erzeugt, ähnlich einer Emulsion aus Öl und Wasser, welche sich unter Rühren einstellt. Je heftiger gerührt wird, umso feiner verteilen sich die Öltröpfchen in der wässrigen Flotte.

Im Falle der Polymerpulver wird ein organisches, in der Regel wasserunlösliches Zielmaterial, welches als Pulver gewonnen werden soll, zusammen mit einem wasserlöslichen Matrixpolymeren vermischt. Bei geeigneten Mischungsverhältnissen und unter adäquaten Extrusionsbedingungen (üblicherweise werden Einschneckenextruder eingesetzt), kommt es zu einer feinen Dispergierung der gewünschten Substanz im wasserlöslichen Matrixpolymer. Nachdem die Mischung den Extruder verlassen hat und abgekühlt ist, wird das Matrixpolymer z. B. durch auflösen in Wasser entfernt und das gewünschte Zielmaterial in Pulverform erhalten. Der wissenschaftlichen Literatur ist zu entnehmen, dass sich mit diesem Verfahren bereits einige Forschungsgruppen auseinandergesetzt haben. Speziell die Herstellung von PBT-LS-Pulvern als Zielmaterial ist hier beschrieben [11, 12].

Die Korngrößenverteilung der Pulver kann gezielt über die Mischungs- und Extrusionsbedingungen gesteuert werden. Die Partikelgeometrien zeichnen sich durch eine herausragende Sphärizität aus. Problematisch ist allerdings der Umgang mit den Prozesshilfsstoffen. Speziell die Rückgewinnung des wasserlöslichen Matrixpolymers (häufig Polyglykole oder Polyvinylalkohol, PVA) zur Rückführung in den Prozess ist vermutlich ein Schlüssel für den wirtschaftlichen Einsatz des Verfahrens.

Für Pharma- und Kosmetikanwendungen ist häufig eine Größenverteilung der Partikel (0,1 – 10 µm) gewünscht, die mit dem Schmelzemulgierverfahren bevorzugt erzeugt werden können. Diese sind für LS-Anwendungen aber (noch) ungeeignet. Dennoch wird ein LS-Pulver auf Polypropylen (PP)-Basis für den japanischen Markt (Asphia PP) hergestellt und verwendet, welches nach dem Schmelzemulgierverfahren erzeugt wurde (siehe Abschnitt 6.2.3).

5.1.5 Lasersinterpulverherstellung im Überblick

Die vorab erläuterten und aktuell wichtigsten Prozesse zur Herstellung von LS-Pulvern, welche bereits zu kommerziell verfügbaren Materialien geführt haben, sind in Bild 5.2 zusammengefasst. Aktuell wird der Markt von den aus Lösung gefällten PA 12-Polymerpulvern der Firma Evonik beherrscht, welche unter den Markennamen Duraform® PA (Firma 3D-Systems), PA 2200 (Firma EOS) und INFINAM® PA vertrieben werden (siehe Kapitel 6).

Alle in Bild 5.2 gezeigten und heute für kommerziell erhältliche LS-Pulver eingesetzten Herstellungsverfahren haben ihre spezifischen Vor- und Nachteile. Bezüglich Sphärizität der Partikel und damit der Rieselfähigkeit der Pulver liefert der Schmelzemulgierprozess herausragende Ergebnisse. Am Ende der Skala steht hier das Mahlen mit geometrisch stark zerstörten Partikeln mit stark reduzierter Fließfähigkeit und Pulverdichte. Sowohl die aus Lösung gefällten als auch die direkt polymerisierten Partikel zeigen bezüglich Form, Oberfläche, Pulverdichte und Rieselfähigkeit gute bis sehr gute Eigenschaften.

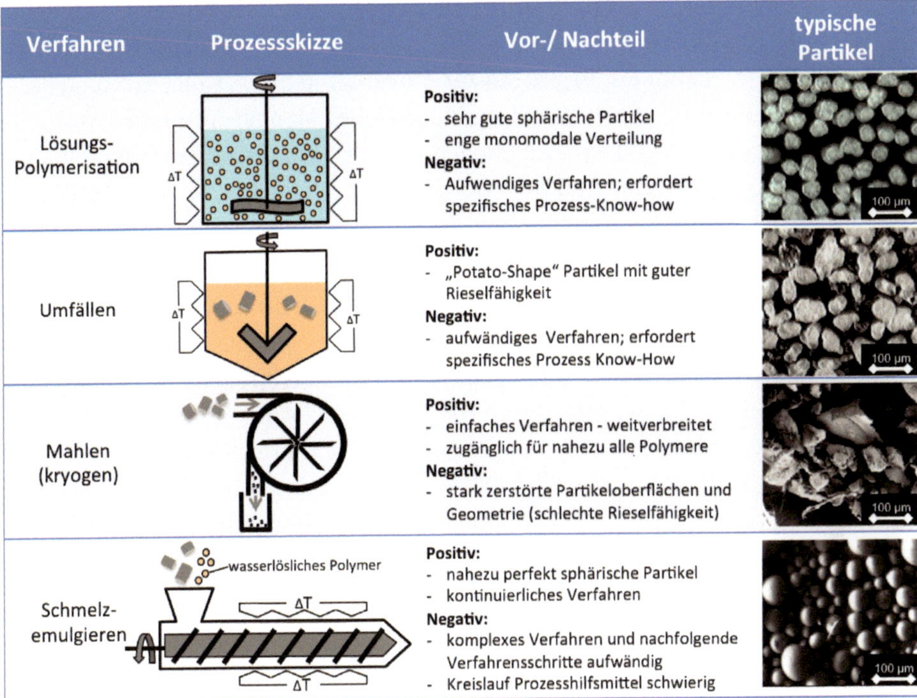

Verfahren	Prozessskizze	Vor-/ Nachteil	typische Partikel
Lösungs-Polymerisation	ΔT ΔT	**Positiv:** - sehr gute sphärische Partikel - enge monomodale Verteilung **Negativ:** - Aufwendiges Verfahren; erfordert spezifisches Prozess-Know-how	100 µm
Umfällen	ΔT ΔT	**Positiv:** - „Potato-Shape" Partikel mit guter Rieselfähigkeit **Negativ:** - aufwändiges Verfahren; erfordert spezifisches Prozess Know-How	100 µm
Mahlen (kryogen)		**Positiv:** - einfaches Verfahren - weitverbreitet - zugänglich für nahezu alle Polymere **Negativ:** - stark zerstörte Partikeloberflächen und Geometrie (schlechte Rieselfähigkeit)	100 µm
Schmelz-emulgieren	wasserlösliches Polymer ΔT ΔT	**Positiv:** - nahezu perfekt sphärische Partikel - kontinuierliches Verfahren **Negativ:** - komplexes Verfahren und nachfolgende Verfahrensschritte aufwändig - Kreislauf Prozesshilfsmittel schwierig	100 µm

Bild 5.2 Unterschiedliche Verfahren zur Herstellung von LS-Polymerpulvern im Überblick

Hinsichtlich der technischen Komplexität stellt das Mahlverfahren aus verfahrenstechnischer Sicht die geringste Herausforderung dar. Die direkte Polymerisation der Partikel sowie das Umfällen aus organischen Lösungsmitteln sind dagegen technisch weitaus schwieriger zu beherrschen und erfordern spezifisches Prozess-Know-how (z. B. Erfahrung im Umgang mit Reaktorkesseln unter hohen Drücken und Temperaturen).

Die Schmelzemulgierung ist verfahrenstechnisch etwas einfacher zugänglich und geeignete Einschneckenextruder gibt es im Labor- oder Technikumsmaßstab. Dies kann hilfreich sein, um entsprechende Prozesse mit kleinen Materialmengen zu entwickeln und um geringe Pulvermengen für erste LS-Versuche mit neuen Materialien zugänglich zu machen.

Zusammenfassend ist zu betonen, dass die Herstellung von gut geeigneten Pulvern für den LS-Prozess aufwendig und nicht trivial ist. Hier ist eine große Hürde für das weitere industrielle Wachstum der LS-Technologie zu finden. Nur wenn es zukünftig gelingt, weitere vom Markt geforderte Polymerpulver auf günstigem Weg in guter LS-Qualität zugänglich zu machen, wird die LS-Technologie ihre Einsatzbereiche deutlich erweitern können. Um dieses Ziel zu erreichen, wurden bereits einige weitere Prozesse und Verfahren zur Herstellung von LS-Pulvern geprüft.

5.1.6 Weitere Pulverherstellverfahren

Neben den vorab erwähnten Verfahren zur Pulverherstellung, welche aktuell praktisch ausschließlich für die Herstellung industrieller Mengen von LS-Pulvern eingesetzt werden, wurde und wird an einigen weiteren Verfahren gearbeitet, die zur Pulvergenerierung geeignet und zum Teil durchaus erfolgversprechend sind.

Schmelzspinnen

Beim klassischen Schmelzspinnen (Herstellung von Synthesefasern) lassen sich Polymerfasern mit sehr feinen Durchmessern (Titern) herstellen. Die einzelnen Filamentdurchmesser können durch prozesstypische Verstreckung mit hohen Abzugsgeschwindigkeiten deutlich unter 100 µm liegen. Werden entsprechende Fasern/Garne geschnitten und liegt die Schnittlänge im Bereich von 50 bis 100 µm, so erhält man zylinderförmige Körper, deren Dimensionen im Bereich gängiger LS-Pulver liegen [13]. Die Pulverfließfähigkeit dieser Mikrozylinder ähnelt der von anderen gängigen LS-Pulvern.

Der Vorteil des Verfahrens ist, dass sich durch das Verstrecken der Filamente homogene Kristallstrukturen mit einem hohen kristallinen Anteil im Polymer ausbilden. Diese hohe und konforme Kristallinität ist für den LS-Prozess sehr vorteilhaft (enges Schmelzendotherm mit hoher Schmelzenthalpie). Zudem lassen sich in Spinnprozessen leicht gefärbte Fasern oder auch Mehrkomponenten Materialien (z. B. Kern-Mantel- oder Side-by-Side-Fasern) generieren. Dies würde zur Herstellung von Multimaterial-LS-Pulvern führen, welche kaum über andere Herstellungsprozesse zugänglich sind.

Nachteilig ist allerdings, dass der Prozess des Schmelzspinnens üblicherweise Polymere mit sehr hohen Molekulargewichten und mit entsprechend hoher Viskosität erfordert (faserbildende Eigenschaften und hohe Schmelzstabilität). Die hohe Viskosität kann einer erfolgreichen Verarbeitung im LS-Verfahren aber durch unvollständige Koaleszenz (mangelndes Zusammenfließen der Partikel) entgegenwirken (siehe Abschnitt 4.1.5).

Die Start-up-Firma Structured Polymers Inc. (USA) hat „Micropellets“ für die LS-Verarbeitung auf diese Art und Weise hergestellt und zum Patent angemeldet [14]. Als erstes Produkt wurde ein vollständig schwarz eingefärbtes PA 12-Pulver mit sehr spezifischen Eigenschaften angeboten.

Das noch junge Unternehmen wurde aber bereits 2019 von der Firma Evonik (D) übernommen. Als nächster Schritt wurde 2020 ein Entwicklungszentrum für diese Technologie auf Basis und durch Integration der Arbeiten am Standort von Structured Polymers in Texas gegründet [15]. Die Übernahme und Zusammenarbeit mündete bereits in ersten kommerzialisierten LS-Pulvern: INFINAM TPC 8008 P und INFINAM TPC 8009 P (thermoplastische Elastomere (TPC)). Die hervorragende

Fließfähigkeit der Pulver und die Verfügbarkeit in schwarz sind auf die Herstellung über die Synthesefaserroute zurückzuführen.

Sprühtrocknung

Die Sprühtrocknung zur Herstellung von Pulvern wird häufig in der Lebensmitteltechnologie und bei der Herstellung von Mikrokapseln eingesetzt. Zur Herstellung von Polymerpulvern mit Sprühtrocknung wird eine Lösung des gewünschten Polymers durch eine Sprühdüse gepresst und schlagartig in eine geheizte Kammer entspannt. Das Lösemittel verdampft dabei idealerweise in Bruchteilen von Sekunden. Gleichzeitig bilden sich durch die Wirkung der Oberflächenspannung sphärische Partikel des verbleibenden Polymermaterials. Das Zielpolymer fällt somit in Pulverform an und kann über einen Zyklonabscheider gesammelt und fraktioniert werden.

Der Vorteil dieses Verfahrens ist, dass sich nahezu perfekt sphärische Partikel generieren lassen. Nachteilig ist, dass viele teilkristalline Polymere in gängigen Lösemitteln nur sehr schlecht löslich sind und dass sich aufgrund der gering konzentrierten Lösungen bevorzugt Hohlkugeln anstatt der für den LS-Prozess gewünschten Vollpartikel ausbilden. Zudem ist der Umgang mit (heißen) organischen Lösemitteln im technischen Maßstab nicht unkritisch und erfordert ein hohes Prozess-Know-how. Die Rückgewinnung der Prozesschemikalien ist problematisch.

Bild 5.3 zeigt Partikel aus PA 12, die mit Sprühtrocknung (engl. spray drying) hergestellt wurden. In der Rasterelektronenmikoskop (REM)-Aufnahme (Bild 5.3, links) sind sphärische Partikel mit einer leicht welligen Oberflächenstruktur zu erkennen. In der Computertomografie (CT)-Aufnahme (Bild 5.3, rechts) offenbart sich, dass es sich um hohle Kugeln handelt, welche für den LS-Prozess unbrauchbar sind.

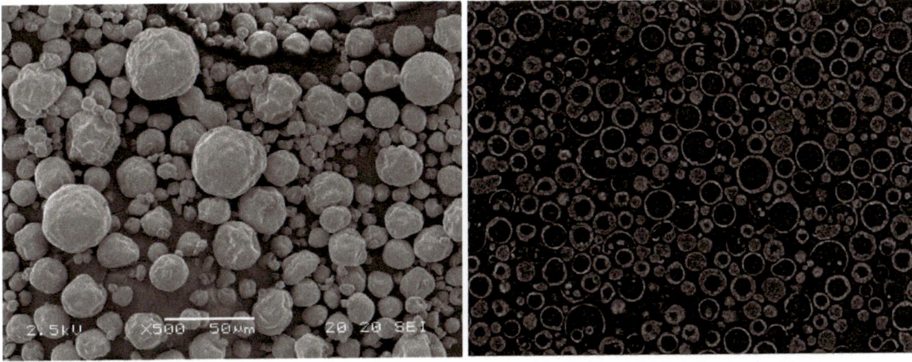

Bild 5.3 PA 12-Partikel, die mit Sprühtrocknung (links: REM-Aufnahme der Partikel; rechts: CT-Aufnahme) hergestellt wurden; die Hohlkörper-Struktur der Partikel ist klar ersichtlich. [Quelle: BMW AG]

Tropfenextrusion

Durch einen speziellen Extrusionskopf mit sehr dünner Düse (< 100 µm) wird ein dünner Polymerschmelzstrang geführt. Unter bestimmten Bedingungen (turbulente, nicht laminare Fließbedingungen) kommt es nach dem Austritt aus der Düse zu einem Abreißen der Polymerschmelze und mithilfe der Oberflächenspannung zur Ausbildung von Mikropellets [16]. Dieser Prozess kann z. B. durch Anblasen mit heißen Inertgasen unterstützt werden. Die technische Ausführung eines entsprechenden Extrusionswerkzeugs ist komplex und die stabile Prozessbeherrschung nicht trivial.

Gelingt die Herstellung von Pulvern auf diesem Weg, so eröffnen sich allerdings völlig neue Möglichkeiten. Einerseits handelt es sich um ein kontinuierliches Verfahren, welches große Pulvermengen pro Zeiteinheit verspricht, andererseits können nahezu alle Polymere und auch Compounds einem entsprechenden Extrusionsprozess unterworfen werden.

Die Palette an verfügbaren LS-Pulvern wäre über dieses Verfahren deutlich erweiterbar. Die nach diesem Prozess bis jetzt gewonnenen Partikel zeigen sich aber bis dato eher fadenförmig und von der gewünschten Dimension noch ungeeignet.

RESS mit überkritischen Gasen

Beim sogenannten RESS-Verfahren (engl. rapid expansion of supercritical solution, RESS) werden die gewünschten Materialien in überkritischen Gasen unter hohem Druck gelöst und durch eine Düse in einen Behälter oder Zyklon entspannt. Das Verfahren ähnelt der bereits erläuterten Sprühtrocknung. Nur das hier als Lösemittel überkritische Gase eingesetzt werden. Bei der schlagartigen Druckentlastung fallen die Materialien aus und es entstehen die gewünschten Pulver. Üblicherweise wird batchweise gearbeitet. Es gibt aber auch bereits Ansätze, solche Verfahren kontinuierlich in entsprechenden Extrusionsanlagen auszuführen, sodass eine kontinuierliche Pulvererzeugung möglich erscheint [17].

Vorteilhaft am RESS-Verfahren ist, dass überkritische Gase (meist überkritisches CO_2) günstig sind und bei moderaten Temperaturen gearbeitet werden kann. Das Polymer muss nicht geschmolzen, sondern nur gelöst werden und es werden keine aufwendigen Verfahren für die Rezyklierung des Lösemittels benötigt. Üblicherweise entstehen bei diesem Prozess kleinere Partikel (< 10 µm) mit länglichen Kornformen, welche für den LS-Prozess aber eher ungünstig sind.

5.2 Lasersinterpulvereigenschaften

Qualität und Produktivität eines pulverbasierten Prozesses hängen generell davon ab, dass die Eigenschaften von Pulver und Bearbeitungsverfahren aufeinander abgestimmt sind. Beim LS-Prozess ist es offensichtlich, dass die Ausbildung eines homogenen, glatten Pulverbetts im Baufeld mit hoher Pulverdichte stark vom Pulververhalten im Prozessschritt der Pulverapplikation abhängt.

Die Pulverbereitstellung erfolgt beim Lasersintern mit einer Rolle oder Klinge (siehe auch Abschnitt 2.1.4). Bild 5.4 zeigt die beiden Methoden schematisch. Das zu applizierende Pulver ist durch die laterale Bewegung (Vorschub) des Werkzeugs mechanischen Kräften ausgesetzt. In beiden Fällen bildet sich „im Idealfall“ vor dem Applikationswerkzeug eine rotierende „Pulverwalze“, in der das lose Pulver fluidisiert wird und sich dabei vor dem Beschichter ähnlich einer Wasserwelle verhält und sich danach durch „Selbstorganisation“ zu einer „perfekten“ Schicht mit hoher Dichte ablegt.

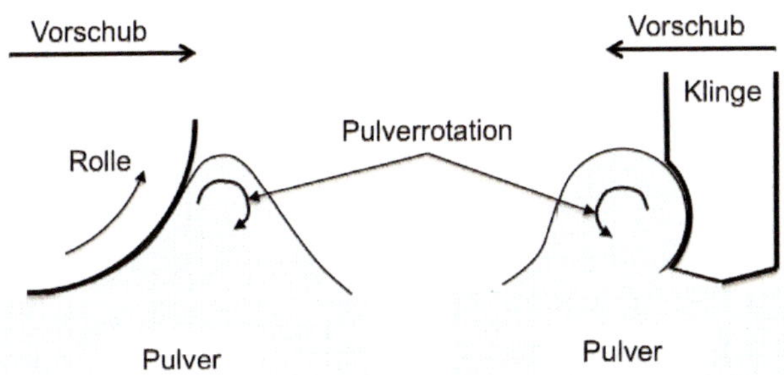

Bild 5.4 Auftragstechnologie (Rolle, Klinge) von Pulvern beim LS-Prozess

Da eine hohe Pulverdichte und eine gute Baufeldoberfläche direkt mit den entsprechenden Größen (Dichte und Oberfläche) im fertigen Bauteil verknüpft sind, kommt diesem Prozessschritt der korrekten Baufeldbeschichtung eine sehr hohe Bedeutung zu.

5.2.1 Pulverdichte

Die Dichte von Pulverpartikeln kann in einer kubisch flächenzentrierten Struktur einen theoretischen Maximalwert von 74 % Raumerfüllung annehmen. Dies gilt aber streng nur für monomodal verteilte Pulver, deren Partikel ideal sphärisch sind. Mit der Zugabe von kleineren Partikeln, welche die Hohlräume zwischen den großen Kugeln ausfüllen können, kann theoretisch die maximale Dichte noch um wenige Prozent gesteigert werden [18].

Es gilt allerdings zu bedenken, dass der theoretische Dichtewert und die weitere Optimierung durch Mischen verschiedener Fraktionen in der Pulverrealität kaum praktikabel sind. Einerseits liegen üblicherweise keine ideal sphärischen monomodal verteilten Pulver in beliebiger Größenordnung vor, welche miteinander vermischt werden können, und andererseits werden sich bei nicht idealen Mischungsverhältnissen die kleineren Partikel im Pulver auch so platzieren, dass der Abstand zwischen den großen Partikeln wieder zunimmt und damit die Dichte reduziert wird (Zunahme des spezifischen Volumens des Systems).

Bild 5.5 zeigt den Zusammenhang schematisch auf: Aus zwei idealen Pulvern unterschiedlicher Größe lassen sich verschieden bimodale Mischungen erzeugen. Nur wenn die kleinen Partikel ausschließlich die Hohlräume zwischen den großen Partikeln besetzen, kommt es zu einer (geringfügigen) Zunahme der Pulverdichte. Bei nicht idealen Mischungsverhältnissen wird die Pulverdichte abnehmen.

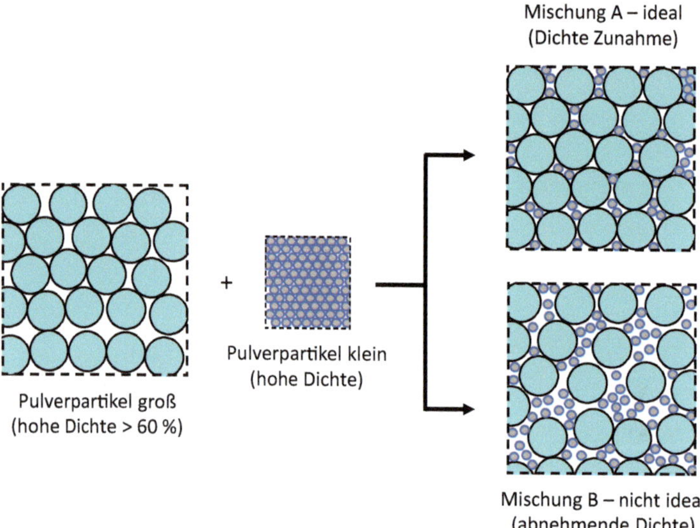

Bild 5.5 Packungsdichte ideal sphärischer Kugeln in zwei Größen und bimodale Mischungen daraus

Zudem kommt es bei mechanischen Belastungen wie Mischvorgängen immer auch zu Entmischungseffekten. Feine Pulver sinken ab, die großen schwimmen oben auf (Rütteleffekt), sodass Mischung und Entmischung in einem Wettstreit stehen.

Die Packungsdichte von Pulvern im technischen Einsatz liegt bei einem Maximalwert von ca. 60 %. Wobei auch hierfür nahezu sphärische Partikel erforderlich sind. Die geometrische Abweichung der Partikel von der idealen Kugelform lässt die maximal erzielbare Packungsdichte rasch absinken, sodass im Falle von heute kommerziell vorliegenden LS-Pulvern von einer Pulverdichte im Bereich von 45 % bis höchstens 55 % ausgegangen werden kann.

Ist die Pulverdichte im LS-Prozess aufgrund z.B. stark inhomogener Partikelformen sehr gering (häufig bei gemahlenen Pulvern), so wird beim Pulverauftrag wenig Material pro Volumenanteil abgelegt. Nach dem Aufschmelzen durch den Laser fließt das geschmolzene Polymer zusammen und in der Schmelzspur des Lasers verbleibt zu wenig Material, um homogene Teile mit einer ausreichenden Bauteildichte zu generieren.

Bild 5.6 zeigt als Beispiel ein Bauteil (Schulterbereich eines DIN-Zugstabs) nach wenigen gesinterten Schichten: einerseits hergestellt aus Pulver mit sehr geringer Pulverdichte (Bild 5.6, links) und im Vergleich dazu ein Standardbauteil (kommerzielles PA 12-LS-Pulver mit ausreichender Dichte; Bild 5.6, rechts). Wie gut zu erkennen ist, kommt es durch die geringe Pulverdichte zur Ausbildung massiver Hohlräume und einer unebenen Oberflächenstruktur. Entsprechende Bauteile sind unbrauchbar.

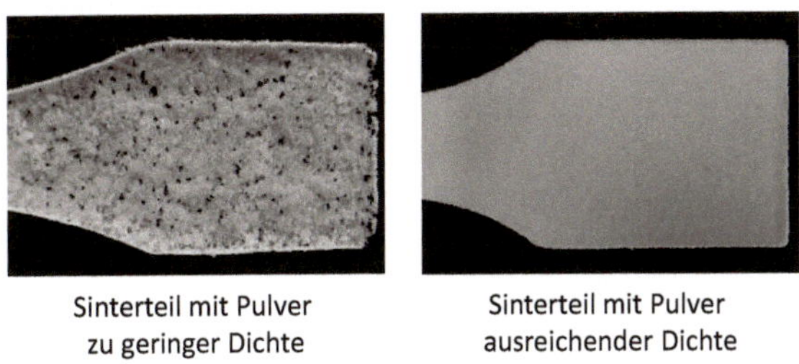

Bild 5.6 Testbauteile nach wenigen Sinterschichten mit Pulvern unterschiedlicher Pulverdichte [Quelle: Inspire AG]

Der Zusammenhang zwischen Partikelform und der Größenordnung der Pulverdichte ist schematisch in Bild 5.7 dargestellt. Ein rascher Abfall der Pulverdichte mit dem Abweichen der Partikel von der idealen Zirkularität/Sphärizität ist zu erkennen.

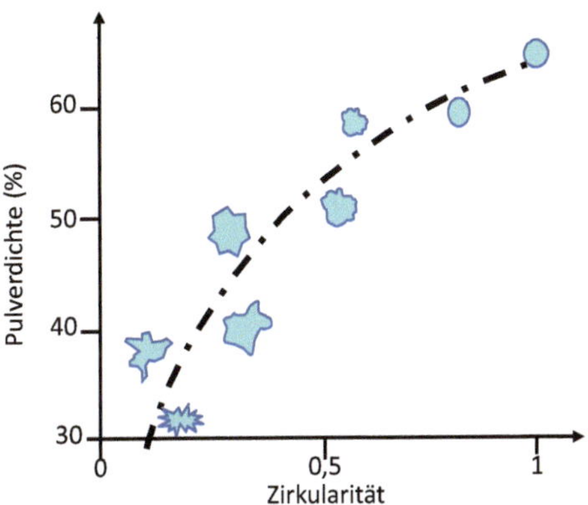

Bild 5.7 Zusammenhang zwischen Partikelgeometrie und Pulverdichte

Aus den Erläuterungen wird deutlich, dass der Partikelgeometrie der einzelnen Pulverkörnchen besondere Bedeutung für das Verhalten der entsprechenden Pulver im LS-Prozess zukommt.

Partikelform und -oberfläche sowie die aus der Gesamtzahl der Partikel zusammengesetzte Pulververteilung sind mitentscheidende Größen, ob ein Pulver erfolgreich im LS-Prozess eingesetzt und verarbeitet werden kann oder nicht.

5.2.1.1 Partikelform und -oberfläche

Größe, Form und Oberflächenbeschaffenheit der Pulverpartikel haben einen entscheidenden Einfluss auf das Pulververhalten während des LS-Prozesses. Sind die Pulverpartikel nicht weitgehend rund und die Oberfläche stark zerklüftet und rau, kann eine homogene Ausbildung des Pulverbetts beim Pulverauftrag stark beeinträchtigt und damit der LS-Prozess massiv gestört sein.

Da es sich bei einzelnen Pulverkörnchen um dreidimensionale Körper handelt, sollte ihre Form hinsichtlich dreidimensionaler Rundheit, ihre Sphärizität, in Bezug auf eine ideale Kugel beschrieben werden. Die Sphärizität eines Körpers ist definiert als das Verhältnis der Oberfläche einer Kugel gleichen Volumens zur Oberfläche des entsprechenden Körpers [19]. Eine Kugel hat also die Sphärizität eins. Je kleiner der Wert wird, umso weiter ist der Körper von der idealen Kugelgestalt entfernt. Ein Tetraeder besitzt z. B. ein Sphärizität von ca. 0,67, ein Würfel die Sphärizität von ca. 0,8.

Die dreidimensionale Bestimmung der Form eines Körpers ist mit gängigen (optischen) Messverfahren schwierig, weshalb auf zweidimensionale Größen wie Zirkularität, Aspektverhältnis und Flächendeckung ausgewichen wird:

- Die **Zirkularität (engl. circularity, *C*)** ist die Projektion der Sphärizität auf eine Ebene. Gelegentlich werden Zirkularität und Sphärizität synonym verwendet ($C = 4\pi/\text{Umfang}^2$).
- Beim **Aspektverhältnis (engl. aspect ratio, A_R)** werden der kleinste und der größte Durchmesser eines Partikels zueinander ins Verhältnis gesetzt und so die Verzerrung in Abweichung von der Kreisform eines Partikels erfasst (A_R = längste Achse/kürzeste Achse).
- Die **Flächendeckung (engl. solidity, *S*)** erfasst mit einem Umkreis das jeweilige Partikel und setzt die konvexe Fläche dazu ins Verhältnis (*S* = Fläche/konvexe Fläche).

Bild 5.8 zeigt schematisch die verschiedenen Parameter, die üblicherweise zur Beschreibung der Partikelform gebraucht werden.

Je näher die Zirkularität, das Aspektverhältnis und die Flächendeckung bei einem Wert von eins liegen, umso runder und kreisförmiger ist das betrachtete Partikel und umso homogener ist seine Oberfläche. Die Form der Pulverpartikel wird im Wesentlichen durch das Herstellungsverfahren (siehe Abschnitt 5.1) der Pulver determiniert.

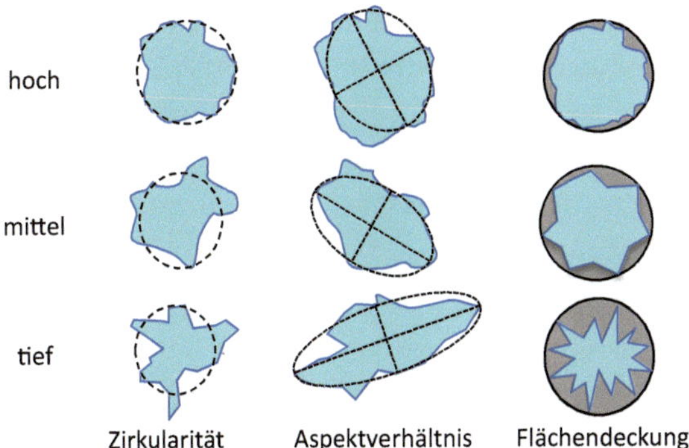

Bild 5.8 Zirkularität, Aspektverhältnis und Flächendeckung zur Bestimmung von Partikelformen

Für die Verarbeitung mit Lasersintern ist für alle drei Parameter ein Wert nahe eins gewünscht. Also möglichst nahe an der idealen Kugel, um eine hohe Pulverfließfähigkeit und eine hohe Pulverdichte zu gewährleisten.

Aktuelle Arbeiten in der Forschung legen nahe, dass für LS-Pulver möglicherweise die Beschreibung der Zirkularität (C) weniger gut geeignet ist, um die Partikelformen und das Prozessverhalten adäquat zu beschreiben, da diese oft nicht kugelförmig, sondern eher ellipsoid sind.

Es wurde daher neben C, A_R und S ein weiterer Formfaktor, die sogenannte *elliptical smoothness* (E_s) vorgeschlagen, um die Form einzelner Partikel besser zu beschreiben (E_S = Partikel Umfang/Umfang einer Ellipse im Schwerpunkt des Partikels).

E_s ist eine Kombination aus „circularity“ und „solidity“, basiert aber auf einer elliptischen Form und nicht auf einem Kreis. Es ist der Vergleich der Kontur eines einzelnen Partikels mit der Kontur einer zentrischen Ellipse im Schwerpunkt des Partikels, welche die gleiche Fläche hat wie die 2-D-Silhouette des besagten Partikels. Langgestreckte Teilchen werden durch E_s besser beschrieben, als es bei der Kreisform der Fall wäre. Mit der Anwendung von E_s-Daten ist es gelungen, das Verhalten einzelner LS- Pulver mit deren LS-Prozessierbarkeit zu korrelieren und gezielter vorherzusagen [20].

Einen Eindruck von Form und Oberfläche von Partikeln kann man prinzipiell auch sehr gut visuell erhalten. Die Betrachtung unter einem Mikroskop gibt einen schnellen qualitativen Eindruck über Sphärizität und Oberflächenrauigkeit.

Bei den REM-Aufnahmen in Bild 5.9 sind die Unterschiede deutlich zu erkennen. Links in Bild 5.9 ist die Aufnahme eines Pulvers zu sehen, welches mit dem Schmelzemulgieren (vgl. Abschnitt 5.1.4) hergestellt wurde. Im Vergleich dazu ist ein bezüglich Sphärizität eher schlechtes LS-Pulver in Bild 5.9 rechts zu sehen, welches mit einem Mahlverfahren erzeugt wurde (siehe Abschnitt 5.1.3).

In der Mitte von Bild 5.9 ist die Aufnahme eines Pulvers mit der sogenannten Kartoffelform zu sehen, wie es für gefällte Pulver (siehe Abschnitt 5.1.2) typisch ist. Mit geeigneter Auswertungssoftware lassen sich Bilder dieser Art (REM oder Lichtmikroskop) quantitativ auswerten. Speziell die Form hinsichtlich Zirkularität, Aspektverhältnis, Flächendeckung und anderen Parametern lässt sich visuell gut bewerten.

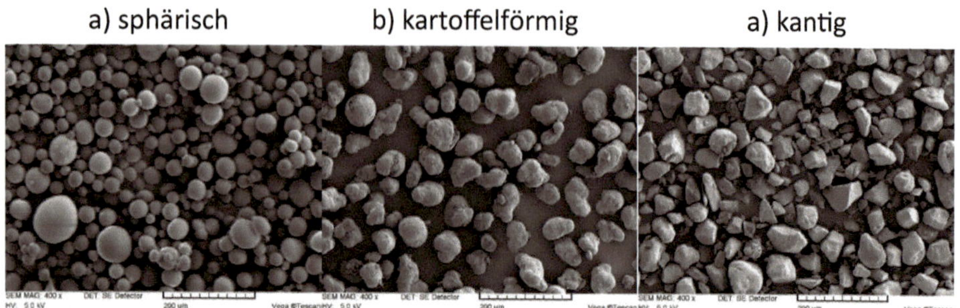

Bild 5.9 REM-Aufnahme eines sphärischen Pulvers, eines Pulvers mit reduzierter Rundheit (kartoffelförmig) und eines Pulvers mit kantiger Oberfläche [Quelle: Empa]

Um die Oberflächenbeschaffenheit nicht nur visuell, sondern auch quantitativ zu erfassen, steht unter anderem die sogenannte BET-Methode zur Verfügung (Brunauer, Emmett und Teller, BET; Nachnamen der Entwickler). Diese Methode ist genormt (DIN ISO 9277:2014-01) und findet in der Pulvertechnologie zur Charakterisierung der Oberflächen breite Anwendung. Mit der BET-Methode erhält man eine Aussage über die spezifische Oberfläche der Pulver üblicherweise in Kubikmeter Oberfläche/Gramm.

Speziell bei hochporösen Pulvern für Katalysatorsysteme ist die Bestimmung der spezifischen Oberfläche sehr wichtig, um Aussagen über die Katalysatoraktivität bzw. über die aktivierte Fläche zu erhalten. Aber auch bei gefälltem Pulver gibt die BET-Methode Auskunft darüber, ob der Fällungsprozess Partikel mit der gewünschten Oberfläche generiert hat. Ein zu hoher Zerklüftungsgrad der Partikel würde sich hier zu erkennen geben.

Neben der Form und der Oberfläche der einzelnen Pulverkörner muss auch das aus den Partikeln erzeugte Pulver spezifische Anforderungen hinsichtlich der Korngrößenverteilung erfüllen, damit es beim LS-Prozess erfolgreich eingesetzt werden kann.

5.2.1.2 Partikelgrößenverteilung (Anzahl- und Volumenverteilung)

Die Partikelgrößenverteilung eines Pulvers hat entscheidende Bedeutung für sein Prozessverhalten. Generell müssen Pulververteilung und Bearbeitungsprozess aufeinander abgestimmt sein, damit eine erfolgreiche Verarbeitung stattfinden kann.

Für den LS-Prozess ist es z. B. naheliegend, dass der Spaltabstand zwischen dem Werkzeug (Rolle oder Klinge) zum Pulverauftrag (siehe Bild 5.4) und der Pulveroberfläche größer sein muss als die größten Partikel der Pulververteilung. Dies ist eine Grundvoraussetzung, um eine streifenfreie Pulveroberfläche im Pulverbett zu erzeugen.

Zudem hat die Partikelgrößenverteilung auch Auswirkungen auf die Oberflächenqualität, auf optische Eigenschaften (Energieabsorption des Lasers) und die Detailauflösung der Endbauteile. Ein hoher Grobanteil an Partikel wirkt sich auf beide Eigenschaften negativ aus. Andererseits hat ein zu hoher Feinanteil negative Auswirkungen auf die Fließ- und Rieselfähigkeit der Pulver (siehe Abschnitt 5.2.2).

Bei Pulvern stellt sich also generell die Frage nach der Größenverteilung der Partikel, aus denen das Pulver zusammengesetzt ist. In diesem Zusammenhang ist es von Interesse, ob

- die Verteilung breit oder eng ist,
- eine symmetrische oder unsymmetrische Verteilung vorliegt,
- eine mono-, bi- oder höher modale Verteilung vorliegt.

Bild 5.10 zeigt schematisch einige unterschiedlichen Möglichkeiten hinsichtlich der Pulververteilungen.

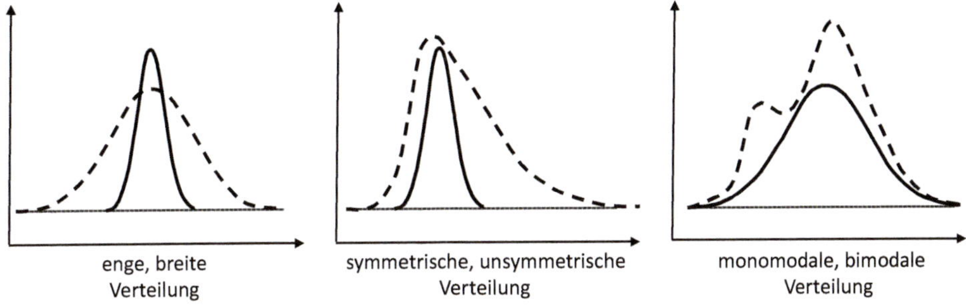

Bild 5.10 Einige mögliche prinzipielle Pulververteilungen (schematisch)

Die Ausprägung der Partikelgrößenverteilung hat wie die Pulverkorngeometrie und speziell die Partikelform Auswirkungen auf die Packungsdichte der Pulver im LS-Baufeld. Welches die beste oder günstigste Verteilung für den LS-Prozess darstellt, kann spontan nicht beurteilt werden. Bezüglich der Pulverbettdichte ist eine hohe Packungsdichte der Partikel sicher wünschenswert.

Messung der Pulververteilung

Die Bestimmung von Verteilungskurven von Pulvern gelingt mit einer Reihe von Messmethoden. Gut geeignet sind Trennverfahren (z. B. Siebanalyse, DIN 66165-1) oder Zählverfahren (z. B. Lichtmikroskop, Coulter Counter, Streulichtverfahren, Laserbeugung, ISO 13320) sowie auch Sedimentationsprozesse.

Im Bereich der LS-Pulver wird häufig mit Laserbeugungsverfahren, dynamischen (ISO 13322-2) oder statischen (ISO 13322-1) Bildanalysen gearbeitet. Das Lichtmikroskop bietet beim Einsatz geeigneter Auswertungssoftware den Vorteil, dass über die Bildanalyse auch sehr viele Informationen über die Form der Partikel (engl. powder shape) zugänglich sind. Die in Abschnitt 5.2.1.1 vorgestellten Formfaktoren Zirkularität (C), Aspektverhältnis (A_R), Flächendeckung (S) und elliptical smoothness (E_S) sind mit entsprechender Software direkt bestimmbar.

Mittlerweile sind auch Messgeräte am Markt verfügbar, bei denen z. B. Laserbeugung und optische Analyse kombiniert sind. Dies ist einerseits bezüglich des Messaufwands und andererseits auch bezüglich der Aussagekraft des Ergebnisses vorteilhaft, da sichergestellt ist, dass beide Messungen an einer identischen Probe durchgeführt wurden.

Bild 5.11 zeigt als Beispiel ein Messprotokoll eines LS-Versuchspulvers mit hoher Sphärizität, bei dem alle angegebenen Daten zur volumenbezogenen Verteilung (D_{v10}, D_{v50}, D_{v90}) und den Shape-Faktoren (aspect ratio, circularity, solidity) in einem Messdurchlauf mit Kombination aus Laserbeugung und optischer Analyse ermittelt wurden.

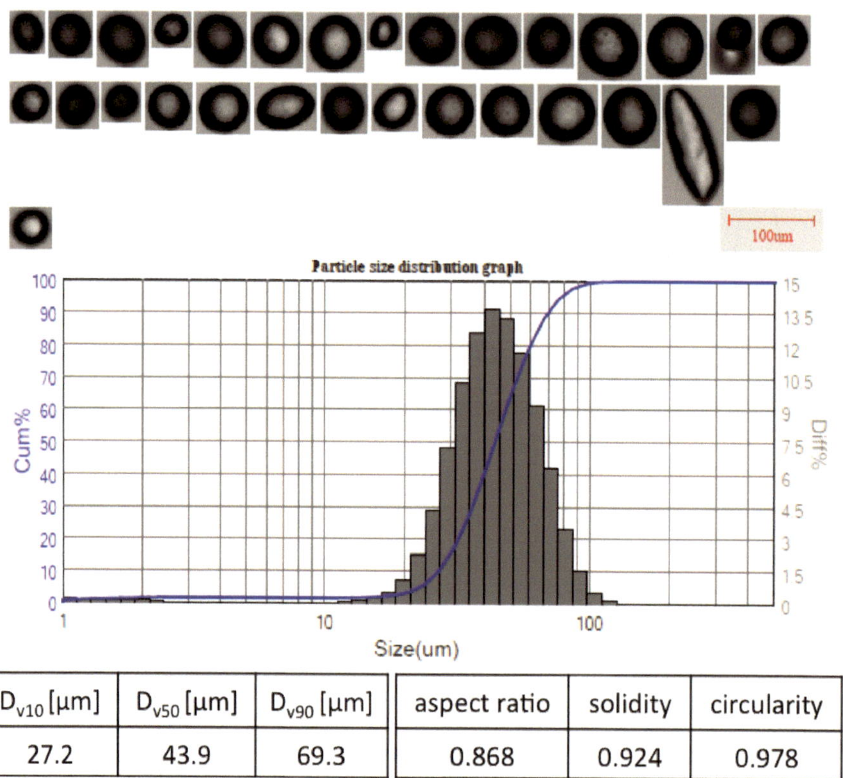

D_{v10} [µm]	D_{v50} [µm]	D_{v90} [µm]	aspect ratio	solidity	circularity
27.2	43.9	69.3	0.868	0.924	0.978

Bild 5.11 Messprotokoll zur kombinierten Bestimmung von volumenbezogener Partikelgrößenverteilung und Partikel-„Shape-Faktoren“ an einem sphärischen LS-Versuchspulver [Quelle: Inspire AG]

Bei der Erhebung der Partikelgrößenverteilung ist zu beachten, welche Größe mit der jeweiligen Methode bestimmt wird. Es kann zwischen der Volumen- und der Zahlenverteilung der Partikel unterschieden werden. Um ein Pulver in diesem Zusammenhang bestmöglich zu charakterisieren, ist die Bestimmung der Verteilung hinsichtlich beider Größen empfehlenswert.

Bild 5.12 zeigt anhand einer lichtmikroskopischen Untersuchung die Unterschiede am Beispiel zweier Forschungspulver. Wird für die beiden Pulver (Pulver 1 und Pulver 2 in Bild 5.12) nur die Volumenverteilung betrachtet (mittlere Spalten in Bild 5.12), so könnte man in beiden Fällen eine monomodale, mittelbreite und nahezu symmetrische Pulververteilung diagnostizieren. Die Größenordnung zwischen 10–100 µm erscheint dabei in beiden Fällen für eine Anwendung im LS-Bereich durchaus geeignet.

Bei der Betrachtung der Zahlenverteilung (rechte Spalten in Bild 5.12) ergibt sich eine völlig andere Bewertung. Hier erkennt man, dass Pulver 1 mindestens eine bimodale Verteilung zugrunde liegt und dass Pulver 2 einen sehr hohen Partikelfeinanteil aufweist, der einer erfolgreichen Applikation dieses Pulvers im LS-Bereich mit hoher Wahrscheinlichkeit im Wege steht.

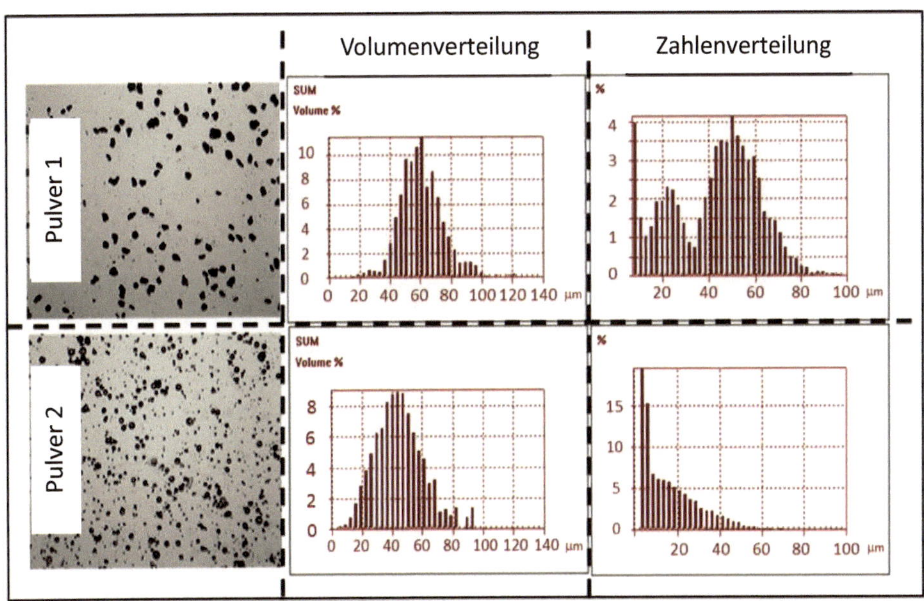

Bild 5.12 Anzahl- und Volumenverteilung von zwei LS-Forschungspulvern

Speziell bei Bestimmungsmethoden, welche primär die Volumenverteilung ermitteln, wird häufig der Feinanteil der Pulver nicht ausreichend erkannt. Da aber wie nachfolgend erläutert (siehe Abschnitt 5.2.2) speziell Partikel mit einem Durchmesser < 5 µm die Kohäsion der Pulver massiv steigern, ist für die vollständige Charakterisierung der Pulver die Kenntnis über den Anteil an Feinpartikeln essenziell.

Die Kenntnis der korrekten Pulververteilung wird also in der Regel nur mit der Bestimmung mehrerer Verteilungswerte erzielt. Generell gilt, dass in einem guten LS-Pulver der Pulverfeinanteil so gering wie möglich gehalten werden sollte, um Prozessprobleme durch mangelnde Pulverrieselfähigkeit und erhöhte Staubbildung bei der LS-Verarbeitung zu vermeiden. Das Verständnis für das Fließverhalten von Pulvern (Pulverrheologie) ist demzufolge essenziell für das Verständnis der LS-Technologie und die erzielbare Bauteilqualität.

5.2.2 Pulverrheologie

Die Pulverrheologie beschreibt das Fließen von Pulvern unter bestimmten Belastungsbedingungen. Das Fließverhalten wird dabei von vielen Faktoren beeinflusst. Als wesentliche Größen sind hier die Partikelgrößenverteilung sowie die Geometrie der einzelnen Pulverpartikel (kugel-, plättchen-, stäbchenförmig) und deren Oberflächenbeschaffenheit (glatt, rau, zerklüftet) zu nennen.

Daneben können auch externe Faktoren wie Feuchtigkeit, Gas/Luftanteil, Temperaturen, mechanische Bewegungen (Vibrationen) oder Wechselwirkungen durch Füll- und/oder Verstärkungsstoffe in Dry Blends sowie Additive und chemische Zusätze eine wesentliche Rolle spielen. Wie gut ein Pulver fließt oder rieselt, hängt zusätzlich noch von den mechanischen Kräften während der Bearbeitung ab.

Die Fließfähigkeit von Pulvern wird üblicherweise in kohäsiv und nicht kohäsiv unterteilt. Gibt es zwischen den Pulverpartikeln keine Wechselwirkungen, spricht man von frei fließenden, nicht kohäsiven Pulvern. Die Partikel in diesen Pulvern sind meist nahezu sphärisch, monodispers verteilt und unpolar. Sie können sich analog einer Flüssigkeit fließend bewegen.

Bei kohäsiven Pulvern besitzen die Pulverpartikel dagegen Wechselwirkungen untereinander. Zusätzliche mechanische Kräfte sind notwendig, um sie in einen fließähnlichen Zustand zu überführen. Die Fluidisierbarkeit eines Pulvers ist also eine Aussage darüber, ob und unter welchen Umständen sich ein kohäsives Pulver in ein fließfähiges Pulver überführen lässt.

Die Kräfte, die den Zusammenhalt und die Kohäsion von Pulverpartikeln bewirken, sind im Wesentlichen Gravitation, elektrostatische Kräfte, mechanische Interaktionen zwischen den Partikeln und van der Waals-Wechselwirkungen (vdW). Welche der Kräfte überwiegen, kann in jedem Einzelfall verschieden sein. Allgemein ist bekannt, dass aufgrund des Verhältnisses von Oberfläche zu Volumen bei sehr kleinen Partikeln ($d \leq 5$ µm) die vdW-Kräfte dominant werden. Pulver mit einem hohen Partikelfeinanteil neigen daher zu ausgeprägter Agglomeration und tendenziell zu kohäsivem Verhalten [21].

Die Fließfähigkeit von Pulvern wird häufig in Bereiche unterteilt. Die Einteilungen sind oft willkürlich auf einen bestimmten Prozess zugeschnitten und von der Analysemethode abhängig. Wird der sogenannte Hausner-Faktor (HF; siehe Abschnitt 5.2.3.1) für die Bewertung herangezogen, so hat sich folgende Einteilung etabliert:

- HF ≤ 1,25 = hohe Fließfähigkeit,
- 1,25 ≤ HF ≤ 1,4 = reduzierte Fließfähigkeit,
- 1,4 ≤ HF = kohäsiv.

Im LS-Prozess sind Pulver mit ausgeprägter Kohäsivität (HF ≥ 1,4) in der Regel nicht oder nur schwer zu verarbeiten. Unerwünschte Effekte und Prozessprobleme wie Streifenbildung auf dem Pulverbett, schlechte Pulverdichte, Risse im Pulverbett und Partikelanhaftungen am Beschichtungswerkzeug können die Folge sein (siehe auch Abschnitt 3.1.4.3).

Die exakte Beschreibung der Fließfähigkeit von Pulvern für den LS-Prozess und auch während der LS-Verarbeitung ist aktuell auch Gegenstand laufender Normierungsbemühungen: ISO/ASTM TR 52913-1: Additive Manufacturing - Process characteristics - Part 1: General test methods for characterization of powder flow properties. Auch für die Qualitäts- und/oder Eingangskontrolle bei LS-Pulvern ist ein gutes Verständnis der Pulverfließfähigkeit und der Zugang zu reproduzierbaren und genormten Messungen dieser Messgröße essenziell.

5.2.3 Messung der Pulverfließfähigkeit

Zur Bestimmung der Riesel- oder Fließfähigkeit von Pulver stehen eine Reihe unterschiedlicher Methoden zur Verfügung [22]. Bild 5.13 zeigt einen Überblick. Der messtechnische Aufwand kann dabei sehr unterschiedlich sein. Einige der genannten Methoden haben aber bereits Eingang in die Normung gefunden. Ein wichtiger Unterschied bei den vorgestellten Methoden besteht darin, ob eher statisch oder dynamisch gemessen wird, d. h., in welchem Stresszustand sich das Pulver während der Messung befindet.

Methode	Norm	Stress-Zustand	Ergebnis
Schütt- und Stampfvolumen	 ASTM D 6773 DIN ISO 4324 ASTM D7481	Statisch (mechanische Verdichtung)	Volumen des losen und gestampften Pulvers: "Hausner-Faktor"
Auslauftrichter		Statisch (Gravitation)	Schüttwinkel
Ringscherzelle	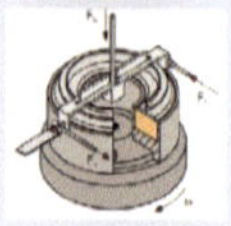	Quasistatisch Pulver unter Druck	Scherkraft als Funktion von Druck und Kompression
"Revolution Powder Analyzer (RPA)" (Fa. Mercury Scientific)	 nicht genormt	Dynamisch mit Rotation des Pulvers	Lawinenwinkel; Geometrie der Pulveroberfläche; Fluidisierbarkeit
Expansion mit Gasfluss		Dynamisch mit vertikalem Gasfluss	Höhe der Fluidisierung bei konstantem Gasfluss; Konsolidierungsdauer
Pulverrheometer (Fa. Freemantech)		Dynamisch mit Propeller Rotation	Drehmoment in Abhängigkeit des Pulverzustands

Bild 5.13 Methodenüberblick zur Bestimmung der Pulverfließfähigkeit (nicht vollständig)

Es ist an dieser Stelle zu betonen, dass bis jetzt keine eindeutige Korrelation zwischen den Messmethoden zur Pulverfließfähigkeit möglich ist. Jede Methode steht für sich alleine und die Ergebnisse können kaum übertragen oder sinnvoll miteinander verglichen werden.

Sortiert man die Messmethoden und trägt sie schematisch als Pulverzustand gegen Messbedingungen in einem Diagramm auf, so erkennt man einen möglichen Grund für die schlechte Vergleichbarkeit der unterschiedlichen Methoden. Sie sind weit über die vier Quadranten des Diagramms verstreut. Die Pulver werden in unterschiedlichen Zuständen gemessen, sodass eine Korrelation der Messergebnisse kaum zu erwarten ist.

Ergänzt man, wie in Bild 5.14 geschehen, noch den Bereich, in dem der LS-Pulverauftrag erfolgt (in etwa an der Schnittstelle zwischen losem und verdichteten Pulver), so kann man abschätzen, welche der Methoden eine gewisse Aussagekraft besitzen, um das Pulververhalten beim LS-Prozess zu simulieren und eine Abschätzung der LS-Prozessfähigkeit von Pulvern erlauben.

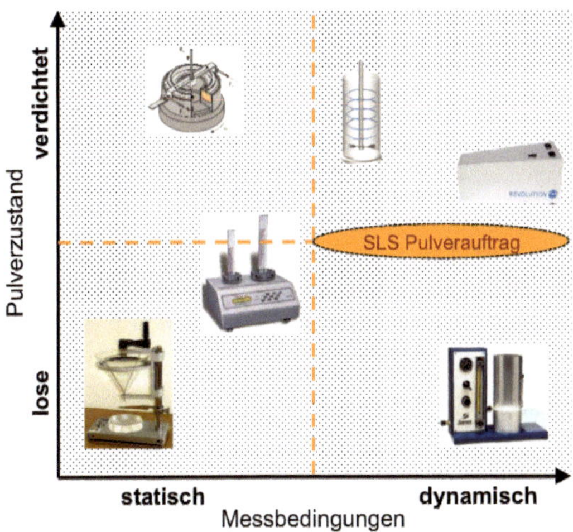

Bild 5.14 Einteilung der Messmethoden zur Pulverfließfähigkeit

Die Frage, welche der Messmethoden die LS-Realität am besten abbilden und die ablaufenden Prozesse beim Pulverauftrag annähernd exakt beschreiben, ist noch offen. Eine mögliche und einfach zugängliche Messgröße in diesem Zusammenhang ist der sogenannte Hausner-Faktor.

5.2.3.1 Hausner-Faktor (H_R)

Diese einfache Methode, die eine Aussage über die Fließfähigkeit von Pulver zulässt, besteht in der Bestimmung der Schütt- und Stampfdichte eines Pulvers. Der Quotient aus den beiden Zahlen wird als Hausner-Faktor (engl. Hausner ratio, H_R) oder Hausner-Zahl bezeichnet (benannt nach dem österreichischen Physiker Prof. H. Hausner, 1901–1995).

Die Ermittlung der Schütt- und Stampfdichte ist genormt (z. B. ASTM D 7481). Der H_R-Wert errechnet sich als Quotient aus Stampfdichte (ρ_{stampf}) und Schüttdichte ($\rho_{schütt}$) bzw. als Quotient aus Schüttvolumen ($V_{schütt}$) und Stampfvolumen (V_{stampf}, siehe Formel 5.1). Die Stampfereignisse zur Erzielung eines maximal verdichteten Pulvers sind hinsichtlich mechanischer Belastung beim Klopfen und der Anzahl der Klopfvorgänge genormt.

$$H_R = \rho_{stampf} - \rho_{schütt} = V_{schütt} - V_{stampf} \geq 1 \qquad (5.1)$$

Statischer Hausner-Faktor

Wenn kein nach Norm vorgesehenes Verdichtungs- oder Klopfgerät zur Verfügung steht, so kann die Bestimmung auch durch manuelles Klopfen auf einem harten Untergrund, z. B. einer Tischplatte, ausgeführt werden.

Wie aussagekräftig dieses Vorgehen sowie die manuelle Bestimmung des H_R-Werts für kommerzielle LS-Pulver ist, wurde innerhalb der VDI-Fachgruppe (FA 105 –

Additive Manufacturing) in einem Ringversuch ermittelt. Dabei mussten die Teilnehmer in mehreren Versuchsrunden insgesamt sieben verschiedene gut aufgelockerte LS-Pulver in einen Kunststoffmesszylinder einfüllen (100 oder 250 ml) und anschließend den Kunststoffzylinder 2 min mit einer Frequenz von ca. 1 Hz klopfen, um das Pulver zu verdichten.

Folgende Kunststoffpulver wurden den Ringversuchsteilnehmern zur Bestimmung des HF-Werts zur Verfügung gestellt:

- DF neu = Duraform® PA = PA 12-Frischpulver (Firma 3D-Systems) - unbenutzt neu,
- DF gebraucht = Duraform® PA = PA 12-Pulver (Firma 3D-Systems) nach mehreren Prozessdurchläufen,
- DF HST = PA 12-Pulver (Firma 3D-Systems) mit Mineralfasern vermischt,
- PA 2200 gebraucht = PA 12-Pulver (Firma EOS) - nach mehreren Prozessdurchläufen,
- PA 1101 neu = PA 11-Pulver (Firma EOS) - unbenutzt neu,
- PA 3200 GF = PA 12-Pulver (Firma EOS) - mit Glaskugeln vermischt,
- PA 12 IF = PA 12-Pulver mit verbesserter Fließfähigkeit (engl. improved flowability, IF).

Die Auswertung des Ringversuchs erfolgte in Anlehnung an DIN 38402-45 mit robuster Statistik. Der Mittelwert der Messung (Hampel-Schätzer) sowie die Standardabweichungen von Wiederhol- (s_r) und Vergleichbarkeit (s_R) wurden ermittelt. Neun Labors mit Erfahrung im Bereich des LS-Pulverhandlings nahmen am Versuch teil und führten jede Bestimmung dreimal aus (Dreifachbestimmung).

Der H_R-Wert wurde durch den einfachen Zusammenhang: $H_R = 100/V_{stampf}$ oder $HF = 250/V_{stampf}$ (je nach Messzylindergröße) ermittelt. In Tabelle 5.1 sind die erhaltenen Ergebnisse zusammengestellt.

Tabelle 5.1 Statistische Resultate zur Ermittlung der H_R-Werte an verschiedenen LS-Pulvern

Material	Ergebnisse statistische Auswertung – HF-Werte		
	Mittelwert*	s_r**	s_R***
PA 3200 GF	1,105	0,007 (0,64 %)	0,021 (1,86 %)
PA 12-IF	1,106	0,004 (0,41 %)	0,045 (4,09 %)
DF neu	1,137	0,007 (0,60 %)	0,035(3,44 %)
PA 2200 neu	1,172	0,009 (0,73 %)	0,039 (3,28 %)
PA 1101 neu	1,205	0,007 (0,61 %)	0,048 (4,00 %)
DF gebraucht	1,216	0,008 (0,67 %)	0,035 (2,91 %)
DF HST	1,231	0,009 (0,70 %)	0,060 (4,87 %)

* Mittelwert = Hampel-Schätzer

** s_r = Wiederholstandardabweichung

*** s_R = Vergleichsstandardabweichung

Die Ringversuchsdaten in Tabelle 5.1 sind in aufsteigender Reihenfolge ihres Hausner-Faktors sortiert. Generell entspricht diese Reihenfolge der subjektiven Erwartungshaltung der Ringversuchsteilnehmer bezüglich des Pulverfließverhaltens. Wie die Ringversuchsdaten in Tabelle 5.1 zeigen, ist die einfache manuelle Methode zur Bestimmung des Hausner-Faktors sehr gut geeignet, die unterschiedlichen LS-Pulver hinsichtlich ihrer Fließfähigkeit zu unterscheiden. Folgende wesentliche Erkenntnisse konnten erzielt werden:

- Alle Pulver zeigen einen Hausner-Faktor < 1,25 und sind damit als gut fließfähig einzustufen.
- Den besten Hausner-Faktor zeigen PA 3200 GF und der hinsichtlich der Fließfähigkeit optimierte Typ PA 12-IF. Die im PA 3200 GF zugefügten sphärischen Glaskugeln unterstützen die Fließfähigkeit des Pulvers drastisch.
- Beim Vergleich von DF neu und DF gebraucht erkennt man die erwartete Verschlechterung der Fließfähigkeit von LS-Pulvern nach (mehreren) Prozessdurchläufen. Der Wert steigt von 1,137 (DF neu) auf 1,216 (DF gebraucht).
- Das PA 11-Pulver (PA 1101 neu) zeigt einen höheren HF-Wert als die PA 12-Pulvertypen, was vermutlich an der kantigeren Partikelstruktur der gemahlenen Pulver liegt.
- Nahe an der Grenze zur reduzierten Fließfähigkeit befindet sich DF HST; die dem Pulver zugesetzten Mineralfasern reduzieren aufgrund ihrer stäbchenförmigen Struktur die Fließfähigkeit deutlich.

Wie aus den vorgestellten Ringversuchsdaten zu erkennen ist, ergibt die Bestimmung des Hausner-Faktors einen einzelnen Messwert aus dem Dichte- oder Volumenquotienten am Anfang und am Ende der Messung.

Dynamischer Hausner-Faktor

Für ein besseres und vollständigeres Verständnis von LS-Pulvern ist aber auch die Kenntnis des Verdichtungsverhaltens über die „Tap"-Ereignisse, also die Bestimmung eines „dynamischen" H_R-Werts erkenntnisreich.

In einer kürzlich vorgestellten Untersuchung wurde gezeigt, dass sich verschiedene LS-Pulver mit dieser einfachen Methode hinsichtlich ihres Verdichtungsverhaltens reproduzierbar charakterisieren lassen. Bild 5.15 zeigt schematisch den dafür eingesetzten Messaufbau [23].

Die dynamische Pulververdichtung wird mithilfe eines neuen Parameters „normalized tapping modulus" beschrieben, der aus den Bildern der ersten 15 „Tap"-Ereignissen (T_{15}) als lineare Regression der Pulververdichtung berechnet wird. Diese Größe ist einzigartig für diese Messmethode und eine gute Korrelation mit der Pulververteilung (D_{v50}) und die „elliptic smoothness (E_S)" konnte für verschiedene LS-Kunststoffpulver gezeigt werden.

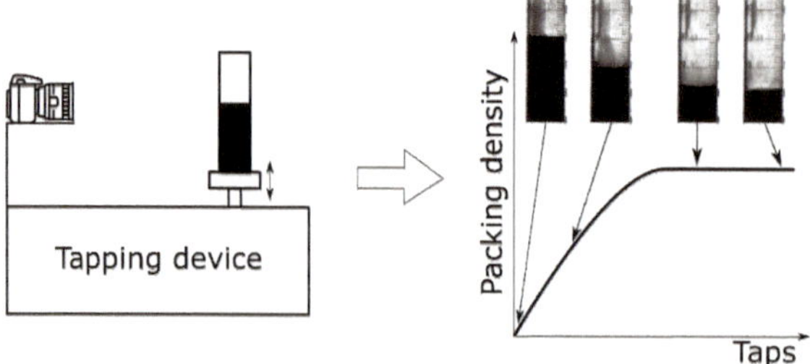

Bild 5.15 Messaufbau zur Bestimmung des „dynamischen" Hausner-Faktors und eine daraus abgeleitete Verdichtungskurve (Pulverpackungsdichte (engl. packing density) über der Klopfzahl („Taps") [Quelle: Inspire AG]

Es muss aber darauf hingewiesen werden, dass es kommerziell verfügbare LS-Pulver gibt (siehe Kapitel 6), welche der Bestimmung des Hausner-Faktors schwer zugänglich sind. Speziell thermoplastische Elastomere (siehe Abschnitt 6.2.1) mit einem starken elastischen Charakter lassen sich durch die Stampfmethode nicht in ausreichender Art verdichten und reproduzierbar charakterisieren.

Für solche Pulver und auch für das bessere Verständnis der Pulver beim LS-Prozess müssen Methoden evaluiert und angewendet werden, die das Verhalten der Pulver während der Applikation im LS-Bauraum möglichst exakt beschreiben. Dies einerseits im Sinne der Unterstützung bei der Entwicklung neuer LS-Pulver und entsprechender geeigneter Forschungstools und andererseits auch als eine Methode zur Qualitätskontrolle für kommerziell verfügbare Pulver.

5.2.3.2 Rotationspulveranalyse

Die Evaluation von LS-Pulvern mit der RPA-Methode (engl. Revolution Powder Analyzer, RPA) scheint am nächsten bei den tatsächlichen LS-Prozessbedingungen zu liegen. Die Messungen erfolgen in einem gering verdichteten Pulverzustand unter dynamischer Belastung, wie sie in etwa der Belastung durch die LS-Applikationsrolle oder -klinge entsprechen.

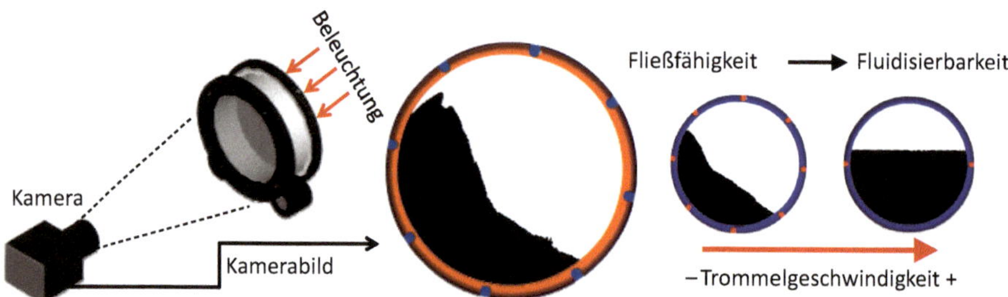

Bild 5.16 Messaufbau für RPA-Messungen (schematisch)

Der Messaufbau (siehe Bild 5.16) ist prinzipiell sehr einfach und es können Messungen ohne größeren Aufwand durchgeführt werden. Es ist keine spezielle Probenpräparation/-vorbereitung erforderlich. Das Pulver wird in einer rotierenden Trommel bewegt und durch eine entsprechende Hintergrundbeleuchtung kann mit einer Kamera auf der entgegengesetzten Seite das Pulververhalten zu jeder Zeit und unter verschiedenen Bewegungszuständen beobachtet werden.

Durch Änderung der Rotationsgeschwindigkeit der Trommel kann die Fließfähigkeit und die Fluidisierbarkeit der Pulver untersucht werden. Die folgenden Messparameter werden aktuell als aussagekräftig bewertet:

- **Lawinenwinkel** (tiefe Rotationsgeschwindigkeit): Der Lawinenwinkel beschreibt den Winkel, bei dem das Pulver den höchsten Stand (die höchste potenzielle Energie) in der Trommel erreicht und danach unter Ausbildung einer Lawine in das Tal der Trommel zurückfließt. Der Lawinenwinkel ist umso höher, je schlechter das Pulver fließt, respektive geringer je besser ein Pulver fließt. Das heißt, eine niedrig viskose Flüssigkeit (z. B. Wasser) hätte einen Lawinenwinkel nahe 0 °.
- **Oberflächen (engl. surface)-Fraktal** (tiefe Rotationsgeschwindigkeit): Dieser (dimensionslose) Wert korrespondiert mit der Struktur der Pulveroberfläche nach dem Lawinenereignis. Je glatter die Oberfläche ist (Wert geht gegen eins), umso besser ist das intrinsische Reorganisationsverhalten des jeweiligen Pulvers. Je besser sich das jeweilige Pulver unter Belastung selbst organisiert, umso besser wird es sich unter LS-Prozessbedingungen verhalten.
- **Fluidisierte Höhe** (variable Rotationsgeschwindigkeit): Die fluidisierte Höhe gibt an, welche Pulvervolumen- und Pulverhöhenzunahme durch Lufteinschluss in Abhängigkeit von der Rotationsgeschwindigkeit der Trommel erzielt wird. Allgemein zeigen die Pulver mit einer engen Pulververteilung und nahezu sphärischen Partikeln die besten Ergebnisse hinsichtlich Fluidisierbarkeit, d. h. die höchsten Expansionsraten.
- **Sedimentationszeit** (keine Rotation): Am Ende des Experiments zur Fluidisierbarkeit wird die Trommel gestoppt und die Sedimentationszeit des Pulvers beobachtet. Die Zeit, wie schnell sich das jeweilige Pulver absetzt, gibt weitere Hinweise auf das Pulververhalten während des LS-Prozesses.

Einige Arbeiten setzen sich intensiv mit der Messung der Pulverfließfähigkeiten von LS-Pulvern auseinander. Speziell der Methodenvergleich [24], aber auch die Reproduzierbarkeit und die bessere Anpassung der Methoden an die Bedingungen während des LS-Prozesses stehen im Fokus der Untersuchungen [25].

Auch die Unterstützung und Verbesserung der Fließfähigkeit durch geeignete Additivierung ist generell ein wichtiger Aspekt für die Verarbeitung von Pulvern und es befindet sich kein kommerzielles LS-Pulver auf dem Markt, welches nicht über eine entsprechende Additivierung verfügt.

5.2.3.3 Fließhilfsmittel

Bis zu einem gewissen Maß kann die Fließfähigkeit (Rheologie) von Pulvern auch durch Additivierung verbessert und eingestellt werden. Spezielle oberflächenaktive Substanzen wie pyrogene Kieselsäure, z. B. „Aerosil®-Typen" der Firma Evonik, sind hier als besonders tauglich zu nennen.

Allerdings ist die Wirksamkeit dieser Substanzen neben ihren eigenen (intrinsischen) Eigenschaften (Größe, hydrophop, hydrophil etc.) auch von vielen weiteren Faktoren des Substratpulvers abhängig. Chemischer Aufbau, Polarität, Pulverteilung, Partikelgeometrie, Tendenz zur Feuchtigkeitsaufnahme und einiges mehr sind hier von Bedeutung.

Wenn z. B. die Oberflächen der Partikel stark zerklüftet und inhomogen sind und die Kohäsion der Pulver mehrheitlich von der unregelmäßigen und zerstörten Geometrie der Partikeloberfläche bestimmt wird, ist der Effekt von Fließhilfsmitteln limitiert.

Dennoch konnte bei Untersuchungen gezeigt werden, dass z. B. die Zugabe, also das „dry blending" von HD-PE-Pulver mit sowohl hydrophiler als auch hydrophober nanoskaliger Kieselsäure in der Größenordnung von 0,5 Gew.-% einen positiven Effekt auf die Fließfähigkeit und die Schüttdichte dieser Pulver zeigt, was ihre generelle Eignung für die Prozessfähigkeit im LS-Verfahren deutlich steigert [26].

In einer weiteren Arbeit [27] an hochsphärischen PBT-Pulvern wurde untersucht, wie sich die Fließfähigkeit der Pulver, ausgedrückt als Hausner-Faktor (H_R), in Abhängigkeit der Konzentration eines kommerziellen hydrophoben Fließhilfsmittels (Aerosil® R812), welches für den Einsatz beim Lasersintern empfohlen ist, verhält.

Bild 5.17 zeigt eine REM-Aufnahme des untersuchten Pulvers (Bild 5.17, links) und schematisch die ermittelte Fließfähigkeit (H_R) in Abhängigkeit der Aerosil® R812-Gewichtskonzentration (Gew.-%; Bild 5.17, rechts). Es zeigt sich eine sigmoidale Funktion. Unterhalb (ca. 0,01 Gew.-%) und oberhalb (ca. 0,1 Gew.-%) einer bestimmten Konzentration ist der Einfluss des Fließhilfsmittels eher gering. Im Bereich dazwischen, in diesem Fall bei ca. 0,05 Gew.-% kommt es dagegen zu einem starken Abfall des Hausner-Faktors und damit zu einem drastischen Anstieg der Fließfähigkeit des Pulvers.

Diese Sigmoidfunktion ist zu erwarten, liegt aber für jede Pulver-Fließhilfsmittel-Kombination in einem anderen Konzentrationsbereich. Je nachdem wann die optimale Oberflächenbelegung der einzelnen Partikel erreicht ist.

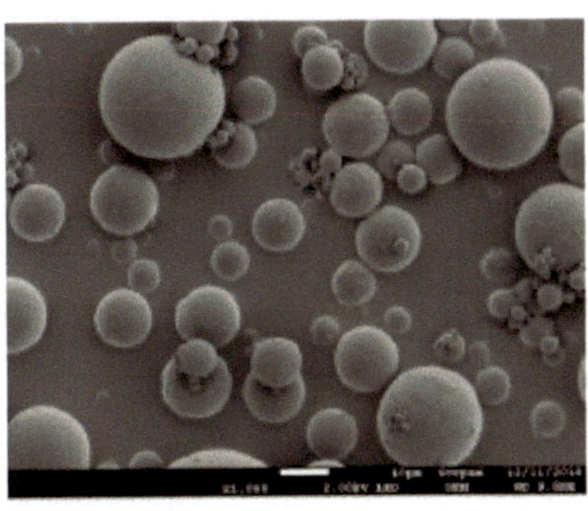

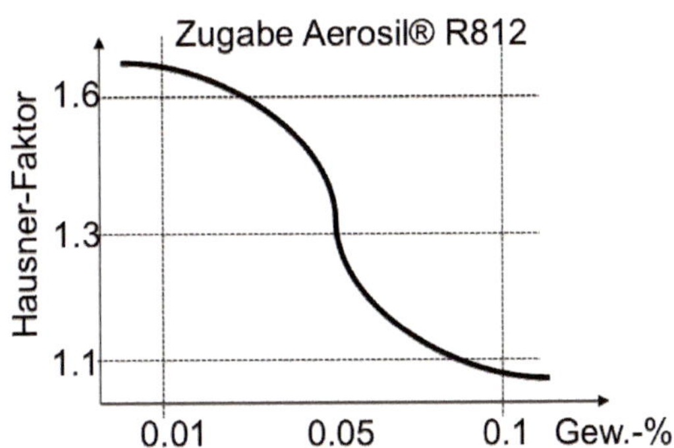

Bild 5.17 REM-Aufnahme eines hochsphärischen PBT-Pulvers (links) und dessen gemessene Fließfähigkeit (schematisch) in Abhängigkeit von der Zugabe von Fließhilfsmittel (Aerosil® R812) [Quelle: Inspire AG]

Die Kenntnis dieses „optimalen" Konzentrationsbereichs ist aber für jedes Pulver-Fließhilfsmittel-Paar essenziell, da die nanoskaligen Zuschlagstoffe einen massiven (negativen) Einfluss auf das Koaleszenzverhalten der LS-Pulver ausüben können, wie in [27] ebenfalls gezeigt wurde. Es kommt also zu einem gegenläufigen Effekt zwischen Pulverfließfähigkeit und Pulverkoaleszenz. Eine „Überkonzentration" des Additivs ist aufgrund von verminderter Partikelkoaleszenz zu vermeiden.

Literatur

[1] Narkis, M., Rosenzweig, N. (Eds.): Polymer Powder Technology, Wiley, John Wiley & Sons, ISBN 978-0-471-93872-9, 1995

[2] Pietschmann, J.: Industrielle Pulverbeschichtung - Grundlagen, Verfahren, Praxiseinsatz, Springer Vieweg, 4. Auflage, ISBN 978-3-8348-2585-8, 2013

[3] Schmidt, J., Sachs, M., Blümel, C., Winzer, B., Toni, F., Wirth, K.-E., Peukert, W.: A Novel Process Route for the Production of Spherical LS Polymer Powders. *Procedia Engineering*, (2015) 102, 550

[4] Patent EP 1'571'173 B1, Verfahren zur Herstellung von hochschmelzenden Polyamid 12 Pulvern, Arkema (F); Erfinder: Loyen, K., Senff, H., Pauly, F.-X., 2004

[5] Homepage Vestosint Pulver: *www.vestosint.de*, zuletzt abgerufen am 28.04.2022

[6] Patent DE 29'06'647 B1, Verfahren zur Herstellung von pulverförmigen Beschichtungsmitteln auf der Basis von Polyamiden mit mindestens 10 aliphatisch gebundenen Kohlenstoffatomen pro Carbonamidgruppe, Erfinder: Meyer, K.-R., Hornung, K.-H., Smigerski, H.-J., 1980

[7] Patent DE 19708946 A1, Herstellung von Polyamid-Fällpulvern mit enger Korngrössenverteilung und niedriger Porosität, Hüls AG, Erfinder: Baumann, F., Wilczok, N., 1998

[8] Patent DE 103'52'300 A1, Verfahren zum Kryogenzerkleinern eines Schüttgutes sowie Anlagen zum Kryogenzerkleinern eines Schüttgutes, Erfinder: Plahuta, I, 2003

[9] Gomez Bonilla, J. S., Dechet, M. A., Schmidt, J., Peukert, W., Bück, A.: Thermal rounding of micron-sized polymer particles in a downer reactor: direct vs indirect heating. *Rapid Prototyping Journal*, (2020) 9 (26), 1637

[10] Lang, B., McGinity, J. W., Williams, R. O.: Hot-melt extrusion - basic principles and pharmaceutical applications, *Drug Dev. Ind. Pharm.*, (2014) 40, 1133–1155

[11] Kleijnen, R. G., Schmid, M., Wegener, K.: Production and Processing of a Spherical Polybutylene Terephthalate Powder for Laser Sintering, *Applied Sciences*, (2019) 9 (7), 1308

[12] Schmidt, J., Sachs, M., Fanselow, S., Zhao, M., Romeis, S., Drummer, D., Wirth, K., Peukert, W.: Optimized polybutylene terephthalate powders for selective laser beam melting, *Chemical Engineering Science*, (2016) 156 (1)

[13] Homepage Dechema: *http://www.dechema.de/16111+N.htm*, Projekt: Neue Werkstoffe für das Selektive Lasersintern durch Konvertieren von primärgesponnenen Chemiefasern, zuletzt abgerufen am 28.04.2022

[14] Patent US 2017/0305036 A1, Materials for Powder-Based Additive Manufacturing Processes, Erfinder: Mikaluk J., Deckard C., Devaraj V., 2017

[15] Homepage Evonik: *https://corporate.evonik.com/de/presse/pressemitteilungen/products/evonik-eroeffnet-neues-technologiecenter-fuer-3d-druck-in-den-usa-138009.html*, Titel: Evonik eröffnet neues Technologiecenter für 3D-Druck in USA, zuletzt abgerufen am 28.04.2022

[16] Osswald, T. A., Aquite, W., et al.: Micropelletizing using Rayleigh Disturbances, Proceedings of the 28th annual meeting of the Polymer Processing Society, PPS-28, Pattaya (Thailand), 2012

[17] Homepage FhG: *https://publica-rest.fraunhofer.de/server/api/core/bitstreams/4845afde-498a-4445-886a-4cb7dc3b223d/content*, Eloo, C., Rechberger, M.: Neue Technologien zur Herstellung thermoplastischer Pulver, zuletzt abgerufen am 28.04.2022

[18] McGeary, R. K.: Mechanical packing of spherical particles, *Journal of the American Ceramic Society*, (1961) 44 (10), 513–520

[19] Wadell, H.: Volume, Shape and Roundness of Quartz Particles, *Journal of Geology*, (1935) 43, 250–280

[20] Schmid M., Vetterli, M., Wegner K.: Polymer powders for laser-sintering: Powder production and performance qualification, AIP Conference Proceedings 2065, 020008, 2019

[21] Masuda, H., Higashitani, K., Yoshida, H.: Powder Technology: Fundamentals of Particles, Powder Beds, and Particle Generation, 1st Edition, CRC Press, Boca Raton (FL), USA, 2007

[22] Krantz, M., Zhang, M. H., Zhu, J.: Characterization of powder flow: Static and dynamic testing, *Powder Technology*, (2009) 194, 239–245

[23] Sillani F., Wagner, D., Spurek, M., Haferkamp, L., Spierings, A., Schmid, M., Wegner, K.: Compaction behavior of powder bed fusion feedstock for metal and polymer additive manufacturing, *Rapid Prototyping Journal*, (2021) 27 (11), 58

[24] Ziegelmeier, St., Wöllecke, A., et al.: Characterisation the Bulk & Flow Behaviour of LS Polymer Powders, Proceedings of the 25th International Solid Freeform Fabrication Symposium (SFF), Austin (USA), 2014

[25] Amado, A., Schmid, M., et al.: Advances in LS Powder Characterisation, Proceedings of the 22nd International Solid Freeform Fabrication Symposium (SFF), Austin (USA), 2011

[26] Blümel, C., Sachs, M., Laumer, T., Winzer, B., Schmidt, J., Schmidt, M., Peukert, W., Wirth, K.-E.: Increasing flowability and bulk density of PE-HD powders by a dry particle coating process and impact on LBM processes, *Rapid Prototyping Journal*, (2015) 21 (6), 697

[27] Kleijnen, R., Schmid, M., Wegner, K.: Impact of Flow Aid on the Flowability and Coalescence of Polymer Laser Sintering Powder, Proceedings of the 30th International Solid Freeform Fabrication Symposium (SFF), Austin (USA), 2019

6 Lasersinterwerkstoffe: kommerzielle Materialien

Nach den Basisentwicklungen zur LS-Technologie an der Universität Austin in den 1980er-Jahren war die Lizenzierung der Technologie an die Firma DeskTop Manufactoring (DTM) ein erster Schritt zur Kommerzialisierung. Bereits 1989 stieg die Firma B. F. Goodrich (USA) in das junge Unternehmen ein und begann mit fundierten Materialentwicklungen für den LS-Einsatz. In einem der ersten Business Statements von 1990 findet sich zur Strategie der Firma DTM folgendes Statement (Autor: Kent L. Nutt):

> *DTM believes the combination of LS technology and the materials development expertise of B. F. Goodrich will position the company for rapid growth in the DeskTop Manufacturing industry.*

Es wurde also bereits in einem sehr frühen Stadium der Technologie erkannt, dass die Entwicklung geeigneter Materialien ein Schlüsselelement für den zukünftigen Erfolg und das Wachstum der Technologie darstellt. Die ersten Materialentwicklungen in diesem Zusammenhang zielen in Richtung Polyvinylchlorid- (PVC), Polycarbonat- (PC) und Nylonmaterialien, die als Pulver bereits zur Verfügung standen. In einem der ersten Werbeprospekte der Firma DTM (ca. 1990) werden die in Bild 6.1 genannten Materialien als kommerziell zur Verfügung stehende Polymerpulver gezeigt und Einsatzgebiete genannt.

The proof is in the powder.

PVC für Modelle und Prototypen

PVC

Nylon

Wachse für Feinguss und Metallguss

Wax

Polycarbonat für Testprototypen

Polycarbonate

Bild 6.1 Hinweis auf die zur Verfügung stehenden Materialien für die neue LS-Technologie (Auszug aus einem der ersten DTM-Prospekte, ca. 1990)

Mit den weitgehend amorphen Werkstoffen (Polyvinylchlorid, PVC und Polycarbonat, PC) gelangen in der Anfangszeit mit der LS-Technologie nur gering verschmolzene (gesinterte) Bauteile mit stark reduzierten mechanischen Eigenschaften.

Der eigentliche Durchbruch bei den Werkstoffen gelang als teilkristalline Polymere wie Nylon (= Polyamid) vermehrt in den Entwicklungsfokus gerieten [1]. Betrachtet man den Markt für LS-Werkstoffe heute, so erkennt man, dass auch mehr als drei Dekaden später Polyamide die nach wie vor mit Abstand wichtigste Werkstoffklasse für die Verarbeitung mit PBF-LB/P sind.

Aktuelle Lasersinterwerkstoffe im Überblick

Überprüft man die online verfügbaren Werkstoffdatenbanken für AM-Materialien der Firma Senvol (*www.senvol.com*), so erhält man aktuell über 210 Treffer für die Suchabfrage nach PBF-P-Materialien. Dies suggeriert auf den ersten Blick eine große Materialvielfalt. Bei genauerer Betrachtung erkennt der Fachmann aber sehr schnell, dass hier viele Überschneidungen, Materialien kleiner und kleinster Nischenhersteller und auch bereits wieder zurückgezogene Materialien enthalten sind. Auch Firmen die seit Längerem nicht mehr existieren (z. B. Exceltec (F) oder Advanc3D (D)) sind in der Datenbank noch vorhanden.

Eine Analyse der aktuellen LS-Materialien über die entsprechenden Kunststoffhersteller oder Vertriebskanäle (in der Regel die Maschinen-OEMs) ergibt dagegen das in Bild 6.2 gezeigte Bild. Eingang in die Auswertung fanden die aktuell und online verfügbaren Kunststoff-LS-Pulver der Firmen: EOS (D), ALM Europe (D), 3D-Systems (USA), Evonik (D), BASF (D), Arkema (F), Prodways (F), Farsoon (CN), Lehmann & Voss (D). Polystyrol (PS)-Materialien wurden hier und in der weiteren Buchbesprechung nicht berücksichtigt, da sie im Bereich der Herstellung von (verlorenen) Gussmodellen eingesetzt werden, aber nicht zur Herstellung von Funktionsbauteilen dienen.

In Summe ergeben sich gemäß Bild 6.2 also 65 verschiedene Werkstoffe, wenn man nicht verstärkte (unverstärkt) und verstärkte Typen zusammennimmt. Mit unverstärkten Materialien sind die naturfarbenen, die weißen oder schwarz eingefärbten LS-Pulver gemeint, welche außer geringen Mengen von Stabilisatoren (z. B. UV-, Hitzestabilisatoren) und Prozesshilfsmitteln (z. B. Fließhilfsmittel) keine weiteren Zuschlagstoffe beinhalten. Bei verstärkten Werkstoffen handelt es sich in der Regel um Mischungen (Trockenblends, engl. dry blend) der Basispolymere PA 12, PA 11 und PA 6 mit Glaskugeln, Metallpulver, Glas-, Kohlenstoff- oder Mineralfasern und/oder auch Kombinationen davon. Die Zuschlagstoffe können dabei bis zu 30 Gew.% und mehr betragen und dienen in der Regel zur Verbesserung der mechanischen und geometrischen Eigenschaften.

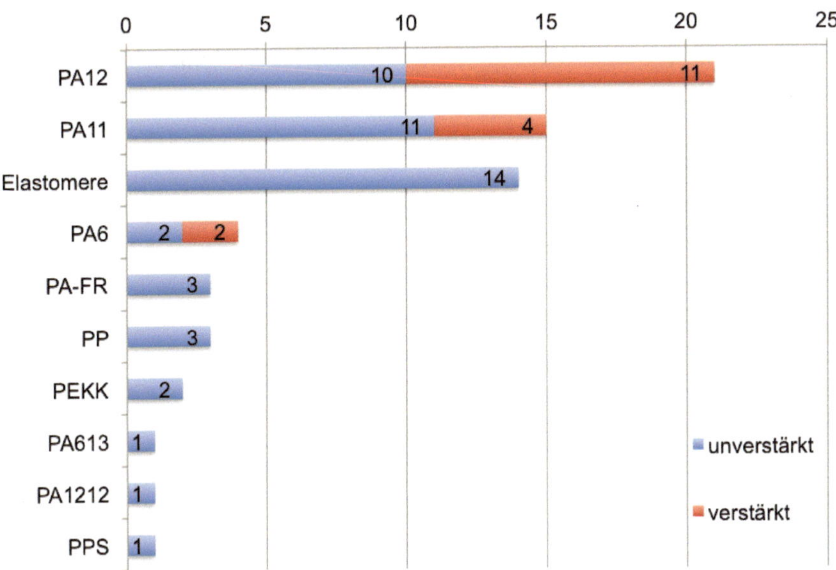

Bild 6.2 Überblick über die Anzahl aktuell verfügbarer LS-Werkstoffe aus den typischen Materialklassen; ausgewertet wurden die Angebote der Firmen: EOS (D), ALM Europe (D), 3D-Systems (USA), Evonik (D), BASF (D), Arkema (F), Prodways (F), Farsoon (CN), Lehmann&Voss (D).

Neben den in Bild 6.2 zusammengefassten LS-Materialien der genannten Marktführer sind noch LS-Pulver von einigen kleineren Herstellern wie AM-Polymer (D), Diamond Plastics (D) oder CRP-Technology (I) verfügbar. Hier werden zumeist „Spezialitäten“ wie Polyethylen (PE), Polypropylen (PP), Polybutylenterephthalat (PBT), Polyphenylensulfid (PPS), Polyetheretherketon (PEEK) oder spezielle Werkstoffmischungen für Rennsportteile sowie für die Luft- und Raumfahrt (CRP-Technology) angeboten. Inwieweit hier nennenswerte Materialmengen umgesetzt werden, lässt sich nur schwer abschätzen.

Nicht berücksichtigt wurden in Bild 6.2 einerseits Materialien, die in Kleinmengen für spezifische Laboranlagen, z. B. Sinterit (P), Sintratec (CH) oder Form Labs (USA) angeboten werden (siehe Abschnitt 2.2.2), andererseits auch Materialien, welche in Europa nicht oder nur schwer erhältlich sind. Zum Beispiel die Werkstoffe der Firmen Aspect (J), TPM-3D (CN) oder Sindoh (Südkorea).

Bei genauer Betrachtung zeigt sich somit, dass das Gros der kommerziellen LS-Pulver auf wenigen Basismaterialien beruht. Das **PA 12-Pulver** für Lasersintern der Firma Evonik (D) aus der VESTOSINT®-Familie sowie das speziell für das Lasersintern entwickelte **PA 11** der Firma ARKEMA (F) aus der RILSAN®-Familie sind somit Ausgangswerkstoffe für mindestens die Hälfte der angebotenen LS-Pulver.

Einen weiteren nennenswerten Anteil an den LS-Materialien stellen mittlerweile die thermoplastischen Elastomere dar. Hierbei handelt es sich hauptsächlich um

Mitglieder der TPU-Werkstoffklasse (Polyurethane). Aber auch TPA-Typen (thermoplastische Polyamidelastomere) oder TPC-Pulver (thermoplastische Copolyesterelastomere) werden angeboten.

Aber auch hier ist zu beachten, dass es sich tatsächlich nicht um 14 unterschiedliche Elastomermaterialien handelt, sondern teilweise Überschneidungen vorliegen. Speziell das von der Firma Lehmann und Voss kommerzialisierte LUVOSINT TPU X92A liegt anderen kommerziell erhältlichen Pulvern zugrunde (siehe z. B. Farsoon (CN)). Die Firma BASF (D) hat dagegen mit den ULTRASINT®-TPU-Typen ein eigenes TPU-Werkstoffsortiment. Ein weiteres TPU-Material, welches eine gewisse Marktverbreitung erzielt hat, ist das von der Firma AM-Polymer(D) angebotene Rolaserit® TPU, ein ursprünglich von der Schweizer Firma ROWAK entwickeltes Polymerpulver für Schmelzklebstoffe.

Aus Bild 6.2 wird insgesamt aber klar ersichtlich, dass Polyamid 12 (PA 12) und Polyamid 11 (PA 11) das mit Abstand größte Angebot der angebotenen Materialien darstellen, auch wenn thermoplastische Elastomere, speziell im Bereich der Sportschuhindustrie (engl. midsoles), in den letzten Jahren erheblich an Bedeutung gewonnen haben.

Ein weiteres Polyamid, Polyamid 6 (PA 6), welches hauptsächlich durch die Firma BASF (D) für PBF-LB/P entwickelt und kommerzialisiert wurde, stellt speziell für Teile im Automobilbereich ein zukünftig erfolgversprechendes Material dar. Ein Problem ist hier allerdings der höhere Schmelzpunkt von PA 6 im Vergleich mit PA 12 und dem daraus resultierenden Mangel an geeigneten LS-Maschinen, die sich zur Verarbeitung von PA 6-Werkstoffen eignen.

Im Überblick muss betont werden, dass die Verteilung in Bild 6.2 die Häufigkeit der angebotenen Materialtypen zeigt, aber nicht die tatsächliche Verkaufsmenge, welche nicht exakt bekannt sind. Es kann aber davon ausgegangen werden, dass PA 12 und PA 11 nach wie vor mehr als 90 % der Gesamtmenge der verkauften LS-Pulver abdecken. Insgesamt ist der PBF-LB/P-Pulvermarkt im Kontext der gesamten Kunststoffproduktion weltweit aber immer noch ein sehr kleiner Nischenmarkt.

Polymer- und Lasersintermarkt im Vergleich

Bild 6.3 zeigt den aktuellen LS-Werkstoffmarkt mit Marktanteilen und Preisniveaus und vergleicht ihn mit dem Weltmarkt für Kunststoffe (Kunststoffpyramide). Erhebliche Unterschiede sind offensichtlich. Schon alleine die umgesetzte Gesamtmenge an Polymeren in den beiden Bereichen ist kaum zu vergleichen. Während der gesamte globale Polymermarkt heute ca. 400 Millionen t Kunststoffe pro Jahr beträgt, werden im PBF-LB/P-Bereich nach aktuellen Schätzungen aufgrund der im Feld befindlichen Maschinen lediglich etwa 3000 t pro Jahr verarbeitet.

Grenzt man den Mengenvergleich auf Polyamide ein, so ergibt sich aktuell immer noch ein ziemliches Ungleichgewicht. Der Gesamtmarkt für Engineering Polymers beträgt heute ca. 30 Millionen t, wobei etwa 10 % auf PA 12 und PA 11 entfallen; also 3 Millionen t. Der Verbrauch von PA 12/PA 11-LS-Pulver zum Gesamtmarkt steht also grob im Verhältnis von 1:1000. Das heißt, für jedes Kilogramm Polyamid-LS-Pulver wird ca. 1 t PA 12 für andere Anwendungen abgesetzt.

Vergleicht man die Preise für die einzelnen Werkstoffbereiche, so ist ersichtlich, dass für LS-Werkstoffe ein um mindestens Faktor zehn höheres Preisniveau vorliegt. Dies hängt einerseits natürlich mit den eher geringen Produktionskapazitäten und andererseits mit der Tatsache zusammen, dass LS-Werkstoffe als spezifische Pulver benötigt werden, deren Herstellung in der Regel aufwendig und teuer ist (siehe Kapitel 5).

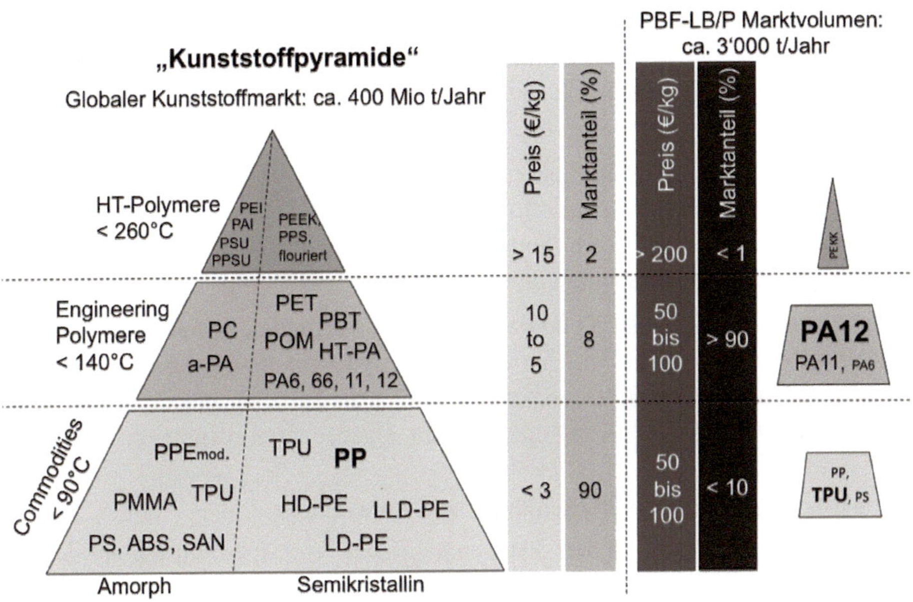

Bild 6.3 Kunststoffweltmarkt im Vergleich zum Markt für PBF-LB/P-Pulver

Offenkundig ist auch die unterschiedliche Gewichtung der einzelnen Werkstoffe in ihrer Anwendungshäufigkeit. Während in der klassischen Kunststoffpyramide ca. 90 % der eingesetzten Werkstoffe aus der Klasse der sogenannten „Commodities“ stammen (Basis der Pyramide), ist diese Werkstoffklasse für die LS-Verarbeitung aktuell noch wenig relevant. Ein klares Übergewicht beim LS-Einsatz besitzen, wie bereits mehrfach erwähnt, die Werkstoffe aus der Gruppe der Polyamide.

6.1 Polyamide (Nylon)

Nylon wurde als mögliches LS-Material bereits in einem sehr frühen Entwicklungsstadium der Technologie genannt. Beim Nylontyp, erwähnt in Bild 6.1, handelte es sich um gemahlenes PA 11 der Firma Atochem (F). Da es sich um ein „Standard"-Beschichtungspulver handelte, war die Verarbeitung im LS-Prozess eher schwierig. Die Teile neigten zu starkem Verzug und die Prozesskontrolle war komplex (hoher Ausschussanteil).

Aufgrund der ungenügenden Performance der bis dahin verwendeten Materialien zur Herstellung von Kunststoffteilen hoher Dichte und guter mechanischer Eigenschaften mittels PBF-LB/P, wurde intensiv nach weiteren erfolgversprechenden polymeren Werkstoffen gesucht.

Bei der Firma EOS (D) und am Institut für Rapid Product Development (irpd) der Ingenieurschule St. Gallen (CH) wurde Ende der 1990er-Jahre mit PA 12-Pulvern aus dem Vestosint®-Sortiment der Firma Evonik experimentiert und damit erhebliche Fortschritte in der LS-Teile- und LS-Prozessperformance erzielt.

Im Laufe der Arbeiten wurde erkannt, dass PA 12-Pulver, welche eigentlich als Beschichtungspulver für Pulverlacke im Wirbelsinterverfahren vorgesehen waren, beim isothermen Lasersintern deutlich bessere Ergebnisse erzielten, als alle bis dahin in diesem Zusammenhang untersuchten Werkstoffe [2].

Die gute Performance basiert einerseits auf einer intrinsisch hohen Kongruenz der PA 12-Pulver mit den erforderlichen Pulvereigenschaften für den LS-Prozess (siehe Abschnitt 4.2 und Bild 4.7) und andererseits auf speziellen molekularen Eigenschaften, die den Bauteilen gute mechanische Eigenschaften verleihen.

Molekularer Aufbau und Nomenklatur von Polyamiden

Polyamide (PA) können durch Polykondensation oder Polyaddition hergestellt werden, also durch Stufenwachstumsreaktionen (siehe Abschnitt 4.1.1) [3]. Man unterscheidet prinzipiell zwischen A-A/B-B- und A-B-Polyamiden. Die für die Polyreaktion benötigten funktionellen Gruppen A und B befinden sich dann in zwei unterschiedlichen Molekülen (A-A/B-B) oder im gleichen Molekül (A-B). Die Zahl im Namen der Polyamide gibt die Anzahl der Kohlenstoffatome in den Monomeren wieder. Im Falle der A-A/B-B-Typen sind es zwei Zahlen (z. B. PA 66 für das Polyamid aus Hexamethylendiamin und Adipinsäure) und im Falle der A-B-Typen ist es eine Zahl (z. B. PA 6 für das Polyamid aus 6-Aminohexancarbonsäure bzw. das analoge ringförmige Caprolactam).

Die Reaktion zur Bildung eines Amids erfolgt durch die Reaktion einer Amin- ($-NH_2$) und einer Carboxylgruppe ($-COOH$) mittels Kondensation unter gleichzeitiger Abspaltung eines Moleküls Wasser (H_2O). Die dabei gebildete Amidgruppe ($-NHCO-$)

stellt also die Verlinkung der Polymerkette dar, daher der Name „Polyamid“. Die besondere molekulare Eigenschaft der Amidgruppe ist ihre Eigenschaft, Wasserstoffbrücken (H-Brücken) zu anderen Amidgruppen auszubilden. Der Zusammenhalt der Polymerketten durch die Nebenvalenzkräfte der H-Brücken ist besonders hoch und verleiht den Polyamiden intrinsisch hohe Schmelzpunkte und gute mechanische Eigenschaften.

Das im Falle der LS-Technologie am häufigsten eingesetzte Polyamid PA 12 wird üblicherweise durch ringöffnende Polyaddition von Laurinlactam hergestellt. Es handelt sich also um ein A-B-Polyamid mit zwölf C-Atomen im entsprechenden Monomer (Laurinlactam). Bild 6.4 zeigt die Reaktion schematisch. Aus dieser Reaktionsgleichung ist ersichtlich, dass jede Polymerkette terminal weiterhin reaktive funktionelle Gruppen ($-NH_2/-COOH$) trägt, welche durch Nachkondensationsreaktionen für das Lasersintern eine gewisse Bedeutung haben (siehe Abschnitt 6.1.1.4).

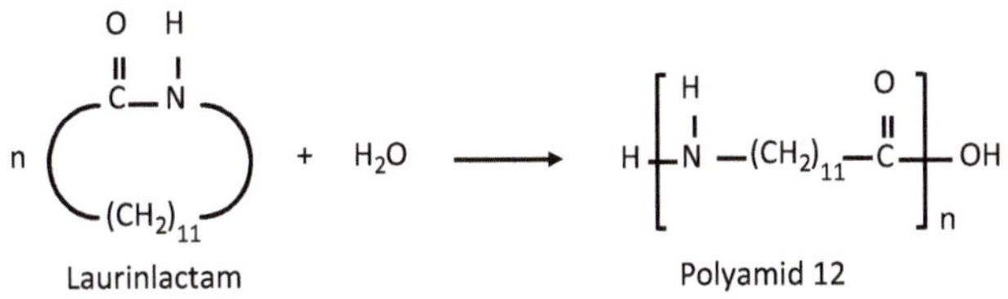

$$n \; \text{Laurinlactam} \; [\,(CH_2)_{11}-C(=O)-NH\,] + H_2O \longrightarrow H{-}[\,NH-(CH_2)_{11}-C(=O)\,]_n{-}OH \; \text{(Polyamid 12)}$$

Bild 6.4 Synthese von PA 12 durch ringöffnende Polyaddition mit offenen Kettenenden

6.1.1 Polyamid 12 (PA 12)

Aus der reinen Zahl der PA 12-Werkstoffe in Bild 6.2 könnte man den Eindruck gewinnen, dass es eine ganze Reihe von Produzenten für die PA 12-LS-Werkstoffe gibt. In der Realität werden die wesentlichen PBF-LB/P-Basispulver aber lediglich von zwei Polymerherstellern synthetisiert: von den Firmen Evonik (D) und Arkema (F).

Aktuell gibt es drei PA 12-Grundtypen, die den LS-Markt weitgehend beherrschen:

- **Duraform® PA,** Firma 3D-Systems (USA),
- **PA 2200/PA 2201,** Firma EOS (D),
- **Orgasol® Invent Smooth,** Firma Arkema (F).

Während die Firma Arkema (F) ihr LS-Pulver als Orgasol® Invent Smooth schon immer direkt im Markt platziert, werden die Evonik VESTOSINT®-Pulver über die LS-Maschinenhersteller 3D-Systems (USA) und EOS (D) vertrieben. INFINAM® als 100%ige Tochterfirma von Evonik bietet mittlerweile alle Evonik-Materialen für 3-D-Druck auch im Direktvertrieb an. Unter anderem wird auch das PA 12-LS-Pulver nun ohne den Umweg über die Maschinen-OEMs als INFINAM® PA vermarktet.

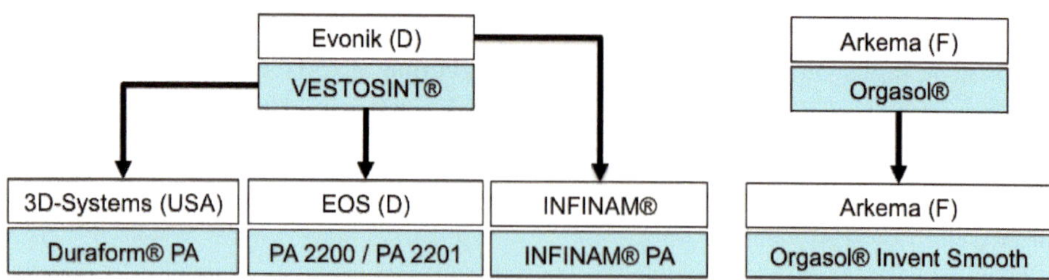

Bild 6.5 PA 12-Basispulver für den LS-Prozess

Bild 6.5 fasst die aktuellen Marktverknüpfungen für PA 12-Basispulver für die PBF-LB/P-Anwendung zusammen. Die weiteren kommerziellen PA 12-LS-Materialien (siehe Abschnitt 6.1.4) sind Trockenmischungen (engl. dry blends) der Basispulver mit Additiven und Füllstoffen: Verschiedene Fasern, Metallpulver, Glaskugeln sind hier als wesentliche Bestandteile zu nennen.

Die Maschinen-OEMs nehmen an den Pulvern selbst noch gewisse Konfektionierungen vor und gehen auch von unterschiedlichen Pulverfraktionen aus. Den Grundwerkstoff der Firma EOS gibt es z. B. in zwei Varianten, die sich durch den Zusatz eines Weißpigments (Titandioxid, TiO_2) unterscheiden: PA 2200 mit TiO_2; PA 2201 ohne TiO_2.

Die PA 12-Grundtypen unterscheiden sich in einigen wesentlichen Eigenschaften, welche für den Prozessablauf und die Bauteileigenschaften eine gewisse Bedeutung besitzen. Dies ist einerseits auf unterschiedliche Herstellungsprozesse zurückzuführen (siehe Abschnitt 5.1) und andererseits auf die Verwendung unterschiedlicher Pulverfraktionen, welche sich in der Partikelverteilung unterscheiden.

6.1.1.1 Partikelgrößenverteilung und Partikelform

Für die drei im LS-Prozess am häufigsten eingesetzten PA12-Pulver Duraform® PA (DF-PA), PA 2200 und Orgasol® Invent Smooth (IS) zeigt die volumenbezogene Partikelgrößenverteilung signifikante Unterschiede (Bild 6.6).

Vergleicht man die beiden auf Vestosint® basierende Typen, so erkennt man, dass DF-PA eine relativ breite und mindestens bimodale Verteilung aufweist, während PA 2200 eine deutlich engere homogene und monomodale Verteilung der Pulverpartikel besitzt. Beide Pulver besitzen aber ungefähr das gleiche Maximum (D_{v50}) der Verteilungskurve bei ca. 55–60 µm (siehe Bild 6.6, Reihe 1 und 2).

Orgasol® Invent Smooth zeigt dagegen eine wesentlich engere Partikelverteilung und auch das D_{v50} liegt bei ca. 45 µm deutlich tiefer (siehe Bild 6.6, Reihe 3). Die Unterschiede in den Verteilungen sind visuell gut in den mikroskopischen Bildern, die der Analyse zugrunde liegen, zu erkennen (siehe Bild 6.6, rechte Spalte). DF-PA erscheint auch qualitativ visuell deutlich inhomogener und breiter verteilt.

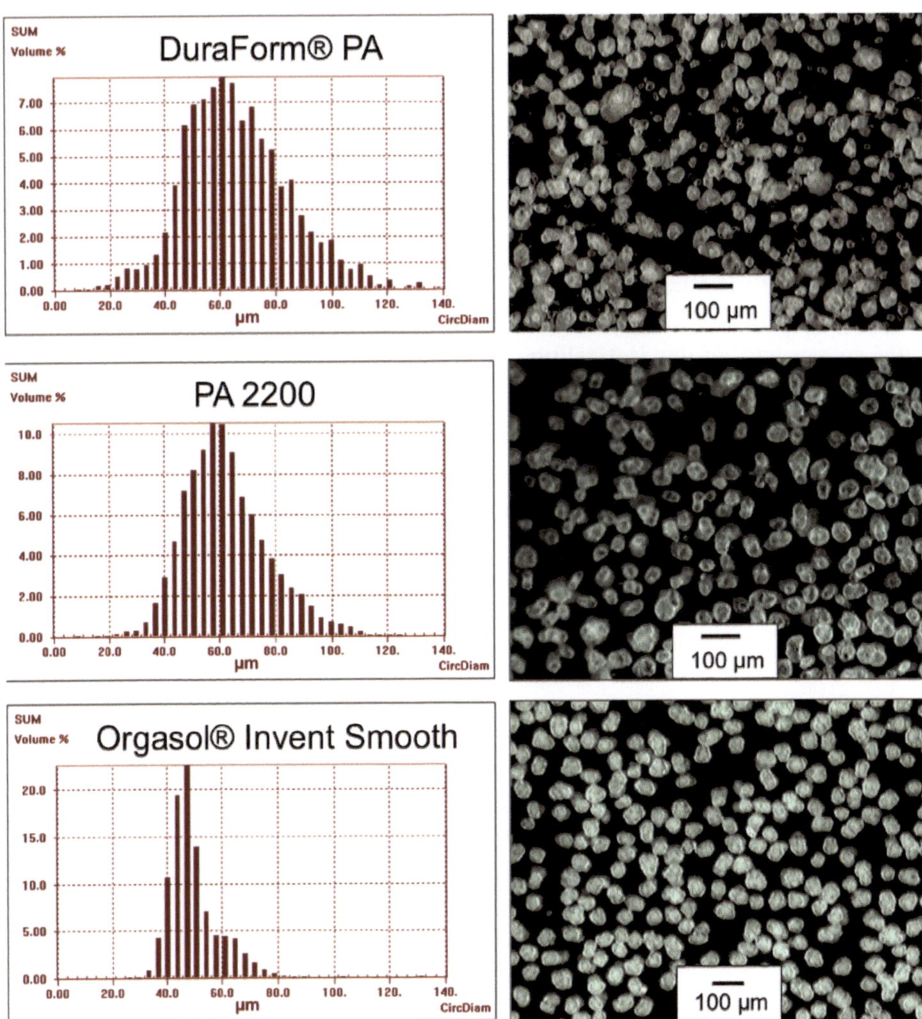

Bild 6.6 Partikelgrößenverteilung der im LS-Verfahren am häufigsten eingesetzten PA 12-Pulver: links: volumenbezogene Verteilung; rechts: Partikel visuell [Quelle: Inspire AG]

Es ist aber zu betonen, dass die unterschiedlichen Partikelgrößenverteilungen alleine noch keinen Hinweis auf die LS-Prozessfähigkeit der Pulver geben oder gar eine Bewertung in diese Richtung vornehmen. Alle drei Pulver liegen klar in dem für den LS-Prozess gewünschten und erforderlichen Verteilungsbereich.

Die breite Verteilung im DF-PA mit einem gewissen Feinanteil der Pulver kann sogar hinsichtlich der Pulverdichte von Vorteil sein. Hohlräume zwischen großen Partikeln, die sich bei einer losen Pulverschüttung zwangsläufig ergeben, können durch den Feinanteil besser gefüllt und so kann eine höhere Pulverdichte erzielt werden. Dagegen ist die homogene und enge Verteilung des PA 2200 und noch mehr beim Orgasol® Invent Smooth hinsichtlich der besseren Pulverfließfähigkeit während der Pulverapplikation (siehe Abschnitt 5.2) zu bevorzugen.

Bei den in Bild 6.6 (linke Spalte) dargestellten Verteilungen handelt es sich jeweils um die Volumenverteilungen, die durch optische Analyse der Bilder ermittelt wurden und in der rechten Spalte von Bild 6.6 dargestellt sind. Es ist zu beachten, dass bei der Bestimmung von Pulververteilungen häufig nur die Volumenverteilungen erfasst werden. Diese Bestimmung führt zwangsläufig zu einer höheren Gewichtung der großen Partikel. Häufig wird so ein erheblicher Partikelfeinanteil in den Verteilungen nicht erkannt (siehe auch Abschnitt 5.2.1.2). Bei kommerziellen LS-Pulvern werden bei der Herstellung zu hohe Pulverfeinanteile aber in der Regel weitgehend entfernt.

Wie in Abschnitt 5.1 ausgeführt, liegen den PA 12-Pulvern unterschiedliche Herstellungsprozesse zugrunde. Während DF-PA und PA 2200 durch Umfällung aus der Lösung erhalten werden, wird Orgasol® Invent Smooth direkt in der Lösung polymerisiert, was die homogene Partikelgeometrie und die hohe Sphärizität erklärt. Wie stark und eindeutig sich die Partikel aus den verschiedenen Herstellungsprozessen in ihrer Form und Oberflächenstruktur unterscheiden, zeigen die REM-Aufnahmen in Bild 6.7.

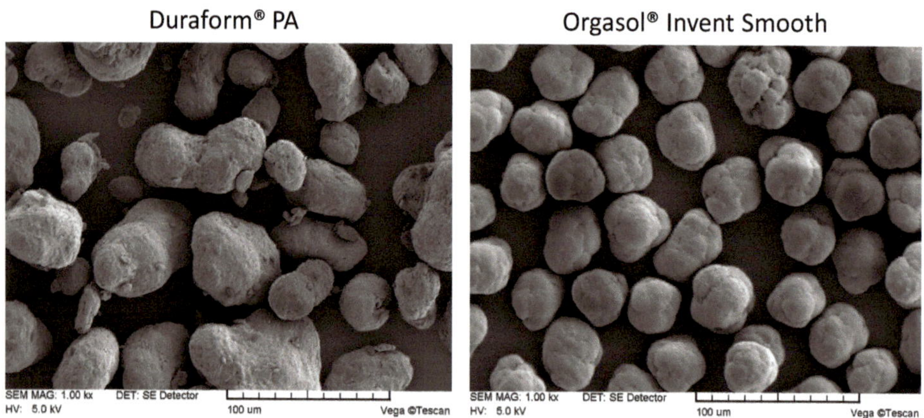

Bild 6.7 REM-Aufnahmen von Pulverpartikeln aus Duraform® PA und Orgasol® Invent Smooth [Quelle: Empa]

Aus den Aufnahmen in Bild 6.7 ist zu erkennen, dass sowohl die Geometrie als auch die Oberflächenbeschaffenheit der Partikel völlig unterschiedlich sind. Orgasol® Invent Smooth zeigt eine sehr hohe Partikelsphärizität und eine sehr homogene Partikelgrößenverteilung. Dies wirkt sich beim LS-Prozess positiv auf die Oberflächenrauigkeit der LS-Bauteile und eine sehr gute Ausprägung feiner Details aus (hohe Kantenschärfe).

Mit den Herstellverfahren der Pulver wird aber nicht nur die Partikelgeometrie gesteuert, sondern auch Einfluss auf die thermischen Eigenschaften der Polymere genommen.

6.1.1.2 Thermische Eigenschaften

Wie bedeutungsvoll die thermischen Eigenschaften von Polymeren für die Prozessfähigkeit beim LS-Verfahren sind, wurde in Abschnitt 4.2.1 dargelegt. Das Sinterfenster, also der Bereich zwischen dem Schmelzen und dem Kristallisieren des jeweiligen Polymeren, sollte möglichst groß sein, um eine stabile LS-Prozessführung zu gewährleisten.

PA 12 und andere technische Polyamide des A-B-Typs zeigen in diesem Zusammenhang bereits ohne spezielle Vorbehandlung ein intrinsisch positives Verhalten. Die Kristallisation beim Abkühlen aus der Schmelze tritt im Vergleich mit anderen teilkristallinen Polymeren (z. B. HD-PE) bei Polyamid stark verzögert auf. Die Kristallisation ist aufgrund molekularer Basiseigenschaften unterdrückt. Es ist eine Linearisierung der Kettenknäuel (elf CH_2-Einheiten/Monomer) und eine Torsion der Moleküle im Kristallgitter erforderlich, welche durch eine hohe Aktivierungsbarriere gehemmt ist [4].

Der Anforderung hinsichtlich eines großen Sinterfensters wird in den kommerziellen PA 12-LS-Pulvern durch spezifische Einstellungen zusätzlich Rechnung getragen. Bild 6.8 zeigt die thermische Analyse mittels DSC (Schmelzen und Kristallisieren) von DF-PA, siehe Bild 6.8a), und Orgasol® IS, siehe Bild 6.8b), mit Grilamid® L20G (Standard-PA 12) im Vergleich. Grilamid® L20G ist ein mittelviskoses PA 12 für Spritzguss und Extrusion der Firma EMS-Chemie (CH).

Der Vergleich der thermischen Eigenschaften der LS-Werkstoffe Duraform® PA und Orgasol® IS mit diesem PA 12-Standardwerkstoff zeigt eindrucksvoll, wie ausgeprägt die Hersteller der Werkstoffe Einfluss auf die thermischen Eigenschaften von LS-Pulvern nehmen.

In Bild 6.8a), dem Vergleich zwischen Grilamid® L20G und Duraform® PA, wird deutlich, dass die Peaktemperatur beim Schmelzen (T_m) für DF-PA im ersten Aufheizen signifikant höher liegt und dass der Kristallisationsbereich beim Abkühlen zu tieferen Werten verschoben ist. Beide Effekte sind für die Verarbeitung im LS-Prozess sehr wesentlich. Das Sinterfenster ist drastisch erweitert. Zudem ist in DF-PA auch die Schmelzenthalpie (ΔH_m) noch deutlich erhöht, was ebenfalls als positiv für eine gute Verarbeitbarkeit im LS-Verfahren zu werten ist (siehe Abschnitt 4.2.1.2).

Die Erkenntnis, dass beim zweiten Aufheizen beide Muster in Bild 6.8a) ein nahezu identisches Schmelzverhalten zeigen, gibt einen eindeutigen Hinweis darauf, dass der zu höheren Temperaturen verschobene Schmelzpeak und die höhere Schmelzenthalpie bei DF-PA gezielt durch die Vorbehandlung eingestellt werden, um die Prozestauglichkeit der Pulver bei der LS-Verarbeitung zu erhöhen (siehe Abschnitt 6.1.1.3).

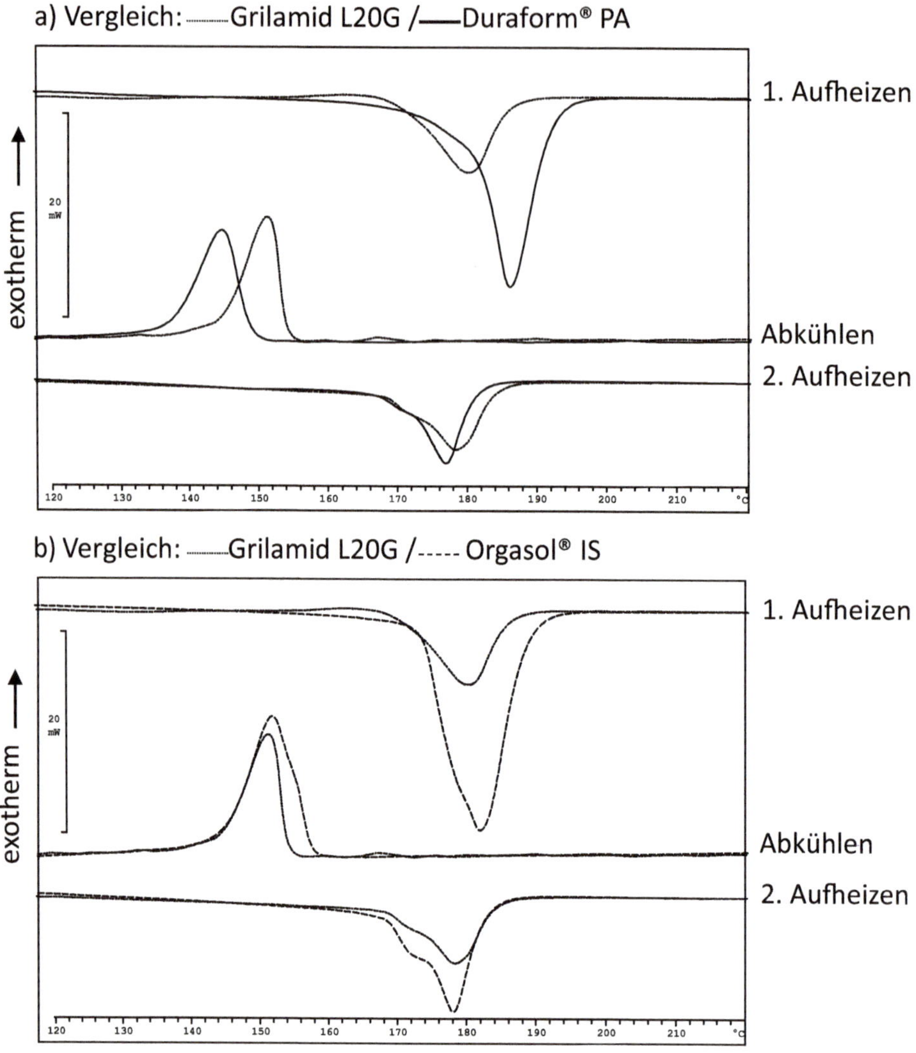

Bild 6.8 Vergleich der DSC-Aufnahmen von a) Grilamid® L20G mit Duraform® PA und b) Grilamid® L20G mit Orgasol® Invent Smooth (IS)

Auch bei Orgasol® Invent Smooth wird gezielt versucht, auf die thermischen Eigenschaften Einfluss zu nehmen, um das Material in diesem Punkt für den LS-Prozess anzupassen. Der Vergleich zwischen Grilamid® L20G und Orgasol® Invent Smooth zeigt sich dies in Bild 6.8b) anhand einer leicht erhöhten Peaktemperatur beim Schmelzen und in einer signifikant höheren Schmelzenthalpie (ΔH_m). Diese ist für Orgasol® IS im ersten Heizlauf praktisch doppelt so hoch wie die für Standard-PA 12 (Grilamid® L20G).

Um diesen Effekt zu erreichen, werden die Polymerpulver einem Temperprozess nahe dem Onset des Schmelzbereichs unterworfen, welcher zu einer Homogenisierung der Kristallitstrukturen (Angleichung der Lamellendicke) und einem Anstieg des kristallinen Anteils führt. Die unsymmetrische Form des Schmelzpeaks in der ansteigenden Flanke gibt einen Hinweis auf den Einfluss durch Tempern [5]. Im Bereich der Tempertemperatur kommt es zu einer überproportionalen Ausbildung entsprechend großer Kristallite und damit zu einer Asymmetrie beim Schmelzen, siehe DSC-Kurve Orgasol® IS - erstes Aufheizen in Bild 6.8b).

Aus dem Vergleich von Bild 6.8a) und b) wird bereits deutlich, dass sich die beiden LS-Werkstoffe Duraform® PA und Orgasol® IS einerseits stark von Standard-PA 12 (Grilamid® L20G) unterscheiden, andererseits aber auch zueinander kein identisches Temperaturprofil aufweisen.

Wie ausgeprägt die Unterschiede zwischen Duraform® PA und Orgasol® IS sind, zeigt Bild 6.9. Die Unterschiede in der Lage der thermischen Übergänge im ersten Aufheizen und beim Abkühlen sind signifikant. Die Peaktemperatur beim Schmelzen (T_m) von Orgasol® IS liegt im ersten Heizlauf über 4 °C tiefer und die Peaktemperatur beim Kristallisieren (T_K) ist um über 7 °C höher. Insgesamt ist das Sinterfenster von Orgasol® IS damit um mehr als 10 °C enger als jenes von Duraform® PA, was deutlich negative Auswirkungen auf die LS-Prozessstabilität besitzt.

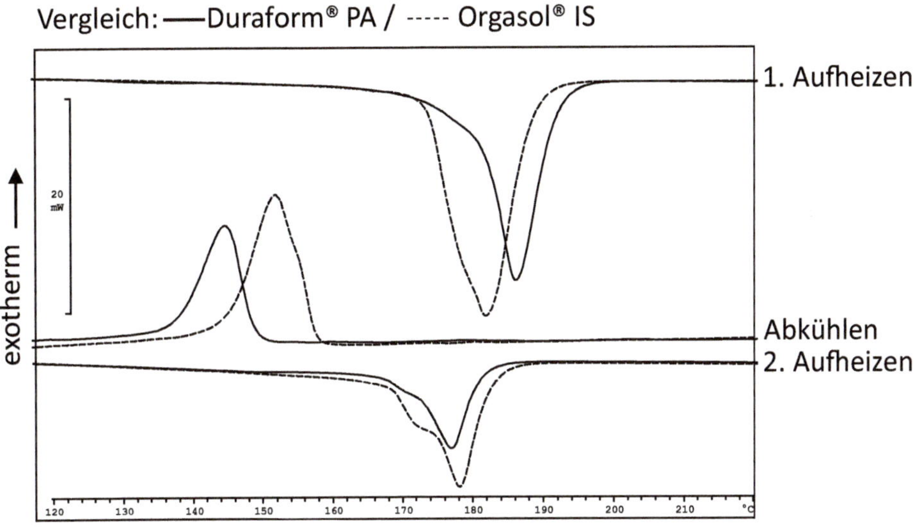

Bild 6.9 Vergleich der DSC-Aufnahmen von Duraform® PA und Orgasol® IS

Alle aus den DSC-Messungen der einzelnen Werkstoffe in Bild 6.8 und Bild 6.9 ermittelten thermischen Daten (T_m, T_K, ΔH_m und ΔH_K) sind in Tabelle 6.1 zusammengefasst. Zusätzlich sind hier auch noch die entsprechenden Werte von PA2200 (Firma EOS) gelistet, die in Bild 6.8 und Bild 6.9 aus Gründen der Übersichtlichkeit nicht abgebildet sind.

PA 2200 ist bezüglich der DSC-Kurven und bezüglich der thermischen Daten aber nahezu identisch mit DF-PA, was auch die Herkunft auf Basis Evonik nahelegt (siehe auch Zusammenhang in Bild 6.5).

Tabelle 6.1 Thermische Übergangspunkte (T_m, T_K) und Enthalpien (ΔH_m, ΔH_K) von Grilamid® L20G, Duraform® PA, PA 2200 und Orgasol® Invent Smooth (IS)

Polymerhersteller	EMS (CH)	Evonik (D)		Arkema (F)
Produkt/*Verwendung*	Grilamid® L20G *PA 12 (Standard Spritzguss)*	Duraform® PA (DF-PA) *PA 12 (LS)*	PA 2000 *PA 12 (LS)*	Orgasol® Invent Smooth *PA 12 (LS)*
1. Aufheizen				
Schmelzen, Peaktemperatur T_m (°C)	180,3	186,1	186,7	181,9
Schmelzenthalpie ΔH_m (J/g)	51,6	100,3	107,4	102,5
Abkühlen				
Kristallisieren, Peaktemperatur T_K (°C)	151,1	144,5	144,2	151,8
Kristallisationsenthalpie ΔH_K (J/g)	59,4	46,8	49,3	58,9
2. Aufheizen				
Schmelzen, Peaktemperatur T_m (°C)	178,3	176,9	176,7	178,2
Schmelzenthalpie ΔH_m (J/g)	47,6	35,1	38,0	48,2

Zusammenfassend können aus Bild 6.8, Bild 6.9 und den entsprechenden Daten aus Tabelle 6.1 folgende Merkmale und Erkenntnisse für die thermischen Eigenschaften von PA 12-Standard- und PA 12-LS-Materialien abgeleitet werden:

- **1. Aufheizen:**
  - Die Materialien auf Basis Evonik-Pulver (Duraform® PA und PA 2200) weisen im Vergleich zu Standard-PA 12 ca. 6–7 °C höhere Peaktemperatur beim Schmelzen (T_m) auf.
  - Die Peaktemperatur beim Schmelzen (T_m) von Orgasol® IS ist im Vergleich zu Standard-PA 12 nur geringfügig um ca. 1–2 °C erhöht.
  - Die Schmelzenthalpien (ΔH_m) aller PA 12-LS-Typen sind mit ca. 100 J/g identisch und etwa doppelt so hoch wie der entsprechende Wert von Standard-PA 12 (Grilamid® L20G).

  Fazit: Die Peaktemperatur beim Schmelzen (T_m) und die Schmelzenthalpien (ΔH_m) von LS-PA 12-Materialien sind gegenüber Standard-PA 12 im ersten Heizlauf zum Teil deutlich erhöht; das ist eine wesentliche Voraussetzung für die Anpassung der Materialien an das LS-Verfahren und für eine stabile Prozessführung.

- **Abkühlen:**
  - Der Peaktemperatur beim Kristallisieren(T_K) und die Kristallisationsenthalpie (ΔH_K) von Orgasol® IS entspricht weitgehend jenen von Standard-PA 12 (Grilamid® L20G).
  - Die Peaktemperatur beim Kristallisieren (T_K) und die Kristallisationsenthalpien (ΔH_K) von DF-PA und PA 2200 liegen signifikant tiefer als die entsprechenden Werte von Grilamid® L20G und Orgasol® IS.

  Fazit: Durch das Absenken der Peaktemperaturen beim Kristallisieren (T_K) bei DF-PA und PA 2200 wird der Sinterbereich zusätzlich aufgeweitet und eine stabile LS-Prozessführung deutlich unterstützt. Eine später einsetzende Kristallisation ist speziell für die Unterdrückung der Kristallisation bei langsamen Kühlraten, wie im LS-Prozess vorliegend, sehr wesentlich (siehe auch Abschnitt 4.2.1.2).

- **2. Aufheizen:**
  - Orgasol® IS und Grilamid® L20G zeigen innerhalb der Messgenauigkeit der DSC-Methode identische thermische Übergangswerte.
  - Die Materialien auf Basis Evonik-Pulver (DF-PA und PA 2200) weisen im Vergleich zu Standard-PA 12 und Orgasol® IS eine um ca. 1,5 °C tiefere Peaktemperatur beim Schmelzen auf.
  - Die Schmelzenthalpien (ΔH_m) von DF-PA und PA 2200 sind um ca. 10 J/g tiefer im Vergleich zu den beiden anderen Werkstoffen.

  Fazit: Der zweite Heizlauf ist an sich unwesentlich für das Verhalten der Werkstoffe beim LS-Prozess. Allerdings gibt das abweichende Verhalten von DF-PA und PA 2200 von Grilamid® L20G und Orgasol® IS einen deutlichen Hinweis darauf, dass das (gewünschte) Absenken der Kristallisationspunkte bei den Evonik-Werkstoffen mit einer molekularen Strukturänderung erreicht wird.

Durch das Einkondensieren geringer Anteile eines zweiten Monomers während der Polymersynthese (im Fall von PA 12 oftmals Caprolactam, Monomer von PA 6) kommt es zur Störung der molekularen Ordnung im System und damit primär zur Beeinflussung des Kristallisationsverhaltens eines Polymers [6]. Der Kristallisationspunkt (T_K) und die Kristallisationsenthalpie (ΔH_K) werden durch solche Maßnahmen abgesenkt, was sich dann, wie im Fall von DF-PA und PA 2200 im zweiten Aufheizen durch die entsprechend tieferen T_m- und ΔH_m-Werte wieder zu erkennen gibt.

Die thermische Analyse der LS-Werkstoffe, DF-PA, PA 2200 und Orgasol® IS im Vergleich zu einem Standard-PA 12 (Grilamid® L20G) erweist sich also als sehr aufschlussreich für das Verständnis der thermischen Eigenschaften der Polymeren beim LS-Prozess:

- Alle LS-Werkstoffe sind von den jeweiligen Herstellern in ihren thermischen Bedingungen für den LS-Prozess angepasst.
- Bei der LS-Verarbeitung können für DF-PA und PA 2200 höhere Bauraumtemperaturen eingestellt werden, da die jeweiligen Peaktemperaturen beim Schmelzen signifikant höher liegen.
- Beide Materialien (DF-PA und PA 2200) akzeptieren auch größere thermische Prozessschwankungen (Inhomogenität in der Oberflächentemperatur des Bauraums), da die Kristallisation erst bei deutlich tieferer Temperatur einsetzt.
- Aus thermischer Sicht besitzen also die LS-Pulver, welche auf Pulvern von Evonik basieren, thermische Vorteile und zeigen sich durch das größere Sinterfenster weniger kritisch gegenüber thermischen Prozessschwankungen.

Das deutlich unterschiedliche Schmelzverhalten von Orgasol® IS und den Evonik-Pulvern (Duraform® PA, PA 2200/2201) im ersten Heizlauf der DSC-Analyse lässt sich durch reine Temperprozesse der Materialien nicht ausreichend erklären.

Vor allem die signifikante Verschiebung der Peaktemperatur der Evonik-Materialien zu höheren Werten hat ihre Ursache auch in der Ausbildung einer unterschiedlichen Kristallstruktur.

6.1.1.3 Kristallstruktur

Polymere generell und speziell Polyamide können in unterschiedlichen Kristallstrukturen auftreten (Polymorphie). Die Ausbildung einer bestimmten Modifikation hängt von den Randbedingungen bei der Herstellung und/oder der thermischen Vorgeschichte ab. Bei Polyamiden spielt es eine Rolle, ob die Entstehung der Kristallstrukturen unter Wärmeeinwirkung (thermisch) oder aus (verdünnter) Lösung und/oder bei gleichzeitiger Druckbelastung erfolgt [7].

Die sogenannten α- und die γ-Formen sind bei Polyamiden die mit Abstand am häufigsten auftretenden Modifikationen. Die α-Form besteht aus einem triklinen Gitter mit einer gestreckten und planaren Zickzackanordnung der Moleküle. Die γ-Kristallstruktur von PA 12 besitzt eine monokline (pseudohexagonale) Symmetrie und pro Kristallzelle sind vier Monomereinheiten eingebaut [7]. Die Säureamidgruppen (-CONH-) sind um 60° gegen die Methyleneinheiten verdreht.

In thermischen Prozessen kristallisiert PA 12 üblicherweise in einer γ-Modifikation. In Röntgenstrukturanalysen (engl. wide-angle X-ray scattering, WAXS) zeigt die γ-Modifikation einen intensiven Reflex bei einem Winkel (2θ) von ca. 21°, siehe Bild 6.10a). Wird Duraform® PA-Frischpulver einer WAXS-Analyse unterzogen, so erkennt man ein zusätzliches starkes Signal bei 2θ ≥ 22°, siehe Bild 6.10b). Dieser Beugungsreflex ist einer α-Modifikation zuzuordnen [8]. Zusätzlich erkennt man, dass die Kristallinität im Duraform® PA-Pulver deutlich erhöht ist (kristalliner Anteil = Fläche unter der Kurve der kristallinen Reflexe).

Die aus Lösung hergestellten PA 12-LS-Pulver (Duraform® PA und PA 2200) zeigen also im Vergleich zu PA 12-Standardwerkstoffen eine wesentlich höhere Kristallinität (siehe Schmelzenthalpie (ΔH_m) in Tabelle 6.1) und die Ausbildung einer zusätzlichen Kristallmodifikation (α-Struktur). Aufgrund der unterschiedlichen Energieinhalte in unterschiedlichen Kristallmodifikationen unterscheiden sich auch die Schmelzpunkte von γ- und α-Modifikation [9].

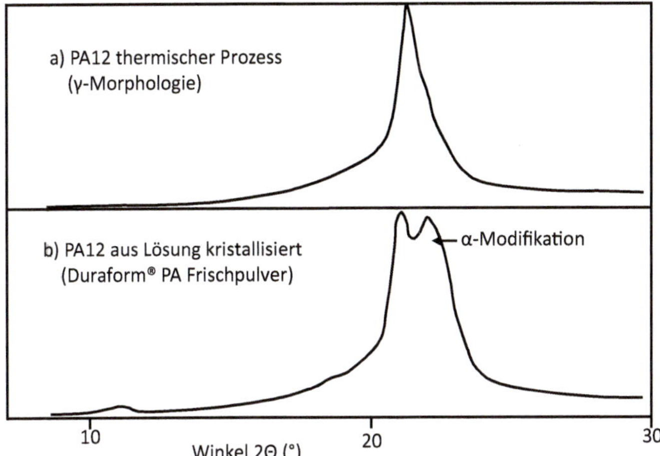

Bild 6.10 Röntgenbeugungsreflexe (WAXS) der unterschiedlichen kristallinen Strukturen von PA 12 (γ- und α-Modifikation)

Die Breite des Schmelzbereichs sowie die Höhe des Schmelzpeaks und die Peaktemperatur eines Polymeren wird neben der Kristallmodifikation, dem kristallinen Anteil und auch der Dicke der Lamellen (l_c) des Kristallits ganz wesentlich beeinflusst. Bild 6.11 zeigt den Zusammenhang schematisch. Je mehr Monomereinheiten in einem gefalteten Polymerkristall vorliegen, je höher also die lamellare Ausdehnung des Kristalls ist, umso höher ist seine innere Energie und damit seine Peaktemperatur beim Schmelzen.

Mathematisch wird der Zusammenhang von Lamellendicke und Schmelzpunkt durch die Gibbs-Thomson-Gleichung beschrieben (Formel 6.1):

$$T_m = T_m^\infty \left[1 - \frac{2\sigma_e}{l_c H_m}\right] \tag{6.1}$$

mit:

T_m = Peaktemperatur beim Schmelzen

σ_e = Oberflächenenergie der Kettenfaltung

ΔH_m = Schmelzenthalpie

l_c = Länge der Kristalleinheit

T_m^∞ = Peaktemperatur beim Schmelzen eines unendlich dicken Kristalls

Die Monomerlänge einer PA 12-Einheit entspricht in linearisierter Form 16,5 Å. Im thermischen Gleichgewicht stellt sich für PA 12 in der γ-Morphologie üblicherweise ein Schmelzpunkt von ca. 179 °C ein. Diesem Wert lässt sich eine Lamellendicke (l_c) von 66 Å, also vier Monomereinheiten pro Lamelle, zuordnen. Für l_c bestehend aus fünf Monomereinheiten lässt sich ein theoretischer Schmelzpunkt von 189 °C berechnen.

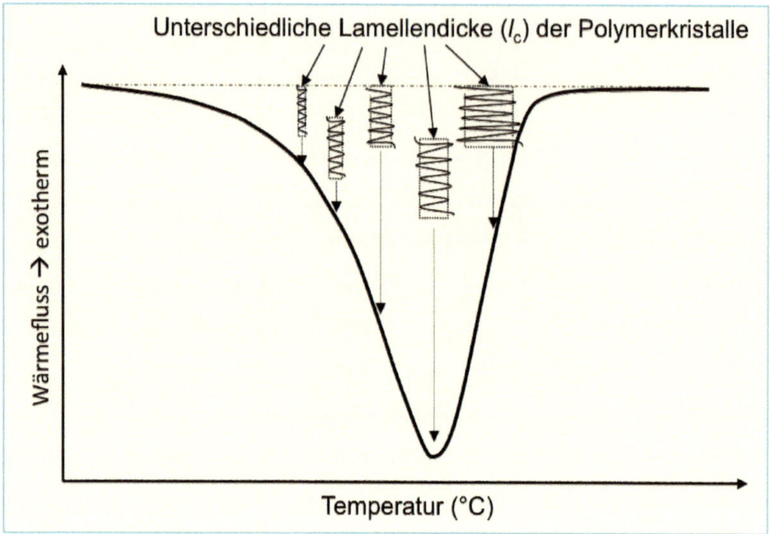

Bild 6.11 Zusammenhang zwischen Lamellendicke (l_c) und Schmelzbereich in Anlehnung an [10]

In den LS-Pulvern, Duraform® PA und PA 2200, mit einer Peaktemperatur (T_m) von über 186 °C (siehe Tabelle 6.1), werden also aufgrund der spezifischen Prozessbedingungen bei der Pulverherstellung (Fällen aus Lösung mit sehr geringen Kühlraten, siehe Abschnitt 5.1.2) eine überproportional hohe Enthalpie bei der Kristallisation (ΔH_K) und spezifische Morphologien (Kristallstrukturen) mit einem zu höheren Temperaturen verschobenen Schmelzbereich induziert.

Wie in den beiden vorhergehenden Abschnitten aufgezeigt, spielen die thermischen Eigenschaften und die kristallinen Strukturen eine wesentliche Rolle für die spezifische Eignung von PA 12 beim LS-Prozess. Daneben kommt aber auch molekularen Vorgängen und der Steuerung des Molekulargewichts eine wichtige Rolle zu.

6.1.1.4 Molekulargewicht und Nachkondensation

Mehrere Effekte auf molekularer Ebene werden gezielt ausgenutzt, um das Verhalten der Werkstoffe für den LS-Prozess anzupassen. Einerseits kann hier der bereits erläuterte Effekt zur Absenkung der Temperatur des Kristallisationspunkts (ΔH_K) mittels Co-Kondensation eines zweiten Monomers in die Polymerhauptkette erwähnt werden (vgl. Abschnitt 6.1.1.2), andererseits wird über molekulare Parameter auch versucht, die mechanischen Eigenschaften der entstehenden Bauteile zu optimieren. Dies gelingt durch Nachkondensation (Kettenverlängerung) der PA 12-Polymerketten während des Bauprozesses.

Um diesen Vorgang zu verstehen, muss man sich nochmals die Synthese von PA 12 vor Augen führen. Ringförmiges Laurinlactam wird hydrolytisch geöffnet und durch nachfolgende Addition weiterer Lactammonomere entsteht die Polymerkette (siehe Bild 6.4). Werden bei der Polymerisationsreaktion keine Regler eingesetzt, also Moleküle welche die Endgruppen chemisch blockieren und deaktivieren, so entstehen Polymerketten mit offenen Kettenenden. Jede Polymerkette trägt dann terminal zwei funktionelle Gruppen. Im Falle der A-B-Polyamide eine Carboxyl- (jOOH) und eine Aminoendgruppe (-NH_2).

Diese Endgruppen sind jederzeit unter geeigneten Bedingungen zu weiteren Kondensationsreaktionen fähig. Diese Nachkondensationsreaktionen können in schmelzflüssiger aber auch in fester Phase ablaufen. Speziell bei Temperaturen oberhalb des Glaspunkts ist die Kettenbeweglichkeit im Feststoff ausreichend hoch, damit reaktive Endgruppen aufeinandertreffen und die Kondensation gemäß Bild 6.12 ablaufen kann. Eine Polymerkette mit n Wiederholungseinheiten und eine mit einer Länge bestehend aus m Kettengliedern bilden nur durch einen einzigen Kondensationsschritt eine wesentlich längere Kette aus n + m Lactameinheiten.

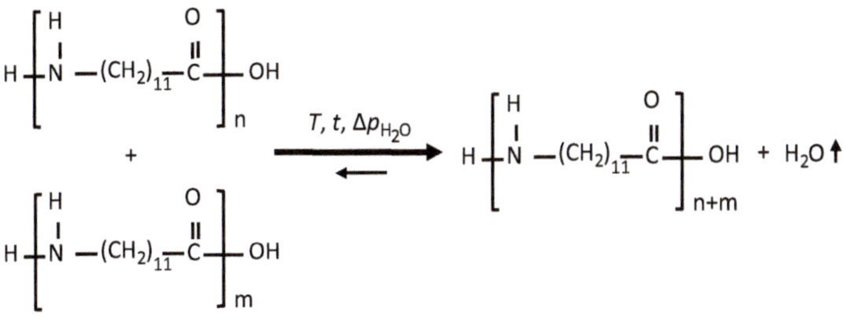

$$\mathrm{H}\left[\mathrm{NH}-(\mathrm{CH_2})_{11}-\mathrm{C(=O)}\right]_n\mathrm{OH} + \mathrm{H}\left[\mathrm{NH}-(\mathrm{CH_2})_{11}-\mathrm{C(=O)}\right]_m\mathrm{OH} \underset{}{\overset{T,\,t,\,\Delta p_{H_2O}}{\rightleftharpoons}} \mathrm{H}\left[\mathrm{NH}-(\mathrm{CH_2})_{11}-\mathrm{C(=O)}\right]_{n+m}\mathrm{OH} + \mathrm{H_2O}\uparrow$$

Bild 6.12 Nachkondensation von PA 12 in fester Phase

Organisch-chemische Reaktionen sind in aller Regel Gleichgewichtsreaktionen, welche in Abhängigkeit von Temperatur (*T*), Zeit (*t*) und Partialdruckdifferenz gasförmiger Reaktionspartner (Δp) einen Gleichgewichtszustand erreichen. Betrachtet man den Ablauf beim LS-Prozess, so stellt dieser aufgrund der herrschenden Verarbeitungsparameter in der LS-Maschine optimale Bedingungen für eine erfolgreiche Nachkondensation zur Verfügung:

- **hohe Temperaturen:** nahe am Schmelzbereich und weit oberhalb des Glasübergangs und des Siedepunkts von Wasser (H_2O),
- **lange Reaktionszeiten:** LS-Bauten benötigen viele Stunden zur Fertigstellung,
- **N_2-Atmosphäre:** entstehende Kondensatmoleküle (H_2O) werden aus dem chemischen Gleichgewicht entfernt.

Alle Randbedingungen beim LS-Prozess unterstützen den Ablauf der Nachkondensation in der skizzierten Form (Bild 6.12). Dass die Reaktion in der angegebenen Form tatsächlich abläuft, lässt sich anhand von Gelpermeationschromatografie (GPC)-Messungen oder auch durch die Bestimmung des MVR-Werts zeigen (siehe Abschnitt 4.2.2.1).

Im Vergleich von zwei GPC-Chromatogrammen in Bild 6.13 mit Frischpulver („neu“, ab Hersteller) und mit einem entsprechenden Duraform® PA-Pulver nach mehreren Prozessdurchläufen („gebraucht“) wird über die Veränderung des Molekulargewichts der Unterschied der beiden Materialzustände deutlich. Die Verteilungskurve ist für Duraform® PA „gebraucht“ zu deutlich höheren Molekulargewichtswerten verschoben.

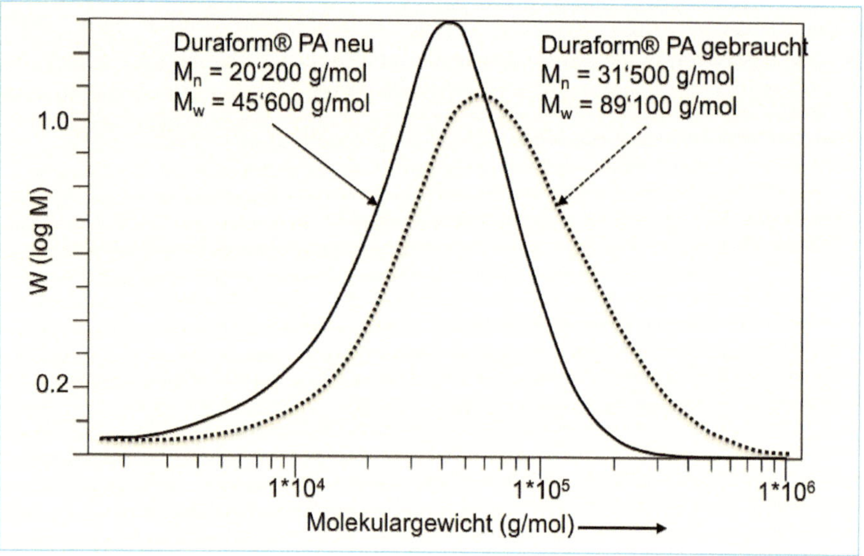

Bild 6.13 GPC-Messung von Duraform® PA-Frischpulver („neu“) und Duraform® PA „gebraucht“ (mehrfach im LS-Prozess rezykliert)

Die aus der Analyse ermittelten Kennzahlen für M_n und M_w sind in Tabelle 6.2 zusammengefasst und entsprechenden Werten aus der Literatur gegenübergestellt [11, 12].

Tabelle 6.2 Zusammenfassung von Molmassenwerten für Duraform® PA ermittelt mit GPC-Messungen

Duraform® PA	M_n in g/mol	M_w in g/mol	PDI = M_w/M_n
„Neu“ (eigene Messung)	20 200	45 600	2,26
„Neu“ [11]	16 190	75 053	4,64
„Neu“ [12]	6100	18 900	3,10
„Gebraucht“ (eigene Messung)	31 500	89 100	2,83
„Gebraucht“ [12]	12 600	58 050	4,60

Die angegebenen Molekulargewichte in Tabelle 6.2 sind Relativwerte und keine absoluten Größen. GPC-Analysen ermitteln ihre Ergebnisse in Bezug auf Kalibrierkurven, welche üblicherweise mit eng verteilten Polystyrol (PS)- oder Polymethylmethacrylat (PMMA)-Standardproben erstellt werden. Der Zustand der Trennsäulen, das verwendete Lösungsmittel, die Messtemperatur sowie die Art und der Kalibrationszustand der GPC-Anlage können zu größeren Abweichungen bei den Ergebnissen führen, sodass streng genommen nur Werte miteinander verglichen werden sollten, welche auf derselben Anlage unter identischen Bedingungen ermittelt wurden.

Dass die Werte für M_n aber als durchaus realistisch anzusehen sind, lässt sich mithilfe von Patentangaben [13] verifizieren. Hier ist die Konzentration der Endgruppen in den Polymeren angegeben, die bei der Herstellung entsprechender Pulver entstehen. Neben anderen Merkmalen wird das Polymer mit einem Endgruppengehalt von 72 mmol/kg Carboxylgruppen (-COOH) und 68 mmol/kg Aminogruppen (-NH_2) charakterisiert.

Mithilfe des Molekulargewichts des Lactammonomeren in hydrolysierter Form und der Tatsache, dass zwei Endgruppen pro Molekül vorliegen, lässt sich mit 140 mmol/kg Endgruppen im Polymer die Anzahl an Wiederholungseinheiten (n) zu 66 berechnen. Die mittlere Anzahl von n = 66 Wiederholeinheiten ergibt damit einen M_n-Wert (Formel 6.2) von etwa 13 000 g/mol.

$$M_n = 66 * 197 \text{ g/mol} + 18 \text{ g/mol} \approx 13100 \text{ g/mol} \tag{6.2}$$

Dies ist in hinreichend guter Übereinstimmung mit den in Tabelle 6.2 angegebenen M_n-Werten der GPC-Bestimmungen für Duraform® PA „neu“ Proben.

Die Verlängerung der Polymerketten während des LS-Prozesses hinsichtlich der entstehenden Bauteile ist erwünscht. Durch den Anstieg des Molekulargewichts werden alle wesentlichen mechanischen Eigenschaften, wie zum Beispiel der E-Modul, die Zugfestigkeit und die Bruchdehnung der Bauteile angehoben. Mittlere Molekulargewichte (M_w) für LS-Bauteile aus PA 12 bis zu 230 000 g/mol sind in der Literatur beschrieben [14]. Diese positive Beeinflussung der mechanischen Eigenschaften der PA 12-LS-Bauteile ist ein absolut erwünschter Aspekt der Kettenverlängerung durch Nachkondensation.

Ein weiterer sehr wesentlicher Punkt ist die bessere Schichthaftung der Einzelschichten von LS-Bauteilen quer zur Baurichtung. Durch die Nachkondensation während des Bauprozesses kommt es auch zu Kondensationsreaktionen über die Schichtgrenzen hinweg, welche zu einer Verbesserung der Schichthaftung und damit zu einer Vermeidung von Schichtdelaminationen beitragen. Um diese Zwischenschichtreaktionen auszubilden, ist ein möglichst langes Verweilen der gesinterten Schichten im Zwischenzustand fest/flüssig (unterkühlte Schmelze) des Sinterfensters erforderlich. Bild 6.14 zeigt schematisch die Prozesse zur Nachkondensation innerhalb der Schichten und über die Schichtgrenzen hinweg.

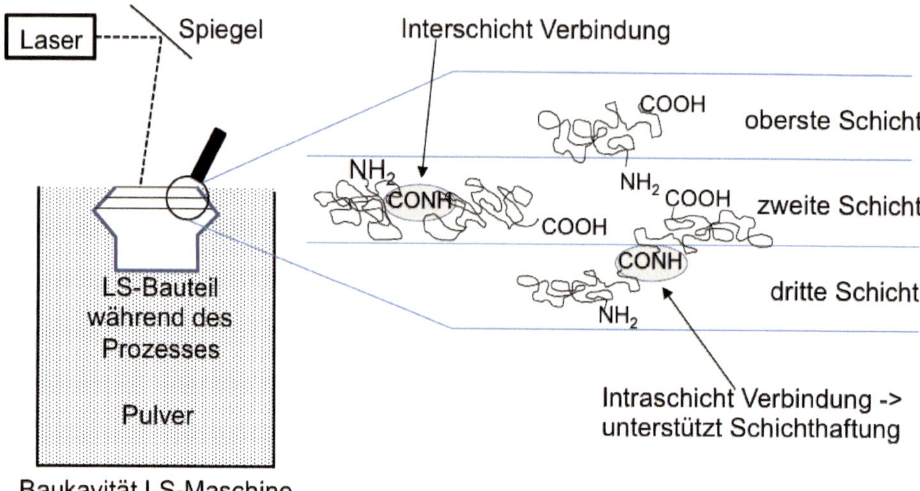

Bild 6.14 Inter- und Intraschichtreaktion (Festphasennachkondensation) in LS-Bauteilen (schematisch)

Eine gute Schichthaftung ist generell ein Hauptmerkmal bei der Herstellung von möglichst isotropen LS-Bauteilen. Die Blockierung der Endgruppen, welche chemisch während des Polymerisationsprozesses einfach zu bewerkstelligen wäre, führt zwar von Seiten der Viskosität betrachtet zu stabileren LS-Prozessen, aber die Schichthaftung ist meist deutlich reduziert. LS-Versuche mit PA 12 mit deaktivierten funktionellen Gruppen [15] zeigten zum Teil ernüchternde Ergebnisse bezüglich Bauteileigenschaften.

Zusammenfassend kann man dem Effekt der Nachkondensation insgesamt vier wesentliche Auswirkungen zuordnen. Bild 6.15 fasst die Punkte schematisch zusammen. Drei der Auswirkungen sind im Zusammenhang mit dem LS-Verfahren erwünscht:

- niedrige Viskosität der Polymerschmelze am Anfang des Prozesses,
- Verbesserung der mechanischen Eigenschaften in den LS-Bauteilen,
- Unterstützung der Schichthaftung.

Lediglich der Anstieg der Viskosität des Pulvers, welches im Bauraum unverarbeitet zurückbleibt, ist eigentlich unerwünscht. Dies ist vor allem aus wirtschaftlicher Sicht eine Einschränkung des LS-Verfahrens, da ein erheblicher Anteil des gealterten, aber nicht versinterten Pulvers verworfen werden muss (Kilopreis LS-Pulver: ca. 50-100 Euro/kg!).

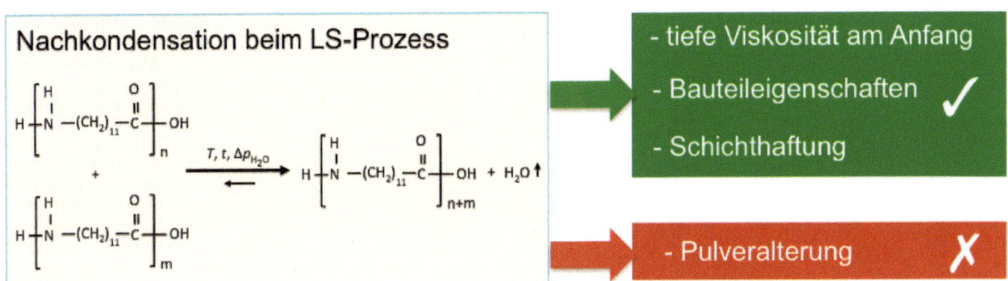

Bild 6.15 Auswirkungen der Nachkondensationsreaktion beim LS-Prozess

6.1.1.5 Pulveralterung

Wie bereits erwähnt, zeigt sich der Molmassenaufbau durch Festphasennachkondensation auch bei der Bestimmung der MVR-Werte der entsprechenden Pulver. Werden die MVR-Messungen bei 235 °C und einem Belastungsgewicht von 2,16 kg durchgeführt, so erhält man für DF-PA „neu" üblicherweise Werte in der Größenordnung von 70 ± 10 cm^3/10 min. Nach mehrfachem Durchlauf der Pulver durch den LS-Prozess sinkt dieser Wert auf unter 25 cm^3/10 min, was für eine weitere Verarbeitung im LS-Prozess kritisch ist. Die Viskositätszunahme basiert auf dem oben erläuterten Molmassenaufbau.

Bei sehr ausgeprägten thermischen Belastungen der LS-Pulver kann ein weiterer Effekt der Polymeralterung zum Tragen kommen. Alle kommerziellen Kunststoffe sind prinzipiell für die Verarbeitung und den Gebrauch mit Stabilisatorsystemen z. B. gegen Hitze- und UV-Belastungen ausgerüstet. Sind die Stabilisatoren durch eine entsprechend hohe Belastungen verbraucht, kommt es in der Regel zu unkontrollierten oxidativen Abbaureaktionen der Polymerketten [16]. Diese über Radikalbildung ablaufenden Kettenbrüche sind selbstbeschleunigend. Jedes Radikal bildet in einer Kettenreaktion mehrere Folgeradikale. Letztendlich verläuft der oxidative Kettenabbau exponentiell und es kommt sehr rasch zu einer massiven Schädigung des Polymers.

Bild 6.16 zeigt die MVR-Werte für Duraform® PA nach unterschiedlichen Zeiten bei 178 °C im Trockenschrank (Ofenalterung). Diese Messbedingungen sollen den LS-Prozess simulieren. Während am Anfang der Messungen die MVR-Werte wie erwartet schnell abfallen (Nachkondensation) und dann ein gewisses unteres Plateau erreicht wird (Gleichgewicht für die gegebenen Bedingungen), sinkt nach etwa drei Tagen die Viskosität wieder dramatisch (steigender MVR-Wert). Die Stabilisatorsysteme sind nach dieser Zeitspanne offensichtlich aufgebraucht und die Polymerketten werden durch oxidative Prozesse massiv geschädigt (unkontrollierbare radikale Kettenspaltungen).

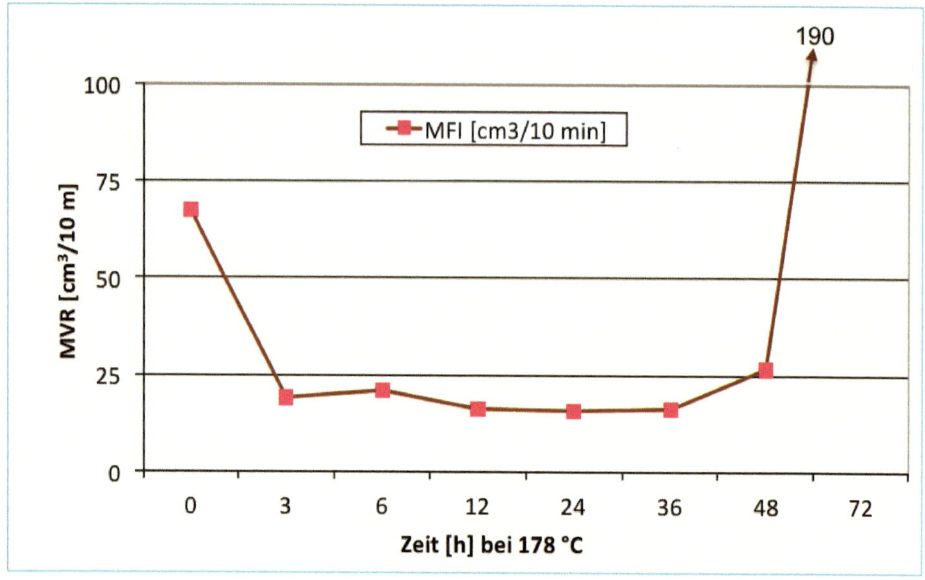

Bild 6.16 Ofenalterung von LS-Pulver über verschiedene Zeiträume bei 178 °C mit anschließender MVR-Bestimmung

Bei sehr starker thermischer Belastung des LS-Pulvers können auch Vernetzungen der Polymerketten eintreten. Dies äußert sich unter anderem durch Gelbildung beim Versuch, entsprechende Polymere für analytische Untersuchungen in Lösung zu bringen [17]. Nachdem der punktuelle Eintrag der Laserenergie einen gewaltigen Temperatursprung für das Material darstellt, sind entsprechende Vernetzungsreaktion (z. B. Bildung über sekundäre Amine) nicht auszuschließen [18].

Polymere mit hoher Viskosität oder gar Gelpartikeln sind im LS-Prozess nur sehr schwierig oder gar nicht zu verarbeiten (siehe Abschnitt 4.1.5). Das Recycling, also die Rückführung des im Prozess eingesetzten, aber nicht in Bauteile umgewandelten Pulvers in den Prozess, ist somit nur bis zu einem begrenzten Grad möglich. Steigt die Viskosität zu stark an, muss das Pulver verworfen werden. Massive Probleme an den Oberflächen der Bauteile können auftreten: Einfallstellen und sogenannte Orangenhaut. Diese „Alterung“ des Pulvers ist die unerwünschte Seite der Nachkondensation der Polymerketten (siehe auch Abschnitt 3.1.4.2).

6.1.1.6 Eigenschaftskombination von PA 12

Im vorliegenden Abschnitt 6.1.1 wurde anhand verschiedener wesentlicher Einflussfaktoren aufgezeigt, worin die herausragende Stellung von PA 12 im Bereich der LS-Verarbeitung besteht. Im Überblick lässt sich das mit den folgenden wesentlichen Punkten zusammenfassen:

- **Pulverpartikel:** LS-Pulver werden mithilfe spezieller Produktionsprozesse hergestellt und erhalten so eine Form (Sphärizität) und Oberfläche, welche für die Verarbeitung im LS-Prozess bezüglich der Pulverfließfähigkeit gut geeignet ist.

  Speziell die Partikel, die dem Produkt Orgasol® Invent Smooth, Firma Arkema (F) zugrunde liegen, zeigen eine sehr hohe Sphärizität und eine sehr homogene Partikelgrößenverteilung. Dies wirkt sich beim LS-Prozess positiv auf die Oberflächenrauigkeit der LS-Bauteile und eine feine Detailgenauigkeit aus.
- **Pulververteilung:** Die Pulververteilungen werden auf die Bedingungen beim LS-Prozess und vor allem auf das aktuelle LS-Equipment zugeschnitten. Aktuell wird auf kommerziellen LS-Maschinen fast ausschließlich mit einer Schichtstärke von 100 µm gearbeitet. Das heißt, die Pulververteilungen bewegen sich im Bereich zwischen 20–80 µm. Zu hohe Fein- und Grobanteile werden von den Herstellern entfernt. Sollte zukünftig mit geringeren Schichtstärken gearbeitet werden, um die Feinauflösung der LS-Teile zu verbessern, muss natürlich auch die Pulververteilung entsprechend angepasst werden. Auch hinsichtlich der Pulververteilung ist Orgasol® Invent Smooth herausragend, mit einer sehr engen Partikelverteilung und einem D_{v50} von ca. 45 µm.
- **Thermische Eigenschaften:** Alle LS-Pulver werden für eine Vergrößerung des LS-Prozessfensters und damit für einen stabilen Prozessablauf optimiert. Über die Herstellbedingungen werden die Schmelzenthalpie (ΔH_m) und die kristalline Struktur (α bevorzugt gegenüber γ) beeinflusst und über molekulare Einstellungen wird Einfluss auf die Peaktemperatur der Kristallisation genommen. Speziell bei den Evonik-LS-Pulvern ergibt sich so ein herausragendes thermisches Eigenschaftsprofil mit einem großen Sinterfenster und einem stabilen Prozessverhalten auch bei Temperaturschwankungen während des Prozesses.
- **Molekulargewicht:** Beim LS-Prozess wird partiell mit reaktionsfähigen Systemen gearbeitet, um die Viskosität der jeweiligen Prozessstufe anzupassen; d. h., beim Molekulargewicht wird vom LS-Prozess ein großer Spagat des Polymeren erwartet. Beim eigentlichen Sintern wird eine tiefe Nullviskosität (η_0) gewünscht, damit es zur Ausbildung einer homogenen Laserschmelzspur kommt (siehe Abschnitt 4.2.2.1). In den LS-Bauteilen selbst sollte das Molekulargewicht aber möglichst hoch sein, damit die mechanischen Eigenschaften genügend gut sind und eine gute Schichthaftung zu möglichst isotropen Eigenschaften beiträgt. Dies gelingt bei den Endgruppen aktiven PA 12-Typen der Firma Evonik am besten, wird aber mit dem Nachteil einer starken Alterung in den nicht ver-

sinterten Pulvern erkauft. Große Teile des nicht versinterten LS-Pulvers müssen nach mehreren Durchgängen aufgrund des Viskositätsanstiegs und beginnender Vernetzung verworfen werden.

Die sehr gute Eignung von PA 12 für die LS-Verarbeitung wird auch zusätzlich noch dadurch unterstützt, dass die Maschinenhersteller ihr Equipment im Laufe der letzten Jahre hinsichtlich dieses einen, gut passenden Werkstoffs angepasst und in Maschinendetails optimiert haben.

Trotzdem lassen sich mit PA 12 bei Weitem nicht alle Bedürfnisse der Anwender und Nutzer von LS-Bauteilen abdecken und so wurden im Laufe der letzten Jahre weitere Werkstoffe für das LS-Verfahren entwickelt. Einige davon haben sich mit mehr oder weniger großem Erfolg am Markt etabliert und decken gewisse weitere Anwendungen ab.

6.1.2 Polyamid 11 (PA 11)

Gabriele Fruhmann

Polyamid 11, ein naher Verwandter von PA 12 (eine CH_2-Einheit weniger im Monomer), war ursprünglich als erstes Polyamid in den Fokus der Anwendung im LS-Verfahren gerückt (siehe Bild 6.1). Damals gab es bereits eine Zusammenarbeit mit Atochem (später Atofina) - heute als Arkema (F) bekannt.

In gewissen LS-Prozessdetails war das ursprüngliche PA 11 aber schwierig zu beherrschen. Vor allem ein kleineres Sinterfenster verursachte bei den Standard-PA 11-Werkstoffen häufig Probleme mit Verzug (Curling) und der gesamten LS-Prozessbeherrschung. Nachdem es Arkema (F) durch gezielte thermische Vorbehandlung (siehe z. B. EP 1 413 595 B1 und WO 2009/138692 A3) gelungen ist, den Schmelzpunkt von ca. 186 °C auf rund 201 °C und mehr anzuheben und die Temperatur für den Kristallisationsbeginn abzusenken, kann das Pulver auf den konventionellen Lasersinteranlagen für PA 12 in der Regel ohne Curling verarbeitet werden. Es wurde zudem die Wiederverwendbarkeit des Pulvers optimiert (siehe z. B. die Patente WO 2011/045550 A1 und WO 2012/164226 A1), was zur verbesserten Wirtschaftlichkeit beiträgt. Rilsan Invent Natur wurde 2011 von Arkema (F) dem Markt vorgestellt. Seit diesen Verbesserungen und aufgrund des Trends zu nachhaltigen Werkstoffen sowie wegen der höheren Duktilität im Vergleich zum PA 12 nimmt der Anteil an PA 11-Pulvern im Markt zu.

Herstellung PA 11-Pulver

PA 11 wird aus Rizinusöl, welches aus den Samen der Rizinuspflanze gewonnen wird, hergestellt und ist somit ein sogenanntes biobasiertes Polymer, das aus nachwachsendem Rohstoff hergestellt wird [19]. Die Rizinuspflanze ist eine genügsame Pflanze und wächst an Orten, wo andere, für Lebensmittel nutzbare Pflanzen nicht mehr gut gedeihen. Daher stellt die Pflanze keine direkte Konkurrenz zum Nahrungsmittelanbau dar. Damit die Nachhaltigkeit des Anbaus und die Arbeitsbedingungen der Landwirte den Anforderungen entsprechen, wird das Pragati-Programm von Arkema (F) und BASF (D) zusammen mit einer indischen und internationalen Organisation unterstützt und eine Zertifizierung für den Anbau entwickelt [19, 20].

Die Herstellroute ist in Bild 6.17 grob skizziert. Aus den Samen der Rizinuspflanze wird über mechanisches Zerkleinern und anschließendem Pressen in Kombination mit Lösungsextraktion das Rizinusöl gewonnen. Über eine Methanolyse wird Methylricinoleat erhalten, welches durch Heißdampfzuführung gecrackt und anschließend destilliert wird. Als Destillat erhält man u. a. Methylundecylenat, das wiederum über eine Hydrolyse und Destillation zu der einfach ungesättigten Undecylensäure umgewandelt wird. Diese wird über Hydrobromierung in 11-Bromunddecansäure umgewandelt und anschließend mit einer wässrigen Ammoniaklösung versetzt. Über weitere chemisch-physikalische Schritte entsteht daraus die 11-Aminoundecansäure (auch: ω-Aminoundecansäure, CAS-Nr.: 2432-99-7), welche das Ausgangsprodukt für die Polykondensation von PA 11 bildet [21].

Aus der Polykondensation wird Granulat hergestellt, welches anschließend kryogen gemahlen wird, vgl. Abschnitt 5.1.3 und Abschnitt 6.1.3. Zudem finden die für das Lasersintern erforderliche spezifische thermische Behandlung und eine weitere Veredelung mit Additiven (z.B. thermische Stabilisatoren) und Zusatzstoffen (z.B. Rieselhilfen) statt (siehe z. B. EP 1 413 595 B1, WO 2009/138692 A3, WO 2011/045550 A1 und WO 2012/164226 A1).

Die aktuelle industrielle Hauptentwicklung von PA 11-Pulvern vom Monomer bis zum Basispolymer erfolgt im Entwicklungszentrum in Certado, Sergquigny (F). Die Veredelung und Anpassung an verschiedene LS-Maschinen wird in Zusammenarbeit mit Maschinenherstellern wie Prodways (F), Farsoon (CN), EOS (D), Aspect (J), Stratasys (USA), 3DSystems (USA) und auch anderen Firmen wie ALM (EOS) (USA/D), Fabulous (F) und ForwardAM (BASF) (D) übernommen [22].

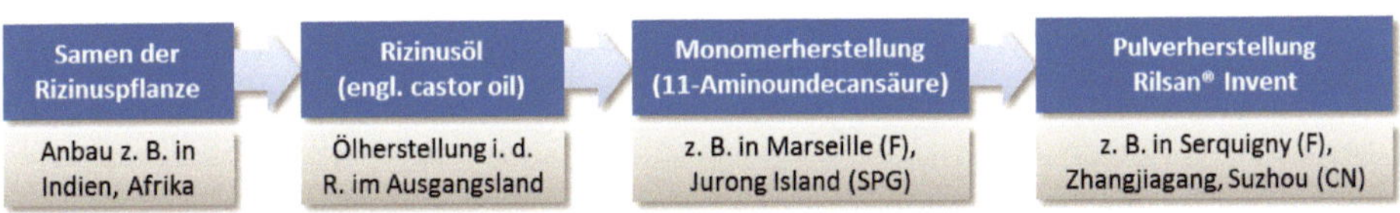

Bild 6.17 Herstellroute von Polyamid 11-Pulver bei Arkema (F)

Anmerkung: *Neben der Herstellung hat Arkema in den letzten Jahren auch ein Konzept für die Verarbeitung der bei den Pulverbettprozessen anfallenden Abfälle im*

Rahmen des Virtucycle®-Programms erstellt. Es wird dabei an Lösungen gearbeitet, dass nicht mehr für die additive Fertigung verwendbare Polymerpulver anderen Herstellprozessen wie z. B. Spritzguss zugeführt werden können. Für die Umsetzung des Konzepts hat Arkema die Firma Agiplast in 2021 übernommen und arbeitet auch mit anderen Firmen wie z. B. EOS für die nachhaltige Umsetzung des Gesamtproduktes zusammen.

Materialüberblick PA 11

Bild 6.18 zeigt eine Übersicht über bekannte Varianten von PA 11-LS-Pulvern und den Anbietern. Es gibt allerdings Ländervertriebsbeschränkungen, welche beim jeweiligen Produzenten in Erfahrung gebracht werden können.

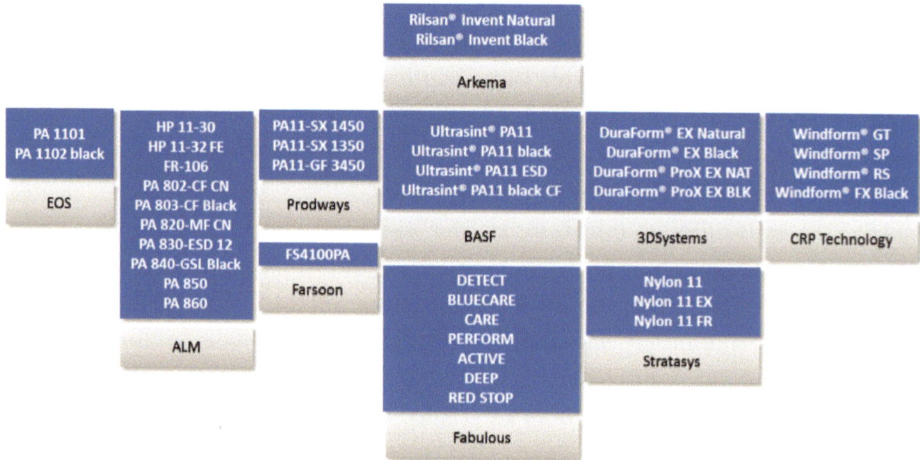

Bild 6.18 Kommerzialisierte PA 11-Pulver und Firmen, die die einzelnen Produkte (Grades) am Markt anbieten.

Es kann zwischen folgenden zwei Grundvarianten unterschieden werden, welche von fast allen LS-Maschinenanbietern angeboten werden und schon längere Zeit am Markt sind:

- PA 11 unverstärkt und in der Regel ohne Farbzusätze, dazu zählen z. B. Rilsan® Invent Natural, PA 1101, PA 860, Ultrasint® PA 11, DuraForm® EX Natural sowie Nylon 11 EX.
- PA 11 unverstärkt und schwarz eingefärbt; in der Regel wird für die Einfärbung ein spezieller Ruß verwendet. Die Einfärbung erfolgt bereits beim Granulat und es liegt somit ein Compound (auch: fabrikmäßige Einfärbung, Masseeinfärbung, Schmelzeeinfärbung) vor. Zu dieser Gruppe zählen Rilsan® Invent Black, PA 1102 black, PA 850, Ultrasint® PA 11 black, DuraForm® EX Black, Windform® FX Black.

Sehr spezielle Varianten werden von ALM – Advanced Laser Materials (USA) und Fabulous (F) angeboten. Die mit Glasperlen, Mineralfaser und Carbonfaser verstärkten Varianten werden seit ca. 2015 und intensiver seit 2018/2019 angeboten. Ähnliches gilt für die Fire retardant (FR)-Versionen. Die Firma Fabulous bietet neuerdings ein blau und ein rot durchgefärbtes PA 11-Pulver auf Basis von Rilsan® Invent an.

Die Zusammenarbeit im industriellen Bereich erfolgt von Arkema auch über den Bereich der Pulverherstellung hinaus. So wurden in den letzten Jahren Partnerschaften mit Firmen wie Additive Manufacturing Technologies (AMT), DyeMansion und cae, die Postprocessing für lasergesinterte und andere additiv gefertigte Bauteile anbieten, eingegangen. Zudem gibt es einen engen Austausch mit namhaften Druckdienstleistern, wie Materialise, FKM, FIT, Cipres, Sculpteo und anderen. Für die Intensivierung der virtuellen Produktentwicklung wurde eine Kooperation mit Autodesk eingegangen. Ziel dabei ist, die Prozesssimulation für pulverbettbasierte additive Fertigungsverfahren und erforderliche Materialinformationen für Prozess- wie auch Struktursimulation verfügbar zu machen [22].

Ähnlich wie bei den PA 12-Pulvern finden auch mit PA 11-Pulvern Untersuchungen an unterschiedlichen Forschungsinstituten, die zur Materialentwicklung für Lasersintern und andere pulverbasierte additive Fertigungsverfahren forschen, statt. Eine weiterführende Übersicht über verschiedene wissenschaftlich untersuchte PA 11-Varianten ist in [23] zu finden.

Mechanische Eigenschaften von PA 11

Die am häufigsten vorliegenden Charakterisierungsinformationen stammen von uniaxialen Zugversuchen mit unterschiedlichen Probekörperformen, gebaut in unterschiedlichen Orientierungen. Häufig sind leider keine klaren Angaben zur Konditionierung der Probeköper vor der Zugprüfung zu finden. Das führt dazu, dass sich die Kennwerte nur eingeschränkt vergleichen lassen.

Zusätzlich ist zu beachten, dass die Kennwerte für die Datenblätter häufig von Probekörpern stammen, die auf kleinen LS-Maschinen gebaut werden. Erfahrungsgemäß werden auf den kleinen Anlagen bessere und gleichmäßigere Kennwerte erreicht als bei mittleren und größeren Anlagen. Derzeit finden sich leider selten Informationen bezüglich der bei der Probenherstellung verwendeten Anlagen und Prozessparameter auf den Datenblättern. Im Zweifelsfall sollte daher beim Datenblattersteller bezüglich der Übertragbarkeit der Kennwerte auf die gewünschte Anlage nachgefragt werden.

Für den Zug-E-Modul liegen die Werte bei den unverstärkten Varianten zwischen 1500–1800 MPa. In der Regel ist die Anisotropie für den Zug-E-Modul zu vernachlässigen. Wesentlich relevanter ist der Konditionierungszustand der Proben, da hier der Zug-E-Modul von rund 1800 im trockenen (= lasersinterfrischen) auf 1250 MPa im nach DIN EN ISO 1110 konditionierten Zustand abfällt. Dies entspricht einer um ca. 30 % reduzierten Steifigkeit. Dies zeigen Datenblätter z. B. von BASF, die Kennwerte sowohl für den trockenen (entspricht auch lasersinterfrisch nach VDI 3405 Blatt 1) als auch für den konditionierten Zustand ausweisen.

Bei den verstärkten Typen ist der Zug-E-Modul stark von der Orientierung abhängig und weist somit eine hohe Anisotropie auf, die je nach Anwendung zu beachten ist. Auch der Anteil und die Art des Füll- bzw. Verstärkungsstoffes haben einen großen Einfluss. Der minimale Wert ist vergleichbar mit den unverstärkten Varianten und liegt um 1500 MPa, wohingegen ein maximaler Wert mit bis zu 8200 MPa beim Werkstoff PA 803-CF Black der Firma ALM erreicht werden kann.

Häufig wird in den Datenblättern auch noch der Modul aus der Biegeprüfung angegeben. Dieser liegt in der Regel etwas niedriger als der Zug-E-Modul und sollte daher nicht als direkter Ersatz für den Zug-E-Modul verwendet werden. Die Zugfestigkeit liegt bei den unverstärkten Typen zwischen 45–55 MPa. Auch hier hat der Konditionierungszustand einen nennenswerten Einfluss. Im konditionierten Zustand nach DIN EN ISO 1110 für Polyamide sinkt die Zugfestigkeit um ca. 20 % im Vergleich zum trockenen bzw. lasersinterfrischen Zustand. Bei guter Qualität der lasergesinterten Proben liegt gewöhnlich keine relevante Anisotropie der Festigkeitswerte bei den unverstärkten Varianten vor. Falls es zu niedrigeren Festigkeiten bei vertikal gebauten Zugstäben kommt, wird empfohlen, die Prozessparameter und die gewählte Schichtstärke zu überprüfen.

Ein Vergleich der Zugfestigkeiten bei verstärkten Varianten zeigt ein sehr unterschiedliches Verhalten, da die Füll- bzw. Verstärkungsstoffe sehr unterschiedlich wirken können. Es kann sowohl zu höheren – bis zu rund 80 MPa – wie auch zu niedrigeren Festigkeiten (ca. 30 MPa) kommen. Für gewöhnlich kann in der Schicht eine höhere Festigkeit erzielt werden, aber senkrecht zu den Schichten reduziert sich die Zugfestigkeit im Vergleich zu den unverstärkten Varianten. Hintergrund ist, dass der Füllstoff mit dem Laser interagieren kann und daher die Schichtanbindung nicht optimal erfolgt.

Angegebene Biegefestigkeiten können sehr stark variieren. Zum einen nimmt die Qualität der Oberfläche auf der zugbelasteten Seite wesentlichen Einfluss auf das Prüfergebnis und zum anderen die Prüfbedingungen. Da vor allem liegend gebaute Proben eine unterschiedliche Rauigkeit auf Unter- und Oberseite aufweisen, kann es hier zu größeren Streuungen kommen. Ein Vergleich der Biegefestigkeiten sollte daher nur bei vergleichbaren Orientierungen und Prüfbedingungen erfolgen. Da diese aber in den Datenblättern selten im Detail angeführt sind, wird von einem alleinigen Vergleich dieser Werte abgeraten.

Die Bruchdehnung ist ein sehr sensitiver mechanischer Kennwert. Bei kleinen Fehlern im LS-Prozess kann es zu großen Streuungen bei diesem Wert kommen. Neben den Einflüssen unterschiedlicher Prozessparameter bzw. der LS-Maschine selbst, der Orientierung und Geometrie des Probekörpers beim Bau haben auch der Konditionierungszustand der Probe wie auch die Prüfrandbedingungen (z. B. die Prüfgeschwindigkeit) einen großen Einfluss. Es sollte daher ein direkter Vergleich der Bruchdehnungen nur dann erfolgen, wenn es sich um möglichst vergleichbare Bedingungen handelt. Die Bruchdehnung eignet sich daher sehr gut für die Prozesskontrolle, siehe Abschnitt 3.2.2.3, wenn die Probekörpergeometrie wie auch die Prüfrandbedingungen konstant gehalten werden. Es wurde gezeigt, dass ein Zusammenhang zwischen der Konformation von PA 11, welche durch die Prozessführung entsteht, und dem Bruchdehnungsverhalten besteht [17].

Eine Auswertung der Datenblätter der unverstärkten Typen bezüglich Bruchdehnung ergibt einen Bereich von ca. 10 bis 65 %. Bei den verstärkten Varianten liegen die Angaben für die Bruchdehnung zwischen 3–15 %. Hintergrund für die große Varianz bei den unverstärkten Typen im Vergleich zu den verstärkten ist die Duktilität und das duktile Versagen des PA 11, siehe auch Abschnitt 6.1.3. Dieser Einfluss wird durch die Füll- bzw. Verstärkungsstoffe verringert und es kommt in der Regel zu einem spröden Versagen, wodurch sich die Streuung bei der Bruchdehnung verringert.

Für die Bewertung des Verhaltens unter schlagartiger Beanspruchung werden Schlagbiegeversuche an ungekerbten und gekerbten Proben durchgeführt. Typischerweise sind dies die Charpy-Schlagzähigkeit und/oder Izod-Schlagzähigkeit. Diese können auch für tiefe Temperaturen, z. B. –40 °C ermittelt werden. Bei den ungefüllten Varianten kann bei liegend gebauten Probekörpern ohne Kerbe und Prüfung im lasersinterfrischen Zustand bei Raumtemperatur „no break" erreicht werden. Für gekerbte Proben (Kerbe nachträglich mechanisch eingebracht) liegt die Charpy-Kerbschlagzähigkeit für den trockenen Zustand und Prüfung bei Raumtemperatur zwischen 5–8 kJ/m^2.

Thermische Eigenschaften von lasergesinterten Polyamid 11-Probekörper und vom Pulver

Für den konstruktiven Einsatz dient die Wärmeformbeständigkeit häufig als erste Abschätzung für die Entscheidung, ob ein Werkstoff bei erhöhten Temperaturen unter bestimmten mechanischen Belastungen eingesetzt werden kann. Dafür sind die HDT A mit einer Biegespannung von 1,8 MPa und HDT-B mit einer Biegespannung von 0,45 MPa nach DIN EN ISO 75 meist in den Datenblättern angegeben.

Bei unverstärkten PA 11-Typen liegt die HDT A zwischen 44–55 °C – also im Bereich der Glasübergangstemperatur, welche bei 45–50 °C liegt. Dies gilt für den lasersinterfrischen Zustand. Die verstärkten Varianten weisen eine wesentlich höhere thermische Formbeständigkeit auf. Sie liegt zwischen 130–190 °C.

Die HDT-B-Temperatur liegt bei den meisten Varianten über 180 °C und zeigt an, ab welcher Temperatur die Matrix vollständig erweicht. Diese Erweichung wirkt sich auch bei verstärkten Typen stark aus, sodass die Temperaturen der verstärkten Varianten nur ca. 5–10 °C darüberliegen.

Die Erweichung an der Oberfläche und die Bewertung bezüglich Eindringung eines Körpers wird häufig über die Vicat-Erweichungstemperatur nach DIN EN ISO 306 erfasst. Diese liegt für die meisten Varianten (unverstärkt wie auch verstärkt) für Verfahren A (10 N) bei rund 190 °C.

Der lineare Wärmeausdehnungskoeffizient zwischen 0 °C und der Glasübergangstemperatur liegt im Bereich von 100 bis 160 µm/(m K). Bei Temperaturen über dem Glasübergang bis rund 130 °C muss in etwa mit dem doppelten Wert gerechnet werden.

Temperaturen bis 80 °C können von PA 11 ohne langfristige Veränderung ertragen werden. Temperaturen darüber hinaus können zu einer Gelbfärbung (engl. yellowing) bzw. bei längerer Einwirkung oder sehr hoher Überschreitung zur Braunfärbung führen. Die Verfärbung ist ein Indiz dafür, dass thermooxidative Vorgänge stattfinden, die bei längerer Einwirkung zu Schädigungen führen können. Eine umfangreiche Untersuchung zur thermischen Stabilisierung bei Polyamid 11 mit Irganox 1098 findet sich in [24]. Sie zeigt, dass die thermische Stabilisierung mit phenolischen Stabilisatoren ein komplexes Zusammenwirken darstellt und auch für die thermische Prozessführung im LS-Prozess hinsichtlich der Reaktivität des Pulvers Auswirkungen hat. Damit muss bei der Wahl des thermischen Stabilisierungssystems sowohl auf den Fertigungsprozess wie auch auf die Endanwendung geachtet werden. Irganox 1098 ist ein möglicher Stabilisator, der bei LS-Pulvern zum Einsatz kommt. Er wurde in PA 1101 der Firma EOS nachgewiesen [25].

Neben den chemischen Änderungen im Material bei erhöhten Temperaturen können auch rein physikalische Effekte auftreten. Ein bei PA 11 bekannter Effekt ist der Brill-Übergang bei ca. 100 °C, d. h., bei Temperaturen in diesem Bereich kann es auch zu Änderungen in der Morphologie kommen, die zu Änderungen der mechanischen Eigenschaften führen [17]. Hauptauswirkungen sind bei der Bruchdehnung und somit bei der Duktilität zu erwarten.

Molekulare Eigenschaften von PA 11-Pulvern

Die molekularen Eigenschaften sind für die Prozessführung wie auch für die Eigenschaften im gesinterten Material von Interesse. Wie in [25] gezeigt wird, können in den Pulvern niedermolekulare Bestandteile enthalten sein, die bei hohem Materialdurchsatz auf den Maschinen zu Verschmutzungen und Ablagerungen führen können, die den Betrieb stören und zu einem erhöhten Reinigungs- und Wartungsaufwand führen. Neben einem Teil der niedermolekularen Bestandteile kann auch der Stabilisator Irganox 1098 mit der High-Performance Liquid Chromatographie (HPLC) in Kombination mit einem Diode Array Detector (DAD), einem Massenspektrometer (MS), einem Charged Aerosol Detector (CAD) und einem Ultraviolett (UV)-Detektor nachgewiesen werden [25]. Je nach Menge und für die Kondensation relevanten Eigenschaften muss bewertet werden, wie hoch der maximale Anteil an niedermolekularen Bestandteilen sein darf, um den Reinigungsaufwand der Maschinen in einem akzeptablen Bereich zu halten (siehe Abschnitt 3.2.1.2).

Neben den niedermolekularen Bestandteilen interessieren auch die Kettenlängen der Polymere selbst (mittlere Molare Masse und Polydispersität). Mithilfe von GPC-Messungen konnte gezeigt werden, dass es einen Zusammenhang zwischen der Polydispersität, der Starttemperatur für die Kristallisation und der Bruchdehnung gibt [17].

6.1.3 Vergleich von PA 12 und PA 11

Wie in 6.1.2 gezeigt, werden die LS-Rilsan® Invent-Materialien bezüglich der thermischen Eigenschaften ebenso an den LS-Prozess angepasst, wie das vorgängig für die entsprechenden PA 12-Werkstoffe erläutert wurde. So zeigt Rilsan® Invent-Pulver im Ausgangszustand einen relativ scharfen Schmelzpeak bei ca. 200 °C, was deutlich über dem Schmelzpunkt von „Standard-PA 11“ liegt (ca. 186 °C). Der Effekt der Vergrößerung des PA 11-Sinterbereichs durch Schmelzpunkterhöhung ($\Delta T \approx 15$ °C) ist damit bei Rilsan® Invent noch deutlich ausgeprägter als beim entsprechenden PA 12 (Orgasol® Invent Smooth).

Die Herstellung von Rilsan® Invent-Pulver erfolgt durch ein Mahlverfahren. In einem weiteren Prozessschritt (Tempern) werden die thermischen Eigenschaften für den LS-Prozess angepasst. Ebenso erfolgt eine Verrundung der Kanten der gemahlenen Partikel, um die Fließfähigkeit der Pulver zu verbessern. Bild 6.19 zeigt die PA 11-Partikel (Rilsan® Invent) im Vergleich mit Orgasol® Invent Smooth. Die PA 11-Partikel zeigen eine kantige Struktur, wie es für gemahlene Pulver typisch ist. Die zusätzlich abgerundeten Kanten sind deutlich zu erkennen. Die Pulververteilung für Rilsan® Invent ist deutlich breiter als für PA 12 und weist gemäß Datenblatt einen D_{v50} von ca. 50 µm auf (D_{v50} (Orgasol® Invent Smooth) ca. 43 µm).

Bild 6.19 REM-Aufnahmen von Rilsan® Invent im Vergleich mit Orgasol® Invent Smooth; Partikelform und -gestalt als Folge der unterschiedlichen Herstellungsprozesse [Quelle: Empa]

Insgesamt lassen sich die Grundeigenschaften und Basisdaten für PA 12 und PA 11 für den LS-Einsatz wie in Tabelle 6.3 gezeigt einander gegenüberstellen. Es ist zu beachten, dass es sich um die Werte aus den Herstellerdatenblättern handelt und dass die Angaben für Prüfkörper gelten, welche in XYZ-Lage (siehe Bild 7.5 in Abschnitt 7.1.1.5) gebaut wurden.

Tabelle 6.3 Zusammenstellung der Basisdaten für unverstärkte kommerzielle PA 11- und PA 12-LS-Werkstoffe (XYZ-Baurichtung); Werte für nicht konditionierte Proben

Name	E-Modul (MPa)	Zugfestigkeit (MPa)	Bruchdehnung (%)
PA 12 natur			
PA 2200/PA 2201/**EOS (D)**	1700	48	15
Duraform® PA/**3D-Systems (USA)**	1586	43	14
Orgasol® Invent Smooth/**Arkema (F)**	1800	45	20
PA 11 natur/schwarz			
Rilsan® Invent/**Arkema (F)**	1500	45	45
PA 1101/**EOS (D)**	1600	48	45
Ultrasint® PA 11/**BASF (D)**	1750	52	28

Das herausragende Element für PA 11 ist dabei, wie bereits erwähnt, die deutlich höhere Duktilität der Materialien im Vergleich zu PA 12. Dies führt zu einer signifikant höheren Bruchdehnung im Zugversuch (ca. 45 %) und auch zu einer erhöhten Schlagzähigkeit. Die deutlich erhöhte Zähigkeit der PA 11-Werkstoffe basiert im Wesentlichen auf den folgenden molekularen Parametern:

- PA 11 kristallisiert thermisch vorwiegend in der α-triklinen Form. Diese Form ist planar und erfordert keine zusätzliche Verdrillung der Amideinheiten um 60 ° wie die γ-monokline Kristallstruktur (sterisch/kinetische Hinderung).
- Aufgrund der kürzeren PA 11-Ketten (eine CH_2-Einheit weniger pro molekularer Einheitszelle) verfügt PA 11 über mehr Wasserstoffbrücken (WB) je Polymerkette gleicher Länge: PA 11 = 1 WB pro zehn CH_2-Gruppen, PA 12 = 1 WB pro elf CH_2-Gruppen (die Wasserstoffbrückenbindungen sorgen für einen ausgeprägten intramolekularen Zusammenhalt und erhöhen den Schmelzpunkt).
- Basieren PA-Polymere auf Monomeren mit einer ungeraden Anzahl von C-Atomen (z.B. PA 11), ist sowohl in der parallelen wie auch antiparallelen Ausrichtung der Molekülketten im kristallinen Bereich eine 100%ige Kopplung der polaren Gruppen möglich. Enthält das Monomer dagegen eine gerade Anzahl an C-Atomen im Molekül (PA 12), dann besteht bei einer parallelen Struktur nur für 50 % aller enthaltenen Amidgruppen die Möglichkeit zur Assoziation, während diese bei antiparalleler Struktur zu 100 % erfolgen kann.
- Bei mechanischer Belastung deformiert sich das α-trikline Kristallgitter besser und es findet eine Transformation in ein pseudohexagonales Raumgitter statt.

Bei dieser Umwandlung wird ein erheblicher Anteil der externen Belastung aufgenommen (dissipiert), was zu einer höheren Bruchenergieaufnahme und einer höheren „elongation at break“ führt.

Die Ursache für die höhere Duktilität von PA 11 findet sich also in einer Kombination von molekularen Werkstoffparametern. Speziell die relativ gesehene höhere Anzahl von Wasserstoffbrücken und die Fähigkeit zur Umwandlung der Kristallmodifikation unter Belastung sind ausschlaggebend.

Zusammenfassend können die beiden aktuell wichtigsten Werkstoffe für das LS-Verfahren, PA 12 und PA 11, wie in Tabelle 6.4 gezeigt für den LS-Prozess charakterisiert und verglichen werden.

Tabelle 6.4 Grundeigenschaften von PA 11 und PA 12 für den LS-Einsatz

	PA 12	PA 11
Kristallstruktur	γ-monoklin	α-triklin → pseudohexagonal
Sinterfenster	Groß	Mittel
Peaktemperatur Schmelzen (T_m)	182–186 °C	Ca. 200 °C
E-Modul	Ca. 1700 MPa	Ca. 1600 MPa
Bruchdehnung (%)	15–20 %	45 % (trocken)
Schlagzähigkeit (Charpy)	34–50 kJ/m^2	No break

Das positive Eigenschaftsprofil von PA 11 vor allem hinsichtlich mechanischer Belange führt dazu, dass auch einige Compounds für den LS-Einsatz auf PA 11 basieren. Durch das Zumischen von Additiven nimmt die Bruchdehnung in aller Regel ab, was durch den höheren Ausgangswert von PA 11 etwas kompensiert wird.

6.1.4 PA 12- und PA 11-Compounds

Die in den vorhergehenden Abschnitten vorgestellten kommerziellen LS-Basispulver dienen als Grundmaterialien für eine ganze Reihe von LS-Compoundwerkstoffen. Es ist allerdings zu betonen, dass es sich nicht um Compounds wie im Spritzgussbereich handelt, sondern in der Regel um Trockenmischungen (engl. dry blends).

Das Basispulver und das jeweilige Additiv werden also nur mechanisch miteinander vermischt (verblendet). Beigemischt werden im Wesentlichen Metallpulver, einige Fasersorten und Glaskugeln. Bild 6.20 zeigt beispielhaft die REM-Aufnahmen von zwei LS-Blendwerkstoffen. Links in Bild 6.20 ist eine Mischung von PA 12-Pulver mit Kohlefaser und rechts in Bild 6.20 ist der Anteil an Glaskugeln (perfekte sphärische Partikel) neben den Pulverpartikeln deutlich zu erkennen.

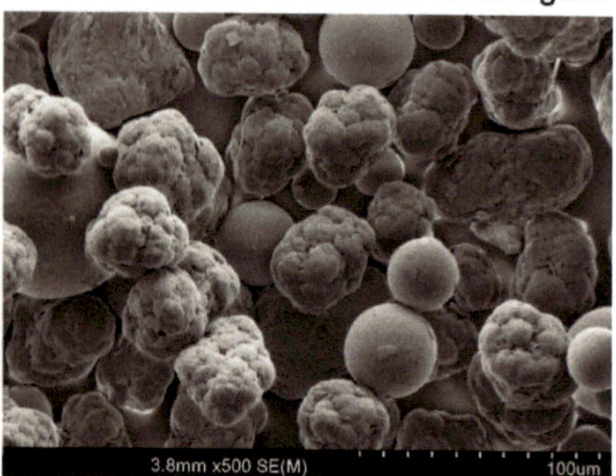

Bild 6.20 REM-Aufnahme von PA 12-LS-Pulver verblendet mit Kohlefasern bzw. Glaskugeln [Quelle: Empa]

Neben den Maschinenherstellern EOS und 3D-Systems, die Materialblends mit Glaskugeln, verschiedenen Fasern und Metallpulver anbieten, gibt es noch einige weitere Firmen, die durch Konfektionierung der Ausgangspulver individuelle Materialblends für spezifische Einsatzzwecke anbieten. Die folgenden Firmen können in diesem Zusammenhang hervorgehoben werden:

- **Advanced Laser Materials (ALM)**: Die Firma ALM ist eine 100%ige Tochter der Firma EOS. Sie verfügt aktuell über eine große Auswahl an unterschiedlichen Blendmaterialien am Markt. Für den US-Markt werden insgesamt 23 Mischungen basierend auf PA 12 und PA 11 im Katalog gelistet. Für die Anwendung in Europa werden allerdings „nur“ sieben Werkstoffmischungen im Datenblatt („Europa“) erwähnt. ALM bietet bei einem großen Auftragsvolumen auch kundenspezifische Spezialentwicklungen an.
- **CRP Technology (I):** Die italienische Firma CRP Technology bietet unter dem Markennamen Windform® aktuell ca. zehn unterschiedliche Werkstoffblends auf PA 12/PA 11-Basis an, welche hauptsächlich im Entwicklungsbereich von Sport- und Rennsporteinsatz Anwendung finden. Der Typ Windform XT 2.0 ist mit einem E-Modul von fast 9 GPa und einer Zugfestigkeit von über 80 MPa aktuell vermutlich das „stärkste“ LS-Material auf dem Markt.

Das Ziel der meisten Compound-/Blendentwicklungen ist eine Verbesserung der mechanischen Eigenschaften der resultierenden Bauteile. Auch höhere Temperaturstabilitäten (Wärmeformbeständigkeiten) sind gewünscht (siehe Abschnitt 7.1).

Anmerkung: Quantitative Bestimmung der Blendzusammensetzung mit Thermogravimetrie (TGA)

Die Thermogravimetrie ist eine Methode zur Bestimmung der temperaturabhängigen Masseänderung (Thermowaage). Typischerweise erhält man damit Aussagen über die Zersetzungstemperaturen eines Polymers und/oder seiner Temperaturbeständigkeit. Es kann aber auch, je nach Messbedingungen, der Feuchtigkeits- und Weichmachergehalt sowie die Anteile von flüchtigen und/oder nicht flüchtigen Zuschlagstoffen bestimmt werden.

Bild 6.21 zeigt eine schematische Messkurve einer TGA-Messung mit den typischen messbaren Effekten. Üblicherweise wird zu Beginn der Messung (Raumtemperatur bis 650 °C) unter Schutzgasatmosphäre (N_2) gearbeitet und danach auf oxidierende Bedingungen (O_2) umgestellt. Anfangs verdampfen leicht flüchtige Substanzen und das Polymer wird typischerweise ab ca. 350 °C pyrolysiert. Füllstoffe wie Ruß oder auch Metalle werden dann unter O_2-Atmosphäre verbrannt und können so ebenfalls quantitativ erfasst werden.

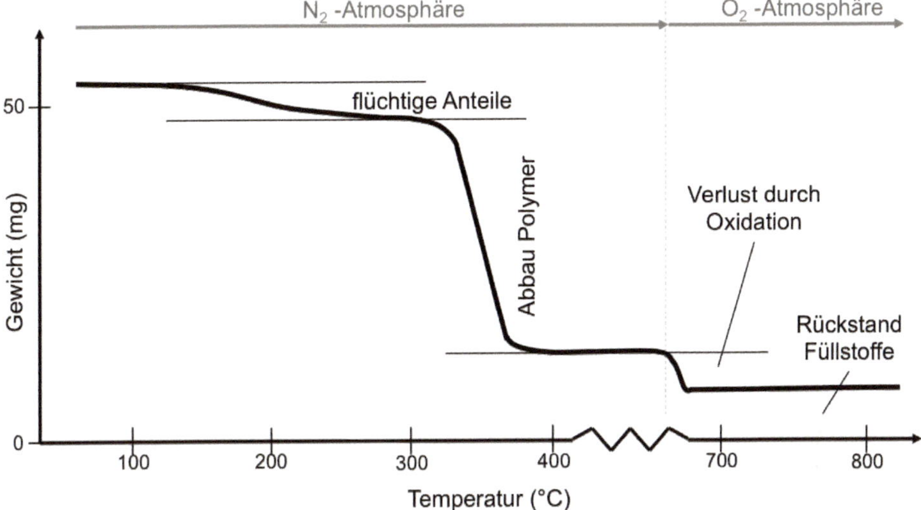

Bild 6.21 TGA-Messkurve und typische Messeffekte (schematisch)

Im Bereich der LS-Pulver sind mit der TGA Informationen über den Abbaugrad der Pulver unter bestimmten thermischen Belastungen erhältlich. Für LS-Blends (z. B. Duraform® HST, Alumide®) kann der Anteil an Füllstoffen ermittelt und kontrolliert werden.

Bild 6.22 zeigt die Bestimmung des Füllstoffgehaltes von Duraform® HST mit der TGA-Methode. Nachdem im Temperaturbereich zwischen 350–450 °C das organische Polymer (PA 12) komplett pyrolysiert wurde, verbleibt als Rückstand der anorganische Füllstoff. Aus dem Gewichtsverlust des organischen Anteils (ca. 75 Gew.-%) lässt sich als Differenz der Füllstoffgehalt mit ca. 25 Gew.-% ermitteln.

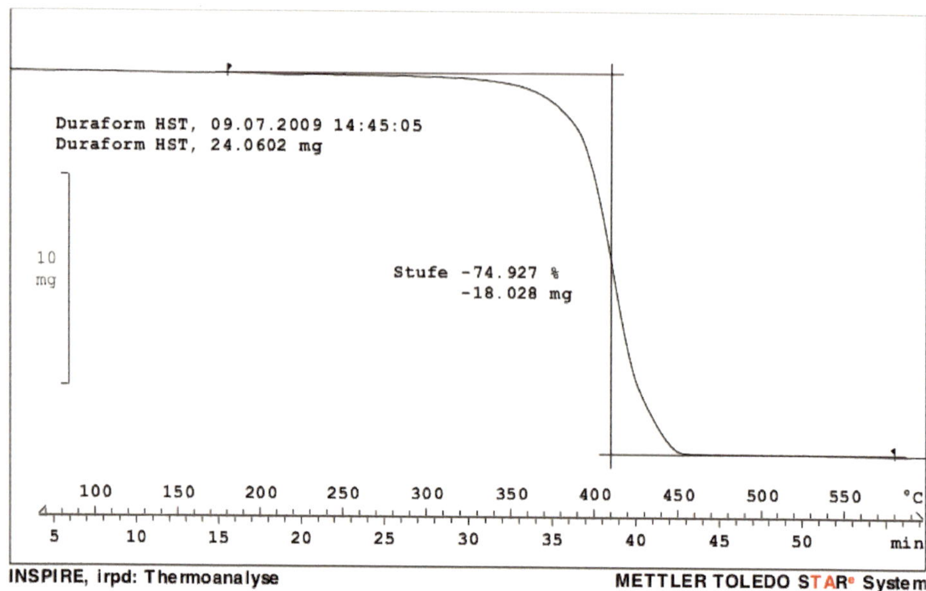

Bild 6.22 TGA-Messung an Duraform® HST (Füllstoffgehalt ca. 25 %) [Quelle: Inspire AG]

6.1.5 Flammhemmende Werkstoffe auf Basis von PA 12 und PA 11

Werkstoffe mit hoher Flammfestigkeit (FR) einsetzbar in der LS-Technologie bieten gute Chancen, den Bereich Flugzeugbau, öffentlicher Verkehr (Busse und Bahnen) und Elektronik mit hochkomplexen Teilen zu beliefern. In allen genannten Bereichen gelten aber sehr strenge, zum Teil firmen- oder bracheninterne Normen, die von LS-Werkstoffen bis jetzt nur partiell oder gar nicht erfüllt werden. Die Flugzeugindustrie fordert die Erfüllung der FAR-25 (25.853) Vorgabe, und die Elektronikindustrie ist zur Einhaltung der RoHS-Richtlinie (EU-Verordnung) verpflichtet.

Aktuell stehen im Bereich flammhemmende Werkstoffe auf Basis von PA 12 und PA 11 die in Tabelle 6.5 aufgeführten Materialien zur Verfügung.

Tabelle 6.5 Zusammenstellung aktuell verfügbarer flammhemmender LS-Werkstoffe

Firma	Bezeichnung	Basispolymer	FR-Additiv	Erfüllt Norm
EOS	PA 2210-FR	PA 12	Halogenfrei	UL 94 V0 (2 mm)
EOS	PA 2241 FR	PA 12	Halogenhaltig	FAR 25 853 bis 60 s (1 mm)
3D-Systems	Duraform® FR-100	PA 12	Halogenfrei	UL 94 bis V0 25 853 bis 12 s (2 mm)
ALM	FR-106	PA 11	Halogenhaltig	FAR 25 853 bis 60 s
Stratasys	Nylon 11 FR	PA 11	K. A.	FAR 25 853 bis 30 s FAR 25 853 Rauchdichtetest

Die in Europa weitgehend unerwünschten halogenhaltigen Flammschutzwerkstoffe erfüllen zumindest die Brandvorschriften der Flugzeugindustrie (FAR 25.853) zum Teil. Es ist hier aber immer die Schichtdicke der geprüften Probekörper zu beachten: je dicker, umso schwerer entflammbar. Die Forderungen gehen aber aus Gewichtsgründen eher zu dünnwandigen Bauteilen. Für Anwendungen im Elektronikbereich scheiden die halogenhaltigen FR-Abmischungen aufgrund der RoHS-Regularien aus. Die anderen Werkstoffe erfüllen die Anforderungen nicht.

Anmerkung: Einsatz gängiger Flammschutzadditive für PA 12

Flammschutzrezepturen, welche z. B. für PA 12-Spritzgussanwendungen in einer breiten Verfügbarkeit entwickelt wurden, sind als Blendabmischungen mit LS-Pulver kaum einsetzbar. Zum einen müssen diese Substanzen mit sehr hohem Anteil (>25 % am Gesamtanteil des Werkstoffs) zugesetzt werden, um ihre Wirksamkeit zu entfalten, was aber die Prozesscharakteristik bei der LS-Verarbeitung massiv stört.

Zum andern hydrolysieren die häufig auf Polyphosphinaten beruhenden FR-Mischungen die PA 12-Werkstoffe während des LS-Prozesses aufgrund der langen Prozesszeiten bei hoher Temperatur (die Verweilzeit des Werkstoffs beträgt im Falle von LS-Verarbeitung viele Stunden bei hoher Temperatur; beim Spritzguss dagegen nur einige Minuten). Durch den Polymerabbau kommt es zu massiver Sublimation von PA 12-Oligomeren oder -Monomeren während des LS-Prozesses. Die starke Rauchbildung führt in der LS-Maschine zu einer starken Belagsbildung an den diversen Maschinenoberflächen, die den laufenden LS-Prozess massiv beeinträchtigt.

6.1.6 Sonstige Polyamide (PA 6, PA 613, PA 1212)

Aufgrund der generell „guten“ Performance von PA 12 und PA 11 wurden in den letzten Jahren einige weitere Polyamide (PA 6, PA 613, PA 1212) für spezifische Anwendungen entwickelt und am LS-Markt eingeführt.

Polyamid 6 (PA 6)

PA 6 ist in der „regulären“ Kunststofftechnik (Spritzguss, Extrusion etc.) und in technischen Anwendungen eigentlich wesentlich weiter verbreitet und bekannter als PA 12. Auch die hergestellten Mengen sind um ein vielfaches höher. Allerdings ist PA 6 nicht im Bereich Pulverlacke oder entsprechenden Anwendungen verbreitet, sodass es keine zu PA 12 analogen Pulver gibt, die schon eine gute Grundkompatibilität mit dem LS-Prozess aufweisen. Die Entwicklungen der korrekten LS-Pulver aus PA 6 sind daher relativ aufwendig und komplex. Fällungsprozesse zur

Herstellung sphärischer Partikel sind technisch schwieriger und nicht bekannt, sodass hier vorwiegend gemahlene Pulver zum Einsatz kommen.

Bereits vor einigen Jahren hatte die Firma Solvay (NL) unter dem Handelsnamen Sinterline™ ein PA 6-Pulver für LS-Anwendung am Markt platziert, welches aber wenig erfolgreich war und mittlerweile nicht mehr erhältlich ist.

Die Firma BASF (D), einer der weltweit größten Hersteller von PA 6, hat sich vor einigen Jahren dem Thema 3-D-Druckmaterialien zugewendet und Entwicklungsarbeiten für LS-Pulver in dieser Werkstoffklasse gestartet. Aktuell werden zwei daraus entstandene PA 6-Typen angeboten:

- Ultrasint® PA6 (weiß, unverstärkt),
- Ultrasint® PA6 MF (schwarz, verstärkt).

Ein spezielles Merkmal der mit Mineralfüllstoffen (MF) compoundierten Variante ist, dass hier die zugesetzten Mineralstoffe in die Pulverpartikel eingearbeitet sind. Dies ist außergewöhnlich, da wie bereits besprochen (siehe Abschnitt 6.1.4), praktisch alle anderen LS-Materialmischungen Blendwerkstoffe sind.

Möglich macht dies die passende Dimensionierung der Zuschlagstoffe. Diese dürfen die Partikelgröße der LS-Pulver nicht wesentlich überschreiten. Diese Begrenzung limitiert dann aber durch das geringe Aspektverhältnis (Verhältnis Länge/Durchmesser) die angestrebte Verbesserung der Werkstoffperformance.

Das Ultrasint® PA 6 MF weißt auch im konditionierten Zustand insgesamt sehr hohe mechanische Festigkeiten auf:

- E-Modul = 3300 MPa (X-orientiert, liegend)/3100 MPa (Z-orientiert, stehend),
- Zugfestigkeit = 62 MPa (X-orientiert, liegend)/40 MPa (Z-orientiert, stehend),
- Bruchdehnung (EaB) = 7 % (X-orientiert, liegend)/1.6 % (Z-orientiert, stehend).

Allerdings ist auch hier ein scharfer Einbruch der Bruchdehnung (EaB) für stehend gebaute Probekörper (Z-orientiert) zu erkennen, der einen klaren Hinweis darauf gibt, dass eine Verstärkung über Schichtgrenzen hinweg auch für diesen „echten“ Compoundwerkstoff kaum stattfindet. Möglicherweise kommt es durch die vorhandenen Füllstoffe auch zu einer Verminderung der Schichtanbindung durch optische Streueffekte während des LS-Prozesses.

Weitere PA 6-LS-Pulver werden von der Firma Farsoon (CN) angeboten. Diese entsprechen aber weitestgehend den BASF-Materialien.

Bei PA 6 ist generell zu beachten, dass die Wasseraufnahme deutlich höher liegt als bei PA 12 und deshalb der Trocknung der Pulver für eine erfolgreiche LS-Verarbeitung eine höhere Bedeutung zukommt. Außerdem ist zu bedenken, dass der Schmelzpunkt von PA 6 ca. 40 °C über dem von PA 12 liegt. Die Verarbeitung auf den meisten kommerziellen LS-Maschinen (siehe Kapitel 2) ist aufgrund dieser

Temperaturdifferenz nicht oder nur nach diversen größeren Anpassungen möglich.

Aufgrund dieser ausgeprägten Wasseraufnahme von PA 6, die bei Polyamiden durch das Verhältnis von Amidgruppen zu Kohlenstoffatomen pro Monomereinheit und den damit verbundenen Wasserstoffbrücken bestimmt wird, unterscheiden sich die Werkstoffkennwerte von PA 6 sehr stark zwischen trockenem und konditioniertem Zustand. Für den erfolgreichen Einsatz sollten PA 6-Bauteile daher eher konditioniert werden, da sie sonst einen sehr spröden Charakter aufweisen (Tabelle 6.6). Die Zielanwendungen liegen aufgrund der hohen Wärmeformbeständigkeit des Materials (HDT-A ≈ 190 °C) klar im Bereich von Teilen mit höherer thermischer Belastung (z. B. Motorraum von Fahrzeugen).

Polyamid 613 (PA 613)

Einen Werkstoff der A-A-, B-B-Polyamidreihe stellt das von Evonik (D) unter dem Produktnamen INFINAM® PA613 angebotene LS-Pulver dar. Gemäß den Angaben des Herstellers ist es bezüglich seines Eigenschaftsprofils als Wettbewerbsprodukt zu PA 6 gedacht, wofür auch der angegebene Schmelzpunkt von 215 °C spricht. Eine Verarbeitung auf Standard-LS-Anlagen wird durch diesen hohen Schmelzpunkt allerdings erschwert (siehe PA 6), ebenso wie die vergleichsweise geringe Rezyklierbarkeit des Werkstoffs im LS-Prozess. Auch dieses Material besticht durch eine hohe Wärmeformbeständigkeit (HDT).

Polyamid 1212 (PA 1212)

Dieser LS-Polyamidwerkstoff, welcher von der Firma Farsoon (CN) hergestellt und vertrieben wird (Handelsname: FS3300 PA), ist das Analog zu PA 12, allerdings basierend auf den entsprechenden A-A-, B-B-Monomeren: 1,12-Dodecandiamin, 1,12-Dodecandisäure (siehe Erläuterung in Abschnitt 6.1). Gemäß der Homepage von Farsoon Europe basiert das Produkt allerdings auf Sebazinsäure, was dem Trivialnamen von 1,10-Decandicarbonsäure entspricht. Die genaue molekulare Zusammensetzung des Produkts lässt sich also aus den (widersprüchlichen) Firmenangaben nicht zweifelsfrei eruieren.

Es handelt sich bei FS3300 PA aber wie beim entsprechenden PA 12 um ein gefälltes Pulver, was bezüglich Fließfähigkeit der Pulver generell und speziell im LS-Prozess vorteilhaft ist. Die publizierten Kennwerte von PA 1212 liegen sehr nahe beim PA 12, weisen aber eine etwas bessere Schlagzähigkeit, Duktilität und Wärmeformbeständigkeit auf (siehe Tabelle 6.6).

Werkstoffvergleich

Die Tabelle 6.6 zeigt im Überblick die wichtigsten Werkstoffkennwerte der vorgängig vorgestellten LS-Polyamide im Vergleich zu „Standard“-PA 12 (EOS PA 2200).

Tabelle 6.6 Werkstoffkennwerte von weiteren LS-Polyamiden im Vergleich mit PA 12 (alle Angaben aus den Datenblättern der Hersteller; jeweils X-orientiert, liegend gebaute Zugstäbe)

	PA 12	PA 6 (ULTRASINT® unverst.)		PA 1212	PA 613
	PA 2200	trocken	konditioniert	FS3300 PA	INFINAM® PA
Schmelzpunkt [°C]	186	220	220	183	215
E-Modul [MPa]	1600	3700	1700	1600	2000
Zugfestigkeit [MPa]	46	66	47	46	55
Bruchdehnung EaB [MPa]	20	2	16	36	40
HDT-B (0.45 MPa) [°C]	130	192	192	146	195
Charpy unnotched [kJ/m²]	4.8	7.5	6.8	13.2 (IZOD)	Nicht publiziert

■ 6.2 Weitere Lasersinterpolymere

6.2.1 Thermoplastische Elastomere (TPU, TPA, TPC)

Thermoplastische Elastomere verhalten sich bei Gebrauchstemperatur wie Elastomere (Gummi), lassen sich aber oberhalb ihres Schmelzpunkts wie thermoplastische Werkstoffe verarbeiten. Dies liegt an ihrem chemischen Aufbau, bestehend aus einem sogenannten Hart- und einem Weichsegment. Das Hartsegment bildet unterhalb des Schmelzpunkts die physikalischen reversiblen Netzpunkte, also die harte Struktur. Das Weichsegment (z. B. Polyole) ist für den flexiblen, elastischen Charakter verantwortlich (siehe Abschnitt 4.1).

Der Bereich der Elastomerwerkstoffe ist aktuell ein stark wachsender Markt in der LS-Verarbeitung, was auch an der Menge der aktuell angebotenen Werkstoffe (Tabelle 6.7) zu erkennen ist. Sehr viele potenzielle Einsatzfelder treiben den Markt. Speziell im Bereich Schuhe (engl. midsoles), Lifestyle und Sport (z. B. Schutzausrüstungen wie Helmpolster) finden sich viele Anwendungen. Aber auch in der Vorserienentwicklung von Gummidichtungen oder anderen Elastomerteilen hauptsächlich im Automotivbereich finden sich Einsatzfelder (Schläuche, Faltenbalge etc.).

Aufgrund der Charakteristik des LS-Prozesses handelt es sich aber, wie bereits erwähnt, nicht um „echte Rubber-Elastomere“, also kovalent vernetzte Polymernetzwerke, sondern in allen Fällen um thermoplastische Elastomere mit physikalisch reversiblen Netzpunkten. In dieser Werkstoffklasse unterscheidet man zwischen:

- TPU = thermoplastische Elastomere auf Urethanbasis,
- TPA = thermoplastische Polyamidelastomere,
- TPC = thermoplastische Copolyesterelastomere.

Die meisten der heute angebotenen Werkstoffe in diesem Zusammenhang sind Polyurethane (TPU). Tabelle 6.7 fasst die aktuell am LS-Markt verfügbaren thermoplastischen Elastomere zusammen.

Tabelle 6.7 Thermoplastische Elastomere für die Verarbeitung mit PBF-LB/P

Firma	Name	Typ	Härte	Farbe
BASF (D)	Ultrasint® TPU 88A	TPU	88-90 (Shore A)	Weiß und Schwarz
Evonik (D)	INFINAM® TPA	TPA	91 (Shore A)	Schwarz
Evonik (D)	INFINAM® TPC 8008/9 P	TPC	46 (Shore D)	Weiß und Schwarz
Farsoon CN)	FS1092A-TPU	TPU	92 (Shore A)	Weiß
Farsoon (CN)	FS1088A-TPU	TPU	88 (Shore A)	Weiß
Lehmann&Voss (D)	Luvosint TPU X92A-1/2	TPU	92 (Shore A)	Natur/Weiß/Schwarz
Lehmann&Voss (D)	Luvosint TPU Z86-1	TPU	86 (Shore A)	Weiß
EOS (D)	TPU 1301	TPU	86 (Shore A)	Weiß
AM Polymers (D)	Rolaserit® TPU	TPU	70-85 (Shore A)	Weiß/Grau/Grün/Blau
Prodways (F)	TPU 70A	TPU	70 (Shore A)	Weiß
3D-Systems (USA)	Duraform® Flex	TPC	45-75 (Shore A)	Weiß/weitere Farben nach Infiltration

Eine wichtige Größe für Bauteile aus Elastomeren stellt die Härte dar (gemessen in Shore A oder D; DIN 53505). Speziell für die Verarbeitung mit Lasersintern ist allerdings, dass die endgültigen Bauteilhärten auch durch die applizierten Prozessbedingungen (Energiedichte, Mehrfachbelichtung) in einem gewissen Bereich variieren kann und sich eine gewünschte Härte einstellen lässt. Durch einen höheren Energieeintrag kommt es mikrostrukturell zu einer Vergrößerung der Hartsegmentdomänen und damit makroskopisch zu einem „härteren" Werkstoff.

Duraform® FLEX ist in Tabelle 6.7 das Material mit der geringsten Shore-Härte, es muss aber betont werden, dass dieses Material einen nachträglichen Infiltrationsschritt mit einer Gummispeziallösung auf Polyurethan (PU)-Basis erfordert, die den Teilen erst die nötige mechanische Stabilität verleiht. Dieser Infiltrationsschritt kann aber andererseits dazu benutzt werden, die Teile in verschiedenen Farben einzufärben.

Neben den mehr und mehr an Bedeutung gewinnenden thermoplastischen Elastomeren und der Hauptklasse der Polyamide (Abschnitt 6.1), liefen und laufen noch eine ganze Reihe von weiteren Aktivitäten mit mehr oder weniger nachhaltigem Erfolg, um verschiedenste Kunststoffe für den Einsatz der LS-Verarbeitung bereitzustellen. Fast alle in der Kunststoffpyramide (Bild 6.3) genannten teilkristallinen Materialien wurden bereits mehr oder weniger intensiv untersucht. Sowohl im Bereich der Pyramidenspitze (High-Performance-Polymere) als auch in der Basis bei den Polyolefinen (PE, PP) sind einzelne Werkstoffe für den LS-Prozess verfügbar.

6.2.2 High-Performance-Polymere (PAEK, PPS)

Im obersten Segment der Kunststoffpyramide finden sich einige Werkstoffe mit herausragendem Eigenschaftsprofil im Sinne von mechanischen und thermischen Kennwerten sowie einer intrinsisch gegebenen hervorragender Flammfestigkeit.

Allerdings weisen diese Werkstoffe, die molekular aus Benzolstruktureinheiten und Heteroatomen wie Sauerstoff (O), Schwefel (S) oder Fluor (F) aufgebaut sind, in der Regel sehr hohe Schmelzpunkte auf, was ihre Verarbeitung mit den üblichen Kunststoffverarbeitungsprozessen generell schwierig macht und für das Lasersintern eine ganz besondere Herausforderung darstellt.

Aktuell gibt es für die Verarbeitung mit PBF-LB/P nur drei kommerziell angebotene Materialien in diesem Bereich. Zwei Werkstoff aus der PAEK-Klasse (PEK und PEKK) und einen PPS-Typ (siehe Tabelle 6.8).

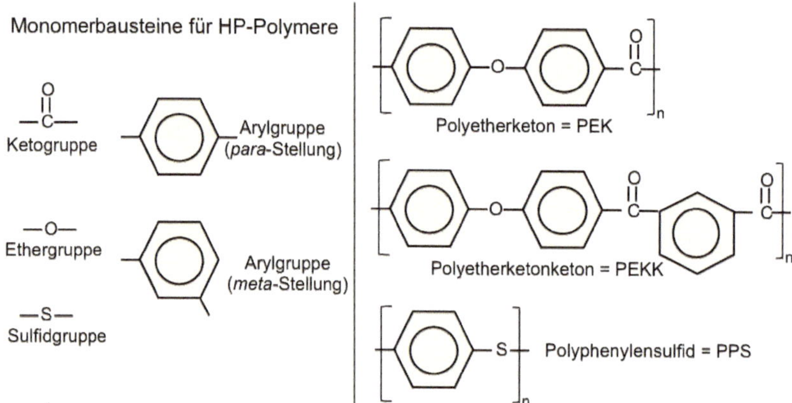

Bild 6.23 Struktur/Monomerbausteine für High-Performance-Polymere und daraus abgeleitet die Formel für PEK, PEKK (mit *meta*-Strukturverknüpfung) und Polyphenylensulfid (PPS)

Polyaryletherketone (PAEK)

Poly**a**ryl**e**ther**k**etone (PAEK) sind High-Performance (HP)-Werkstoffe mit Schmelzpunkten ≥ 300 °C. Ganz allgemein bestehen die PAEK-Werkstoffe, wie in Bild 6.23 (links) gezeigt, aus drei Strukturelementen: **A**ryleinheit, **E**thereinheit und **K**etoeinheit.

Je nachdem, in welcher Abfolge die Ether- und Ketogruppen in die Polymerkette aus Arylbausteinen eingebaut sind, ergibt sich der Name des jeweiligen Polymers. Je häufiger die molekular flexible Ethereinheit vorliegt (freie Drehbarkeit um die C-O-Einfachbindung), umso tiefer sinkt der Schmelzpunkt des Polymers durch die Störung der molekularen Ordnung.

Eine weitere Störung der Linearität der Polymerkette gelingt durch Variationen an der Verbindungsstelle am Benzolring der Arylgruppe. Neben der *para*-Position (lineare 1,4-Stellung der Substituenten) sind auch gewinkelte *meta*- (1,3-Stellung der Substituenten) und *ortho*- (1,2-Stellung der Substituenten) Stellungen möglich (siehe Bild 6.23).

Vor geraumer Zeit hatte die Firma EOS (D) zusammen mit der Firma Victrex (GB) ein PEK als LS-Pulver vorgestellt. Der Werkstoff wurde unter dem Namen PEEK-HP3 von EOS vermarktet und besitzt als LS-Material herausragende Eigenschaften (Tabelle 6.8). Die Zugfestigkeit und das E-Modul von HP3 übertreffen alle anderen nicht verstärkten LS-Materialien bei Weitem. Die Dauergebrauchstemperaturen liegen je nach Einsatzbereich zwischen 180 °C (mechanisch dynamisch), 240 °C (mechanisch statisch) und 260 °C (elektrisch). Werte, die von anderen LS-Materialien unerreicht sind.

Allerdings ist die Verarbeitung des Materials aufgrund der hohen Temperaturen so anspruchsvoll, dass EOS eine eigene LS-Maschine für dieses Material entwickelt hat: die EOS P 800. Die Schmelztemperatur von PEEK-HP3 liegt bei 372 °C und in diesem Bereich findet auch die Verarbeitung statt. Dieser Temperaturbereich ist für andere kommerzielle LS-Maschinen völlig unerreichbar. Nachdem nun vonseiten EOS die EOS P 800 aus dem Produktprogramm genommen wurde, wird das PEK-Pulver nur noch an Bestandskunden abgegeben, aber nicht mehr offiziell als EOS-Material geführt.

Eine Weiterentwicklung in diesem Zusammenhang stellt die EOS P 810-Maschine dar, für die ein weiteres eigenes PAEK-Material zusammen mit der Firma Arkema (F) entwickelt wurde. Bei dem unter dem Namen HT-23 angebotenen Material handelt es sich um PEKK, bei dem die ausgeprägte Tendenz zur guten Kristallisation (zwei steife Ketoeinheiten) und dem damit verbundenen extrem hohen Schmelzpunkt durch das Einfügen von „*meta*"-substituierten Aryleinheiten gebrochen wurde. Durch diese molekulare Anpassung konnte der Schmelzpunkt von HT-23 auf ca. 300 °C gesenkt und die ausgeprägte Kristallisation stark unterdrückt werden. Zusätzlich enthält HT-23 noch 23 % Kohlenstofffaseranteil, was einen flammresistenten hochsteifen Werkstoff zur Folge hat. Herausragend sind die mechanischen Kennwerte von HT-23 (Tabelle 6.8).

Generell bringen die PAEK-Werkstoffe als sehr positive Eigenschaft eine intrinsisch hohe Flammfestigkeit mit, welche in bestimmten Einsatzbereichen (Luft- und Raumfahrt, öffentlicher Verkehr, Elektronik) gesucht und unabdingbar ist.

Polyphenylensulfid (PPS)

In einem ähnlichen Temperaturbereich wie PEKK bewegt sich das von Farsoon (CN) angebotene PPS-Pulver für PBF-LB/P (Handelsname FS 8100PPS). Der Schmelzpunkt wird mit 295 °C angegeben und die genannten Werkstoffeigenschaften sind ebenfalls hervorragend im Vergleich zu anderen nicht verstärkten LS-Materialien, erreichen aber die Werte der PAEK-Typen nicht (Tabelle 6.8).

Die hier ebenfalls intrinsisch vorhandene Schwerentflammbarkeit prädestiniert das PPS-Material somit für ähnliche Einsatzzwecke wie die PAEK-Typen. Allerdings gilt auch hier: Das Material kann nur mit Spezialmaschinen verarbeitet werden, welche für diese extremen Temperaturbereiche eingestellt sind.

Tabelle 6.8 High-Performance-Pulver für die LS-Verarbeitung (alle Angaben aus den Datenblättern der Hersteller; jeweils X-orientiert, liegend gebaute Zugstäbe)

	PAEK (EOS (D))		PPS (Farsoon (CN))
	HP3	HT-23	FS8100 PPS
Schmelzpunkt (°C)	372	300	295
E-Modul (MPa)	4250	6500	3500
Zugfestigkeit (MPa)	90	71	47
Wärmeformbeständigkeit HDT-A (°C)	165	212	116
Bruchdehnung (%)	2,8	1,16	3,8

6.2.3 Polyolefine (PP, PE)

Polyolefine und dabei speziell Polypropylen (PP) oder Polyethylen (PE) stellen in der klassischen Kunststoffverarbeitung eigentlich das Gros der eingesetzten Materialien („Commodities“). Man geht von einer Abdeckung von über 90 % des gesamten Kunststoffmarktes aus. Es ist daher nicht erstaunlich, dass auch für PP und PE in den vergangenen Jahren viele Ansätze gemacht wurden, um hier ebenfalls LS-fähige Materialien zu entwickeln. Bisher waren die unterschiedlichen Versuche und Ansätze aber noch nicht von durchschlagendem Erfolg gekrönt. Tabelle 6.9 fasst im Überblick die aktuell verfügbaren Polyolefin-LS-Materialien zusammen.

Tabelle 6.9 Übersicht von aktuellen PE- und PP-Materialien für die PBF-LB/P-Verarbeitung

Hersteller/Vertreiber	Name	Typ	T_m (°C)
AM-Polymers (D)	Rolaserit PE01GR	PE	-
Diamond Plastics (D)	DiaPow	PE (HD-PE)	120
AM-Polymers (D)	Rolaserit PP01/ PP05	PP	-
BASF (D) & Farsoon (CN)	Ultrasint® PP nat 01	PP/PE-Copolymer	140
Covestro (D)	Arnilene® AM6002 (P)	PP/PE-Copolymer	149
AM-Polymers (D)	Rolaserit PP03	PP/PE-Copolymer	-
Diamond Plastics (D)*	DiaPow PP-R	PP/PE-Copolymer	135
Lehmann & Voss (D)	LUVOSINT® PP9703	PP/PE-Copolymer	149
Aspect (J)/RICOH (J)	Asphia PP /Polypropylen	PP/PE-Copolymer	125

*DiaPow PP-R von Diamond Plastics (D) ist auch mit Glaskugeln oder Mineralfasern erhältlich.

Die in Tabelle 6.9 aufgeführten PE- und PP-Materialien sind in Tat und Wahrheit nur ein Auszug aus einer ganze Reihe weitere Materialien, welche im letzten Jahrzehnt im PE/PP-Bereich für Lasersintern aufgetaucht und zum Teil auch schnell wieder verschwunden sind. Allen voran hauptsächlich die Werkstoffe der beiden großen OEMs:

- Duraform® PP100 von 3D-Systems (USA)
- PP1101 von EOS (D)

Dies gibt schon einen Hinweis auf die vorliegende Problematik. Die Herstellung geeigneter Pulver in diesem Bereich ist aufwendig und teuer. Die Verarbeitung auf Standard-LS-Anlagen, die hauptsächlich für die PA 12-Verarbeitung eingestellt sind, ist schwierig und die LS-Bauteileigenschaften erfüllen dann aufgrund deutlich geringerer Performance zu vergleichbaren Spritzgusswerkstoffen die Erwartungen der Kunden nicht. Bei den bisher vorliegenden Werkstoffen wird deshalb von den meisten Herstellern darauf hingewiesen, dass sich die Materialien vorwiegend zur Herstellung von Prototypen eignen, aber nicht den Anspruch von Funktionsteilen erfüllen.

Das PP-Material von Aspect (J) (Aspia PP), welches vor einigen Jahren über die Firma RICOH (J) in Europa kommerzialisiert wurde, galt hier als Hoffnungsträger auf einen „Durchbruch", da es in Japan eine weite Verbreitung und große Einsatzbereiche im Prototypenbau zahlreicher Fahrzeugfirmen besitzt.

Dieses PP-Pulver hat aufgrund des Herstellungsverfahrens (Schmelzemulgierung) eine nahezu perfekte Partikelsphärizität (siehe Bild 5.6) und lässt sich gut auf LS-Anlagen verarbeiten. Herausragende Eigenschaften dieses Pulvers sind:

- Die Bruchdehnung liegt bei über 200 %; es zeigt im Zugversuch keinen Sprödbruch (siehe Bild 7.1 in Abschnitt 7.1.1) wie die anderen LS-Materialien, sondern weicht der Belastung durch Einschnürung aus.
- Das Material ist zu 100 % wiederverwendbar (rezyklierbar); nach dem Bau wird lediglich so viel Frischpulver hinzugefügt, wie durch Bauteile entnommen wurde.
- Durch den tiefen Schmelzpunkt des Materials kann bei deutlich tieferen Prozesstemperaturen gearbeitet werden, daraus resultieren ein reduzierter Energieverbrauch und eine geringere Polymerschädigung (Oxidation).
- Durch die gute Pulverqualität lassen sich sehr präzise Bauteildetails sehr gut abbilden.

Allerdings führt das aufwendige Herstellverfahren auch zu einem sehr hohen Materialpreis (≥ 120 Euro/kg), welcher neben problematischen Maschinenkompatibilitäten eine hohe Hürde für die breitere Verbreitung darstellt. Der Durchbruch von Polyolefinen beim PBF-LB/P lässt noch auf sich warten.

6.2.4 Polyester (PBT, PET)

Polyester besitzen strukturell einen ähnlichen molekularen Aufbau wie Polyamide, nur das die Verknüpfungsstelle nicht eine Amidgruppe (-CONH-), sondern eine Estergruppe (-COO-) darstellt (Anmerkung: NH und O sind isoster).

Auch Polyester werden durch Stufenreaktionen und/oder Additionsreaktionen hergestellt. Es ist also naheliegend, auch diese Produktgruppe für LS-Materialien ins Auge zu fassen, zumal Polyethylenterephthalat (PET) und Polybutylenterephthalat (PBT) in der klassischen Kunststofftechnik als „Engineering Polymers" weitverbreitete und vielfach eingesetzte Werkstoffe sind.

Allerdings ist zu beachten, dass die Hydrolyseanfälligkeit der Estergruppe sehr viel ausgeprägter, als die der Amidgruppe in den Polyamiden ist und somit die Prozessstabilität von Polyestern beim PBF-LB/P problematisch sein kann, wenn nicht absolut trockenes Material verarbeitet wird.

Polybutylenterephthalat (PBT)

Polybutylenterephthalat (PBT) ist ein technischer Werkstoff, der eine gute chemische Beständigkeit aufweist und sich durch eine hohe Isolationsfestigkeit und Durchschlagfestigkeit auszeichnet. Dies macht es interessant für Anwendungen von Gehäusen von Elektrogeräten und verschiedenen Autoteilen unter der Motorhaube. Aber auch die Wasserkontakteigenschaften von PBT liefern ein gewisses Potenzial für diesen Werkstoff im Bereich der Sanitärbauteile. Aufgrund dieser attraktiven Einsatzmöglichkeiten verwundert es nicht, dass speziell PBT in den vergangenen Jahren Gegenstand von vielen Forschungs- und Entwicklungsarbeiten zum Lasersintern an verschiedenen Hochschulen und Instituten für den PBF-LB/P-Einsatz war und ist [26, 27].

Zu kommerziell verfügbaren LS-PBT-Werkstoffen haben die Bemühungen bisher aber nur in wenigen Fällen geführt. Die Firma AM-Polymers (D) hat aktuell einen PBT-Werkstoff Rolaserit PBT01 marktfähig, welcher in Kooperation mit der Firma Mitsubishi Chemicals (J) entwickelt wurde [28]. Gemäß den Angaben des Herstellers kann Rolaserit PBT01 auf allen gängigen PA 12-LS-Anlagen verarbeitet werden.

Ein weiterer, vor kurzem (ca. 2019) von der Firma DSM (NL) vorgestellter PBT-Werkstoff: Arnite® T AM1210 besitzt einen deutlich höheren Schmelzpunkt (225 °C), was eine Verarbeitung auf HT-LS-Anlagen erfordert. Dieses Material wird mittlerweile durch die Firma Covestro (D) kommerzialisiert.

Über die tatsächliche Performance von PBT-Bauteilen in technischen Umgebungen ist aktuell allerdings noch wenig bekannt.

Polyethylenterephthalat (PET)

Polyethylenterephthalat (PET) ist in der Kunststofftechnologie ein sehr bekannter und weitverbreiteter Werkstoff, werden doch heutzutage nahezu alle Getränkeflaschen für Wasser und Süßgetränke aus PET hergestellt.

Die Firma Sabic (Saudi-Arabien) forscht an der Entwicklung von PET-Pulvern für das Lasersintern. In ersten Publikationen wurden bereits sehr interessante Ergebnisse dazu vorgestellt [29]. Das Material lässt sich auf Standard-LS-Anlagen verarbeiten und die Bauteile besitzen eine ausgeprägte Kristallinität.

6.2.5 Duroplaste/Thermoset

Einen neuen Weg zur Herstellung von LS-Materialien hat die Firma TIGER Coatings (A) beschritten. Ausgehend von Duroplastpulverlacken konnten durch spezielle Werkstoffformulierungen entsprechende Thermosetpulver auch mit Lasersintern verarbeitet werden [30]. Aktuell werden unter dem Markennamen TIGITAL® 3D-Set drei unterschiedliche Materialien für Bauteile mit hoher Präzision, guter Hitzestabilität und hoher Flammfestigkeit angeboten [31].

Allerdings ist bei diesen Materialien zu beachten, dass es während des LS-Prozesses nicht zu einer vollständigen Vernetzung des Materials kommt, sondern dass die Endstabilität der Bauteile durch einen thermischen Nachbehandlungsschritt (Aushärtung) erzielt werden muss.

Im Erfolgsfall könnten Thermosetmaterialien den Anwendungsbereich des Lasersinterns erheblich erweitern. Bauteile im Bereich elektronischer Schaltungen könnten z. B. eine Zielanwendung sein, die aktuell durch herkömmliche LS-Materialien nicht abgedeckt werden können.

Bild 6.24 zeigt zwei Demoteile, welche mit Thermosetmaterialien der Firma TIGER Coatings mithilfe von Lasersintern gebaut wurden. Eine hohe Abbildungsgenauigkeit und sehr gut Oberflächen zeichnen die Materialien aus. Die mechanischen Eigenschaften liegen im Bereich gängiger LS-Materialien (PA 12). Zusätzlich bewirkt die nachträgliche Vernetzung nahezu isotrope Bauteileigenschaften in alle Raumrichtungen.

Bild 6.24 LS-Demoteile aus Thermosetmaterialien; links: Verbindungsstück aus der Sanitärtechnik; rechts: „brain gear" mit voller Funktionstüchtigkeit (Quelle: Inspire AG)

Literatur

[1] US Patent 5'342'919, Sinterable semi-crystalline powder and near-fully dense article formed therewith, Erfinder: Dickens, E., Biing, L., Taylor, G., Magistro, A., Ng, H., Aug. 30, 1994

[2] Schmachtenberg, E., et al.: Laser-Sintering of Polyamides, *Kunststoffe*, (1997) 87 (6), 773

[3] Schaaf, S.: Polyamide: Werkstoffe für die High-Technologie und das moderne Leben, Verlag moderne industrie, ISBN-13: 978-3478931595, 1996

[4] Plummer, C., Zanetto, J.-E., et al.: The crystallisation kinetics of polyamide-12, *Colloid Polym Sci*, (2001) 279, 312–322

[5] Gogolewski, S., Czerniawska, K., Gasiorek, M.: Effect of annealing on thermal properties and crystalline structure of polyamides. Nylon 12 (polylaurolactam), *Colloid & Polymer Sci*, (1980) 258, 1130–36

[6] US Patent 0'173'287, Method for increasing the difference between the melting temperature and the crystallisation temperature of a polyamide powder, Erfinder: Filou, G, Mathieu, C., Senff, H., Jul. 14, 2011

[7] Cojazzi, G., Fichera, A., et al.: The crystal structure of Polylauryllactam (Nylon 12), *Die Makromolekulare Chemie*, (1973) 168, 289–301

[8] Pfister, A.: Neue Materialsysteme für das Dreidimensionale Drucken und das Selektive Lasersintern, Dissertation, Universität Freiburg im Breisgau, S. 100 ff., 2005

[9] Fernández, C. E., Bermúdez, M., et al.: Compared structure and morphology of nylon-12 and 10-polyurethane lamellar crystals, *Polymer*, (2011) 52, 1515–1522

[10] Ehrenstein, G. W., Riedel, G., Trawiel, P.: Thermal Analysis of Plastics – Theory and Practice, Carl Hanser Verlag, Munich, ISBN 978-3-446-22673-9, 2004

[11] Dupin, St., Lame, O., et al.: Microstructural origin of physical and mechanical properties of polyamide 12 processed by laser sintering, *Eur. Polym. J.*, (2012) 48, 1611–1621

[12] Haworth, B., Hitt, D. J., et al.: Laser sintering process for polymers: Influence of molecular weight and definition of a stable sintering region, Proceedings of the 29th Annual General Assambly of Polymer Processing Society (PPS-29) Nuremberg, 2013

[13] Patent, DE102'48'406 A1, Lasersinterpulver mit Titandioxidpartikeln, Verfahren zu dessen Herstellung und Formkörper hergestellt aus diesem Laser-Sinterpulver, Erfinder: Baumann, F.-E., Monsheimer, S., Grebe, M., Christoph, W., Schiffer, Th., Scholten, H., 2004

[14] Zarringhalam, H., Hopkinson, N., et al.: Effects of processing on microstructure and properties of LS Nylon 12, *Mater. Sci. Eng. A*, (2006) 435–436, 172–180

[15] Patent WO 2005/097475 A1, Selective Laser Sintering Process and Polymers used therein, Erfinder: Böhler, P., Martinoni, R., Oct. 20, 2005

[16] Pongratz, S.: Alterung von Kunststoffen während der Verarbeitung und im Gebrauch, Technisch-wissenschaftlicher Bericht am Lehrstuhl für Kunststofftechnik der Universität Erlangen-Nürnberg, 2000

[17] Scherer, B., Kottenstedde, I., et al.: Analytical characterization of polyamide 11 used in the context of selective laser sintering: Physico-chemical correlations, *Polymer Testing*, (2020) 91, 106786

[18] Kricheldorf, H. R.: Progress in step-growth polymerization and structure-property relationships of polycondensates – Side reactions on prolonged heating, International Symposium on Polycondesates, Macromolecular Symposia, (2003) 199 (218)

[19] Sustainable Castor Association, CASTOR SUCCESS – Sustainable Castor Code. Online verfügbar unter *https://castorsuccess.org/*, zuletzt abgerufen am 01.05.2022

[20] Arkema, BIO-BASED POLYAMIDE Fine Powders. Online verfügbar unter *https://hpp.arkema.com/files/live/sites/hpp_extremematerials/files/downloads/brochures/rilsan-fine-powders-brochures/rfp-br-bioased-polyamide-fine-powders-overview-folder-optimizedp*, zuletzt abgerufen am 11.04.2022

[21] Castillon, P., Le Rilsan. Grandes Aventures Technologiques FRANÇAISES. Académie des Technologies, 2006, Online verfügbar unter http://academie-technologies-prod.s3.amazonaws.com/2016/12/13/09/04/55/571/Rilsan.pdf, zuletzt abgerufen am 08.04.2020.

[22] Arkema, 3D Printing. Online verfügbar unter *https://hpp.arkema.com/en/markets-and-applications/3d-printing/*, zuletzt abgerufen am 11.04.2022

[23] Paesano, A.: Handbook of Sustainable Polymers for Additive Manufacturing, CRC Press, Boca Raton, ISBN 1138478881, 2022

[24] Okamba-Diogo, O., Fernagut, F., et al.: Thermal stabilization of polyamide 11 by phenolic antioxidants, *Polymer Degradation and Stability*, (2020) 179, 109206

[25] Scherer, B., Matysik, F.-M., et al.: Investigations of polymer samples of polyamide 11 concerning the content of monomer, oligomers, and the oxidation stabilizer Irganox 1098 by utilizing inverse gradient HPLC in combination with a triple detection system (diode array detection/mass spectrometry/charged aerosol detection), *Talanta Open*, (2021) 3, 100023

[26] Kleijnen, R. G., Schmid, M., Wegener, K.: Production and Processing of a Spherical Polybutylene Terephthalate Powder for Laser Sintering, *Applied Sciences*, (2019) 9 (7) 1308

[27] Dechet, M. A., Gómez Bonilla, J. S., Grünewald, M., Popp, K., Rudloff, J., Lang, M., Schmidt, J.: A novel, precipitated polybutylene terephthalate feedstock material for powder bed fusion of polymers (PBF): Material development and initial PBF processability, *Materials and Design*, (2021) 197, 109265

[28] Wegner, A., Oehler, M., Ünlü, T.: Development of a new polybutylene terephthalate material for laser sintering process, *Procedia CIRP*, (2018) 74, 254–258

[29] Gu, H., AlFayez, F., Yang, L., Ahmed, T., Bashir, Z.: Powder bed fusion of aluminium – poly(ethylenterephthalate) hybrid powder: process behaviour and characterization of printed parts, *Additive Manufacturing*, (2022) 51, 102616

[30] Patent EP 3504270 B1, Use of a thermosetting polymeric powder composition, Erfinder: Nguyen, L., Herzhoff, C., Brüstle, B., Buchinger, G., 2017

[31] Homepage der Firma TIGER Coatings: *https://www.tigital-3dset.com/materials*, zuletzt abgerufen am 14.04.2022

7 Lasersinterbauteile

Wie bereits in der Einleitung angesprochen, befinden sich einige 3-D-Druck- oder additive Verfahren wie das selektive Lasersintern (LS) auf dem Weg zur Serienfertigung, also zur Herstellung von Funktions- und/oder Serienteilen. Wobei eine Serie bei AM-Verfahren durchaus auch die Losgröße ein Teil bedeuten kann.

Die produzierten Bauteile werden dann also nicht mehr vorwiegend als Design- oder Entwicklungsmuster verwendet, also Rapid Prototyping (RP), sondern müssen in industrieller Umgebung bestimmte Funktionen erfüllen. Bedeutend dabei ist, dass die Serienteile vorab definierten Anforderungen genügen und diese vom Hersteller auch garantiert werden müssen, siehe Abschnitt 3.2. Darüber hinaus muss sichergestellt sein, dass z. B. das letzte Bauteil einer Serie die gleichen Eigenschaften besitzt, wie ein am Anfang gebautes. Ein heute produziertes LS-Teil für eine spezifische Anwendung muss die gegebenen Anforderungen demzufolge genauso erfüllen, wie ein in zwei Wochen oder in zwei Monaten gebautes Teil.

Diese Anforderung klingt im ersten Moment trivial, ist aber für AM-Verfahren wie Lasersintern eine große Herausforderung, wenn klar ist, dass sich oft schon Bauteile innerhalb eines Baus in ihren Eigenschaften unterscheiden können. Aufgrund der komplexen thermischen Situation in einer LS-Maschine (siehe Abschnitt 2.1.2.2 sowie Abschnitt 4.2.1) und durch den schichtweisen Aufbau haben anfangs gebaute Teile unter Umständen eine völlig andere thermische Geschichte, als am Ende des Baus erstellte Teile. Ihre Eigenschaften werden sich daher schon aufgrund unterschiedlicher Kristallisationsprozesse und Tempervorgänge unterscheiden. Prozesseffekte wie Bauteilorientierung im Bauraum oder Pulverzustand hinsichtlich der Schmelzviskosität spielen ebenfalls eine Rolle.

Die Prozesskontrolle entlang der gesamten Prozesskette des LS-Verfahrens (siehe Bild 1.8 in Abschnitt 1.4) ist zukünftig durch stabilisierende Elemente zu ergänzen, um LS-Bauteile in ihrer Eigenschaft zu homogenisieren und während des Baus zu kontrollieren. Vor diesem Hintergrund ist es also durchaus angebracht, LS-Bauteile und ihre spezifischen Eigenschaften, auch im Vergleich zu anderen polymerverarbeitenden Verfahren, zu bewerten und den Einfluss bestimmter Prozessparameter zu kennen.

7.1 Bauteileigenschaften

Aufgrund der spezifischen Eigenschaften des LS-Prozesses (pulverbasiertes Schichtbauverfahren) weisen auch die vorwiegend aus PA 12 hergestellten LS-Teile spezifische Eigenheiten auf. Die mechanischen Eigenschaften, die Bauteildichte sowie Bauteiloberflächen sind hier primär zu nennen. Speziell die richtungsabhängigen mechanischen Kenngrößen sowie die reduzierte Bauteildichten haben auch Einfluss auf die Langzeitbeständigkeit in bestimmten Einsatzbereichen. Die Bewertung von LS-Bauteilen im Umfeld bestimmter Anwendungsfelder steht noch ganz am Anfang und muss zukünftig durch Forschungsarbeiten sukzessive erweitert werden.

7.1.1 Mechanische Eigenschaften

Die grundlegenden mechanischen Eigenschaften von Polymerwerkstoffen werden üblicherweise mit Zug-, Schlag- und/oder Biegeversuchen ermittelt (siehe auch Abschnitt 6.1.2). Es handelt sich hierbei um Versuche mit zeitlich stark begrenzter Belastung (Kurzzeitversuche), meist bei einer gegebenen Temperatur (Einpunktkennwerte nach DIN EN ISO 10350-1). Es können auch Langzeitversuche wie Kriechversuche oder temperaturabhängige Messungen (dynamisch-mechanische Analyse, DMA) vorgenommen werden (Vielpunktkennwerte nach DIN EN ISO 11403 Teil 1 bis 3), welche im Zusammenhang mit dem Einsatz von LS-Teilen als Funktionsteile zukünftig an Bedeutung gewinnen werden (übergeordneten Standards für die Ermittlung von Kennwerten bei Kunststoffen sind DIN EN ISO 10350-1 und die Teile 1 bis 3 von DIN EN ISO 11403; diese wurden ursprünglich für Formmassen und hier mit dem Hauptfokus Spritzgießen entwickelt worden. Sie bieten aber auch eine gute Basis und Übersicht über die möglichen Prüfungen von LS-Probekörpern – entweder direkt hergestellt oder aus Bauteilen präpariert).

Hauptsächlich erfolgt die Ermittlung der Kennwerte bei Raumtemperatur. Dabei sollten die Vorgaben für das Klima – sowohl für Lagerung als auch Prüfung – nach DIN EN ISO 291 beachtet werden. Für die feuchteempfindlichen Materialien, wie z. B. die Polyamide, ist zudem festzulegen, in welchem Konditionierungszustand die Proben geprüft werden.

Zum einen kann dabei die Definition „lasersinterfrisch“ nach VDI 3405 Blatt 1 als trockener Zustand und als ein konditionierter Zustand z. B. nach DIN EN ISO 1110 für Polyamide eingestellt werden. Weitere Details für solche Vorgaben können den spezifischen Normen für die Kunststoffgruppen entnommen werden. Für Polyamide ist das z. B. DIN EN ISO 16396 Teil 1 und Teil 2. Für Probekörpergeometrien zur Ermittlung von mechanischen Kennwerten bietet die DIN EN ISO 20753 eine gute Übersicht.

7.1.1.1 Kurzzeitbelastung: Zugversuch

Aktuell werden die LS-Werkstoffe und daraus hergestellte Bauteile üblicherweise mit standardisierten Zugversuchen (z.B. DIN EN ISO 527-1/2) bewertet und mit entsprechenden Größen von Spritzgussteilen verglichen. Die typischen Prüfgeschwindigkeiten sind 1 mm/min für die Ermittlung des Zug-E-Moduls sowie 5 mm/min bei spröden Materialien (Kurve b) in Bild 7.1 mit einer Bruchdehnung < 10 % und 50 mm/min bei Bruchdehnungen darüber (Kurve a) in Bild 7.1.

Bild 7.1 (Kurve a) zeigt schematisch das typische Verhalten von teilkristallinen thermoplastischen Werkstoffen. Duktile, gut verdichtete Bauteile zeigen im Zugversuch nach einer ersten linearen Phase ab einer bestimmten Belastungsgrenze (maximale Zugfestigkeit, Y_{max}) eine Bauteileinschnürung, bei der es auf molekularer Ebene zu einer Linearisierung der Polymerknäuel kommt. Der Werkstoff weicht der mechanischen Belastung durch molekulare Veränderungen/Anpassungen aus. Die Dehnung nimmt stark zu, bei kaum veränderter Spannung. Häufig wird deshalb für Werkstoffe mit diesem Verhalten neben dem E-Modul die maximale Zugfestigkeit (Y_{max}) zur Charakterisierung eingesetzt. Aber auch die endgültige Bruchdehnung (engl. elongation at break, EaB) ist von Bedeutung. Gemäß Norm wird der EaB-Wert im Fall einer sehr starken Dehnung mit >50 % klassiert.

Ist eine Bauteileinschnürung nicht möglich, so erfolgt häufig Sprödbruch nahe der maximalen Zugfestigkeit. Dieses eher für Duromere (hochvernetzte Werkstoffe) typische Verhalten wird für teilkristalline Polymere wie PA 12 an sich nicht erwartet und weist darauf hin, dass das Bauteil aufgrund mikrostruktureller Gegebenheiten mechanische Belastungen nicht durch molekulare Anpassungen aufnehmen kann. Die Unterschiede in Bild 7.1 im Belastungsdiagramm (Spannung (MPa) gegen Dehnung (%)) sind offensichtlich.

Der in Bild 7.1 (Kurve a) dargestellte Verlauf wird üblicherweise für unverstärkte PA 12-Typen erhalten, bei denen die Zugproben mit Spritzguss hergestellt wurden. Mit Lasersintern hergestellte PA 12-Zugproben zeigen dagegen in der Regel bereits Sprödbruch bei wesentlich geringerer Dehnung in der Belastungsregion der maximalen Zugfestigkeit (Bild 7.1, Kurve b).

In Tabelle 7.1 werden einige mechanische Kennwerte von typischen Spritzguss-PA 12-Proben

- Grilamid L16 nat: niedrigviskoser PA 12-Spritzgusstyp der Firma EMS-Chemie (CH) und
- VESTAMID L1670: niedrigviskoser PA 12-Spritzgusstyp der Firma Evonik (D)

mit den wichtigsten PA 12-LS-Werkstoffen (siehe Abschnitt 6.1.1) verglichen. Es handelt sich um Werte die an trockenen, nicht konditionierten Proben erhalten wurden. Die LS-Proben entsprechen der XYZ-Richtung (siehe Bild 7.5 in Abschnitt 7.1.1.5).

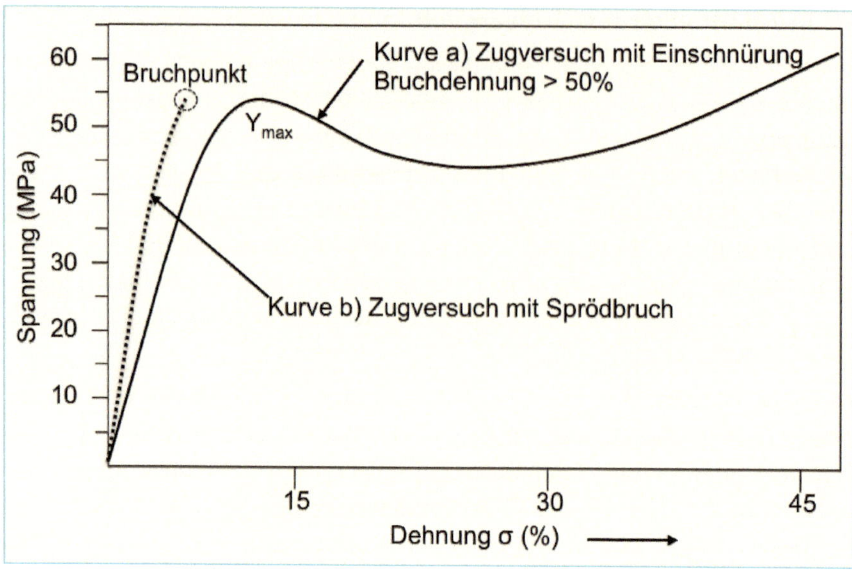

Bild 7.1 Schematisierte Kurven für einen Zugversuch mit (duktiles Versagen) und ohne Einschnürung (Sprödbruch)

Tabelle 7.1 Gegenüberstellung mechanischer Kennwerte von PA 12-Spritzguss- und PA 12-LS-Muster

Probe	E-Modul [MPa]	max. Zugfestigkeit Y_{max} [MPa]	Bruchdehnung EaB [%]
PA 12-Spritzgusstypen			
Grilamid L16 natur (PA 12 niedrigviskos)*; Firma EMS-Chemie	1500	45	> 50
VESTAMID® L1670 (PA 12 niedrigviskos)*; Firma Evonik	1400	46	> 50
PA 12-LS-Typen			
Orgasol® Invent Smooth**	1800	45	20 (Sprödbruch)
Duraform® PA (PA 12 - LS)**	1586	43	14 (Sprödbruch)
PA 2200 (PA 12 - LS)**	1650	48	18 (Sprödbruch)

* Werte Campus-Plastics-Datenbank (*www.campusplastics.com*)

** Werte gemäß Herstellerdatenblätter

Aus den Daten in Tabelle 7.1 ist zu erkennen, dass für den Elastizitätsmodul (E-Modul) bzw. für die maximale Zugfestigkeit für LS-Proben und Spritzguss-PA 12 analoge Werte erhalten werden. Gemäß den Herstellerdatenblättern liegen die E-Module der LS-Proben im trockenen Zustand sogar leicht über dem entsprechenden Spritzgusswert. Dies lässt sich gemäß Bild 4.10 (Abschnitt 4.2.1.2) mit der Sphärolithgröße der kristallinen Strukturen in den LS-Proben erklären. Der E-Modul wird im Zugversuch bei sehr geringer Dehnung ermittelt. In diesem Belastungsbereich sind die zwischenmolekularen Kräfte in den kristallinen Domänen dominierend.

Ein deutlicher Unterschied ist aber bei der Bruchdehnung in Tabelle 7.1 zu erkennen. Die Werte der PA 12-LS-Typen liegen signifikant tiefer (14–20 %), was auf ihr sprödes Verhalten hinweist. Die Sprödigkeit fußt auf der reduzierten Bauteildichte der LS-Proben (siehe Abschnitt 7.1.1.3) im Vergleich zur Spritzgussprobe und im Besonderen auf der schichtweisen Erstellung der LS-Proben. Die Schichthaftung ist durch eine mangelnde Verbindung der einzelnen Schichten reduziert. Speziell im Bereich der Schichtgrenzen können sich auch Sollbruchstellen in Form von Hohlräumen oder Lunkern ausbilden.

Der in Tabelle 7.1 vorgenommene Zahlenvergleich der mechanischen Eigenschaften von PA 12-Werkstoffen bringt nur sehr ungenügend zum Ausdruck, dass die Eigenschaften von LS-Bauteilen sehr stark von den Werkstoff- und Bauparametern abhängen.

7.1.1.2 Lasersinterbauparameter

Beim LS-Prozess handelt es sich um ein Urformverfahren (siehe Abschnitt 1.1). Ein Körper entsteht aus zuvor formlosen Stoffen (Pulver). Das bedeutet, dass neben der Form auch die Eigenschaften des Körpers bis zu einem gewissen Grad erst bei seiner Entstehung ausgebildet werden. Neben den Basismaterialeigenschaften der Ausgangswerkstoffe beeinflussen also auch der Herstellungsprozess und die unterschiedlichen Prozessparameter die Bauteileigenschaften intrinsisch. Ein Vergleich mit konventionellen Herstellverfahren ist in Abschnitt 3.2, Bild 3.19 dargestellt.

Beim LS-Prozess nehmen nahezu alle Werkstoff- und Bauparameter Einfluss auf die Ausprägung der finalen mechanischen Eigenschaften von LS-Teilen. Die Verknüpfung von Parametern, aber auch deren schwierige exakte Kontrolle (z. B. Baufeldtemperatur siehe Abschnitt 2.1.2.2) sind Einflussgrößen mit weitreichenden Folgen. Für LS-Bauteile ist eine exakte Vorhersage der Bauteileigenschaften deshalb schwierig. Zumal die oft hochkomplexen LS-Bauteile schon alleine durch ihre Orientierung im Bauraum in ihren Eigenschaften beeinflusst werden können. Zusätzlich sind die exakten Kristallisationsvorgänge in den Bauteilen während des mehrere Stunden dauernden Abkühlvorgangs unbekannt und entziehen sich bisher jeder Messbarkeit.

In der wissenschaftlichen Literatur finden sich zahlreiche Untersuchungen zu den einzelnen Aspekten oder auch zu Kombinationen von Prozessparametern. Im Folgenden sind wichtige Einflussgrößen zusammengestellt und entsprechende Literaturstellen dazu genannt:

- Einflüsse der Energiedichte des Lasers (Andrew-Zahl A_z): [1, 2],
- Änderungen molekularer Parameter und der Einfluss auf die Bauteilmikrostrukturen: [3],
- Energiedichte A_z und Bauteilorientierung im Bauraum: [4],

- Prozessfehler in Form von unvollständiger Schmelzekoaleszenz: [5],
- Einfluss von Pulverauffrischung und Bautemperatur bei konstanter Energiedichte A_z: [6],
- Einflüsse der Energiedichte A_z kombiniert mit Einflüssen der Pulverschichtdicke: [7],
- Einflüsse der Energiedichte A_z und unterschiedliche Pulverformen: [8],
- Temperaturvariationen im Baufeld und Bauzylinder: [9].

Aus der Fülle der Einflussgrößen und deren nicht linearen Korrelationen lässt sich erkennen, wie aufwendig die Steuerung des LS-Prozesses hinsichtlich der Bauteileigenschaften ist.

In einem breit angelegten DoE (engl. design of experiment, DoE), in dem die Einflüsse von Laserleistung P_{LS}, Laserspurgeschwindigkeit v_{LS}, Laserspurabstand d_{LS}, Pulverbett Temperatur T_{bett}, Pulverschichtdicke d_P und Orientierung der Teile im Bauraum untersucht wurden, konnte gezeigt werden, dass v_{LS}, d_{LS}, d_P und die gegenseitige Beeinflussung von d_{LS} mit d_P bei sonst identischen Rahmenbedingungen den größten Einfluss auf die mechanischen Eigenschaften und auch die Bauteildichte ausüben [10].

7.1.1.3 Bauteildichte

Die Bauteildichte ist eine wesentliche Größe, welche die mechanischen Eigenschaften von LS-Bauteilen beeinflusst. Bei unvollständiger Koaleszenz der Pulverpartikel können LS-Bauteile eine erhebliche Porosität aufweisen, die bei sonst guten Materialeigenschaften zu stark eingeschränkter Stabilität führen. Lunker und Hohlräume im Inneren von Kunststoffbauteilen können bei mechanischen Belastungen als Sollbruchstellen fungieren und Rissauslösungen induzieren, was letztendlich zum Versagen der Teile führt. Es gibt verschiedene Methoden, um Bauteildichten zu charakterisieren.

Gravimetrische Bestimmung

Die gravimetrische Bestimmung ist der einfachste Fall. Das Gewicht eines Körpers wird ermittelt und mit dem theoretischen Gewicht des Bauteils, welches sich aus den Konstruktionsdaten und der Dichte des Werkstoffs ergibt, verglichen.

Bestimmung über den Auftrieb

Die Methode misst den Auftrieb eines Körpers in einer Flüssigkeit (Archimedes-Prinzip). Hier entsteht bei Kunststoffbauteilen häufig das Problem, dass die Dichte der üblichen Messflüssigkeit (Wasser) nahe bei der Bauteildichte liegt und die Messungen dadurch hohe Streuungen aufweisen. Bei LS-Bauteilen kommt noch erschwerend hinzu, dass die Bauteiloberflächen meist sehr rau sind (siehe Abschnitt 7.1.2), was eine ordentliche Benetzung, Voraussetzung für eine reproduzierbare Messung, beeinträchtigen kann.

Bestimmung über Farbsättigung

Ein weiterer Ansatz zur Dichtebestimmung speziell von LS-Bauteilen ist in der Literatur beschrieben [11]. Über die Farbsättigung von LS-Testproben ist ein zerstörungsfreier Rückschluss auf die Bauteildichte möglich. In den entsprechenden Untersuchungen sind auch lineare Korrelationen zwischen der Dichte und mechanischen Eigenschaften wie Zug- und Schlagfestigkeit gezeigt.

Computertomografie (CT)

Eine zerstörungsfreie Bestimmung der Porosität und damit der Dichte von Kunststoffbauteilen gelingt auch mit der Computertomografie. Bild 7.2 zeigt die CT-Aufnahme eines gesinterten PA 12-Teils mit seiner inneren Struktur. Wie gut zu erkennen ist, zeigt die untersuchte Probe aus PA 12 eine breite Palette von Poren, welche im vorliegenden Beispiel ein maximales Volumen von bis zu 13×10^{-3} mm^3 erreichen.

Die CT-Methode hat eine wesentlich höhere Genauigkeit als die vorab beschriebenen Verfahren zur Dichte und Porositätsbestimmung. Sie liefert zudem quantitative Aussagen und Informationen zu Volumen und Formfaktoren der Hohlräume. Allerdings sind hochauflösende CT-Messungen sehr zeit- und kostenintensiv und werden deshalb nur vereinzelt durchgeführt [12].

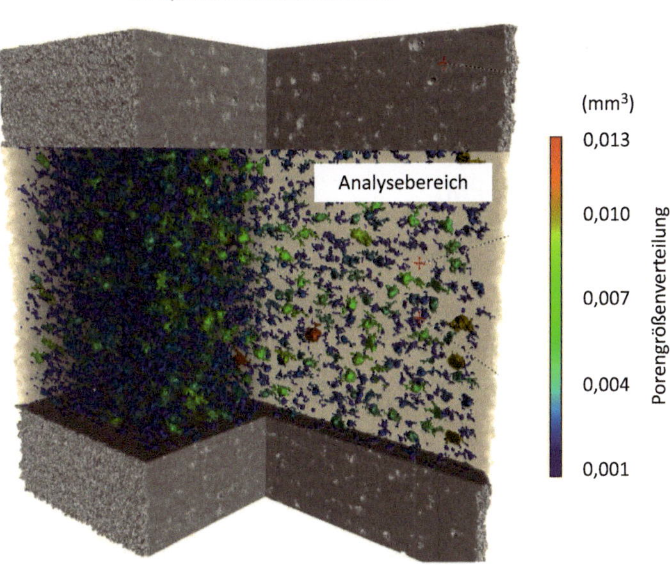

Bild 7.2 CT-Querschnitt durch ein PA 12-Bauteil mit Porenverteilung

Wie bereits erläutert, kann durch die Optimierung der Laserenergiedichte A_z eine höhere Bauteildichte erhalten werden [4]. Aufgrund der intrinsisch eingeschränkten Packungsdichte des Pulverbetts (siehe Abschnitt 5.2.1) lässt sich eine Restporosität jedoch kaum vermeiden. Es sind bereits Ansätze beschrieben, wie über spezielle Verfahren zur Pulverapplikation zukünftig die Packungsdichte von Pulver positiv beeinflusst werden kann:

- In [12] wird die Pulverdichte in Abhängigkeit verschiedener Prozess- und Bestrahlungsparameter analysiert und die Effekte auf die Bauteildichte abgeleitet.
- [13] beschreibt Ansätze zur Erhöhung der Pulverdichte im Baufeld über Doppelbeschichtung mit unterschiedlicher Rotationsrichtung der Beschichterrolle.

Typische Werte der Porosität für PA 12-Bauteile aus Duraform® PA liegen zwischen 3–5 % [8]. Die relativ hohe Restporosität in PA 12-Teilen, verursacht durch unvollständige Koaleszenz der Polymerschmelze, ist eine der Hauptursachen für das spröde Verhalten beim Zugversuch (Bild 7.1).

Eine weitere Ursache für sprödes Verhalten können mikrostrukturelle Inhomogenitäten sein, welche durch unvollständiges (partielles) Schmelzen der Partikel während des Bauprozesses hervorgerufen werden. Aufgrund der Tatsache, dass der Laserstrahl beim LS-Prozess mit sehr hoher Geschwindigkeit über das Pulverbett geführt wird, ist die eingebrachte Energie häufig nicht ausreichend, um die Pulverpartikel vollständig aufzuschmelzen.

Ein nur partielles Schmelzen der Pulverpartikel führt aber zu Problemen durch latent vorhandene Kristallisationskeime. Das Verhältnis von aufgeschmolzenem zu nicht aufgeschmolzenem Anteil im LS-Bauteil wird als partielles Schmelzen (engl. degree of particle melt, DoPM) bezeichnet.

7.1.1.4 Partielles Schmelzen (DoPM)

Für einen erfolgreichen Bauprozess und letztendlich möglichst homogene LS-Bauteile ist es von wesentlicher Bedeutung, dass während des Energieeintrags mit dem Laser die Partikel (Pulverkörner) vollkommen aufgeschmolzen werden. Ist dies durch einen zu geringen Energieeintrag (A_z) pro Zeiteinheit nicht der Fall, verbleibt eine Restkristallisation des Ausgangspulvers im Bauteil, meist im Kern der Pulverpartikel. Diese nicht aufgeschmolzenen Kerne in den Pulverkörnchen fungieren als Initiatoren für Kristallwachstum (Kristallisationskeime). Sie können den Prozess einer homogenen Kristallisation beim Abkühlen der Bauteile und damit homogene Bauteileigenschaften negativ beeinflussen.

Der Effekt, dass beim LS-Prozess Kristallite im Kern der PA 12-Pulverpartikel verbleiben, wurde zuerst durch Arbeiten der Universität Loughborough nachgewiesen [5]. Bild 7.3 und Bild 7.4 zeigen weitere Untersuchungen zum partiellen Schmelzen.

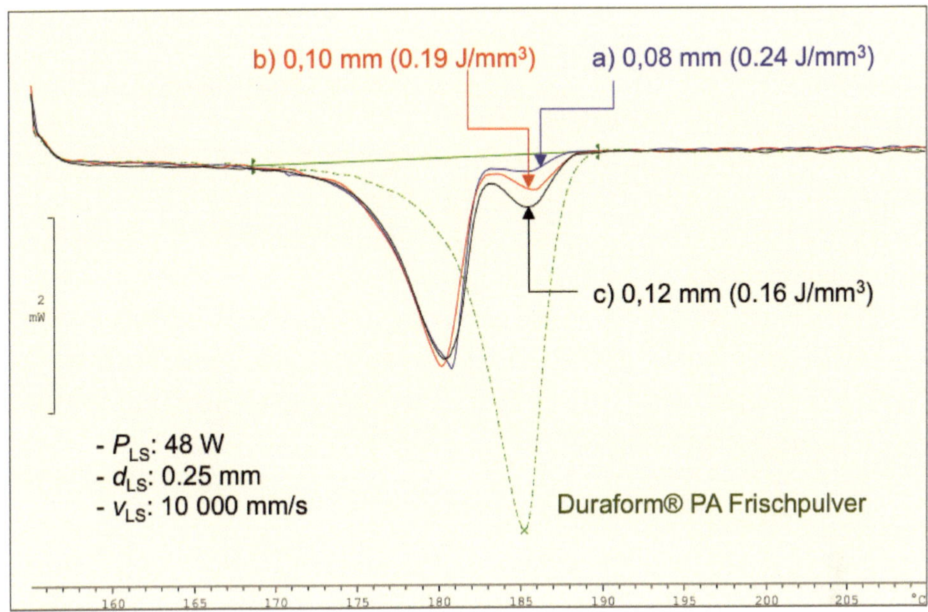

Bild 7.3 DSC-Messung zum Nachweis des partiellen Schmelzens beim LS-Prozess durch Variation der Pulverschichtdicke d_P

In Bild 7.3 wurden LS-Bauteile aus Duraform® PA mit unterschiedlichen Pulverschichtdicken d_P hergestellt: 0,08, 0,10 und 0,12 mm und mit der DSC-Methode (siehe Abschnitt 4.2.1.1) vermessen. Die wesentlichen weiteren LS-Prozessparameter wurden in diesen Versuchen konstant gehalten: Laserleistung P_{LS} = 48 W, Laserspurabstand d_{LS} = 0,25 mm und Laserspurgeschwindigkeit v_{LS} = 10 000 mm/s.

In den DSC-Kurven der Bauteile in Bild 7.3 sind eindeutig zwei unterschiedliche Schmelzendotherme zu erkennen. Einmal im Bereich von ca. 180 °C, was dem erwarteten Schmelzpunkt T_m von PA 12 für thermische Prozesse entspricht, und einmal im Bereich von 186 °C, was dem T_m des Ausgangspulvers (Duraform® PA Frischpulver) zugeordnet werden kann (siehe auch Werte in Tabelle 6.1, Abschnitt 6.1.1.2).

Das Schmelzendotherm der Bauteile bei 186 °C ist umso größer, je größer die Pulverschichtdicke beim Bauprozess war. Das heißt, das Aufschmelzen der Pulverkörner wird immer unvollständiger, je größer die Pulverschicht ist. Es verbleibt also im Bauteil ein immer höherer Anteil an Restkristallinität des Ausgangsmaterials.

Ein analoges Ergebnis kann auch durch Variation der Laserenergie P_{LS} erhalten werden. Bild 7.4 zeigt die DSC-Kurven zum entsprechenden Versuch. Je höher die Laserleistung P_{LS} im Versuch war (Steigerung von 28 W, über 38 W bis maximal 48 W), umso kleiner ist das Schmelzsignal des Ausgangsmaterials bei sonst identischen Baubedingungen. Umso geringer ist die Restkristallinität basierend auf dem Ausgangspulver in den Bauteilen.

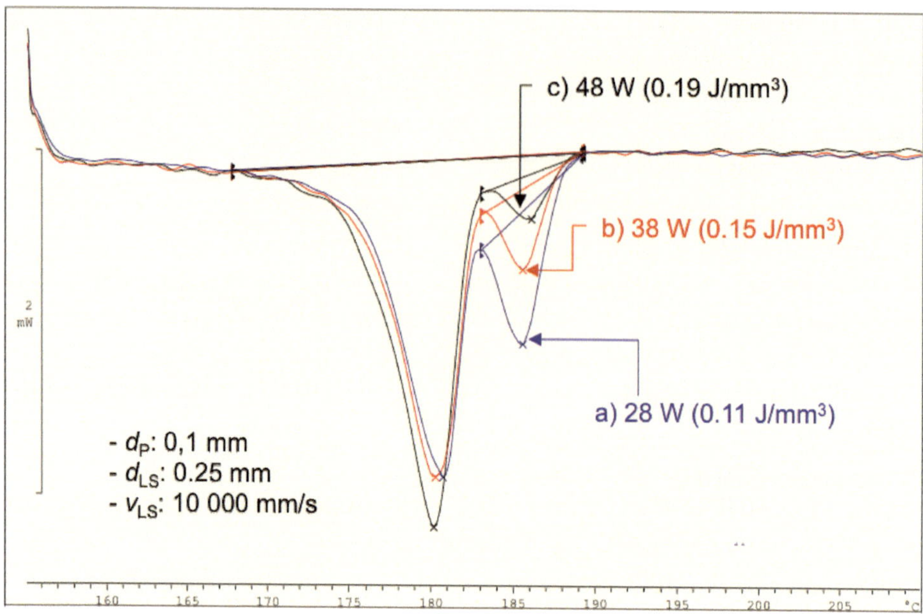

Bild 7.4 DSC-Messung zum Nachweis des partiellen Schmelzens beim LS-Prozess durch Variation der Laserleistung P_{LS}

Setzt man die spezifischen Schmelzenthalpien der beiden Kristallmodifikationen in den DSC-Messungen als identisch an, so lassen sich die den gezeigten Messkurven in Bild 7.3 und Bild 7.4 auch quantitativ hinsichtlich der Anteile an Restkristallisation des Ausgangspulvers auswerten. Tabelle 7.2 fasst die Ergebnisse der Auswertungen zusammen.

Tabelle 7.2 Quantitative Auswertung der gezeigten DoPM-Experimente hinsichtlich geschmolzener Materialanteile

Teil	Laserleistung P_{LS} [W]	Pulverschicht-dicke d_P [mm]	Energiedichte A_z [J/mm³]	DoPM [%]
Variation der Pulverschichtdicke (d_P) bei identischer Laserleistung (siehe Bild 7.3)				
1	48	0,08	0,24	89
2		0,10	0,19	86
3		0,12	0,16	88
Variation der Laserleistung (P_{LS}) bei identischer Pulverschichtdicke (siehe Bild 7.4)				
4	48	0,10	0,19	86
5	38		0,15	81
6	28		0,11	72

Aus den Daten in Tabelle 7.2 ist einerseits der erwartete Zusammenhang zu erkennen, dass mit abnehmender Volumenenergiedichte (A_z in J/mm^3) tendenziell der partiell geschmolzene Anteil abnimmt und dass andererseits offensichtlich die Variation der Laserleistung P_{LS} einen größeren Einfluss auf das Verhältnis geschmolzene/ungeschmolzene Anteile besitzt als die Variation der Pulverschichtdicke d_P. Insgesamt werden für alle untersuchten Fälle in Tabelle 7.2 nicht geschmolzene Anteile in den LS-Bauteilen von mindestens 10 % erhalten.

Es ist in diesem Zusammenhang wichtig, zu betonen, dass die angegebenen Baubedingungen durchaus typisch sind für Bauparameter, die üblicherweise beim LS-Prozess in der Industrie verwendet werden. Das heißt, unter normalen Umständen und LS-Prozessbedingungen ist mit dem Phänomen des unvollständigen Schmelzens zu rechnen.

Für eine gute Prozessführung ist also der hohe Schmelzpunkt T_m und der hohe kristalline Anteil im PA 12-LS-Ausgangspulver einerseits erwünscht (siehe Ausführungen in Abschnitt 6.1.1.2), andererseits kommt es aufgrund des hohen kristallinen Anteils der LS-Pulver beim Prozess und speziell bei den entstehenden Bauteilen, wie gezeigt, auch zu Inhomogenitäten in den sich ausbildenden Kristallstrukturen durch unvollständiges Schmelzen.

Aufgrund der vorhergehenden Ausführungen zur Bauteildichte, zum DoPM und auch aufgrund des schichtweisen Aufbaus von LS-Bauteilen ist zu erwarten, dass LS-Bauteile in ihren Eigenschaften eine gewisse Richtungsabhängigkeit aufweisen.

Diese Anisotropie der Bauteileigenschaften ist bekannt und sollte bei Bauteilauslegungen, die eine Vorzugsorientierung beim Einsatz haben (z. B. belastetes Strukturelement), beim LS-Prozess berücksichtigt werden. Hier liegt aber auch ein Vorteil des LS-Verfahrens. Bauteile können im Bauraum in beliebiger Orientierung gebaut werden, um bestimmte geometrische Faktoren alleine durch die Baurichtung zu optimieren.

7.1.1.5 Anisotropie der Bauteileigenschaften

Für die Definition der Anisotropie beim LS-Prozess ist es als Diskussionsgrundlage unabdingbar, primär die Raumrichtungen für den LS-Bauraum zu definieren. Nachdem die heutigen LS-Maschinen üblicherweise quaderförmige Bauräume besitzen, wurde in der ISO/ASTM DIS 52921:2019 „Additive Fertigung - Grundlagen - Standardpraxis der Positionierung, Koordinaten und Ausrichtung des Bauteils“ die in Bild 7.5 vorgenommene Zuordnung erstellt.

Demnach werden Bauteile bezüglich ihrer Lage hinsichtlich der Gewichtung der Achsen X, Y, Z benannt. Zuerst wird die längste Achse des Bauteils genannt, dann die zweitlängste und als Letztes die kürzeste Achse. Ein quaderförmiges Bauteil mit der Benennung XYZ liegt also flach im Bauraum mit der längeren Ausdehnung in Richtung der X-Achse (parallel zu Richtung der Pulverapplikation mit Roller oder Klinge).

Ein komplexer, nicht quaderförmiger Körper kann natürlich unter Umständen nach diesem System nur schwierig bezüglich der Raumorientierung eingeordnet werden, aber zumindest der Bau von Prüfkörpern, z. B. für mechanische Prüfungen, lässt sich so eindeutig definieren (siehe auch Abschnitt 3.2.2.2).

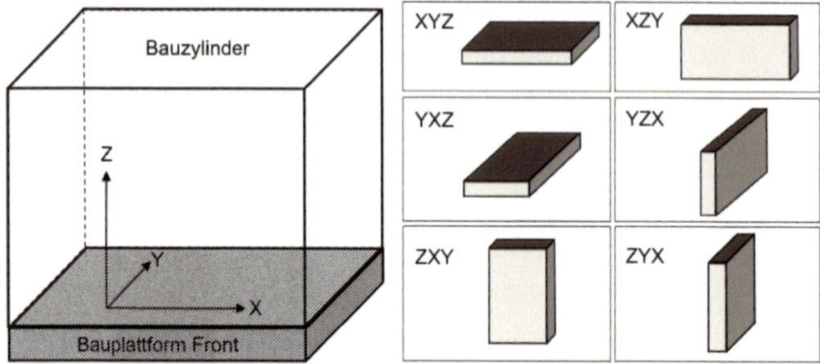

Bild 7.5 Richtungsorientierung und Bauteilbenennung im LS-Prozess

Werden LS-Zugproben untersucht, welche nach dieser Orientierung ausgerichtet gebaut wurden, tritt eine deutliche Anisotropie zutage. Häufig wird nur die XYZ-Orientierung mit der ZYX-Richtung verglichen, um die Extremwerte zu ermitteln.

In Tabelle 7.3 sind entsprechenden Werte für Bauteile aus dem LS-Werkstoff (PA 2200 - EOS) aufgeführt. Während der E-Modul identisch ist, ist die maximale Zugfestigkeit um ca. 15 % reduziert und es kommt bei der Bruchdehnung zu einem Einbruch von 18 auf 4 % in ZYX-Richtung.

Tabelle 7.3 Vergleich mechanische Kennwerte für XYZ- und ZYX-Baurichtung nicht verstärkter LS-Proben aus PA 2200 (EOS)

Probe	Baurichtung	E-Modul [MPa]*	max. Zugfestigkeit [MPa]*	Bruchdehnung EaB [%]*
PA 2200 (PA 12 - LS)	XYZ	1650	48	18
	ZYX	1650	42	4

* Werte gemäß Herstellerdatenblatt

Die Kenntnis dieser stark raumrichtungsabhängigen Bauteileigenschaften ist für die fachgerechte Konstruktion von LS-Bauteilen sehr wichtig und muss bei der Bauteilauslegung berücksichtigt werden.

Noch deutlicher treten die Anisotropien bei Bauteilen aus Werkstoff-Blends zutage [14] (siehe auch Abschnitt 6.1.4). Dies ist darauf zurückzuführen, dass bei den verwendeten Blendwerkstoffen zwischen den einzelnen Bauschichten keine oder nur eine sehr geringe Verstärkung durch die eingesetzten Additive erzielt wird. Die Werkstoffoptimierung durch Additivierung gelingt nur innerhalb einer Bauschicht, aber nicht vertikal dazu. Die Fasern oder die anderen Zuschlagstoffe sind durch den schichtweisen Pulverauftrag räumlich praktisch in ihrer jeweiligen Schicht gebunden und die Verstärkung findet kaum oder gar nicht über die Schichtgrenzen hinweg statt.

Einige typische kommerzielle LS-Werkstoffblends mit den Daten für E-Modul und Bruchdehnung in verschiedenen Raumrichtungen (XYZ und ZYX) sind in Tabelle 7.4 zusammengefasst.

Tabelle 7.4 Einige typische kommerzielle LS-Blends mit richtungsabhängigen mechanischen Eigenschaften

Name	Zuschlagstoff	E-Modul (XYZ)*	E-Modul (ZYX)*	Bruchdehnung (XYZ)*	Bruchdehnung (ZYX)*
Firma EOS (D) - Basis Werkstoff PA 12					
CarbonMide®	Kohlefasern	6100	2200	4,1	1,3
PA 3200 GF	Glaskugeln	3200	2500	9	5,5
Firma 3D-Systems (USA) - Basis Werkstoff PA 12					
Duraform® HST	Mineralfasern	5725	3000	4,5	2,7
Firma ALM (USA) - Basis Werkstoff PA 12					
PA-615 GS	Glaskugeln	4100	2137	1,6	—
Firma ALM (USA) - Basis Werkstoff PA 11					
PA 802-CF	Kohlefasern	8211	1453	8	4

* Werte aus Datenblättern der Hersteller

Aus den Daten in Tabelle 7.4 ist zu erkennen, dass sich wie erwartet die Module der Werkstoffe z. B. durch Faserzugabe deutlich steigern lassen. Mit der Zugabe von Carbonfasern werden die höchsten E-Modul-Steigerungsraten erreicht: Über 8000 MPa beträgt z. B. der Maximalwert für PA 802-CF der Firma ALM (USA) in XYZ-Richtung. Die Steigerung der mechanischen Eigenschaften fällt allerdings ernüchternd aus, wenn die Werte in ZYX-Orientierung betrachtet werden. Eine Reduktion in der Größenordnung um 50 % oder zum Teil deutlich mehr ist für die E-Modul-Daten zu detektieren.

Zusätzlich ist aus den Daten in Tabelle 7.4 auch feststellbar, dass neben der gewünschten Erhöhung des Moduls die Bruchdehnung (EaB) wie erwartet deutlich reduziert wird. Die Blendwerkstoffe sind also wesentlich spröder als die Basismaterialien. Eine weitere deutliche Reduktion in ZYX-Richtung ist auch hier noch zu erkennen.

Wertet man die Basisdaten von Grundwerkstoffen aus PA 12- und PA 11-Datenblättern der Hersteller aus und trägt die erhaltenen E-Module in einer Grafik gegen die Bruchdehnung auf, so erhält man eine grobe Eigenschaftsmatrix der heute am meisten eingesetzten kommerziellen LS-Werkstoffe (siehe Bild 7.6).

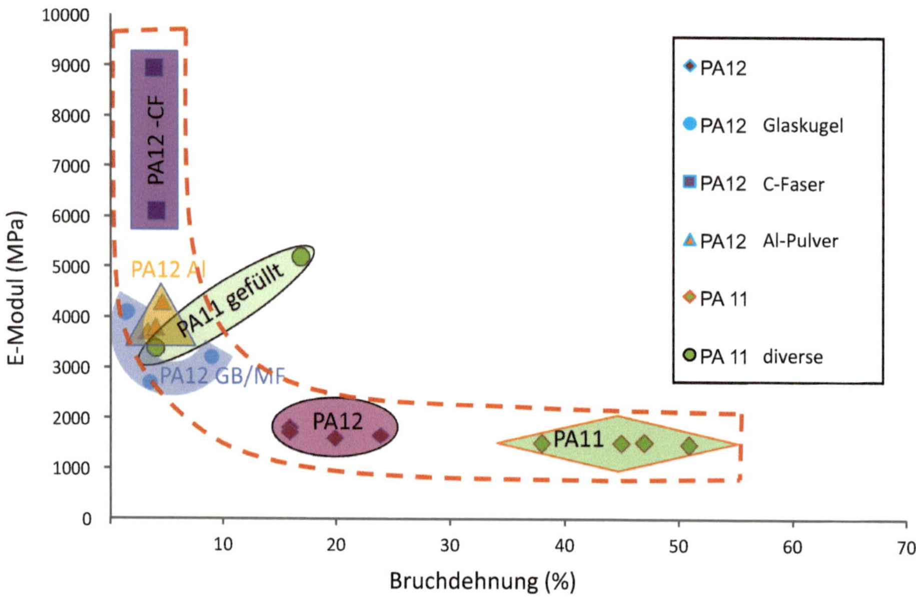

Bild 7.6 Eigenschaftsprofil der kommerziellen LS-Werkstoffe (schematisch)

Bei Betrachtung von Bild 7.6 wird klar, dass mit den Werkstoffprofilen der aktuell zur Verfügung stehenden LS-Materialien nur ein enges Band (gestrichelter Bereich in Bild 7.6) abgedeckt werden kann. In der Eigenschaftsmatrix der LS-Werkstoffe sind in Zukunft noch erhebliche Lücken zu füllen. Bauteile mit höheren Bruchdehnungen und Duktilität sind erforderlich, ebenso wie Materialien mit E-Modulen über 2000 MPa mit guter Zähigkeit und Schlagfestigkeit. Ob dies mit verbesserten Prozessbedingungen bei bestehenden Materialien erreicht werden kann oder ob neue Werkstoffe zwingend erforderlich sind, kann noch nicht abschließend beurteilt werden.

Alle in Bild 7.6 verwendeten Daten stammen aus Zugversuchen. Kurzzeitbelastungstests besitzen aber nur eine reduzierte Aussagekraft für den Einsatz von Bauteilen über längere Zeiträume. Gerade aber die Idee, LS-Teile in industriellen Bereichen als Funktionsteile zu verwenden, erfordert Kenntnisse über die Beständigkeit der Teile unter Langzeitbelastungen.

7.1.1.6 Langzeitbeständigkeit

Die Bewertung von LS-Bauteilen bezüglich ihres Langzeitverhaltens in unterschiedlichen industriellen Umgebungen steckt noch in den Anfängen. In der Literatur finden sich bislang nur wenige Studien zu dem Thema. Neben ersten Untersuchungen der mechanischen Eigenschaften von LS-Bauteilen als Funktion der Temperatur mit DMA [15, 16] gibt es auch Analysen zur Wärmealterung [17] und zum Kriechverhalten von PA 12-LS-Bauteilen [18]. Zum Einsatz von LS-Bauteilen in Kontakt mit Treibstoffen und anderen Automobilflüssigkeiten gibt es auch erste Bewertungen [19]. In der Summe ist der Datenbestand aber noch viel zu gering, um eindeutige Aussagen zum Langzeitverhalten von LS-Bauteilen unter verschiedenen Belastungsbedingungen vornehmen zu können.

In einer weiteren Arbeit wurde auch das Alterungs- und Bruchverhalten von LS-Bauteilen in Abhängigkeit von Oberflächenstrukturen und -einflüssen untersucht [20]. In der Untersuchung konnte gezeigt werden, dass die Einflüsse der spezifischen LS-Oberflächen auf die Bruchmechanik eher gering sind. Der Umstand, dass in einer Untersuchung zum Alterungsverhalten von LS-Bauteilen die Oberflächen als spezifisches Einflusskriterium charakterisiert wurden, gibt einen Hinweis darauf, dass die Oberflächen von LS-Bauteilen intrinsisch anders vorliegen als die Oberflächen von Kunststoffteilen aus anderen Herstellungsprozessen. Während z. B. beim Spritzguss das Bauteil die Oberfläche des Werkzeugs abbildet, fehlt beim LS diese externe Formgebung. LS-Bauteile entstehen in und mit dem umgebenden losen Pulver.

7.1.2 Bauteiloberflächen

7.1.2.1 Einflussparameter

Pulverförmige Ausgangsstoffe und das schichtweise zusammenfügen im LS-Verfahren führt bei den Bauteilen dazu, dass die Oberflächen der Werkstücke eine relativ raue Oberflächenstruktur aufweisen. Die ursprüngliche Pulvergeometrie bildet sich bis zu einem gewissen Grad an der Oberfläche ab und Treppeneffekte können durch (falsche) Bauteilorientierungen deutlich sichtbare inhomogene, stufige Oberflächen erzeugen. Weitere Effekte, die einen Einfluss auf die Oberflächenstruktur haben können, sind [21]:

- sichtbare Laserscanlinien,
- Vibrationen des Pulverbeschichters,
- Wash-out-Effekte.

Beim Wash-out kommt es durch unkontrolliertes Ankleben von Pulverkörnern an die eigentliche Bauteiloberfläche - verursacht durch hohe Wärmestrahlung aus dem Bauteil - zur Störung der gewünschten Geometrie und zu negativen Oberflächeneffekten.

Bild 7.7 zeigt die typische raue Oberfläche von LS-Bauteilen (Bild 7.7, links) und den Treppenstufeneffekt durch falsche Bauteilorientierung während des Baus (Bild 7.7, rechts).

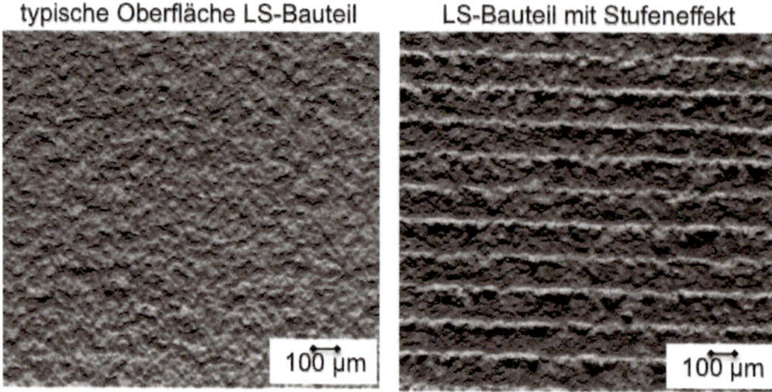

Bild 7.7 Typische raue LS-Oberfläche des Rohteils (links) und LS-Teil mit Stufeneffekt (rechts) [Quelle: Inspire AG]

Die exakte Bestimmung der Rauheit einer Fläche kann sehr komplex sein. Es existiert eine Vielzahl an verschiedenen Rauheitsparametern [22]. In der einfachsten Version und häufig im Bereich LS verwendet, wird die Rauheit nicht flächig, sondern entlang einer Linie bestimmt und mit dem sogenannten R_a- und R_Z-Wert angegeben:

- **Mittlere Rauheit (R_a):** gibt die Distanz der Messpunkte als Mittelwert zur Mittellinie der Messstrecke an.
- **Maximale Rauheit (R_Z):** gibt den Mittelwert der fünf höchsten und fünf tiefsten Punkte der Messstrecke an.

R_Z ist damit immer deutlich größer als R_a. Typische Rauheitswerte für PA 12-LS-Teile liegen im Bereich von: $R_a \approx 10$ µm ± 3 µm; $R_Z \approx 100$ µm ± 50 µm.

In einer Reihe von Arbeiten zum Thema wurden spezifische LS-Einflussgrößen auf die Rauheitsparameter untersucht [23, 24]. Es konnte gezeigt werden, dass die Belichtungsparameter und die Orientierung der Bauteile im Bauraum den größten Effekt ausüben und die Pulverviskosität (Pulveralterung) ebenfalls eine gewisse Rolle spielt (siehe Abschnitt 3.1.4.2).

Aufgrund der relativ hohen Rauheit von LS-Bauteiloberflächen im Vergleich zu anderen Prozessen ist ein sehr wesentlicher Punkt die Frage, wie die entsprechende Rauheit analytisch korrekt erfasst wird. Es existiert eine Vielzahl unterschiedlicher Messmethoden, welche nicht alle in gleichem Maße für diese Problemstellung geeignet sind.

7.1.2.2 Rauheitsbestimmung

Bei der Rauheit ebenso wie bei anderen analytischen Messungen ist es wesentlich, dass die jeweilige Messmethode in der Lage ist, im gewünschten Messbereich (mit vertretbarem Aufwand) reproduzierbare Messungen zu generieren. Für die Bestimmung der Rauheit kommen kontaktierende (tastende) oder berührungslose (optische) Messsysteme infrage.

Bei der taktilen/berührenden Messung wird üblicherweise ein Messsensor mit konstanter Geschwindigkeit über die Oberfläche geführt und mit einer feinen Nadelspitze das Profil erfasst (z. B. Messsysteme von der Firma Mahr oder der Firma Veeco). Systeme, die in diesem Sinn aufgebaut sind, eigenen sich in der Regel gut, um die hohen Rauheitswerte von LS-Oberflächen zu erfassen. Allerdings werden sich immer Fehler in dieser Art der Messung ergeben, wenn die Nadelspitze aufgrund ihrer Geometrie (Radius der Spitze) nicht in der Lage ist, der genauen Kontur der Oberfläche zu folgen, oder wenn die Nadel selbst Beschädigungen an einer zu weichen Oberfläche generiert.

Berührungslose optische Messtechniken existieren in einer Vielzahl von verschiedenen Systemen (z. B. Firma Leica oder Firma Alicona). Dabei wird mit Konfokaltechnik, Holografie, Interferometrie und Fokusvariationen in verschiedenen Wellenlängenbereichen gearbeitet. Der Vorteil dabei ist, dass ein visuelles Bild der Oberfläche erstellt wird. Nachteilig ist, dass die jeweilige Methode relativ genau auf den zu messenden Rauheitsbereich abgestimmt sein muss und dass entsprechende Messungen durch das Zusammenfügen einzelner Bilder zum Teil einen hohen Zeitaufwand erfordern können.

Eine am Massachusetts Institute of Technology (MIT, USA) entwickelte Messmethode, welche durch die Firma GelSight [25] vermarktet wird, kombiniert das berührende und nicht berührende Prinzip in gewisser Weise und es gelingt, speziell den zum Teil hohen Aufwand optischer Messungen zu beseitigen. Bei der GelSight-Methode (siehe Bild 7.8) wird ein speziell entwickeltes Gelkissen mit reflektierender Oberfläche (Sensor) auf die zu untersuchende Oberfläche gedrückt. Die Oberfläche wird mithilfe von Leuchtdioden (LED) aus sechs unterschiedlichen Winkeln nacheinander beleuchtet und mit einer Digitalkamera zu jedem Winkel ein Bild aufgenommen. Die sechs Einzelbilder werden zu einem Oberflächenbild zusammengefügt. Das sehr gut detailaufgelöste Bild der LS-Oberfläche in Bild 7.8 (rechts) wird nach wenigen Minuten Messzeit erhalten. Die Rohdaten der einzelnen Aufnahmen können dazu benutzt werden, die üblichen Rauheitsparameter zu berechnen.

Eine vergleichende Untersuchung verschiedener kontaktierender und berührungsloser Messmethoden an LS-Proben unter Einbezug theoretischer Sollwerte hat gezeigt, dass die GelSight-Messung tendenziell etwas höhere Rauheitswerte liefert als die anderen Methoden metrologisch, aber ausgezeichnete Reproduzierbarkeiten aufweist [26]. Die Einfachheit der Methode kombiniert mit den sehr detailreichen Bildern überzeugt. Mittlerweile wurde das in Bild 7.8 gezeigte System von GelSight durch ein mobiles Handgerät ersetzt, welches auf dem gleichen Messprinzip beruht.

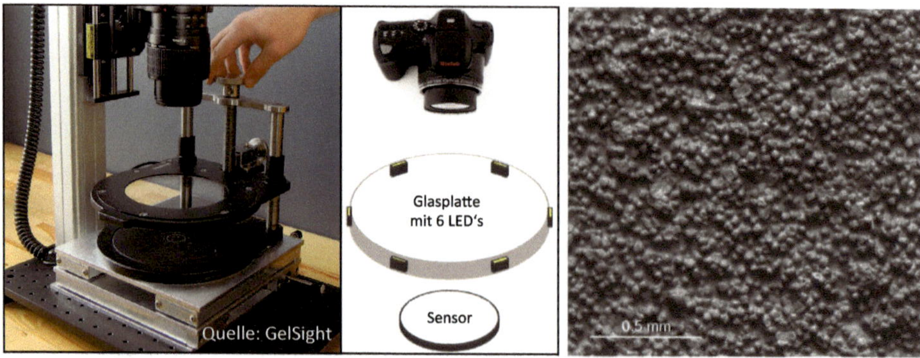

Bild 7.8 Oberflächenbestimmung und Aufnahme der Oberfläche eines LS-Bauteils mit dem GelSight-Verfahren (rechts) [Quelle: GelSight und Inspire AG]

Aus den Bildern der relativ rauen LS-Oberflächen (Bild 7.7 und Bild 7.8) wird klar, dass ein erheblicher Bedarf besteht, die Oberflächen von LS-Bauteilen zu glätten, um sie für weiterverarbeitende Schritte vorzubereiten.

7.1.2.3 Oberflächenbearbeitung

Die Oberflächentechnik stellt eine ganze Reihe möglicher Bearbeitungsverfahren von Oberflächen zur Verfügung. Für den geeigneten Einsatz eines Verfahrens ist es aber nicht unerheblich, in welcher Anzahl die LS-Bauteile vorliegen, die bearbeitet werden sollen.

Mechanische Oberflächenglättung – Einzelteile

Werden nur einzelne Modellteile produziert (engl. rapid prototyping), so können die Teile noch von speziell ausgebildeten Personen (z. B. Modellbauer, Autolackierer) in Handarbeit professionell überarbeitet werden (mehrfaches manuelles Schleifen und Glätten mit Füllmaterialien mit anschließendem Lackieren). Bild 7.9 zeigt ein manuell, in professioneller Art und Weise bearbeitetes LS-Teileensemble vom Rohteil bis zum Ausstellungsmuster.

Bild 7.9 Manuell bearbeitetes LS-Prototypenteil [Quelle: Inspire AG]

Sollen dagegen, wie im Sinne von AM gefordert, größere Bauteilserien gleichzeitig zu einem identischen Finish-Ergebnis geführt werden, so ist die manuelle Bearbeitung aus Zeit- und Reproduzierbarkeitsgründen nahezu ausgeschlossen.

Mechanische Oberflächenglättung – Bauteilserien

Gleitschleifen (Trowalisieren), welches ursprünglich aus dem Metallbereich kommt, wurde mittlerweile auch für Kunststoff-3-D-Druckteile weiterentwickelt. Durch den Einsatz von Schleifkörpern und Netzmitteln, welche für die Bearbeitung von Kunststoffen geeignet sind, können mit Gleitschleifen gute Ergebnisse erzielt werden. Allerdings gilt es zu bedenken, dass durch die ausgeprägte Komplexität von AM-Teilen Probleme an Kanten und Ecken zu erwarten sind. Der Materialabtrag ist an diesen Stellen besonders ausgeprägt, was zu einer starken und nicht akzeptablen Abrundung von Bauteilkanten führen kann [27]. Speziell für das nachfolgend gezeigte Brillenbeispiel in Abschnitt 7.1.2.4 konnten aber mit Gleitschleifen sehr gute Erfolge erzielt werden.

Eine weitere Möglichkeit zur Oberflächenglättung stellt das Beschießen der Oberfläche mit unterschiedlichsten Strahlkörpern dar. Solche Strahlanlagen, welche speziell für die Bedürfnisse von Kunststoff-AM-Teilen ausgelegt sind, werden z. B. von der Firma DyeMansion (D) angeboten.

Chemische Oberflächenglättung

Ein Verfahren, vor einigen Jahren erstmalig vorgestellt von der Universität Sheffield – der sogenannte Push™ Process, führt den Glättungsprozess von LS-Teilen mit Lösemitteln in der Dampfphase aus. Ein Vorteil dabei ist sicherlich, dass die Komplexität der Teile in diesem Fall eine untergeordnete Rolle spielt. Andererseits wird zum Teil mit toxischen, hochaggressiven und korrosiven Medien gearbeitet, welche unter Umständen eine spezielle Laborumgebung erfordern, die nicht jeder LS-Anwender zur Verfügung stellen kann.

Diesem Umstand wurde Rechnung getragen und es sind mittlerweile mehrere Firmen in die weitere Entwicklung der chemischen Oberflächenglättung von Kunststoff-AM-Teilen eingestiegen und haben hier geschlossene Systeme entwickelt, die eine gefahrlose Anwendung der Technik trotz des Einsatzes brennbarer und toxischer Medien ermöglichen soll. Entsprechende Anlagen oder Services sind z. B. bei den Firmen DyeMansion (D), AMT (UK) oder LuxYours (D) im Angebot.

Nach der Glättung der Oberflächen von LS-Bauteilen ist in Folgeschritten eine weitere Endbearbeitung der Teile in der Regel unerlässlich, um AM-Teile für einen breiten Einsatz in vielerlei Bereichen vorzubereiten.

7.1.2.4 Endbearbeitung/Finishing

Letztendlich handelt es sich bei LS-Bauteilen nach der Herstellung und dem Auspacken um rohe unbehandelte Kunststoffteile, die wie Teile aus anderen Herstellprozessen für den gewünschten Anwendungszweck nachbearbeitet (gefinisht) werden müssen.

Dies kann neben den in Abschnitt 7.1.2.3 vorgestellten Prozessen zum Glätten der Oberflächen noch weitere Schritte zur Endbearbeitung beinhalten. LS-Teile werden dann noch zusätzlich poliert, mit Folien überzogen, die Holz-, Carbon- oder andere Oberflächen suggerieren. Weitere Verfahren sind Beflocken und auch elektrochemische Verfahren zum Metallisieren von LS-Bauteilen.

Dies kann rein ästhetische Gründe haben oder auch Funktionen wie erhöhte Wasserdichtigkeit, elektrische Leitfähigkeit, elektrostatische Abschirmung, verbesserte mechanische Eigenschaften oder anderes induzieren [28]. Bild 7.10 zeigt einige mögliche Beispiele der Nachbearbeitung an LS-Musterteilen.

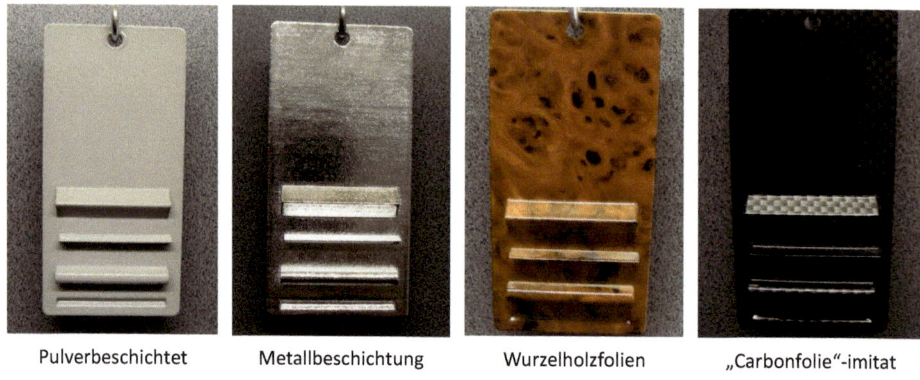

Bild 7.10 Einige Beispiele von gefinishten LS-Musterteilen [Quelle: Inspire AG]

Sinn und Zweck der Oberflächenbehandlungen ist jedoch immer eine Erweiterung des Einsatzbereichs von LS-Werkstücken. Die professionelle Bearbeitung der Oberflächen von LS-Bauteilen mit allen Aspekten hinsichtlich Polieren, Beschichten, Lackieren, Einfärben usw. wird für die Anwendung von LS-Teilen in optisch und haptisch anspruchsvollen Bereichen immer wesentlicher.

Speziell für das Einfärben von LS-Bauteilen haben sich auch bereits einige Dienstleister auf dem Markt etabliert, welche über spezifisch entwickelte Färbeverfahren die Anwendungsbereiche von LS-Teilen deutlich erweitern: z. B. Firma DyeMansion (D), Firma Cipres (D).

Ein gutes Beispiel für die Wichtigkeit einer professionellen Nachbearbeitung ist die Herstellung von Brillengestellen mit Lasersintern. Ein Geschäftsmodell, welches z.B. vom Brillenhersteller Götti Switzerland GmbH sehr erfolgreich angewendet wird [29]. Bild 7.11 zeigt Brillenmodelle der „DIMENSION"-Serie von Götti, die mit dem LS-Verfahren hergestellt wurden.

Bild 7.11 Mit Lasersintern gefertigte Brillen von Götti Switzerland GmbH aus der „DIMENSION"-Kollektion; Oberflächenbehandlung und Einfärbung nach dem DyeMansion Verfahren [Quelle: Götti Switzerland GmbH]

Für Brillengestelle, wie in Bild 7.11, welche von Kunden über einen längeren Zeitraum im Gesicht beschwerdefrei getragen werden sollen, sind spezifische Anforderungen bezüglich der folgenden Punkte, die in den Bereich des Bauteil-Finishings fallen, zu erfüllen:

- **Oberflächen:** Zu hohe Bauteilrauigkeiten würden schnell als störend empfunden werden.
- **Farb- und Lichtechtheit:** Die Farbe muss für alle Anwendungsfälle stabil sein und darf nicht abfärben und ausbleichen (Regen, Schweiß, Sonnenlicht, Hautcreme).
- **Hautkontakt:** Die Oberflächenbeschichtung muss für Hautkontakt zugelassen sein und darf keine Allergien oder sonstige Irritationen auslösen.
- **Farben:** Es werden ansprechende, hochdeckende Farben, die den ästhetischen Ansprüchen der Kunden und der aktuellen Mode genügen, benötigt.

Die Anwendung von LS-Teilen im Bereich Brillen liefert ein gutes Beispiel für ein erfolgreiches Geschäftsmodell für AM im Bereich Lifestyleprodukte. Es zeigt exemplarisch, wie wichtig professionelles Finishing in diesem Bereich ist.

Die zentralen Vorteile des AM kommen in dieser Anwendung allerdings gar nicht voll zum Tragen, da es sich bei Brillengestellen um konstruktiv eher einfache Kunststoffteile handelt. Der eigentliche Treiber bei der Brillenapplikation ist die

Reduktion von Lagerkosten für klassische Brillengestelle. Zudem bietet die kurze Reaktionszeit der additiven Fertigung die Möglichkeit, schnell auf variable Modeströmungen adäquat reagieren zu können.

7.2 Anwendungen und Beispiele

Die wesentlichen Vorteile von Produkten und Bauteilen, die mit Lasersintern oder anderen AM-Verfahren hergestellt werden, liegen in der nahezu grenzlosen geometrischen Freiheit in der Konstruktion der Bauteile. Je höher die Komplexität von Bauteilen ist, umso höher ist die Wahrscheinlichkeit, dass die Herstellung des Werkstücks nur über AM erfolgen kann (siehe Bild 1.1 in Abschnitt 1.2). Ein großes Spektrum neuartiger, sehr spezifischer Anwendungen und Applikationen kann damit erschlossen werden.

Durch die Designfreiheit der werkzeuglosen Verfahren können Hinterschnitte, Hohlräume oder Leichtbaustrukturen, die beim Formenbau oder auch beim Fräsen nicht denkbar sind, produziert werden. Weitere Vorteile des AM-Verfahrens und von AM-Bauteilen sind:

- wirtschaftliche Herstellung komplexer Geometrien und Kleinserien,
- funktions- (und nicht verfahrens-)optimierte Konstruktionen (z. B. Leichtbau),
- integrierte Funktionen und Reduktion von Montageaufwand,
- Individualisierung: Teile einer Serie können eine unterschiedliche Geometrie aufweisen,
- schneller Wechsel von Geometrie und konstruktiven Änderungen ohne Mehrkosten,
- kürzere Produktionszeit für Werkzeugformen (engl. time to market),
- Einstiegskosten (und Startrisiko) deutlich reduziert,
- Designmuster stehen schnell zur Verfügung (umgehende Umsetzung neuer Ideen),
- Reduktion der Lagerhaltung (engl. production on demand),
- Fertigung vor Ort (Reduktion von Logistik- und Transportaufwendungen).

Wie der VDI in seinem Statusreport „Additive Fertigungsverfahren" (November 2019) festgestellt hat, lassen sich die oben aufgezeigten Merkmale additiver Verfahren in einer Reihe von Industriezweigen vorteilhaft einsetzen: Sportartikel, Medizintechnik, Luft- und Raumfahrtindustrie, Rüstungsindustrie, Automotive, Elektronik, Möbelindustrie, Schmuckindustrie sowie Werkzeug- und Formenbau.

Die additive Fertigung gewährt Entwicklern eine maximale geometrische Konstruktionsfreiheit. Nichtsdestotrotz sind bezüglich Anwendungsbereichen und Produktdesign, aber auch für die AM-Verfahren Regeln bezüglich korrekter Konstruktion und Bauteilauslegung zu beachten.

AM-gerechte Konstruktion

Das Kennen und Adaptieren der Design- und Konstruktionsfreiheiten der additiven Fertigungsverfahren in den Entwicklungsabteilungen der Firmen einerseits, aber auch das Beachten einiger prozessspezifischer Limitationen andererseits sind unabdingbare Voraussetzungen für eine zielgerichtete und funktionsoptimierte Anwendung der additiven Technologien in der produzierenden Industrie.

Liegen entsprechend Basiskenntnisse in den Konstruktions- und Produktdesignabteilungen der Industrie nicht vor, kann das Potenzial von AM nicht voll genutzt werden. Speziell OEMs [31] und auch Servicedienstleister [32] geben hier Hilfestellung und bieten auf ihren Internetplattformen entsprechende Unterlagen und Schulungen an. Folgende Punkte werden dabei häufig thematisiert:

- maximale Bauteildimension,
- Vermeidung von Stufenstrukturen durch Bauteilorientierung,
- Auslegung von Scharnieren, Gelenken und Schnappfunktionen,
- Konstruktion von Gewinden, Ecken und Kanten,
- Gitter- und Leichtbaukonstruktionen,
- Realisierung von Löchern, Kanälen, Spaltabstände und Hohlräumen,
- Passungen und Toleranzen,
- Rippen und Radien,
- Beschriftungen,
- entnahmeoptimierte Bauteilauslegung und Entfernung von Pulver.

Zudem stehen mit der VDI-Empfehlung **VDI 3405 Blatt 3.2** (Additive Fertigungsverfahren - Gestaltungsempfehlungen - Prüfkörper und Prüfmerkmale für limitierende Geometrieelemente) und die **ISO/ASTM 52902** (Additive Fertigung - Konstruktion - Anforderungen, Richtlinien und Empfehlungen) normative Dokumente zur Verfügung, die hier ebenfalls Hilfestellung geben können.

Welches Potenzial die additive Fertigung bei Nutzung der konstruktiven Möglichkeiten bietet, wird im Folgenden an einigen Beispielen und markanten Applikationen aufgezeigt.

7.2.1 Prototypenbau und Kleinserien

Ein nach wie vor sehr wichtiges Standbein für die additiven Verfahren liegt im Muster- oder Prototypenbau. Wobei hier tendenziell die Forderung gilt, die Prototypen möglichst seriennah einzustellen, um die spätere Realität gut abzubilden oder um mit den Prototypen auch Optimierungs- und Simulationsversuche durchführen zu können.

Prototypen in Entwicklungsprojekten

Bis zu 25 % des Benzinverbrauchs bei Verbrennungsmotoren und bis zu 25 % des Stromverbrauchs bei Elektrofahrzeugen werden beim Betrieb der Klimaanlage bzw. Heizung in einem Standardfahrzeug benötigt. Somit stellen Klimatisierungssysteme neben den Motoren den größten Energieverbraucher dar. Speziell für Elektrofahrzeuge sind neue Konzepte deshalb essenziell, um Elektrofahrzeuge nicht durch Zusatzverbraucher massiv in ihrer Reichweite einzuschränken.

In einem Forschungs- und Entwicklungsprojekt wurden AM-Teile für ein Versuchsfahrzeug im Fahrsimulator gebaut (siehe Bild 7.12, links) und dabei die Klimatisierungsbox so konstruiert, dass in den Bereichen, in denen der Wärmeübergang stattfindet, verschiedene optimierte Geometrien aus unterschiedlichen Materialien eingesetzt werden konnten (modularer Aufbau, siehe Bild 7.12, rechts).

Die Vorteile der additiven Fertigung (Komplexität, schnelle Umsetzung der Prototypen) wurden also in das Projekt integriert und unterschiedlichste Fahrsimulationen konnten mit den AM-Teilen durchgeführt werden. Speziell der Einsatz von Polypropylen (PP) beim Lasersintern, später dann der eigentliche Serienwerkstoff, war hier ein wichtiger Schritt in Richtung Seriennähe.

Die Simulation thermodynamischer Größen bei den unterschiedlichen Bauteilauslegungen im Vergleich mit dem Fahrzeugsimulationstest hat eine gute Übereinstimmung von Theorie und Praxis ergeben. Die Effizienzsteigerung konnte mit den AM-Bauteilen in unterschiedlichen Auslegungen bestätigt werden.

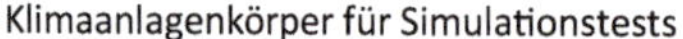

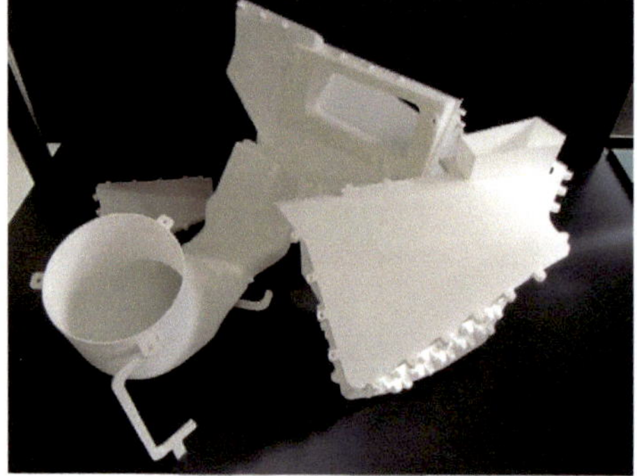

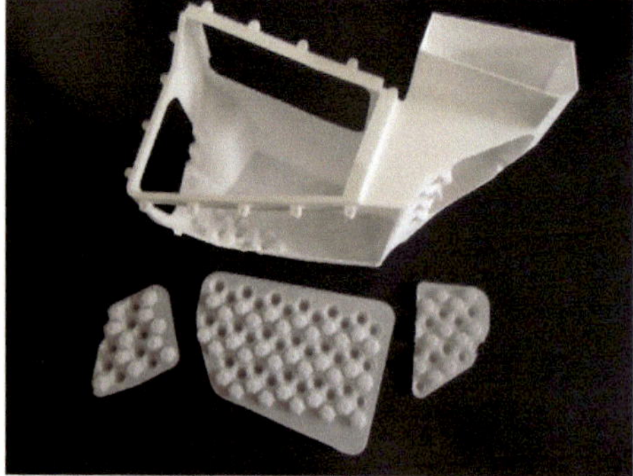

Bild 7.12 Modulare Klimaanlagenkörper (Prototyp) für Fahrsimulationstest [Quelle: Inspire AG]

Die in Bild 7.12 gezeigten Bauteile weisen bereits auch auf eine andere wesentliche Möglichkeit bei AM-Bauteilen hin. Es ist gut zu erkennen, dass neben den modularen und austauschbaren Flächen, welche für die Simulationen im Projekt wesentlich waren, die Bauteile auch weitere Funktionen wie Anschlüsse und Luftführungen integriert haben (siehe Abschnitt 7.2.2).

Dekorteile in Serienautomobilen

Über „Mini Yours Customised" wurden ab 2018 individualisierbare additiv gefertigte Fahrzeugteile bei der BMW Group angeboten. Über eine Webapplikation (*www.yours-customised.mini*) war es möglich, aus einem vordefinierten Set an Mustern und Icons sowie in Grenzen frei definierbarem Text seine eigene Dekorblende bzw. Side Scuttles zu gestalten. Dieser Service ist leider nicht mehr verfügbar. Es werden aber nach wie vor im LS-Verfahren hergestellte Teile für spezielle Editions bei Mini angeboten.

Der Einsatz solcher Kleinserien im Automobil steht hier für den Trend auch Großserienprodukte wie Automobile durch personalisierte Einzelteile für lifestyleorientierte Verbraucher attraktiver zu machen. Hier geht es um „Style" und „Fashion" und weniger um eine zusätzliche Funktion der Teile.

7.2.2 Funktionsintegration

Integrierte Strukturen und Funktionen in Bauteilen sind ein weiteres qualifiziertes Einsatzfeld von additiv gefertigten Teilen. Für Werkzeugmaschinen und generell im Apparatebau ergeben sich unzählige Applikationsmöglichkeiten, wenn die AM-Vorteile konsequent ein- und umgesetzt werden.

Werkzeugmaschinen

Das präzise Schleifen von Keramik und Hartmetall gelingt mit Schleifscheiben aus gehärteten Schneidstoffen, welchen Diamant oder CBN zugesetzt ist. Während der Arbeitsprozesse ist ein Verschleiss nicht zu vermeiden, was ein erneutes „Abrichten" der Schleifwerkzeuge erfordert. Traditionell findet das Abrichten dezentral, außerhalb der Schleifmaschine statt, was einen erheblichen Aufwand und eine kostenintensive Prozessunterbrechung eines laufenden Arbeitsganges erfordert.

Ziel der vorliegenden Entwicklung war daher die Integration des Abrichtvorgangs in den laufenden Schleifprozess, was zu erheblichen Zeit- und Kostenvorteilen führt. Das mühsame Demontieren und Wiedereinstellen der Schleifscheibe bei einer erneuten Montage entfällt. Die Schleifscheiben werden bei voller Arbeitsgeschwindigkeit in der Anlage abgerichtet.

Die Umsetzung des Projekts war nur durch eine konsequente Integration von additiv gefertigten Bauteilen in die als „STUDER WireDress®"-Einheit vermarktete Lösung möglich. Die in Bild 7.13 gezeigte Grundplatte demonstriert den sehr hohen Grad an Funktionsintegration. Die Zusammenfassung mehrerer Komponenten zu einem Bauteil trägt signifikant zur Reduktion der erforderlichen Montageaufwände bei. Zudem wurde eine strömungsoptimierte Kühlschmierstoffleitung in die Grundplatte integriert, die den Schleifdraht während des Prozesses konstant und gleichmäßig benetzt. Nahezu alle Komponenten der Abrichteinheit sind additiv mit Lasersintern in Kunststoff gefertigt.

Bild 7.13 Additive mit Lasersintern gefertigte „STUDER WireDress®"-Einheit [Quelle: irpd AG]

Apparatebau

Das in Bild 7.14 gezeigte Bauteil wird im Apparatebau für medizinische Geräte verwendet. Es trägt am Kopf einen Schockwellengenerator, der zur Gewebestimulation oder einer anderen Behandlung mit Stoßwellen eingesetzt werden kann. Beim Einsatz muss das Gerät kontinuierlich gekühlt werden, um die Funktion zu gewährleisten. Gleichzeitig wird in das Bauteil noch die entsprechend elektronische Steuerung eingebaut, welche nicht mit dem Kühlmedium (Wasser) in Berührung kommen darf. Die absolute Dichtigkeit ist unabdingbar.

Durch die hohen Energien (Schockwellen), die beim Einsatz auftreten können, kann das Wasser teilweise verdampfen. Das Bauteil beinhaltet also innenliegende Kühlkanäle und Kanäle zum Abführen der entstehenden Gase. Gleichzeitig sind alle Schlauchanschlüsse und die Funktionen zum Einbau der Teile (Schraubenlöcher, Halterungen) integriert.

Würde das Bauteil mit traditionellen Verfahren hergestellt werden, so müsste es aus mehreren Einzelteilen und mit einem erheblichen Aufwand montiert werden. Das Bauteil wird in einem Schritt in der gezeigten komplexen Struktur mit Lasersintern aufgebaut und in Serie hergestellt. Jedes Bauteil wird vor dem Einsatz in einem Qualitätssicherungsprozess auf Dichtigkeit geprüft. Eine einwandfreie Funktion ist so gewährleistet.

Sowohl das Beispiel WireDress® als auch der Reflektorhalter zeigen exemplarisch die Möglichkeiten zur Fertigung komplexer funktionsgerechter Strukturen, die häufig auch ein erhebliches Potenzial zur Reduzierung von Bauteilstücklisten bieten.

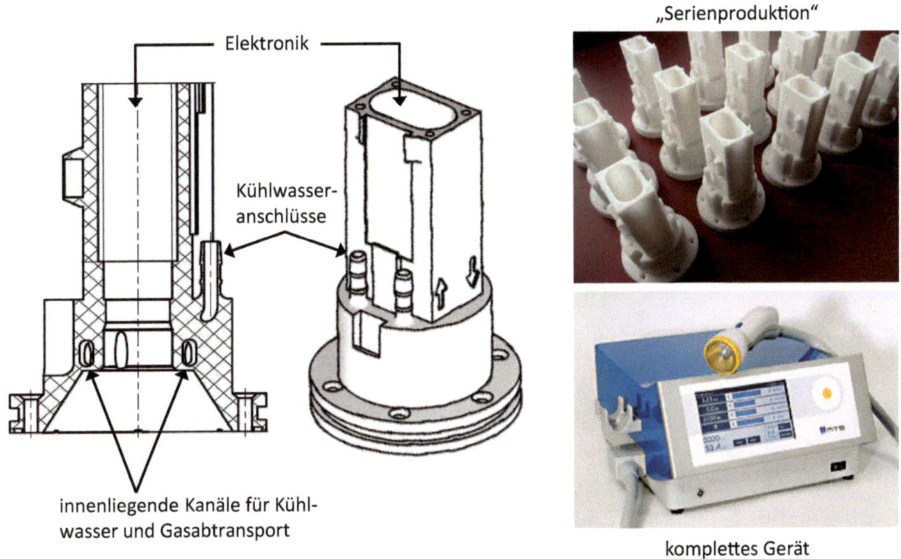

Bild 7.14 Reflektorhalter mit innenliegenden Kühlkanälen [Quelle: irpd AG]

7.2.3 Stücklistenreduktion

Viele einfach aufgebaute Einzelteile, die bei traditioneller Fertigung in aufwendiger Montagearbeit zusammengefügt werden müssen, werden bei AM in einem Bauteil zusammengefasst. Erhebliche Kostenreduktion generiert damit nicht nur der Einsatz integrativer Bauteile, sondern auch die Vermeidung obsoleter Peripheriearbeiten.

Persönliche Schutzausrüstungen (Venion® von TB Safety)

Für die Arbeiten mit Schutzausrüstung in kontaminierter Umgebung ist eine möglichst optimale Luftversorgung bei kleinstmöglichem Gewicht gefordert. Das Gebläse soll möglichst direkt in der Haube oder dem Abzug platziert und ohne Gurt und hinderlichen Atemluftzuführungsschlauch eingesetzt werden.

Die Firma TB Safety (*www.tbsafety.ch*) hat diesen Anforderungen folgend ein System (Venion®) entwickelt, dessen wesentliche Komponenten additiv gefertigt werden (Bild 7.15). Es konnte damit eine sehr hohe Luftleistung von 500 l/min erzielt werden, welche herausragend ist. Zudem ist die Filtereinheit in den Schutzanzug integriert und muss deshalb nach der Benutzung nicht komplett dekontaminiert werden.

Bild 7.15 Filtereinheit Venion® komplett mit Lasersintern gefertigt [Quelle: TB-Safety]

Mit Venion® wurde ein komplettes Teileset entwickelt, welches alle wichtigen Funktionen wie Luftzuführung und -steuerung ermöglicht und dabei die ursprüngliche Stückliste von über 20 Teilen auf weniger als die Hälfte reduziert hat. Alle innenliegenden Teile der Filtereinheit werden aktuell mittels additiver Serienproduktion hergestellt.

Laserstrahlpositionierung

Als Produktionsunterstützung werden in vielen Bereichen schwache Linienlaser verwendet, um korrekte Positionen exakt zu markieren. In Bild 7.16 sind eine traditionelle Lösung dafür und das entsprechende AM-Bauteil gegenübergestellt. Während die klassische Variante (Bild 7.16, links) aus mehreren einzelnen einfachen Metallplatten und Halterungen zusammengesetzt werden muss, besteht die AM-Lösung aus einem einzigen Kunststoffteil (Bild 7.16, rechts).

Die Justierung des Laserpointers erfolgt bei der traditionellen Lösung über mehrere Stellschrauben, wogegen die AM-Lösung durch die mittige Kugel in einem Fixierbügel schnell positioniert und mit nur einer Schraube fixiert werden kann. Neben der massiven Vereinfachung der Handhabung konnten auch die Kosten um ca. 30 % gesenkt werden.

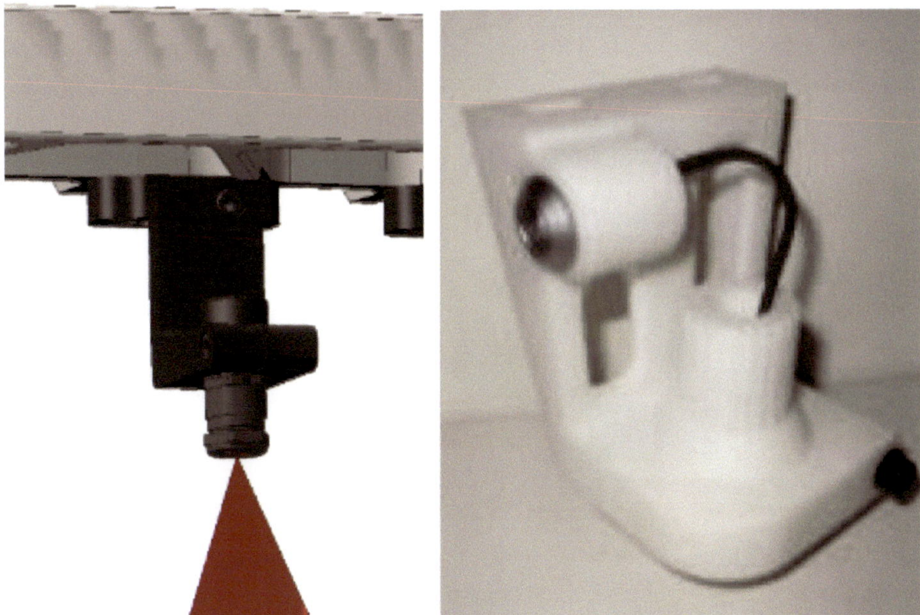

Bild 7.16 Vorrichtung zur Justierung von Lasern zur Produktionsunterstützung [Quelle: irpd AG]

7.2.4 Individualisierung und Personalisierung

Beim Stichwort Individualisierung geht der Blick meist zuerst in Richtung Medizintechnik und zu bereits umgesetzten Geschäftsmodellen wie Hörgeräte (z.B. *www.sonova.com*), individualisierte Bohrschablonen für Knieoperationen (z.B. die Firma Bodycad, *www.bodycad.com*) oder das Invisalign®-Konzept für Zahnkorrekturen (*www.invisalign.com*). Auch der weite Bereich von Prothesen und Orthesen bietet eine Fülle an Möglichkeiten, um mit Produkten aus additiver Fertigung individuell angepasste Erzeugnisse zum Wohle der Patienten zur Verfügung zu stellen.

Prothesen

Jede Physionomie und jede Verletzung im Bereich fehlender Gliedmaßen ist individuell, sodass der Bereich von Prothesen schon fast als ein Kernbereich für die Applikation von AM-Bauteilen gelten kann. Über schnellen 3-D-Bodyscan kann eine genaue Erfassung der Erfordernisse des jeweiligen Patienten erfolgen und innerhalb kürzester Zeit stehen künstliche Ersatzglieder zur Verfügung. Bei jungen Menschen kann über schnelle Iterationsschritte dem Wachstum gefolgt werden und auch bei veränderten Schmerzempfindungen sind schnelle punktuelle Anpassungen möglich.

Die vor Kurzem gegründete Start-up-Firma Macu4 (*www.macu4.com*) geht hier noch einen Schritt weiter und baut ein modulartiges System für sportliche Aktivitäten für Menschen mit einer entsprechenden Behinderung auf. Bild 7.17 zeigt die personalisierten Schäfte mit aktuell angebotenen „Händen" für Biken, Ball spielen und schwimmen. Alle gezeigten Elemente werden mit Lasersintern gefertigt.

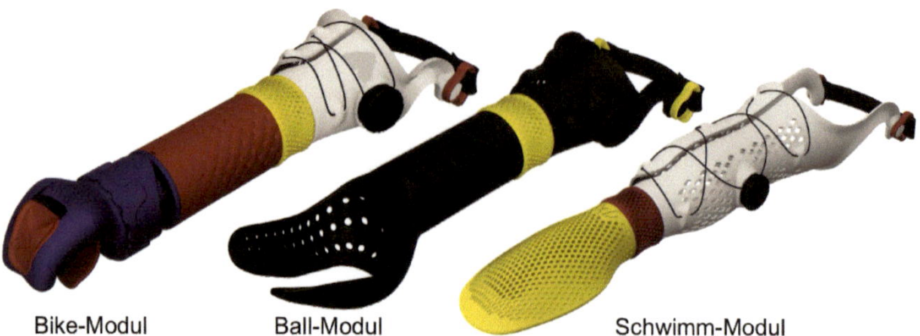

Bild 7.17 Modulartig aufgebaute Handprothesensysteme für verschiedene sportliche Aktivitäten mit Lasersintern gefertigt [Quelle: Macu4]

Sportausrüstungen

Sehr weite Anwendungsbereiche für Individualisierung bietet auch der Sportartikelbereich. Gerade individualisierte, an die Körperformen angepasste Schutzausrüstungen können den Tragekomfort drastisch erhöhen und sind häufig auch noch mit Gewichtseinsparungen verbunden, was die Anwendbarkeit und Akzeptanz unter Belastung zusätzlich erhöht.

Neben z. B. individualisierten Schienbeinschonern für verschiedenste Kontaktsportarten sind hier auch Schutzhelme für Biken, Skaten und Skifahren zu nennen. Der Fahrradhelm, entwickelt von der Firma HEXR (*www.hexr.com*), ist mithilfe eines digitalen Scans genau an die Kopfform des Trägers angepasst. Die stoßenergieabsorbierende, hauptsächlich hexagonale geformte Wabenstruktur folgt auf der Innenseite der Kopfform und bildet an der Außenseite eine standardisierte Schalenform, auf welcher das glatte, einheitliche Oberteil angebracht wird (siehe Bild 7.18)

Vorteile dieses Konzepts sind im Vergleich zu den konventionellen Helmen aus EPS die bessere Passform durch den Kopfscan, das geringere Gewicht (bis zu 30 % leichter), die gute Durchlüftung und die verbesserten Schutzeigenschaften, nicht zuletzt aufgrund der gezielten Trennung von Innen- und Oberschale zum verbesserten Abbau der Rotationsenergie. Insgesamt gesehen zeichnet sich dieses Produkt als durch Individualisierung mithilfe der digitalen Scantechnik, einer sehr gezielten Entwicklung auf Basis von Berechnungen und einem erhöhten Tragekomfort (geringeres Gewicht) aus.

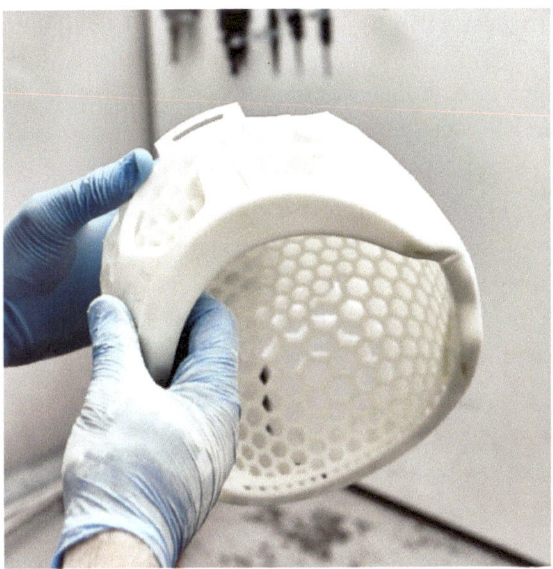

Bild 7.18 Individuell angepasst Schutzhelminnenschale mit stoßabsorbierender Wabenstruktur (links) und Gesamthelm mit Schale und Riemen [Quelle: HEXR]

Greiftechnik

Doch auch in der industriellen Technik ist der Trend zur Individualisierung sehr ausgeprägt und viele Beispiele zeigen bereits eine erfolgreiche Um- und Einsetzung von additiver Fertigung. So betreibt z. B. die Firma Schunk, tätig unter anderem im Bereich der Spann- und Greiftechnik, einen Onlineshop zum Thema individualisierte Industriegreifer.

Unter dem Stichwort eGrip [32] kann der Kunde das Datenfile seines zu greifenden Gegenstandes hochladen und mit den entsprechenden Oberflächendaten werden individualisierte Greiferfinger erstellt, welche in der Lage sind, das Bauteil zerstörungsfrei zu greifen und zu transportieren. Das Webtool verkürzt nach Angaben des Herstellers die Konstruktions- und Bestellzeit für maßgeschneiderte Greiferfinger auf 15 min. Die Software ermittelt in Sekundenschnelle mit nur wenigen Angaben und Arbeitsschritten vollkommen eigenständig individuelle Greiferfinger mit optimaler 3-D-Kontur. Auch komplexe Geometrien sind damit innerhalb kürzester Zeit realisierbar. Der Kunde kann im Onlineshop dann direkt die Bestellung auslösen und erhält innerhalb weniger Tage seine Lösung.

Speziell für das Thema Greifen von individuellen oder auch sehr empfindlichen Gegenständen (Lebensmittel, Obst) in der industriellen Sortiertechnik bieten individualisierte Greiferlösungen, hergestellt mit Lasersintern, Bauteile, die mit keinem anderen Herstellungsverfahren realisiert werden können. Ein sehr bekanntes Beispiel in diesem Zusammenhang ist der bionische Handling Assistent, für den im Jahr 2010 der deutsche Zukunftspreis verliehen wurde [33].

7.2.5 Geschäftsmodelle und Ausblick

Neben den oben gezeigten Beispielen gibt es viele weitere Ideen für zukunftsträchtige Geschäftsmodelle im AM-Bereich. Consultingfirmen und Berater entdecken das Thema und erarbeiten für ihre Kunden profitable Businessmodelle.

Eine Publikation der Beratungsfirma Berenschot [34] zeigt einige Möglichkeiten auf und gibt dem Leser Hinweise, in welchen Bereichen der Umsetzung von additiver Fertigung Chancen bestehen, wo aber auch die Risiken nicht unterschätzt werden dürfen. Es sind hier die erfolgversprechenden Märkte zusammengestellt und bereits umgesetzte, aber auch erwartete Anwendungen aufgezeigt (siehe Tabelle 7.5).

Tabelle 7.5 Anwendung von AM in verschiedenen Märkten und Prognosen zur Weiterentwicklung (in Anlehnung an [34])

Markt	Applikation (heute)	Applikation (zukünftig)
Medizin/Zahnmedizin	Prothesen, Orthesen, operative Planung, Operationshilfen, Kronen und Brücken, Hörgeräte, Datenerfassung	Lebende Zellen, Organe, Venen, Zellgerüste (scaffolds), „smarte" Medizin
Luft- und Raumfahrt	Prototypen, komplexe Einzel- und Ersatzteile, Leichtbauteile	Motor-/Turbinenteile, individualisierte Flugzeugausstattungen, Ersatzteile, Keramik, AM im Weltall
Fahrzeuge und Mobilität	Prototypen (Entwicklung), Hochleistungsteile (Motorsport), Leichtbauteile	Individualisierte Fahrzeugausstattungen, Ersatzteile on demand, Sensoren, Keramik
Lifestyle und Mode	Brillen und personalisierte Produkte, Home-Design-Möbel, Gadgets und Spielzeug, Schmuck, Kunst	Neue personalisierte Anwendungen durch Datenrückführung, EoL-Produkte
Maschinen- und Werkzeugindustrie	Prototypen, komplexe Ersatzteile, Werkzeug- und Formenbau, Kleinserien, Greifer	Komplexe Teile, Montagehilfen, komplexe Verrohrungen und Ventile, Präzisions- und Funktionsteile, Shape-Memory-Teile, Mikroteile (Uhrenindustrie)
Elektronik	Gedruckte Schaltkreise, Gehäuse, einfache Elektronik	(O)LED, integrierte Schaltkreise, Sonnenkollektor, Mikrobaugruppen
Militär	Werkzeuge, Ersatzteile vor Ort, Prototypenschusswaffen	Komplexe Waffen, personalisierte Ausrüstung aller Art, Leichtbau

Literatur

[1] Gibson, I., Shi, D.: Material properties and fabrication parameters in selective lasersintering process, *Rapid Prototyping Journal*, (1997) 3 (4), 129–136

[2] Williams, J. D.,Deckard, C.R.: Advances in modelling the effects of selected parameters on the SLS process, *Rapid Prototyping Journal*, (1998) 4 (2), 90–100

[3] Zarringhalam, H., Hopkinson, N., et al.: Effects of processing on microstructure and properties of SLS Nylon 12, *Materials Science and Engineering A*, (2006) 435–436, 172–180

[4] Caulfield, B., McHugh, P. E., Lohfeld, S.: Dependence of mechanical properties of polyamide components on build parameters in the SLS process, *Journal of Materials Processing Technology*, (2007) 182, 477–488

[5] Majewski, C., Zarringhalam, H., Hopkinson, N.: Effect of the degree of particle melt on mechanical properties in selective laser-sintered Nylon-12 parts, Proc. IMechE Vol. 222 Part B, *J. Engineering Manufacture*, (2008) 1055–1064

[6] Jain, P. K., Pandey, P. M., et al.: Experimental Investigations for Improving Part Strength in Selective Laser Sintering, *Virtual and Physical Prototyping*, (2008) 3-3, 177–188

[7] Starr, T. L., Gornet, T. J., Usher, J. S.: The effect of process conditions on mechanical properties of lasersintered nylon, *Rapid Prototyping Journal*, (2011) 17 (6), 418–423

[8] Dupin, S., Lame, O., et al.: Microstructural origin of physical and mechanical properties of polyamide 12 processed by laser sintering, *European Polymer Journal*, (2012) 48, 1611

[9] Hofland, E. C., Baran, I., Wismeijer, D. A.: Correlation of Process Parameters with Mechanical Properties of Laser Sintered PA12 Parts, *Adv. Mat. Sci. Eng.*, (2017) 1

[10] Wegner, A., Witt, G.: Correlation of process parameters and part properties in laser sintering using response surface modeling, *Physics Procedia*, (2012) 39, 480–490

[11] Griessbach, S., Lach, R., Grellmann, W.: Structure-property correlations of laser sintered nylon 12 for dynamic dye testing of plastic parts, *Polymer Testing*, (2010) 29, 1026–30

[12] Drummer, D., Drexler, M., Wudy, K.: Density of laser molten polymer parts as function of powder coating process during additive manufacturing, *Procedia Engineering*, (2015) 102, 1908

[13] Niino, T., Sato, K.: Effect of Powder Compaction in Plastic Laser Sintering Fabrication, Proceedings of the Solid Freeform Fabrication Symposium SFF, 193, 2009

[14] Cooke, W., Tomlinson, R. A., et al.: Anisotropy, homogeneity and ageing in an SLS polymer, *Rapid Prototyping Journal*, (2011) 17 (4), 269–279

[15] Van Hooreweder, B., De Coninck, F., et al.: Microstructural characterization of SLS-PA 12 specimens under dynamic tension/compression excitation, *Polymer Testing*, (2010) 29 (3), 319–326

[16] Van Hooreweder, B., Kruth, J.-P.: High cycle fatigue properties of selective laser sintered parts in polyamide 12, *CIRP Annals – Manufacturing Technology*, (2014) 63 (1), 241

[17] Goodridge, R. D., Hague, R. J. M., Tuck, C. J.: Effect of long-term ageing on the tensile properties of a polyamide 12 laser sintering material, *Polymer Testing*, (2010) 29 (4), 483

[18] Moeskops, E., Kamperman, N., et al.: Creep Behaviour of Polyamide in Selective Laser Sintering, Proceedings of the Solid Freeform Fabrication Symposium SFF, 60, 2004

[19] Schmid, M., Woellecke, F., Levy, G. N.: LongTerm Durability of SLS Polymer Component Under Automotive Application Environment, Proceedings of the Solid Freeform Fabrication Symposium SFF Austin (TX), 277, 2012

[20] Blattmeier, M., Witt, G., et al.: Influence of surface characteristics on fatigue behaviour of laser sintered plastics, *Rapid Prototyping Journal*, (2012) 18 (2), 161–171

[21] Tumer, I. Y., Thompson, D. C., et al.: Characterization of Surface Fault Patterns with Application to a Layered Manufacturing Process, *Journal of Manufacturing Systems*, (1998) 17 (1), 23–26

[22] Gadelmawla, E. S., et al.: Roughness parameters, *J. Materials Processing Technology*, (2002) 123, 133–145

[23] Wegner, A., Witt, G.: Influencing factors on surface roughness in laser sintering and their effect on process speed, In: Demmer, A.: Fraunhofer Direct Digital Manufacturing Conference DDMC, Berlin, 2012

[24] Sachdeva, A., Singh, S., Sharma, V. S.: Investigating surface roughness of parts produced by SLS process, *J. Adv. Manufacturing Technology*, (2013) 64, 1505–1516

[25] Homepage der Firma Gelsight: *http://www.gelsight.com*, zuletzt abgerufen am 03.04.2022

[26] Vetterli, M., Schmid, M., Knapp, W., Wegener, K.: New horizons in selective laser sintering surface roughness characterization Surf. Topogr.: Metrol. Prop. 5 045007, 2017

[27] Schmid, M., Simon, C., Levy, G.: Finishing of SLS-Parts for Rapid Manufacturing (RM) – A Comprehensive Approach, Proceedings of the Solid Freeform Fabrication Symposium SFF Austin (TX), 1, 2009

[28] Breuninger, J., Becker, R., et al.: Generative Fertigung mit Kunststoffen, Springer Vieweg, ISBN 978-3-642-24324-0, 69–93, 2013

[29] Homepage der Firma Götti Switzerland GmbH (CH): *https://www.gotti.ch/de/collections/goetti-dimension*, zuletzt abgerufen am 07.05.2022

[30] Homepage der Firma 3D-Systems: *https://www.3dsystems.com/additive-manufacturing-sls-design-guide*, zuletzt abgerufen am 01.04.2022

[31] Homepage der Firma Shapeways: *https://support.shapeways.com/hc/en-us/sections/360003550814-3D-design-tips*, zuletzt abgerufen am 01.04.2022

[32] Homepage der Firma Schunk: *https://schunk.com/ch_de/aktuell/highlights/meldungen/article/2909-individuelle-greiferfinger-auf-knopfdruck-jetzt-auch-in-alu-und-edelstahl/*, zuletzt abgerufen am 03.04.2022

[33] Homepage Deutscher Zukunftspreis: *https://www.deutscher-zukunftspreis.de/de/team-2-2010*, zuletzt abgerufen am 03.04.2022

[34] Ponfoort, O.: Successful Business Models for 3D Printing, ISBN 978-94-903142-1-7, Berenschot, 2014

Stichwortverzeichnis

Symbole

3D-Systems *25, 45*
3MF *58*
6-Aminohexancarbonsäure *176*
α-triklin *204*
α- und γ-Form *186*
γ-Kristallstruktur *186*

A

A-A/B-B-Polyamide *176*
Abbruch des Bauprozesses *68*
Abkühlen eines LS-Baus *123*
Abkühlen und Auspacken *67*
Abkühlphase *55*
Ablenkgeschwindigkeit des Laserstrahls *32*
A-B-Polyamide *176*
Abrundung der Partikel *145*
Abschätzung der LS-Prozessfähigkeit von Pulvern *162*
Absorptionskoeffizient (ε) *136*
Absorption, Transmission und Reflexion im Schmelzbereich *138*
Absorption von Strahlung *136*
additive Fertigung *2*
Advanced Laser Materials (ALM) *206*
Agglomeration *161*
aktive Kettenenden *108*
AMF *58*
AM-Geschäftsmodelle *254*
Amidgruppe *176*
Amidierung *108*
Amingruppe *176*
amorph *109*
AM-Standardisierungsaktivitäten *99*
AM-Standards *98*
Andrew-Zahl (A_Z) *31, 65*
Anisotropie der Bauteileigenschaften *233*
Aspect *47*
Aspektverhältnis *154, 158*
ASTM F42 *97*
Asymmetrie beim Schmelzen *183*
Aufbau einer LS-Maschine *26*
Aufheizen *60*
Auftrieb *228*
Ausfällen aus Lösungen *143*
Ausschussteile *68*
Auswirkungen der Nachkondensationsreaktion *193*
Automobilflüssigkeiten *237*
Automotive *244*

B

Balling-Effekt *134*
Bauhöhe in Z-Richtung *72*
Baujob *54, 57*
Baukammerparameter *64*
Baukavität *29*
Bauprozess *59*
Bauraumtemperatur *61*
Baureste *55*
Bauteildaten *21*
Bauteildichte *, 127*

Bauteileigenschaften *224*
Bauteiloberflächen *237*
bauteilumgebendes Pulver *124*
Bauteilverzug *69*
Belichtung der Pulveroberfläche *66*
Belichtungsstrategie *65*
Belichtungsvektoren *65*
berührungslose optische Messtechniken *239*
Beschichten *242*
Bestimmung
- der Viskositätszahl *132*
- des Sinterfensters *117*
Bestimmung der Pulverfließfähigkeit *162*
BET-Methode *156*
B.F. Goodrich *171*
Bindenähte *43*
Blendwerkstoffe *235*
Bohrschablonen *, 4*
Brillenmodelle *243*
Bruchdehnung *, 121, 191, 204*
Businessmodelle *254*

C

Caprolactam *176*
CarbonMide *235*
Carboxylgruppe *176*
CEN/TC 438 *97*
Charakterisierung der Oberflächen *156*
chemische Bindungen *106*
chemische Struktur (Morphologie) *109*
Commodities *175*
Computertomografie (CT) *149, 229*
Curling *69*

D

Dampfphase *241*
Datenqualität *21*
Deformation der Teile *69*
degree of particle melted *122*
Designfreiheit *244*
diffuse Reflexion *137*
DIN SPEC *99*
DIN SPEC 17028 *101*
DIN SPEC 17071 *102*
DMA *237*
Doppelklinge *36*
dry blends *178, 205*
DTM (Desktop Manufacturing, DTM) *171*
Duktilität *204*
Duraform *177, 207, 235*
- HST *207, 235*
- PA *133, 177*
Duroplaste *106*
dynamische Differenzkalorimetrie (DDK/DSC) *116*

E

eGrip *253*
Eigenschaften für LS-Polymere *115*
Eigenschaftskombination von PA 12 *195*
Eigenschaftsmatrix der LS-Werkstoffe *236*
Eindringtiefe der Strahlung *137*
Einfärben von LS-Bauteilen *242*
Eingangskontrolle *161*
Einzelklinge *36*
Elastomere *106*
elastomere Werkstoffe *212*
Electro Optical Systems (EOS) *25, 44*
elektrische Leitfähigkeit *242*
Elektronik *244, 254*
elektrostatische Abschirmung *242*
E-Modul *191*
Emulsions- und Suspensionspolymerisation *142*
Endbearbeitung *242*
Endgruppen *191*
Energieaufnahme *33*
Engineering Polymers *175*
Entwicklungsgeschichte der LS-Technologie *24*
EOSint P 800 *45*
EOSINT P 800 *215*
Ether- und Ketogruppen *215*
extrinsische Eigenschaften *116*
Extrusionsbedingungen *146*

F

fachgerechte Konstruktion *234*
Fahrzeuge und Mobilität *254*
Fällungsprozess *143*
- aus ethanolischer Lösung *143*
falsche Teilepositionierung *69, 70*
FAR-25 (25.853) *208*
Farben *243*
Farbsättigung *229*
Farb- und Lichtechtheit *243*
Farsoon Technologies *46*
Fasern *178*
Fasersorten *205*
Feinpartikel *160*
Feinstaub *57*
fertigungsgerechte Konstruktion *5*
Fertigungstechnik *1*
Fest-Flüssig-Zustand *126*
Feuchtigkeit *35, 207*
Finish-Ergebnis *241*
Finishing *242*
Finish-Prozesse *68*
Flächendeckung *154, 158*
flammhemmende Werkstoffe *208*
Fließfähigkeit von Pulvern *161*
Fließpunkt der Polymere *112*
Fließpunkt (T_f) *111*
Fließ- und Rieselfähigkeit *157*
fluidisierte Höhe *167*
Fluidisierung *37*
Flüssigstickstoff *144*
Fokusebene *41*
Fokuskorrektur *41*
Form der Partikel *158*
Formfaktoren der Hohlräume *229*
Forschungs- und Entwicklungsanlagen *50*
Frischpulver *29*
F-Theta-Linse *41*
funktionelle Endgruppen *108*
funktionsgerechte Konstruktion *5*
Funktionsintegration *4, 247*

G

Gebrauchtpulver *56*
Gegenüberstellung mechanischer Kennwerte *226*
Gelbildung *194*
Gel-Permeations-Chromatografie (GPC) *132*
GelSight *239*
geometrische Freiheit , *3*
Geschäftsmodelle *4*
Gewinde *59*
Gibbs-Thomson-Gleichung *187*
Glaskugeln *178, 205*
Glaspunkt (T_g) *110*
glatte Oberflächen *59*
Gleichgewichtsreaktionen *189*
Gleichgewichtszustand *35, 189*
Gleitschleifen *241*
GPC-Messung *190*
Gravitation *133*
Greiferfinger *253*
Grilamid® L20G *181*
große Flächen *59*
Gruppen- oder Deformationsschwingungen *136*

H

halogenhaltige Flammschutzwerkstoffe *209*
Hampel-Schätzer *164*
Handarbeit *240*
Hartsegment *106*
Hausner-Faktor *161, 163*
Hautkontakt *243*
Heiz- und Kühlraten *119*
Herstellung der LS-Pulver *142, 146*
Hinterschnitte *244*
Hitze- und UV-Belastungen *193*
hochporöse Pulver *156*
Hohlkugeln *149*
Hohlräume *59, 153, 228, 244*
homogene Bauteileigenschaften *230*
homogene LS-Bauteile *230*
homogene Partikelgrößenverteilung *180*

homogene Teileverteilung *59*
Homogenisierung der Schmelze *122*
Hörgeräte *251*
hydrolyseempfindliche Polymere *130*

I

individualisierte Industriegreifer *253*
Individualisierung *251*
industrielle Lasersinteranlagen *42*
Infrarotspektrum *136*
inhomogene Kristallisation *67*
Initiator *142*
innere Spannung *126*
intrinsische Eigenschaften *116*
ionische Polymerisation *107*
IR-Strahler *30*
ISO 17296-2 *101*
ISO 17296-3 *103*
ISO 27547-1 *103*
ISO/ASTM 52901 *103*
ISO/ASTM 52902 *101*
ISO/ASTM 52910 *101*
ISO/ASTM 52911-2 *102*
ISO/ASTM 52915 *101*
ISO/ASTM 52920 *101*
ISO/ASTM 52921 *101*
ISO/ASTM 52924 *103*
ISO/ASTM 52925 *102*
ISO/ASTM 52930 *102*
ISO/ASTM 52936-1 *103*
ISO/ASTM 52950 *101*
ISO TC 261 *97*
isotherme Koaleszenz *133*
isothermes Lasersintern *176*
isotrope Bauteileigenschaften *66*
Isotropie der Bauteile *120*

K

Kalibrierung *30*
Kegel-Platte-Rheometer *127*
Kerntemperatur des Pulverkuchens *67*
Kettenbrüche *193*
Kettenwachstum *108*
kinetische Energie *144*
Klinge und Pulverkassette *36*
Koaleszenz *61*
Koaleszenz von Duraform *133*
kohäsiv *160*
kommerzielle Materialien *171*
Komplexität , *5*
konkave Krümmung *37*
Kontrolle des Pulverzustands *56*
Kontur der Oberfläche *239*
Korngrößenverteilung *156*
Korrekturlinse *41*
kovalente Verknüpfungen *106*
Kriechverhalten *237*
Kristallinitätsgrad *109*
Kristallisation *60, 118*
Kristallisation im LS-Prozess *120*
Kristallisationsenthalpie (ΔH_K) *123, 185*
Kristallisationshilfen *122*
Kristallisationskeime *230*
Kristallisationskinetik *125*
Kristallisationspunkt (T_K) *185*
Kristallisationsverhalten im LS-Prozess *122*
Kristallitgröße *121*
Kristallstruktur *186*
kryogenes Mahlen *144*
Kunststoffmesszylinder *164*
Kunststoffpyramide *174*
Kurzzeitbelastung, Zugversuch *225*

L

Lackieren *242*
Lackrohstoffe *143*
lambert-beersches Gesetz *136*
Lamellendicke (l_c) *188*
Langzeitbeständigkeit *236*
Laserbeugungsverfahren *158*
Laserenergieeintrag *31*
Laserfenster *27*
Laserleistung *32*
Lasermodul *26*
Lasersintern (LS)
– Bauparameter *227*

- Bauteile *223*
- Compoundwerkstoffe *205*
- Materialportfolio *21*
- Prozess *54*
- Prozessfähigkeit *179*
- Prozessfehler *71*
- Prozesskette *20*
- Prozessstabilität *183*
- Sinterfenster *120*
- Verfahren *23*
Laserspot *41*
Laserspurabstand *32*
Laserstrahlpositionierung *40*
Laurinlactam *177, 189*
Lawinenwinkel *167*
lebende anionische Polymerisation *142*
Leichtbaustrukturen *244*
lichtmikroskopische Analysen *158*
Lifestyleprodukte *243*
Lifestyle und Mode *254*
Linearisierung der Polymerknäuel *113*
Lösemittel *241*
Luft- und Raumfahrtindustrie *244, 254*
Lunker *228*

M

Mahlen *144*
Marktanteile *174*
Maschinenkonfiguration *26*
Maschinenmarkt *42*
Maschinentechnologie *26*
Maschinen- und Werkzeugindustrie *254*
Massachusetts Institute of Technology *239*
Matrixpolymer *146*
maximale Rauheit (R_z) *238*
maximale Zugfestigkeit *225*
mechanische Eigenschaften *224*
mechanisches Zerkleinern *144*
Medizintechnik *244*
Medizin/Zahnmedizin *254*
Mehrzonenheizung *29*
melt flow index (MFI) *130*
melt volume rate (MVR) *130*
Metallpulver *178, 205*
Metall- und Nichtmetalloxide *137*
metastabil *118*
Mikroskop mit Heiztisch *133*
Militär *254*
mittlere Rauheit (R_a) *238*
mittleres Molekulargewicht *113, 114*
Möbelindustrie *244*
Modellierung der Abläufe im Sinterfenster *125*
Model von Frenkel/Eshelby *133*
Molekulargewicht (M_w) *113, 132, 188, 191*
Molekulargewichtsverteilung *132*
Molmasse *109*
monokline (pseudohexagonale) Symmetrie *186*
Morphologie *109*
Muster-/Prototypenbau *246*
MVR-Kontrollpunkte *56*
MVR-Messung *130*
MVR/MFI-Wert *130*

N

Nachbearbeitung *68*
Nachkondensation *128, 188, 192*
- PA 12 in fester Phase *189*
Nachkondensationsreaktion *189*
Nadelspitze *239*
Namen der Polyamide *176*
Nebenvalenzkräfte *177*
Neupulver *56*
newtonsche Flüssigkeit *128*
nicht-isotherme Kristallisation *120*
Normenkomitees auf Länderebene *98*
Normung *97*
Normungsgremien (ASTM, ISO, CEN) *97*
Nullviskosität *113, 127*
numerische Simulation *125*
Nylon (= Polyamid) *172*

O

Oberfläche des Baufelds *61*
oberflächenaktive Substanzen *134*

Oberflächenbearbeitung *240*
Oberflächendefekte *70*
Oberflächenfraktalwert *167*
Oberflächenheizung *60*
Oberflächenqualität *22*
Oberflächenrauigkeit *155*
Oberflächenrauigkeit der LS-Bauteile *180*
Oberflächenspannung *113, 127, 133*
Oberflächentemperatur *30, 31*
Ofenalterung *193*
ökonomische Produktion *3*
Oligomere *132*
Onset des Schmelzens *120*
optische Eigenschaften *135*
optische Komponenten *40*
Orangenhaut *70, 71*
Orgasol® Invent Smooth *142, 143, 177*
Overflow-Pulver *55*
Oxidation *29, 67*
oxidative Abbaureaktionen *193*

P

PA 12-Basispulver *178*
PA 12-LS-Neupulver *55*
PA 12-Pulver mit Kohlefaser *205*
PA 12- und PA 11-Compounds *205*
Packungsdichte *55*
Packungsdichte der Pulver *157*
Parametersätze *64*
Partialdruckdifferenz *189*
partielle Baufeldschmelze *72*
partielles Schmelzen *230*
Partikelfeinanteil *145, 161, 180*
Partikelgeometrie *153*
Partikelkoaleszenz *134*
Pendant-Drop-Methode *133*
physikalische Netzpunkte *106*
Platte-Platte-Viskosimeter *128*
Polieren *242*
Polyamid 6 (PA 6) *209*
Polyamid 11 (PA 11) *196*
Polyamid 12 (PA 12) *177*
Polyamide (Nylon) *176*
Polycarbonat (PC) *113, 171*
Polydispersitätsindex (PDI) *132*
Polyetherketon (PEK) *215*
Polykondensationsreaktion *108*
Polymereigenschaften *106*
Polymerisation *107*
Polymerketten mit offenen Kettenenden *189*
Polymerpulver *141*
Polymer- und LS-Markt im Vergleich *174*
Polymerverarbeitung *112*
Polymethylmethacrylat, PMMA *113*
Polymorphie *186*
Polyphosphinate *209*
Polyvinylchlorid (PVC) *171*
Poren *229*
Porositätsbestimmung *229*
powder shape *158*
Pressluft *68*
Primärzustand *112*
Prinzip von Le Chatelier *108*
Produktionstechnologie *54*
Produktpersonalisierung *4*
professionelle Nachbearbeitung *242*
ProX™ 500 *25*
Prozessablauf *60*
Prozessadditive *143*
Prozessfehler *68*
Prozesskammer *29*
Prozesskette *5, 54*
Prozesskontrolle *223*
Prozessschema für das LS-Verfahren *55*
Prozesssteuerung *125*
Prozesstauglichkeit der Pulver *181*
Prozesstemperatur *126*
Pulveralterung *193*
Pulverauftrag *35*
Pulverbereitstellung *34, 55*
Pulverdichte *39*
Pulverfließfähigkeit *36*
Pulverfluss im LS-Prozess *56*
Pulvergrobanteil *157*
Pulverkonditionierung *35*
Pulverkuchen *67*
Pulverlacke *141*
Pulvermischung *55*

Pulververhalten *154*
Pulververklumpung *72*
Pulververteilung *160, 178, 179*
Pulverzufuhr „short-feed" *72*
Pulverzustand , *56*
Push™ Process *241*
pyrogene Kieselsäure *168*

Q

quaderförmige Bauräume *233*
Qualifizierung
- industrielle Serienproduktion *73*
Querkontamination *57*

R

radikalische Polymerisation *107*
Rasterelektronenmikoskop *149*
Rauheitsbestimmung *239*
Rauheitsparameter *239*
Raumorientierung *234*
Raumrichtungen *233*
raumrichtungsabhängige Bauteileigenschaften *234*
Recycling *194*
Reflexion *135*
Reflexionsmessung *137*
RESS-Verfahren *150*
Restkristallinität *231*
Restmonomergehalt *132*
Restporosität *230*
Rheologie der Polymerschmelze *127*
Richtungsorientierung und Bauteilbenennung *234*
ringöffnende Polyaddition *177*
Ringversuch *164*
Rissauslösung *228*
Risse im Pulverbett *72*
Robotergreifer *4*
RoHS-Richtlinie *208*
Rollenbeschichter *38*
Röntgenbeugungsreflexe (WAXS) *187*
Röntgenstrukturanalyse *186*
Rotationsgeschwindigkeit *167*
Rundheit *154*
Rüstungsindustrie *244*
Rütteleffekt *152*

S

schematischer Aufbau von Polymeren *107*
Scherung *113*
Schichtbauverfahren *3*
Schichtdelamination *72, 192*
Schichtgrenzen *121, 192*
Schichthaftung *192*
Schichtverbindung *122*
Schichtzeiten *59*
Schlagfestigkeit *121*
Schlagzähigkeit *204*
Schleiss RPTech *57*
Schmelzen *118*
Schmelzen im LS-Prozess *122*
Schmelzenthalpie (ΔH_m) *123*
Schmelzfließfähigkeit *56*
Schmelzflussindex *130*
Schmelzpunkt (T_m) *61, 110*
Schmelzspinnen *148*
Schmelzviskosität *70, 127*
Schmuckindustrie *244*
Schnappfunktionen *59*
Schütt- und Stampfdichte *163*
Schutzgas *59*
Sedimentationszeit *167*
Sekundärverarbeitung von Kunststoff *112*
Serienteile *223*
sichtbare Laserscanlinien *237*
Siebanalyse *157*
Simulation
- LS-Prozesse *123*
- thermische Abläufe *127*
- Verfestigungsgrade *126*
Sinterfenster des Polymers *118*
Sinterhälse *112*
Sinterline *210*
SinterStation *24*
Sinterzyklus *61*
Sollbruchstellen *228*

Sondermaterialien *64*
Spann- und Greiftechnik *253*
spezifische Oberfläche *156*
Sphärizität *143, 154, 155, 180*
Sphärolithgrenzen *121*
sphärolithische Kristallstrukturen *120*
Spiegelpositionen des Scankopfs *65*
Sport- und Rennsporteinsatz *206*
Sprödbruch *225*
Sprühtrocknung *149*
Stabilisatoren *193*
Standardabweichung *164*
Staubpartikel *26*
Stereolithografie *8*
Stickstoff *35*
STL-File *58*
Störung der molekularen Ordnung *185*
Strahlengang *40*
Streckspannung *121*
Streifenbildung *72*
Streuphänomene *135*
strukturviskose Körper *113*
strukturviskoses Verhalten *128*
Stückkosten *5*
Stücklistenreduktion *249*
Stufenreaktion *107*
Stufenwachstumsreaktion *108*
Stützstrukturen *58*
Sublimation *209*

T

taktile/berührende Messung *239*
Taktizität *109*
Tangentialgeschwindigkeit *38*
Technologietreiber *3*
Teilekollisionen *59*
Teilevergilbung *72*
Teilezusamenstellung (Baujob) *58*
teilkristallin *109*
Temperaturführung *29*
Temperaturkontrolle *29*
Temperatursprung in der Laserspur *119*
TGA-Messkurve *207*
thermische Belastung *194*
thermische Eigenschaften *116, 181*
thermischer Gleichgewichtszustand *60*
thermischer Schock *60*
thermisches Verhalten *110*
thermische Übergänge amorpher und teilkristalliner Polymere *111*
Thermogravimetrie (TGA) *206*
thermooxidative Schädigung *144*
thermoplastische Elastomere (TPE) , *106*
Thermowaage *206*
Titandioxid (TiO_2) *137*
Translationsgeschwindigkeit *38*
Transmission *136, 137*
Treppenstufeneffekt *238*
Trockenmischungen *178, 205*
Tröpfchen-Matrix-Morphologie *145*
Tropfenextrusion *150*
Trowalisieren *241*

U

Überhitzung von einzelnen Schichten *69*
Überlappung der Laserspuren *65*
Ulbricht-Kugel *137*
Umwandlungen erster Ordnung *117*
Universität Austin (TX) *24, 171*
unkontrolliertes Teilewachstum *72*
unterkühlte Schmelze *128*
unversintertes Pulver *55*
Urformen *1*
Urformverfahren *227*

V

Variation bei der Belichtung *66*
Variation der Laserenergie *231*
VDI 3405 Blatt 1 *103*
VDI 3405 Blatt 1.1 *102*
VDI 3405 Blatt 6.2 *102*
VDI 3405 Blatt 7 *103*
VDI Statusreport „Additive Fertigungsverfahren“ *244*
Verarbeitungstemperatur *110*
Verein Deutscher Ingenieure (VDI) *98*
Veresterung *108*

Verfahren der Universität Sheffield *241*
Vergilbung der Oberflächen *67*
Vergleichbarkeit (s_R) *164*
Vergleich PA 12 und PA 11 *203*
Verlängerung der Polymerketten *191*
Vermischung von Materialien *57*
Vernetzung *106*
Verteilungskurven von Pulvern *157*
Vibrationen des Pulverbeschichters *237*
viskoelastische Eigenschaften *128*
Viskosität *113*
Viskositätskurve *113, 127*
vollständige Koaleszenz *112*
Vorratspulver *34*
Vorwärmphase *54*

W

Wärmealterung *237*
Wärmeformbeständigkeit *211*
Wärmekapazität (c_p) *117, 123*
Wärmeleitfähigkeit *124*
Wärmequellen *29*
Wärmestrahlung *124, 126*
Wärmestrahlungseffekte *124*
Warpage *69*
wash-out *72*
Wash-out-Effekte *237*
Wasseraufnahme *210*
Wasserdichtigkeit *242*
Wasserstoffbrücken *177, 204*
Weichmachergehalt *207*
Weichsegmente *106*
Weißpigment *137*
Werkstoffauswahl *21*
Werkstoffoptimierung durch Additivierung *235*
Werkzeug *3*
Werkzeugkühlung *122*
Werkzeug- und Formenbau *244*
wide-angle X-ray scattering, WAXS *186*
Wiederholbarkeit (s_r) *164*
Wiederholungseinheiten *191*
Windform (*I*) *206*

X

XYZ-Baurichtung *204*

Z

Zahlenmittel des Molekulargewichts (M_n) *132*
Zahnkorrekturen *251*
Zahnprothetik *4*
Zeitkonstante der Energieabsorption *33*
Zersetzungspunkt T_z *111*
zerstörungsfreie Bestimmung der Porosität *229*
Zinkselenid (ZnSe) *27*
Zirkularität *154, 158*
Zugfestigkeit *121, 191*
Zyklonabscheider *149*